怎样识读电气工程图

孙克军　主　编

王忠杰　孙会琴　井成豪　副主编

机械工业出版社

本书共 23 章，内容包括常用电气图形符号和文字符号、电气工程图基础、电气控制电路图概述、电动机基本控制电路的识读、常用电动机起动控制电路的识读、常用电动机调速控制电路的识读、常用电动机制动控制电路的识读、常用电动机保护电路的识读、常用电动机节电控制电路的识读、常用电动机控制经验电路的识读、常用电气设备控制电路的识读、PLC 控制电路图的识读、建筑电气工程图概述、动力与照明电气工程图的识读、建筑物防雷与接地工程图的识读、智能建筑物消防安全系统电气图的识读、安全防范系统电气图的识读、有线电视系统图的识读、通信与广播系统图的识读、综合布线系统工程图的识读、制冷系统与新风系统电路图的识读、电梯控制电路图的识读、变配电工程图的识读等。

本书最大的特点是密切结合生产实际，图文并茂、深入浅出、通俗易懂，适合自学。书中列举了大量实例，实用性强，易于迅速掌握和运用，以帮助读者提高识读电气工程图、解决实际问题的能力。

本书可供维修电工、建筑电工、物业电工及有关电气工程技术人员使用，可作为高等院校及专科学校有关专业师生的教学参考书，也可作为电工上岗培训的参考书。

图书在版编目（CIP）数据

怎样识读电气工程图/孙克军主编. —北京：机械工业出版社，2020.5
（2024.7 重印）
ISBN 978-7-111-65176-5

Ⅰ.①怎… Ⅱ.①孙… Ⅲ.①建筑工程-电气设备-电路图-识图
Ⅳ.①TU85

中国版本图书馆 CIP 数据核字（2020）第 051628 号

机械工业出版社（北京市百万庄大街 22 号　邮政编码 100037）
策划编辑：任　鑫　责任编辑：任　鑫
责任校对：肖　琳　封面设计：马精明
责任印制：邰　敏
北京富资园科技发展有限公司印刷
2024 年 7 月第 1 版第 5 次印刷
184mm×260mm·27.25 印张·674 千字
标准书号：ISBN 978-7-111-65176-5
定价：108.00 元

电话服务　　　　　　　　　网络服务
客服电话：010-88361066　　机 工 官 网：www.cmpbook.com
　　　　　010-88379833　　机 工 官 博：weibo.com/cmp1952
　　　　　010-68326294　　金 书 网：www.golden-book.com
封底无防伪标均为盗版　机工教育服务网：www.cmpedu.com

前　言

随着我国电力事业的飞速发展，电能在工业、农业、国防、交通运输、城乡家庭等各个领域得到了广泛的应用。由于电气工程图是电气技术人员和电气施工人员进行技术交流和生产活动的"工程语言"，是电气技术中应用最广泛的技术资料之一，因此，识读电气工程图是设计、生产、维修人员工作中不可缺少的技能。为了满足广大从事电气工程的技术人员和电工的需要，我们组织编写了这本《怎样识读电气工程图》。本书内容包括常用电气图形符号和文字符号、电气工程图基础、电气控制电路图、建筑电气工程图和变配电工程图等。

本书在编写过程中，根据电力拖动、电气控制与建筑电气工程的工作实际，搜集、查阅了大量技术资料，内容以基础知识和操作技能为重点，归纳了电力拖动、电气控制与建筑电气工程的基础知识，介绍了电气工程图的识读、电气控制电路的设计方法、绘制电气控制电路的一般原则等电气控制电路的基本知识，并介绍了常用电动机起动、调速、制动的控制电路，还介绍了一些电动机保护电路、电动机节电控制电路、电动机控制经验电路、常用电气设备控制电路、常用建筑电气工程图和变配电工程图等。本书着重于基本原理、基本方法、基本概念的分析和应用，重点阐述电气系统图、电气控制原理图、电气控制接线图、电气安装平面图、动力与照明电气工程图和变配电工程图等各种常用电气工程图的用途、特点、绘制原则与绘制方法、识读步骤与识读技巧等。

本书最大的特点是密切结合生产实际，图文并茂、深入浅出、通俗易懂，适合自学。书中列举了大量实例，实用性强，易于迅速掌握和运用，以帮助读者提高识读电气工程图、解决实际问题的能力。

本书由孙克军担任主编，王忠杰、孙会琴、井成豪担任副主编。其中第1、10章由孙克军编写，第2、5章由井成豪编写，第3、7章由王忠杰编写，第4章由薛增涛编写，第6章由王晓毅编写，第8、23章由孙会琴编写，第9章由韩宁编写，第11章由方松平编写，第12章由王雷编写，第13章由王晓晨编写，第14章陈明编写，第15章由王佳编写，第16章由杜增辉编写，第17章由钟爱琴编写，第18章由刘浩编写，第19章由马超编写，第20章刘骏编写，第21章由商晓梅编写，第22章由杨国福编写。在编写本书的过程中得到了许多专家和知名厂商的鼎力支持，他们提供了许多新产品的应用资料。编者对关心本书出版、热心提出建议和提供资料的单位和个人在此一并表示衷心的感谢。

由于编者水平所限，书中缺点和错误在所难免，敬请广大读者批评指正。

编　者

目 录

前言

第 1 篇　电气工程图基础知识

第 1 章　常用电气图形符号和文字
　　符号 …………………………………… 2
1.1　常用电气图形符号 ………………… 2
　　1.1.1　常用符号要素、限定符号和其他
　　　　　 常用图形符号 ………………… 2
　　1.1.2　常用导线及连接器件图形符号 … 4
　　1.1.3　常用电阻器、电容器和电感器图形
　　　　　 符号 …………………………… 5
　　1.1.4　常用变压器图形符号 ………… 6
　　1.1.5　常用电机图形符号 …………… 8
　　1.1.6　常用开关、控制和保护装置图形
　　　　　 符号 …………………………… 10
　　1.1.7　常用半导体器件图形符号 …… 17
　　1.1.8　整流器、逆变器和蓄电池图形
　　　　　 符号 …………………………… 19
　　1.1.9　测量仪表、灯和信号器件图形
　　　　　 符号 …………………………… 20
　　1.1.10　电气系统图主要电气设备图形
　　　　　 符号 ………………………… 21
　　1.1.11　电气图形符号的取向规则 …… 22
1.2　建筑电气工程图常用图形符号 …… 23
　　1.2.1　发电厂和变电所图形符号 …… 23
　　1.2.2　电气线路图形符号 …………… 24
　　1.2.3　电杆及附属设备图形符号 …… 24
　　1.2.4　配电箱、配线架图形符号 …… 25
　　1.2.5　照明灯具图形符号 …………… 26
　　1.2.6　插座、开关图形符号 ………… 27
　　1.2.7　热水器、电风扇图形符号 …… 28
　　1.2.8　有线电视及卫星电视接收系统

　　　　　 常用图形符号 ………………… 28
　　1.2.9　广播音响系统常用图形符号 … 28
　　1.2.10　电话通信系统常用图形符号 … 30
　　1.2.11　楼宇设备自动化系统常用图形
　　　　　 符号 ………………………… 31
　　1.2.12　综合布线系统常用图形符号 … 31
　　1.2.13　安全技术防范系统常用图形
　　　　　 符号 ………………………… 32
　　1.2.14　火灾自动报警系统常用图形
　　　　　 符号 ………………………… 33
　　1.2.15　与施工用电平面图有关的图例 … 34
1.3　常用文字符号 ……………………… 36
　　1.3.1　电气设备常用基本文字符号 … 36
　　1.3.2　常用辅助文字符号 …………… 40
　　1.3.3　标注线路用文字符号 ………… 41
　　1.3.4　线路敷设方式文字符号 ……… 41
　　1.3.5　线路敷设部位文字符号 ……… 42
1.4　常用电力设备在平面布置图上的标注
　　 方法与实例 ………………………… 42
　　1.4.1　常用电力设备在平面布置图上的
　　　　　 标注方法 …………………… 42
　　1.4.2　常用电力设备在平面布置图上的
　　　　　 标注实例 …………………… 44

第 2 章　电气工程图基础 …………………… 50
2.1　阅读电气工程图的基本知识 ……… 50
　　2.1.1　电气工程图的幅面与标题栏 … 50
　　2.1.2　电气工程图的比例、字体与
　　　　　 图线 …………………………… 51
　　2.1.3　方位、安装标高与定位轴线 … 52

2.1.4 图幅分区与详图 ………… 52
2.1.5 指引线的画法 ………… 53
2.1.6 尺寸标注的规定 ………… 53
2.2 常用电气工程图的类型 ………… 54
2.2.1 电路的分类 ………… 54
2.2.2 常用电气工程图的分类 ………… 54
2.2.3 电气工程的项目与电气工程图的
组成 ………… 56
2.2.4 系统图或框图 ………… 59

2.2.5 电路图 ………… 60
2.2.6 接线图 ………… 60
2.2.7 位置图与电气设备平面图 ………… 61
2.2.8 逻辑图 ………… 62
2.3 绘制电路图的一般原则 ………… 63
2.3.1 连接线的表示法 ………… 63
2.3.2 项目的表示法 ………… 65
2.3.3 电路的简化画法 ………… 66

第2篇　电气控制电路图

第3章　电气控制电路图概述 ………… 68
3.1 电气控制电路图的分类 ………… 68
3.2 电气控制电路图的绘制 ………… 70
3.2.1 绘制原理图应遵循的原则 ………… 70
3.2.2 绘制接线图应遵循的原则 ………… 71
3.2.3 绘制电气原理图的有关规定 ………… 71
3.3 阅读电气原理图的步骤 ………… 72
3.4 电气控制电路图的一般设计方法 ………… 72

第4章　电动机基本控制电路的识读 … 75
4.1 三相异步电动机基本控制电路 ………… 75
4.1.1 三相异步电动机单向起动、停止
控制电路 ………… 75
4.1.2 电动机的电气联锁控制电路 ………… 75
4.1.3 两台三相异步电动机的互锁控制
电路 ………… 77
4.1.4 三相异步电动机正反转控制
电路 ………… 79
4.1.5 采用点动按钮联锁的电动机点动与
连续运行控制电路 ………… 81
4.1.6 采用中间继电器联锁的电动机点动
与连续运行控制电路 ………… 82
4.1.7 电动机的多地点操作控制电路 ………… 82
4.1.8 多台电动机的顺序控制电路 ………… 82
4.1.9 行程控制电路 ………… 83
4.1.10 自动往复循环控制电路 ………… 84
4.1.11 无进给切削的自动循环控制
电路 ………… 85
4.2 直流电动机基本控制电路 ………… 86
4.2.1 交流电源驱动直流电动机控制
电路 ………… 86
4.2.2 并励直流电动机可逆运行控制

电路 ………… 87
4.2.3 串励直流电动机可逆运行控制
电路 ………… 88

第5章　常用电动机起动控制电路的
识读 ………… 89
5.1 笼型三相异步电动机定子绕组串电阻
（或电抗器）减压起动控制电路 ………… 89
5.1.1 手动接触器控制的串电阻减压起动
控制电路 ………… 89
5.1.2 时间继电器控制的串电阻减压起动
控制电路 ………… 90
5.2 笼型三相异步电动机自耦变压器（起动
补偿器）减压起动控制电路 ………… 91
5.2.1 手动控制的自耦减压起动器减压
起动 ………… 91
5.2.2 时间继电器控制的自耦变压器
减压起动 ………… 91
5.3 笼型三相异步电动机星形-三角形
（丫-△）减压起动控制电路 ………… 92
5.3.1 按钮切换的控制电路 ………… 93
5.3.2 时间继电器自动切换的控制
电路 ………… 93
5.4 绕线转子三相异步电动机转子回路串
电阻起动控制电路 ………… 94
5.4.1 采用时间继电器控制的转子回路
串电阻起动控制电路 ………… 94
5.4.2 采用电流继电器控制的转子回路
串电阻起动控制电路 ………… 95
5.5 绕线转子三相异步电动机转子绕组串频
敏变阻器起动控制电路 ………… 96
5.6 三相异步电动机软起动器常用控制

电路 ……………………………… 97

　5.6.1　电动机软起动器常用控制电路 …… 98

　5.6.2　STR 系列电动机软起动器应用
　　　　实例 ………………………… 100

　5.6.3　CR1 系列电动机软起动器应用
　　　　实例 ………………………… 102

　5.6.4　电动机软起动器容量的选择 …… 104

5.7　用起动变阻器手动控制直流电动机
　　起动的控制电路 ……………… 105

5.8　并励直流电动机电枢回路串电阻起动
　　控制电路 ……………………… 106

5.9　直流电动机电枢回路串电阻分级起动
　　控制电路 ……………………… 107

　5.9.1　他励直流电动机电枢回路串电阻
　　　　分级起动控制电路 …………… 107

　5.9.2　并励直流电动机电枢回路串电阻
　　　　分级起动控制电路 …………… 107

　5.9.3　串励直流电动机串电阻分级起动
　　　　控制电路 …………………… 108

5.10　直流电动机串电阻起动可逆运行控制
　　　电路 ………………………… 108

　5.10.1　并励直流电动机串电阻起动可逆
　　　　　运行控制电路 …………… 108

　5.10.2　串励直流电动机串电阻起动可逆
　　　　　运行控制电路 …………… 109

第6章　常用电动机调速控制电路的
　　　　识读 ……………………… 110

6.1　单绕组双速变极调速异步电动机的
　　控制电路 ……………………… 110

　6.1.1　采用接触器控制的单绕组双速
　　　　异步电动机控制电路 ………… 111

　6.1.2　采用时间继电器控制的单绕组
　　　　双速异步电动机控制电路 …… 111

6.2　绕线转子三相异步电动机转子回路
　　串电阻调速控制电路 ………… 112

　6.2.1　转子回路串电阻调速控制电路 … 112

　6.2.2　转子回路串电阻调速的简易
　　　　计算 ………………………… 113

6.3　电磁调速三相异步电动机控制电路 … 116

6.4　变频调速三相异步电动机控制电路 … 116

　6.4.1　常用变频调速控制电路 ……… 117

　6.4.2　SB200 系列变频器在变频恒压供水
　　　　装置上的应用 ……………… 118

　6.4.3　DZB300B 系列变频器在数控机床
　　　　上的应用 …………………… 120

　6.4.4　变频调速的简易计算 ………… 120

6.5　直流电动机改变电枢电压调速控制
　　电路 …………………………… 123

　6.5.1　改变电枢电压调速的控制电路 … 123

　6.5.2　改变电枢电压调速的简易计算 … 124

6.6　直流电动机电枢回路串电阻调速控制
　　电路 …………………………… 125

　6.6.1　电枢回路串电阻调速控制电路 … 125

　6.6.2　电枢回路串电阻调速时电阻的
　　　　简易计算 …………………… 126

6.7　单相异步电动机电抗器调速控制
　　电路 …………………………… 127

6.8　单相异步电动机绕组抽头调速控制
　　电路 …………………………… 127

　6.8.1　单相异步电动机绕组抽头 L-1 型
　　　　接法调速控制电路 …………… 127

　6.8.2　单相异步电动机绕组抽头 L-2 型
　　　　接法调速控制电路 …………… 128

　6.8.3　单相异步电动机绕组抽头 T 形
　　　　接法调速控制电路 …………… 128

6.9　单相异步电动机串接电容调速控制
　　电路 …………………………… 128

6.10　单相异步电动机晶闸管无级调速
　　　控制电路 …………………… 129

第7章　常用电动机制动控制电路的
　　　　识读 ……………………… 130

7.1　三相异步电动机正转反接的反接制动
　　控制电路 ……………………… 130

　7.1.1　单向（不可逆）起动、反接制动
　　　　控制电路 …………………… 130

　7.1.2　双向（可逆）起动、反接制动
　　　　控制电路 …………………… 131

7.2　三相异步电动机正接反转的反接制动
　　控制电路 ……………………… 132

　7.2.1　绕线转子电动机正接反转的反接
　　　　制动控制电路 ……………… 132

　7.2.2　绕线转子电动机正接反转的反接
　　　　制动的简易计算 …………… 133

7.3　三相异步电动机能耗制动控制电路 … 134

　7.3.1　按时间原则控制的全波整流单向
　　　　能耗制动控制电路 …………… 135

7.3.2 按时间原则控制的全波整流可逆
能耗制动控制电路 ……… 135

7.3.3 按速度原则控制的全波整流单向
能耗制动控制电路 …… 136

7.3.4 按速度原则控制的全波整流可逆
能耗制动控制电路 …… 137

7.4 直流电动机反接制动控制电路 … 137

7.4.1 刀开关控制的他励直流电动机反
接制动控制电路 …… 137

7.4.2 按钮控制的并励直流电动机反接
制动控制电路 …… 138

7.4.3 直流电动机反接制动的简易
计算 …… 138

7.5 直流电动机能耗制动控制电路 … 141

7.5.1 按钮控制的并励直流电动机能耗
制动控制电路 …… 141

7.5.2 电压继电器控制的并励直流电动
机能耗制动控制电路 …… 142

7.6 串励直流电动机制动控制电路 … 142

7.6.1 串励直流电动机能耗制动控制
电路 …… 142

7.6.2 串励直流电动机反接制动控制
电路 …… 143

第8章 常用电动机保护电路的
识读 …… 146

8.1 电动机过载保护电路 …… 146

8.1.1 电动机双闸式保护电路 …… 146

8.1.2 采用热继电器作为电动机过载
保护的控制电路 …… 146

8.1.3 起动时双路熔断器并联控制
电路 …… 147

8.1.4 电动机起动与运转熔断器自动
切换控制电路 …… 148

8.1.5 采用电流互感器和热继电器的
电动机过载保护电路 …… 148

8.1.6 采用电流互感器和过电流继电器
的电动机保护电路 …… 149

8.1.7 采用晶闸管控制的电动机过电流
保护电路 …… 150

8.1.8 三相电动机过电流保护电路 … 150

8.2 电动机断相保护电路 …… 151

8.2.1 电动机熔丝电压保护电路 …… 151

8.2.2 采用热继电器的断相保护电路 … 151

8.2.3 电动机断相自动保护电路 ……… 152

8.2.4 电容器组成的零序电压电动机断
相保护电路 …… 153

8.2.5 简单的星形联结电动机零序电压
断相保护电路 …… 154

8.2.6 采用欠电流继电器的断相保护
电路 …… 154

8.2.7 零序电流断相保护电路 …… 154

8.2.8 Y联结电动机断相保护电路 …… 155

8.2.9 △联结电动机零序电压继电器断
相保护电路 …… 156

8.2.10 带中间继电器的简易断相保护
电路 …… 156

8.2.11 实用的三相电动机断相保护
电路 …… 157

8.2.12 三相电源断相保护电路 …… 157

8.3 直流电动机失磁、过电流保护电路 … 158

8.3.1 直流电动机失磁的保护电路 … 158

8.3.2 直流电动机励磁回路的保护
电路 …… 158

8.3.3 直流电动机失磁和过电流保护
电路 …… 159

8.4 电动机保护器应用电路 …… 160

8.4.1 电动机保护器典型应用电路 … 160

8.4.2 电动机保护器配合电流互感器
应用电路 …… 160

8.5 其他保护电路 …… 161

8.5.1 电压型漏电保护电路 …… 161

8.5.2 接触器触头粘连设备保护电路 … 162

8.5.3 防止水泵空抽保护电路 ……… 162

第9章 常用电动机节电控制电路的
识读 …… 164

9.1 电动机轻载节能器电路 …… 164

9.1.1 电动机轻载节能器应用
电路（一） …… 164

9.1.2 电动机轻载节能器应用
电路（二） …… 165

9.2 电动机Y-△转换节电电路 …… 166

9.2.1 用热继电器控制电动机Y-△转换
节电电路 …… 166

9.2.2 用电流继电器控制电动机Y-△
转换节电电路 …… 167

9.3 异步电动机无功功率就地补偿电路 … 167
  9.3.1 直接起动异步电动机就地补偿
      电路 ………………………… 167
  9.3.2 丫-△起动异步电动机就地补偿
      电路 ………………………… 168
9.4 电动缝纫机空载节能电路 ……… 168
  9.4.1 电动缝纫机空载节能
      电路（一） ………………… 168
  9.4.2 电动缝纫机空载节能
      电路（二） ………………… 169
9.5 常用低压电器节能电路 ………… 170
  9.5.1 交流接触器节能电路 ……… 170
  9.5.2 继电器节能电路 …………… 170
  9.5.3 继电器低功耗吸合锁定电路 … 171
9.6 其他电气设备节电电路 ………… 171
  9.6.1 机床空载自停节电电路 …… 171
  9.6.2 纺织机空载自停节电电路 … 172

第10章 常用电动机控制经验电路的
     识读 ……………………… 173
10.1 加密的电动机控制电路 ……… 173
10.2 三相异步电动机低速运行的控制
    电路 ………………………… 173
10.3 用安全电压控制电动机的控制
    电路 ………………………… 174
10.4 只允许电动机单向运转的控制
    电路 ………………………… 175
10.5 单线远程控制电动机起动、停止的
    电路 ………………………… 176
10.6 单线远程控制电动机正反转的
    电路 ………………………… 177
10.7 具有三重互锁保护的正反转控制
    电路 ………………………… 177
10.8 防止相间短路的正反转控制电路 … 178
10.9 用一只行程开关实现自动往返的
    控制电路 …………………… 179
10.10 电动机离心开关代用电路 …… 180
  10.10.1 电动机离心开关代用
       电路（一） ……………… 180
  10.10.2 电动机离心开关代用
       电路（二） ……………… 181
  10.10.3 电动机离心开关代用
       电路（三） ……………… 181
10.11 交流接触器直流运行的控制电路 … 182

  10.11.1 交流接触器直流运行的控制
       电路（一） ……………… 182
  10.11.2 交流接触器直流运行的控制
       电路（二） ……………… 182
  10.11.3 交流接触器直流运行的控制
       电路（三） ……………… 183
10.12 缺少辅助触点的交流接触器应急
     接线电路 …………………… 183
10.13 用一只按钮控制电动机起动、停止
     的电路 ……………………… 184

第11章 常用电气设备控制电路的
     识读 ……………………… 185
11.1 电磁抱闸制动控制电路 ……… 185
  11.1.1 起重机械常用电磁抱闸制动
      控制电路 ………………… 185
  11.1.2 断电后抱闸可放松的制动控制
      电路 ……………………… 185
11.2 常用建筑机械电气控制电路 … 186
  11.2.1 建筑工地卷扬机控制电路 … 186
  11.2.2 带运输机控制电路 ……… 187
  11.2.3 混凝土搅拌机控制电路 … 188
11.3 秸秆饲料粉碎机控制电路 …… 189
11.4 常用供水控制电路 …………… 190
  11.4.1 自动供水控制电路 ……… 190
  11.4.2 无塔增压式供水电路 …… 191
11.5 液压机用油泵电动机控制电路 … 193
  11.5.1 常用液压机用油泵电动机控制
      电路 ……………………… 193
  11.5.2 带失控保护的液压机用油泵
      电动机控制电路 ………… 194
11.6 常用水泵控制电路 …………… 194
  11.6.1 排水泵控制电路 ………… 194
  11.6.2 两地手动控制排水泵电路 … 195
  11.6.3 采用行程开关控制的水泵控制
      电路 ……………………… 196
11.7 电动葫芦的控制电路 ………… 197

第12章 PLC控制电路图的识读 …… 199
12.1 PLC控制电路识读基础 ……… 199
  12.1.1 可编程序控制器概述 …… 199
  12.1.2 可编程序控制器与继电器控制的
      区别 ……………………… 200
  12.1.3 PLC控制电路的识读方法 …… 201

12.2 三菱 PLC 应用实例 ……… 203
12.2.1 PLC 控制电动机正向运转
电路 ……… 203
12.2.2 PLC 控制电动机正反转运转
电路 ……… 204
12.2.3 PLC 控制电动机双向限位
电路 ……… 205
12.3 西门子 PLC 应用实例 ……… 207

12.3.1 PLC 控制电动机丫-△起动
电路 ……… 207
12.3.2 PLC 控制电动机单向能耗制动
电路 ……… 209
12.3.3 PLC 控制电动机反接制动
电路 ……… 210
12.3.4 PLC 控制喷泉的模拟系统 ……… 212

第3篇　建筑电气工程图

第13章　建筑电气工程图概述 ……… 218
13.1 建筑电气工程图的用途与特点 ……… 218
13.1.1 建筑电气工程图的用途 ……… 218
13.1.2 建筑电气工程图的特点 ……… 218
13.2 建筑电气工程图的绘制与识读 ……… 219
13.2.1 建筑电气工程图的制图规则 ……… 219
13.2.2 建筑电气工程图的识读方法与
步骤 ……… 219
13.3 建筑电气安装平面图的绘制与
识读 ……… 221
13.3.1 建筑电气安装平面图的用途与
分类 ……… 221
13.3.2 建筑电气安装平面图的特点 ……… 224
13.3.3 建筑电气安装平面图的绘制和
表示方法 ……… 224
13.3.4 建筑安装平面图的识读方法 ……… 229
13.4 常用建筑电气安装平面图识读
实例 ……… 230
13.4.1 某中型工厂 35kV 降压变电所
平面图 ……… 230
13.4.2 某工厂 10kV 变电所平面布置图
与立面布置图 ……… 230
13.4.3 某建筑工程低压配电总
平面图 ……… 234

第14章　动力与照明电气工程图的
识读 ……… 236
14.1 动力与照明电气工程图的接线
方式 ……… 236
14.1.1 动力配电系统的接线方式 ……… 236
14.1.2 照明配电系统的接线方式 ……… 237
14.1.3 多层民用建筑供电电路的布线
方式 ……… 239

14.2 动力与照明电气工程图的绘制与
识读 ……… 239
14.2.1 动力与照明电气工程图的绘制
方法 ……… 239
14.2.2 动力与照明系统图的特点 ……… 241
14.2.3 动力与照明电气工程图的识读
方法 ……… 241
14.3 常用动力与照明电气工程图的
识读 ……… 242
14.3.1 某实验楼动力、照明供电
系统图 ……… 242
14.3.2 某高层住宅楼电梯配电
系统图 ……… 244
14.3.3 某住宅楼照明配电系统图 ……… 245
14.3.4 某房间照明电路的原理图、
接线图与平面图 ……… 246
14.3.5 某建筑物电气照明平面图 ……… 248
14.3.6 某锅炉房动力系统图和动力
平面图 ……… 249
14.3.7 某车间动力配电平面图 ……… 251
14.3.8 某机械加工车间动力系统图与
平面图 ……… 254

第15章　建筑物防雷与接地工程图的
识读 ……… 256
15.1 防雷电气工程图的识读 ……… 256
15.1.1 建筑物防雷概述 ……… 256
15.1.2 防雷装置及其在电气工程图上的
表示方法 ……… 257
15.1.3 常用的防雷措施及接线图 ……… 260
15.2 接地电气工程图的识读 ……… 262
15.2.1 电气接地的基本知识 ……… 262
15.2.2 电气接地的图示方法 ……… 263

15.2.3 电气接地系统图的识读 ………… 264
15.3 常用建筑物防雷与接地工程图的
      识读 ……………………………… 265
15.3.1 某计算机机房的接地系统图 ……… 265
15.3.2 某10kV降压变电所防雷接地
       平面图 …………………………… 266
15.3.3 某建筑物防雷接地平面图 ……… 266
15.3.4 某住宅楼屋顶防雷平面图 ……… 267
15.3.5 某住宅楼接地平面图 …………… 268
15.4 等电位联结图的识读 ……………… 270
15.4.1 等电位联结概述 ………………… 270
15.4.2 等电位联结的分类 ……………… 271
15.4.3 等电位联结线的选择 …………… 272
15.4.4 总等电位联结图的识读 ………… 272
15.4.5 局部等电位联结图的识读 ……… 273
15.4.6 辅助等电位联结图的识读 ……… 275

第16章 智能建筑物消防安全系统
        电气图的识读 …………… 276
16.1 建筑物消防安全系统电气图基础 …… 276
16.1.1 消防安全系统概述 ……………… 276
16.1.2 智能建筑消防自动化系统的
       基本组成 ………………………… 279
16.1.3 消防安全系统电气图的特点 …… 280
16.1.4 消防安全系统电气图的识读
       方法 ……………………………… 281
16.2 常用建筑物消防安全系统电气图的
      识读 ……………………………… 282
16.2.1 某建筑物消防安全系统图 ……… 282
16.2.2 水喷淋自动灭火报警系统图 …… 283
16.2.3 某建筑火灾自动报警及联动控制
       系统图 …………………………… 284
16.2.4 某大厦火灾自动报警平面图 …… 284
16.2.5 智能消防自动报警系统图 ……… 285

第17章 安全防范系统电气图的
        识读 ……………………… 290
17.1 安全防范系统 …………………… 290
17.1.1 安全防范系统概述 ……………… 290
17.1.2 安全防范系统的功能 …………… 290
17.1.3 安全防范系统的组成 …………… 292
17.2 防盗报警系统 …………………… 293
17.2.1 防盗报警系统的组成 …………… 293
17.2.2 防盗报警系统的类型与功能 …… 293

17.2.3 防盗报警系统电气图的特点 …… 294
17.2.4 防盗报警系统电气图的识读
       方法 ……………………………… 295
17.2.5 某小区防盗报警系统图的
       识读 ……………………………… 295
17.2.6 某大厦防盗报警系统图的
       识读 ……………………………… 296
17.3 门禁系统 ………………………… 296
17.3.1 门禁系统的组成 ………………… 296
17.3.2 门禁及对讲系统的类型及
       特点 ……………………………… 298
17.3.3 某楼宇不可视对讲防盗门锁装置
       电气图的识读 …………………… 300
17.3.4 某高层住宅楼楼宇可视对讲
       系统图的识读 …………………… 300
17.3.5 可视对讲防盗系统接线图的
       识读 ……………………………… 302
17.3.6 某综合楼出入口控制系统设备
       布置图的识读 …………………… 302
17.4 巡更安保系统 …………………… 304
17.4.1 巡更安保系统的组成 …………… 304
17.4.2 巡更安保系统的功能及要求 …… 305
17.4.3 巡更安保系统图的识读 ……… 305
17.5 停车场管理系统 ………………… 306
17.5.1 停车场管理系统概述 …………… 306
17.5.2 智能化停车场管理系统的
       功能 ……………………………… 307
17.5.3 停车场管理系统的检测方式 …… 308
17.5.4 信号灯控制系统 ………………… 309
17.5.5 停车场管理系统布置图的
       识读 ……………………………… 311
17.6 闭路电视监控系统 ……………… 312
17.6.1 闭路电视监控系统的功能 ……… 312
17.6.2 闭路电视监控系统的基本组成与
       形式 ……………………………… 313
17.6.3 闭路电视监控系统结构图的
       识读 ……………………………… 313
17.6.4 多媒体监控系统图的识读 ……… 315
17.6.5 某工厂闭路电视监控系统图的
       识读 ……………………………… 316

第18章 有线电视系统图的识读 …… 319
18.1 有线电视系统 …………………… 319
18.1.1 有线电视系统的特点 …………… 319

18.1.2　有线电视系统的构成 ············ 319
18.1.3　有线电视系统图的识读方法 ····· 321
18.2　常用有线电视系统电气工程图 ········ 321
18.2.1　某住宅楼有线电视系统图的
　　　　识读 ····························· 321
18.2.2　某多层住宅楼有线电视系统图的
　　　　识读 ····························· 321
18.2.3　某单元电视系统图的识读 ······· 322
18.2.4　有线电视平面图的识读 ········· 323

第19章　通信与广播系统图的识读 ········ 327
19.1　电话通信系统图 ···················· 327
19.1.1　电话通信系统的组成 ·········· 327
19.1.2　电话通信、广播音响平面图的
　　　　识读 ····························· 327
19.1.3　单元网络、电话系统图的
　　　　识读 ····························· 327
19.1.4　某建筑物电话系统图的识读 ···· 329
19.1.5　某住宅楼电话工程图的识读 ···· 329
19.1.6　某办公楼电话系统平面图的
　　　　识读 ····························· 330
19.2　广播系统图 ························· 332
19.2.1　扩声系统概述 ················· 332
19.2.2　立体声扩声系统的组成 ········· 333
19.2.3　常用公共广播音响系统图的
　　　　识读 ····························· 334
19.2.4　公共广播及应急广播音响系统图
　　　　的识读 ·························· 335

第20章　综合布线系统工程图的
　　　　识读 ······························ 338
20.1　综合布线系统概述 ·················· 338
20.1.1　综合布线系统的定义及特点 ···· 338
20.1.2　综合布线系统的组成 ·········· 339
20.1.3　综合布线系统在智能大厦中的
　　　　应用 ····························· 340
20.1.4　综合布线工程系统图的标注
　　　　方式 ····························· 340
20.2　常用综合布线系统图的识读 ········· 343
20.2.1　综合布线系统图的识读 ········· 343
20.2.2　某办公楼综合布线系统图的
　　　　识读 ····························· 343
20.2.3　某办公楼综合布线平面图的
　　　　识读 ····························· 344

20.2.4　某公寓楼综合布线系统图的
　　　　识读 ····························· 347
20.2.5　某公寓楼综合布线平面图的
　　　　识读 ····························· 347
20.2.6　某住宅综合布线平面图的
　　　　识读 ····························· 350
20.2.7　某住宅配线箱接线图的识读 ···· 350

第21章　制冷系统与新风系统电路图的
　　　　识读 ······························ 352
21.1　制冷系统与新风系统概述 ··········· 352
21.1.1　空调系统的种类 ··············· 352
21.1.2　中央空调系统的组成 ·········· 353
21.1.3　集中式空调系统的结构与
　　　　原理 ····························· 355
21.1.4　螺杆式制冷压缩机机组制冷系统
　　　　的工作原理 ····················· 355
21.1.5　溴化锂吸收式制冷机组的结构与
　　　　原理 ····························· 357
21.1.6　空调自动控制系统的工作
　　　　原理 ····························· 358
21.1.7　新风机组的组成与工作原理 ···· 358
21.1.8　机械排烟系统的组成 ·········· 359
21.2　制冷系统与新风系统控制电路图的
　　　识读 ····························· 360
21.2.1　空调机组电气控制电路图的
　　　　识读 ····························· 360
21.2.2　恒温恒湿中央空调系统电气控制
　　　　电路的识读 ····················· 361
21.2.3　水冷式中央空调系统电气控制
　　　　电路的识读 ····················· 364
21.2.4　某住宅楼家用中央空调平面图的
　　　　识读 ····························· 364
21.2.5　新风机组自动控制电路图的
　　　　识读 ····························· 367
21.2.6　送风机、排烟机电气控制电路的
　　　　识读 ····························· 367

第22章　电梯控制电路图的识读 ········· 370
22.1　电梯控制系统概述 ·················· 370
22.1.1　电梯的基本结构 ··············· 370
22.1.2　电梯的组成 ··················· 370
22.1.3　电梯的主要系统及其功能 ······ 370
22.1.4　电梯的工作原理 ··············· 370

22.1.5 电梯控制系统的功能 ……… 372

22.1.6 微机控制变频变压调速电梯控制
系统的工作原理 ……… 373

22.1.7 识读电梯控制系统电气图的方法
及步骤 ……… 375

22.2 常用电梯控制电路的识读 ……… 376

22.2.1 交流调压调速电梯主电路的
识读 ……… 376

22.2.2 交流双速电梯主电路的识读 …… 377

22.2.3 某电梯的自动门开关控制电路的
识读 ……… 378

22.2.4 某电梯的内、外呼梯控制电路的
识读 ……… 379

22.2.5 轿厢内选层控制梯形图的
识读 ……… 382

22.2.6 厅召唤控制梯形图的识读 … 383

第23章 变配电工程图的识读 ……… 385

23.1 电力系统基本知识 ……… 385

23.1.1 电力系统的组成与特点 … 385

23.1.2 变电所与电力网 ……… 386

23.1.3 电力网中的额定电压 …… 388

23.1.4 电力网中性点的接地方式 … 389

23.1.5 中性点不接地的电力网的
特点 ……… 390

23.1.6 电气接线及设备的分类 …… 391

23.2 一次电路图 ……… 392

23.2.1 电气主接线的分类 …… 392

23.2.2 电气主接线图的特点 …… 392

23.2.3 对供电系统主接线的基本
要求 ……… 393

23.2.4 供电系统主接线的基本形式 …… 393

23.2.5 配电系统主接线形式 ……… 398

23.2.6 一次电路图的识读 ……… 401

23.2.7 某工厂变电所 10/0.4kV 电气
主接线图 ……… 402

23.2.8 某化工厂变配电所的主
接线图 ……… 402

23.2.9 某车间变电所的电气主
接线图 ……… 405

23.3 二次回路图 ……… 406

23.3.1 概述 ……… 406

23.3.2 二次回路的分类 ……… 407

23.3.3 二次回路图的特点 ……… 407

23.3.4 二次回路原理接线图 …… 408

23.3.5 二次回路展开接线图 …… 408

23.3.6 二次回路安装接线图 …… 410

23.3.7 二次回路端子排图 …… 410

23.3.8 多位开关触点的状态表示法 … 412

23.3.9 二次回路图的识图方法与注意
事项 ……… 413

23.3.10 二次回路图的识图要领 … 415

23.3.11 硅整流电容储能式直流操作
电源系统接线图 ……… 416

23.3.12 采用电磁操作机构的断路器
控制电路及其信号系统图 …… 417

23.3.13 6~10kV 高压配电线路电气测量
仪表电路图 ……… 418

23.3.14 220V/380V 低压线路电气测量
仪表电路图 ……… 418

23.3.15 6~10kV 母线的电压测量和绝缘
监视电路图 ……… 418

参考文献 ……… 422

第1篇

电气工程图基础知识

第1章

常用电气图形符号和文字符号

1.1 常用电气图形符号

1.1.1 常用符号要素、限定符号和其他常用图形符号

（1）轮廓和外壳（见表1-1）

表 1-1 轮廓和外壳

图形符号	说　明
形式1 □	物件,如设备、器件、功能单元、元件、功能
形式2 □	符号轮廓内应填上或加上适当的符号或代号,用以表示物件的类别
形式3 ○	如果设计需要,可以采用其他形状的轮廓
形式1 ○ 形式2 ⬭	外壳(球或箱)罩 如果设计需要,可以采用其他形状的轮廓 如果罩具有特殊的防护功能,可加注以引起注意
 — · — · —	边界线
 ⌐ ¬	屏蔽护罩
 [*]	防止无意识直接接触 通用符号 "星号"应由具备无意识直接接触防护的设备或器件的符号代替

（2）电流和电压的种类（见表1-2）

表 1-2 电流和电压的种类

图形符号	说　明
 — — —	直流 电压可标注在符号右边,系统类型可标注在符号左边,如 2/M———220/110V(旧标准表示方法,仅供参考)

（续）

图形符号	说　明
 ~	交流 频率值或频率范围以及电压的数值应标注在符号右边,系统类型应标注在符号左边
~50Hz	交流 50Hz
~100…600kHz	交流,频率范围 100kHz~600kHz
3/N~400/230V　50Hz	交流,三相带中性线,50Hz,400V(中性线与相线之间为230V)(旧标准表示方法,仅供参考)
3/N~50Hz/TN—S	交流,三相,50Hz,具有一个直接接地点且中性线与保护导体全部分开的系统(旧标准表示方法,仅供参考)
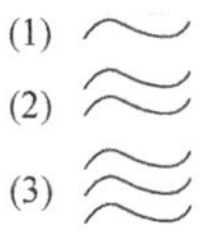 (1) ≈ (2) ≈ (3) ≈	不同频率范围的交流 (1)低频(工频或亚音频) (2)中频(音频) (3)高频(超音频,载频或射频)
 ⌒⌒	具有交流分量的整流电流(当需要与稳定直流相区别时使用)
+	正极性
–	负极性
N	中性(中性线)
M	中间线

（3）接地、接机壳和等电位（见表 1-3）

表 1-3　接地、接机壳和等电位

图形符号	说　明
 ⏚	接地,一般符号 地,一般符号
 ⏚	抗干扰接地 无噪声接地
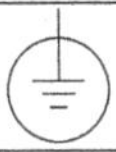 ⏚	保护接地
 ⏚	接机壳 接底板 如果图中的影线被省略,则表示机壳或底板的线条应加粗,如 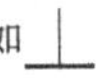 ⏚
 ▽	保护等电位联结

（4）理想电路元件（见表 1-4）

表 1-4　理想电路元件

图形符号	说　明	图形符号	说　明
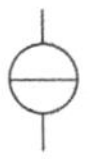 ⦵	理想电流源	)(|(	理想回转器
 ⦶	理想电压源		

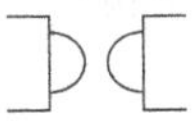

（5）其他常用符号（见表1-5）

表1-5　其他常用符号

图形符号	说　　明
	故障（指明假定故障的位置）
	闪络 击穿
	永久磁铁
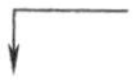	动触点（如滑动触点）
	测试点指示符 示例： 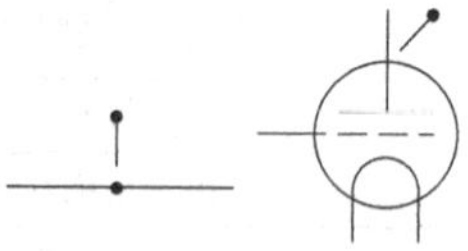
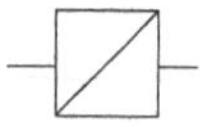	变换器，一般符号 例如： 能量转换器 信号转换器 测量用传感器

1.1.2　常用导线及连接器件图形符号

常用导线及连接器件图形符号见表1-6。

表1-6　常用导线及连接器件图形符号

图形符号	说明	旧符号
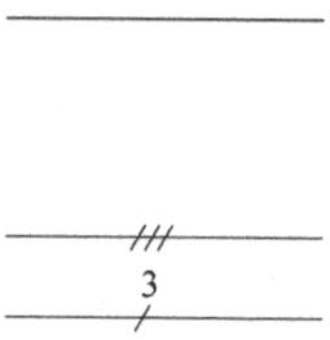 3	导线、导线组、电线、电缆、电路、线路、母线（总线）一般符号 当用单线表示一组导线时，若需示出导线数可加短斜线或画一条短斜线加数字表示 示例：三根导线 示例：三根导线	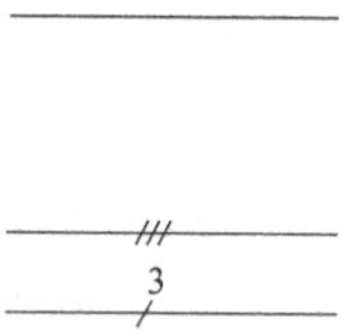 3
	柔性连接	
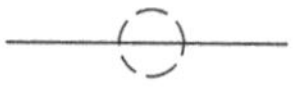	屏蔽导体	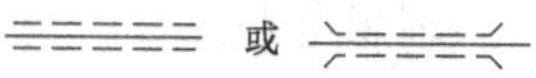 或
	绞合导线	
●	导体的连接点	● 或 ○
○	端子	 ○ 〆
	导体的T形连接	

（续）

图形符号	说明	旧符号
形式1　　形式2 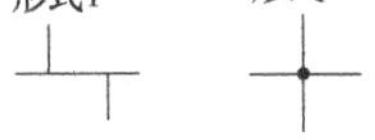	导线的双重连接	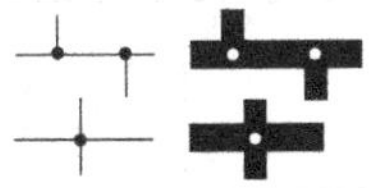
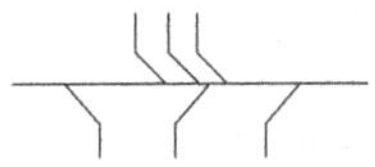	导线或电缆的分支和合并	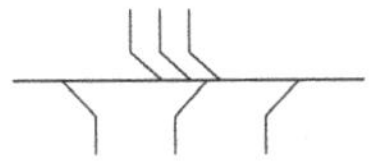
	导线的不连接（跨越）	
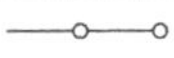	导线直接连接导线接头	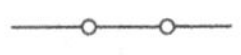
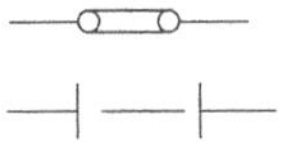	接通的连接片	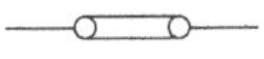
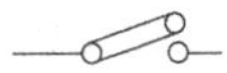	断开的连接片	
	电缆密封终端头多线表示	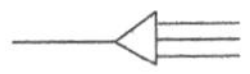
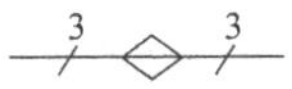 3　　　3	电缆直通接线盒单线表示	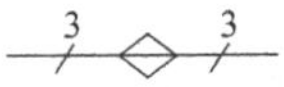 3　　　3
	插头和插座	

1.1.3　常用电阻器、电容器和电感器图形符号

（1）常用电阻器图形符号（见表1-7）

表 1-7　常用电阻器图形符号

图形符号	说　明	图形符号	说　明
	电阻器，一般符号	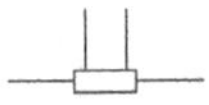	带固定抽头的电阻器 示出两个抽头
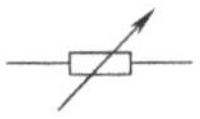	可调电阻器 可变电阻器	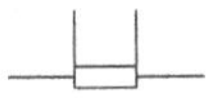	分路器 带分流和分压端子的电阻器
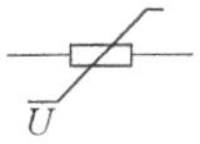 U	压敏电阻 变阻器	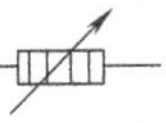	碳堆电阻器
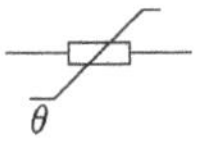 θ	热敏电阻 （θ 可以用 t^0 代替）	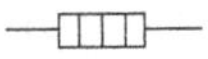	加热元件
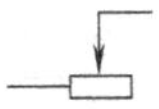	带滑动触点的电阻器	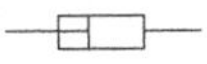	熔断电阻器
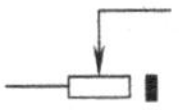	带滑动触点和断开位置的电阻器	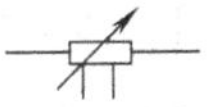	带固定抽头的可变电阻器 示出两个抽头
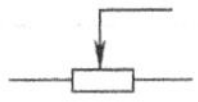	带滑动触点的电位器	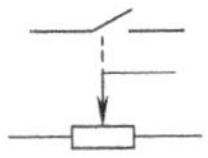	带开关的滑动触点电位器
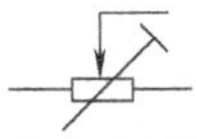	带滑动触点的预调电位器		

（2）常用电容器图形符号（见表1-8）

表1-8 常用电容器图形符号

图形符号		说　明
优选形	其他形	
		电容器,一般符号 注:如果必须分辨同一电容器的电极时,弧形的极板表示:①在固定的纸介质和陶瓷介质电容器中表示外电极;②在可调和可变的电容器中表示动片电极;③在穿心电容器中表示低电位电极
		穿心电容器 旁路电容器
		极性电容器或电解电容器
		可调电容器
		预调电容器
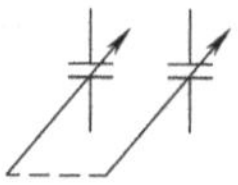	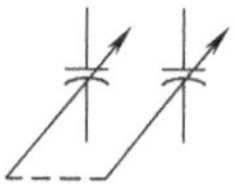	双联同调可变电容器(旧标准符号,仅供参考) 注:可增加同调联数
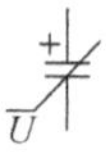	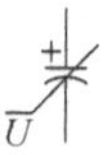	压敏极性电容器

（3）常用电感器图形符号（见表1-9）

表1-9 常用电感器图形符号

图形符号	说　明
	电感器 线圈 绕组 扼流圈
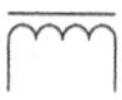	带磁心的电感器
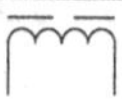	磁心有间隙的电感器
	带磁心连续可变电感器
	有两个固定抽头的电感器 注:①可增加或减少抽头数目;②抽头可在外侧两半圆交点处引出
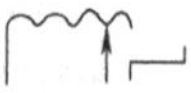	步进移动触点的可变电感器
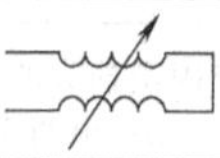	可变电感器

1.1.4　常用变压器图形符号

常用变压器图形符号见表1-10。

表 1-10 常用变压器图形符号

序号	图形符号		含 义	说 明
	形式 1	形式 2		
1	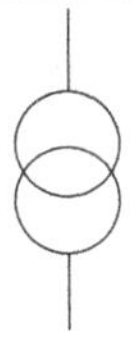	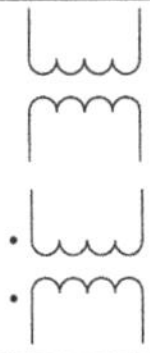	双绕组变压器	瞬时电压的极性可以在形式 2 中表示 示例：示出瞬时电压极性标记的双绕组变压器流入绕组标记端的瞬时电流产生辅助磁通
2	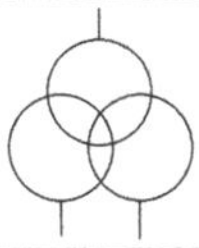		三绕组变压器	
3		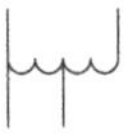	自耦变压器	
4			电抗器、扼流圈	
5		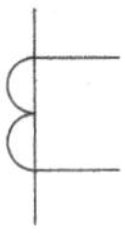	电流互感器、脉冲变压器	
6	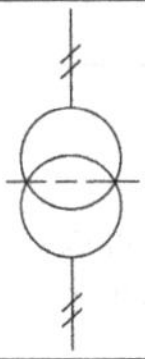	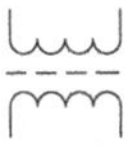	绕组间有屏蔽的双绕组单相变压器	
7	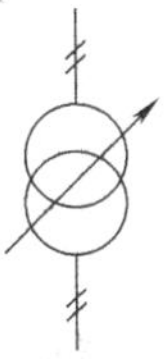	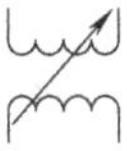	耦合可变的变压器	
8		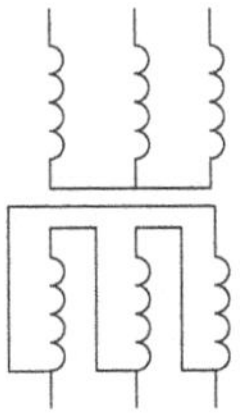	三相变压器 星形-三角形联结	
9		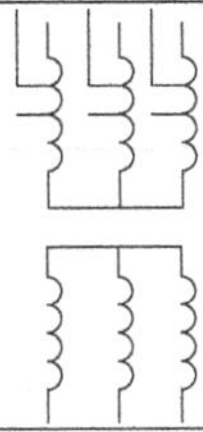	具有四个抽头(不包括主抽头)的三相变压器星形-星形联结	

（续）

序号	图形符号		含义	说　明
	形式1	形式2		
10	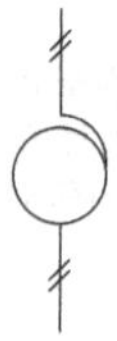	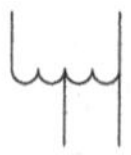	单相自耦变压器	
11	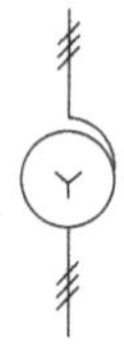	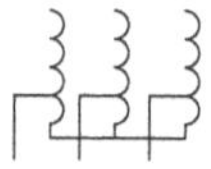	三相自耦变压器星形联结	
12	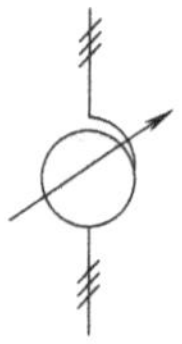		可调节的单相自耦合变压器	
13	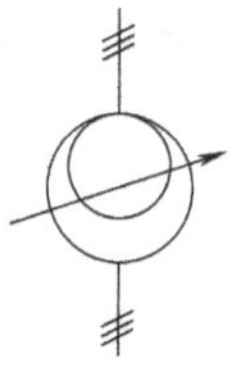	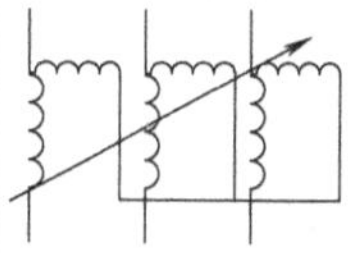	三相感应调压器	
14	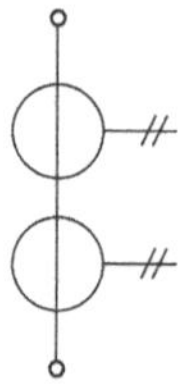	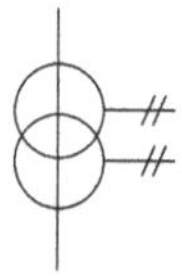	具有两个铁心和两个二次绕组的电流互感器	1)形式2中铁心符号可以略去 2)在一次电路每端示出的接线端子符号表示只画出一个器件
15	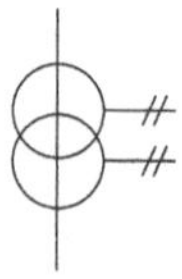	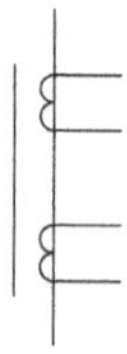	在一个铁心上具有两个二次绕组的电流互感器	形式2的铁心符号必须示出
16	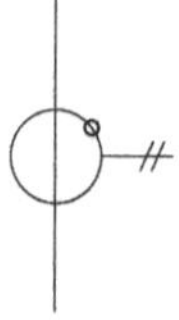	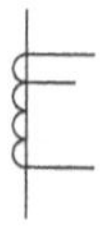	二次绕组有三个抽头（包括主抽头）的电流互感器	

1.1.5　常用电机图形符号

常用电机图形符号见表1-11。

表 1-11 常用电机图形符号

新符号		旧符号	
名称	图形符号	名称	图形符号
三角形联结的三相绕组	△	三角形联结的三相绕组	△
开口三角形联结的三相绕组	△	开口三角形联结的三相绕组	△
星形联结的三相绕组	Y	星形联结的三相绕组	Y
中性点引出的星形联结的三相绕组	Y	有中性点引出的星形联结的三相绕组	Y
星形联结的六相绕组	✳	星形联结的六相绕组	✳
交流发电机	 Ⓖ~		
直流发电机	 Ⓖ⁼		
交流电动机	 Ⓜ~		
直流电动机	 Ⓜ⁼		
直流串励电动机	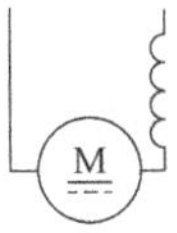	串励直流电机	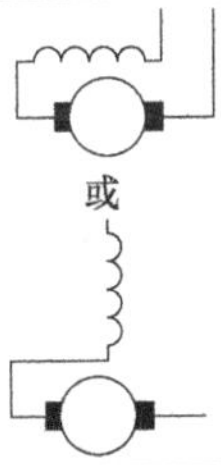 或
直流并励电动机		并励直流电机	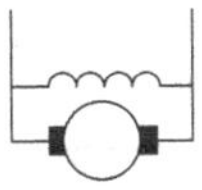
直流他励电动机	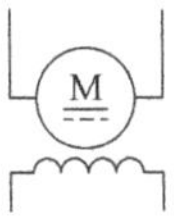	他励直流电机	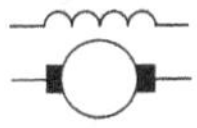
直流复励发电机	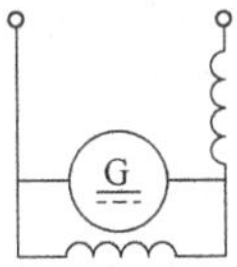	复励式直流电机	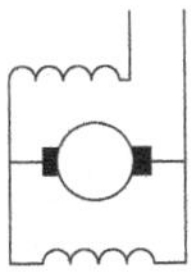
永磁直流电动机	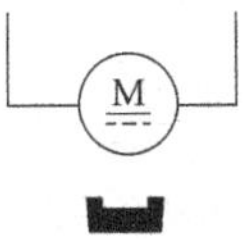	永磁直流电机	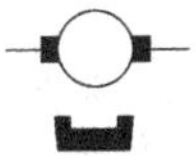
单相串励电动机	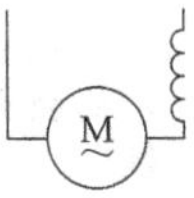	单向交流串励换向器电动机	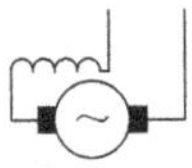

（续）

新符号		旧符号	
名称	图形符号	名称	图形符号
三相交流串励电动机	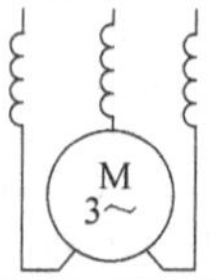 M 3~	三相串励换向器电动机	
单相永磁同步电动机	 MS 1~	永磁单相同步电动机	
三相永磁同步电动机	 MS 3~	永磁三相同步电动机	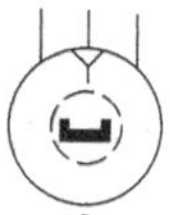 或 
三相笼型异步电动机	 M 3~	三相鼠笼异步电动机	
单相笼型异步电动机	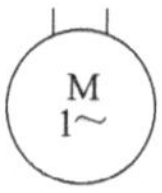 M 1~	单相鼠笼异步电动机	
三相绕线转子异步电动机	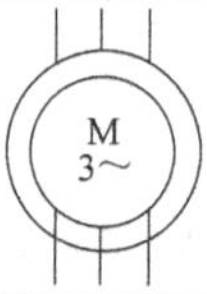 M 3~	三相滑环异步电动机	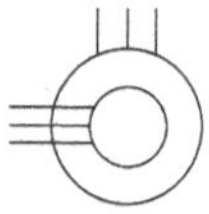

1.1.6 常用开关、控制和保护装置图形符号

常用开关、控制和保护装置图形符号见表1-12。

表1-12 常用开关、控制和保护装置图形符号

新符号		旧符号	
名称	图形符号	名称	图形符号
动合（常开）触点 开关的一般符号	形式1  形式2 	开关和转换开关的动合触头	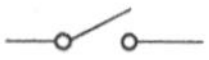 或 
		继电器的动合触头	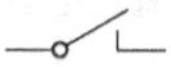 或 
		接触器（辅助触头）、控制器的动合触头	

（续）

新符号		旧符号	
名称	图形符号	名称	图形符号
动断（常闭）触点		开关和转换开关的动断触头	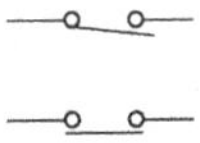
		继电器的动断触头	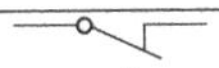 或 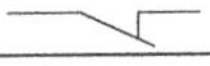
		接触器（辅助触头）、启动器、控制器的动断触头	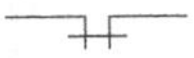
先断后合的转换触点		开关和转换开关的切换触点	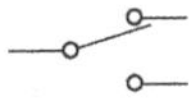 或 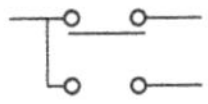
		接触器和控制器的切换触点	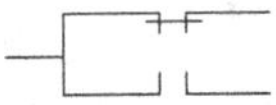
		单极转换开关的 2 个位置	
中间断开的双向转换触点		单极转换开关的 3 个位置	 或 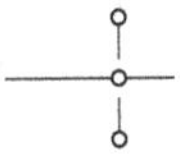
先合后断的转换触点（桥接）	形式1  	不切断转换开关的触点	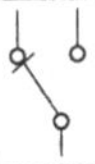
		继电器先合后断的触点	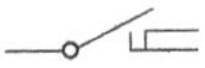
	形式2	接触器、启动器、控制器的不切断切换触点	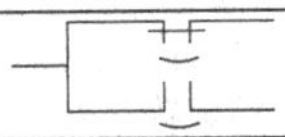
当操作器件被吸合时，延时闭合的动合触点		时间继电器延时闭合的动合触点	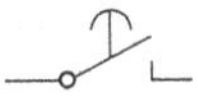
		接触器延时闭合的动合触点	
当操作器件被释放时，延时断开的动合触点		时间断电器延时开启的动合触点	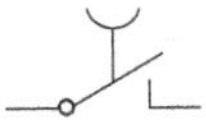
		接触器延时开启的动合触点	
当操作器件被释放时，延时闭合的动断触点		时间断电器延时闭合动断触点	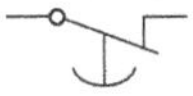
		接触器延时闭合动断触点	
当操作器件被吸合时，延时断开的动断（常闭）触点		时间继电器延时开启动断触点	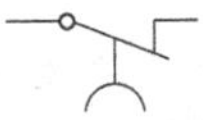
		接触器延时开启动断触点	

（续）

新符号		旧符号	
名称	图形符号	名称	图形符号
吸合时延时闭合和释放时延时断开的动合（常开）触点		时间断电器延时闭合和延时开启动合触点	
		接触器延时闭合和延时开启动合触点	
手动开关的一般符号			
具有动合触点且自动复位的按钮开关		带动合触点，能自动返回的按钮	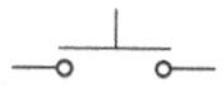
具有动断触点且自动复位的按钮开关		带动断触点，能自动返回的按钮	
带动断（常闭）和动合（常开）触点的按钮开关（不闭锁）		带动断和动合触点，能自动返回的按钮	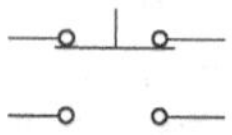
具有动合触点且自动复位的拉拔开关			
具有动合触点但无自动复位的旋转开关		带闭锁装置的按钮	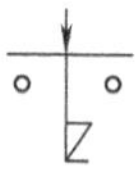
液位开关		液位继电器触点	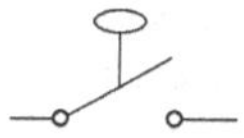
位置开关，动合触点		与工作机械联动的开关动合触点	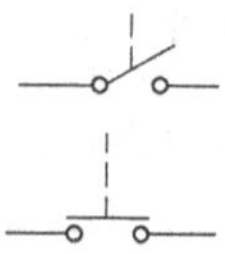
位置开关，动断触点		与工作机械联动的开关动断触点	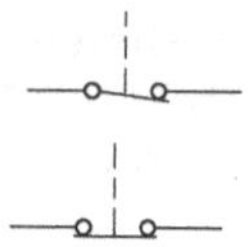
位置开关，对两个独立电路作双向机械操作	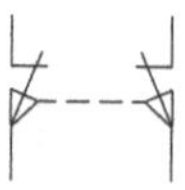		

扫一扫看视频

扫一扫看视频

（续）

新符号		旧符号	
名称	图形符号	名称	图形符号
热敏开关,动合触点 θ 可用动作温度代替	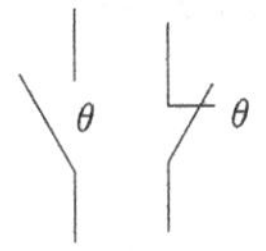	温度继电器动合触点	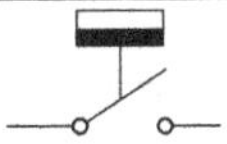 或 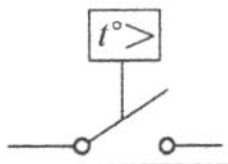
具有热元件的气体放电管荧光灯启动器	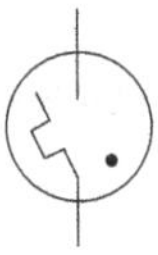	荧光灯触发器	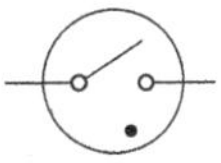
惯性开关(突然减速而动作)		离心式非电继电器触点	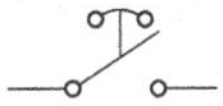
		转速式非电继电器触点	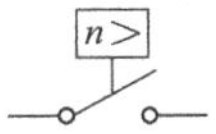
单极四位开关	形式1 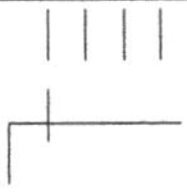 形式2 	单极四位转换开关	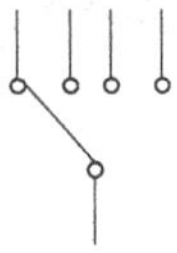
三极开关单线表示		三极开关单线表示	 或 
三极开关多线表示	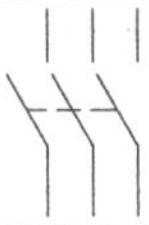	三极开关多线表示	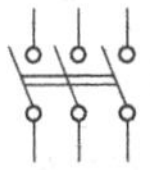 或 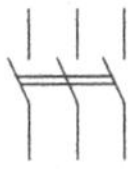
接触器(在非动作位置触点断开)		接触器动合触头	
		带灭弧装置接触器动合触点	
		带电磁吸弧线圈接触器动合触点	
接触器(在非动作位置触点闭合)		接触器动断触点	
		带灭弧装置接触器动断触点	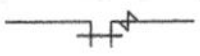
		带电磁吸弧线圈接触器动断触点	
负荷开关(负荷隔离开关)		带灭弧罩的单线三极开关	

（续）

新符号		旧符号	
名称	图形符号	名称	图形符号
负荷开关（负荷隔离开关）		单线三极高压负荷开关	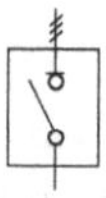
隔离开关		单极高压隔离开关	
		单线三极高压隔离开关	
具有由内装的测量继电器或脱扣触发的自动释放功能的负荷开关		自动开关的动合（常开）触点	
断路器		自动开关的动合触点	
		高压断路器	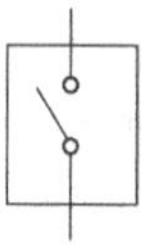 或 
电动机起动器一般符号			
步进起动器			
调节起动器			
带自动释放的起动器			
可逆式电动机直接在线接触器式起动器			
星-三角起动器			
自耦变压器式起动器			
带晶闸管整流器的调节起动器			
操作器件的一般符号	形式1 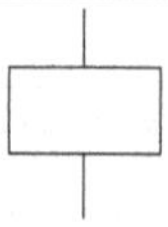 形式2 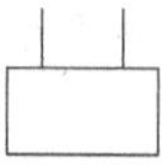	接触器、继电器和磁力起动器的线圈	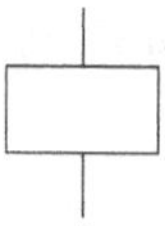 或 

扫一扫看视频

14

（续）

新符号		旧符号	
名称	图形符号	名称	图形符号
具有两个独立绕组的操作器件的组合表示法	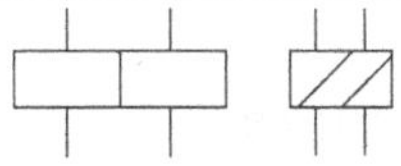	双线圈接触器和继电器的线圈	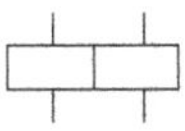 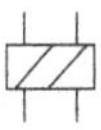
具有两个独立绕组的操作器件的分立表示法	形式1 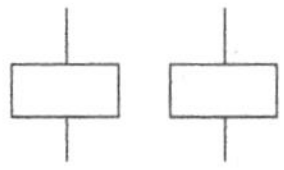 / 形式2	双线圈	
	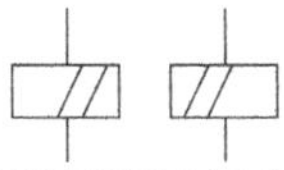	在 n 个线圈时相应画出 n 个线圈	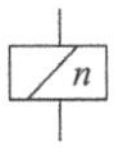
缓慢释放（缓放）继电器线圈	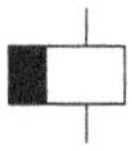	时间继电器缓放线圈	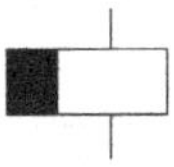
缓慢吸合（缓吸）继电器线圈	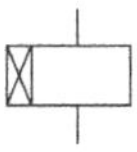	时间继电器缓吸线圈	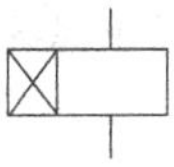
缓吸和缓放继电器线圈	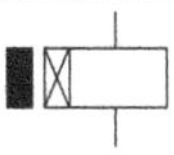		
快速继电器（快吸和快放）线圈	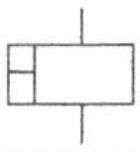		
剩磁继电器线圈	形式1 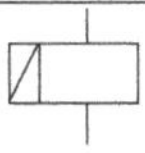 / 形式2 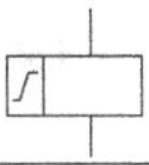		
过电流继电器线圈	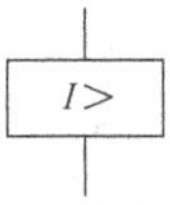 $I>$	过流继电器线圈	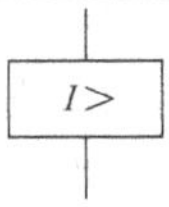 $I>$
欠电压继电器线圈	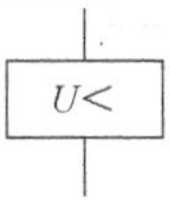 $U<$	欠压继电器线圈	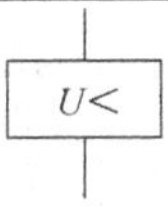 $U<$
电磁吸盘		电磁吸盘	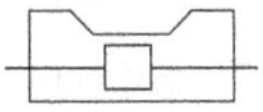
电磁阀	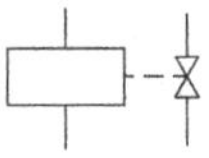	电磁阀线圈	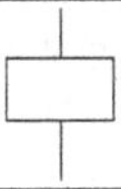
电磁离合器	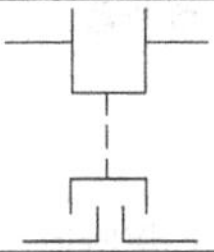	电磁离合器	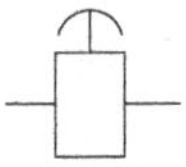
电磁转差离合器或电磁粉末离合器	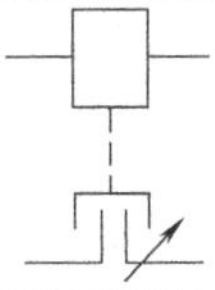	电磁转差离合器或电磁粉末离合器	

（续）

新符号		旧符号	
名称	图形符号	名称	图形符号
电磁制动器	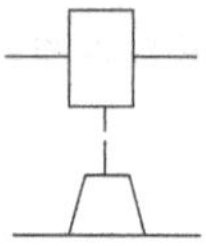	电磁制动器	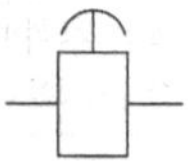
接近传感器			
接近开关动合触点	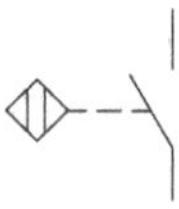		
接触传感器	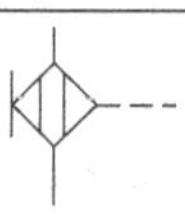		
接触敏感开关动合触点	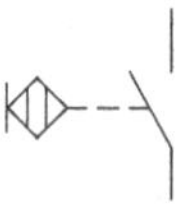		
热继电器的驱动元件（热元件）	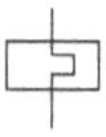	热继电器热元件	
热继电器动断(常闭)触点		热继电器动断触点	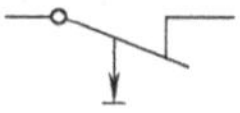
熔断器一般符号		熔断器	
熔断器烧断后仍可使用，一端用粗线表示的熔断器			
带机械连杆的熔断器(撞击器式熔断器)			
熔断器式开关		刀开关-熔断器	
熔断器式隔离开关	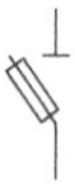	隔离开关-熔断器	
熔断器式负荷开关			

扫一扫看视频

扫一扫看视频

（续）

新符号		旧符号	
名称	图形符号	名称	图形符号
具有独立报警 电路的熔断器	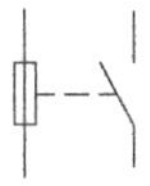	有信号的熔断器	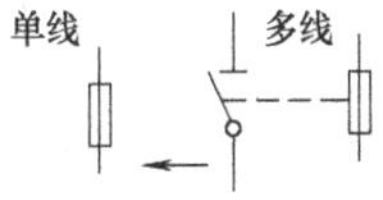 单线　　多线
火花间隙		火花间隙	
双火花间隙			
避雷器		避雷器的一般符号	

1.1.7 常用半导体器件图形符号

（1）二极管图形符号（见表1-13）

表 1-13 常用二极管图形符号

图形符号	说　明	图形符号	说　明
	二极管,一般符号		单向击穿二极管 电压调整二极管 齐纳二极管
	发光二极管(LED),一般符号		双向击穿二极管
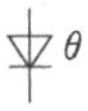	热敏二极管		反向二极管 单隧道二极管
	变容二极管		双向二极管
	隧道二极管 江崎二极管		

（2）晶闸管图形符号（见表1-14）

表 1-14 晶闸管图形符号

图形符号	说　明	图形符号	说　明
	反向阻断二极晶闸管		双向二极晶闸管 双向开关二极管
	反向导通二极晶闸管		无指定形式的三极晶闸管 若没有必要指定控制极的类型时,符号用 于表示反向阻断三极晶闸管

（续）

图形符号	说　　明	图形符号	说　　明
	反向阻断三极晶闸管，N栅（阳极侧受控）		双向三极晶闸管 三端双向晶闸管
	反向阻断三极晶闸管，P栅（阴极侧受控）		反向导通三极晶闸管，未指定控制极
	可关断三极晶闸管，未指定控制极		反向导通三极晶闸管，N栅（阳极侧受控）
	可关断三极晶闸管，N栅（阳极侧受控）		反向导通三极晶闸管，P栅（阴极侧受控）
	可关断三极晶闸管，P栅（阴极侧受控）		光控晶闸管
	反向阻断四极晶闸管		

（3）晶体管图形符号（见表1-15）

表1-15　晶体管图形符号

图形符号	说　　明	图形符号	说　　明
	PNP型晶体管		P型沟道结型场效应晶体管
	NPN型晶体管，集电极接管壳	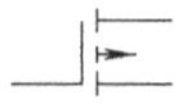	增强型、单栅、P沟道和衬底无引出线的绝缘栅场效应晶体管
	NPN型雪崩晶体管	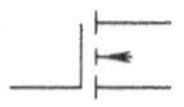	增强型、单栅、N沟道和衬底无引出线的绝缘栅场效应晶体管
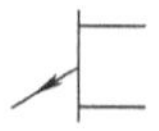	具有P型基极单结型晶体管	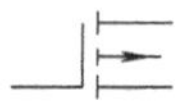	增强型、单栅、P沟道和衬底有引出线的绝缘栅场效应晶体管
	具有N型基极单结型晶体管		增强型、单栅、N沟道和衬底与源极在内部连接的绝缘栅场效应晶体管
	有横向偏压基极的NPN型闸体管		耗尽型、单栅、N沟道和衬底无引出线的绝缘栅场效应晶体管
	与本征区有欧姆接触的PNIP型晶体管		耗尽型、单栅、P沟道和衬底无引出线的绝缘栅场效应晶体管
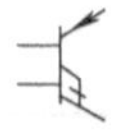	与本征区有欧姆接触的PNIN型晶体管	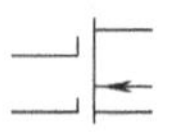	耗尽型、双栅、N沟道和衬底有引出线的绝缘栅场效应晶体管 注：在多栅的情况下，主栅极与源极的引线应在一条直线上
	N型沟道结型场效应晶体管 注：栅极与源极的引线应绘在一直线上 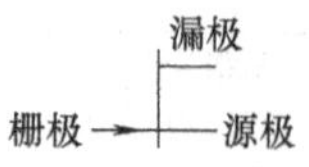 漏极 栅极——源极	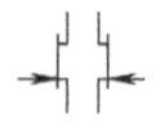	N型沟道结型场效应晶体对管

（4）光电子、光敏和磁敏器件图形符号（见表1-16）

表 1-16　光电子、光敏和磁敏器件图形符号

图形符号	说　明	图形符号	说　明
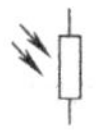	光敏电阻 具有对称导电性的光电器件		NPN 型磁敏半导体管
	光电二极管 具有非对称导电性的光电器件	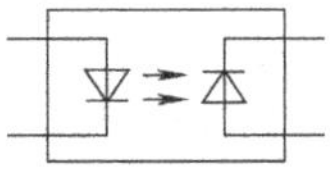	光电二极管型光电耦合器
	光电池	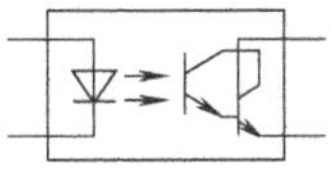	达林顿型光电耦合器
	光电晶体管(示出:PNP 型)	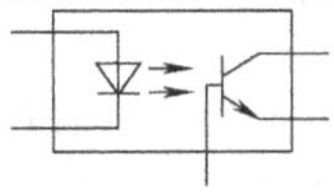	光电晶体管型光电耦合器
	半导体激光器	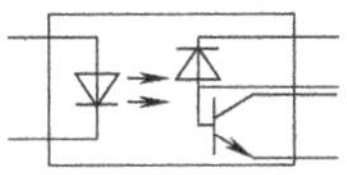	光电二极管和光电晶体管 (NPN 型)光电耦合器
	发光数码管	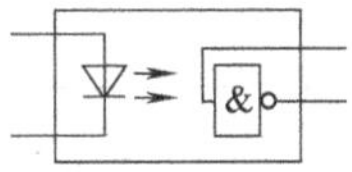	集成电路光电耦合器
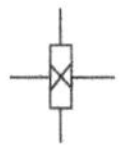	有四个欧姆接触的霍尔发生器	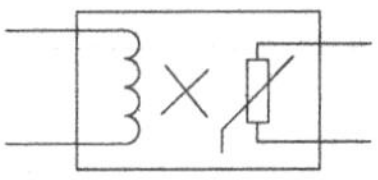	磁耦合器 磁隔离器
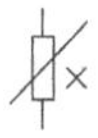	磁敏电阻器(示出线性型)	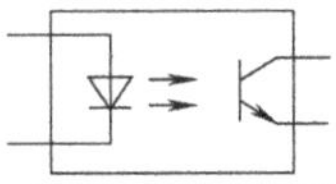	光电耦合器 光隔离器 (示出:发光二极管和光电半导体管)
	磁敏二极管		

1.1.8　整流器、逆变器和蓄电池图形符号

整流器、逆变器和蓄电池图形符号见表1-17。

表 1-17　整流器、逆变器和蓄电池图形符号

图形符号	说明	旧符号
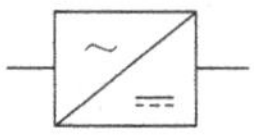	整流器方框符号	
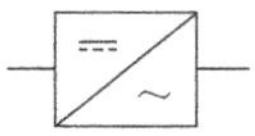	逆变器方框符号	
	桥式全波整流器方框符号	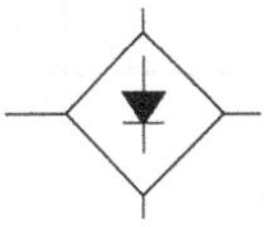
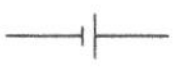	原电池或蓄电池	

1.1.9　测量仪表、灯和信号器件图形符号

测量仪表、灯和信号器件图形符号见表 1-18。

表 1-18　测量仪表、灯和信号器件图形符号

图形符号	说明	旧符号
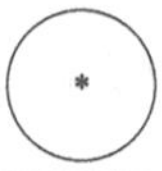 * (圆形)	指示仪表,一般符号 * 被测量的量和单位的文字符号应从 IEC 60027 中选择	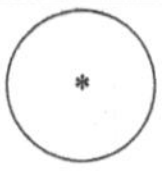 * (圆形)
 * (方形)	记录仪表,一般符号 * 被测量的量和单位的文字符号应从 IEC 60027 中选择	
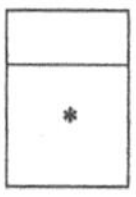 *	积算仪表,一般符号 别名:能量仪表 * 被测量的量和单位的文字符号应从 IEC 60027 中选择	
 A	电流表	安培表  A
 P	功率表	瓦特表  W
 V	电压表	伏特表  V
 var	无功功率表	 var
 cosφ	功率因数表	 cosφ
 Hz	频率计	 Hz
 (示波)	示波器	 (∿)
 ↑	检流计	 ↑
 n	转速表	 n
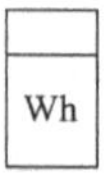 Wh	电能表,瓦时计	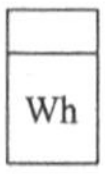 Wh
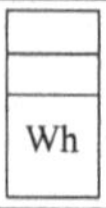 Wh	复费率电能表(示出二费率)	
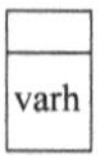 varh	无功电能表	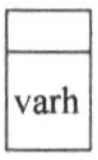 varh
 (时钟)	时钟,一般符号	

（续）

图形符号	说明	旧符号
⊗	灯,一般符号 别名:灯,信号灯 说明:如果需要指示颜色,则要在符号旁标出下列代码: RD—红　YE—黄　GN—绿　BU—蓝　WH—白 如果需要指示灯的类型,则要在符号旁标出下列代码:Ne—氖 Xe—氙　Na—钠　Hg—汞　I—碘　IN—白炽　EL—电发光 ARC—弧光　FL—荧光　IR—红外线　UV—紫外线	⊗ 照明灯 ◉ 信号灯
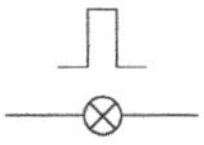	闪光型信号灯	
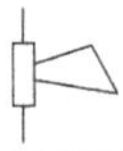	电扬声器(电喇叭)	
	电铃;音响信号装置,一般符号	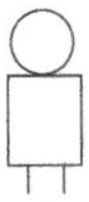
	报警器	
	蜂鸣器	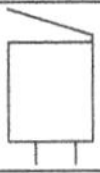
	振动开关,防盗报警器	

1.1.10　电气系统图主要电气设备图形符号

电气系统图主要电气设备图形符号见表1-19。

表1-19　电气系统图主要电气设备图形符号

序号	电气设备名称和文字符号	图形符号	简化图形
1	电力变压器　TM	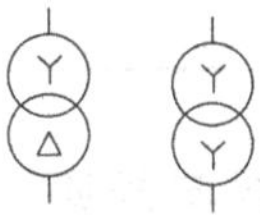	
2	断路器　QF		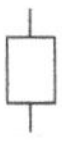
3	负荷开关　QL		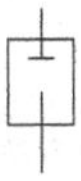
4	隔离开关　QS		

扫一扫看视频

（续）

序号	电气设备名称和文字符号	图形符号	简化图形
5	跌落式熔断器　FF		
6	漏电流断路器　QR		
7	刀开关　QK		
8	刀熔开关　QFS		
9	母线及母线引出线　W		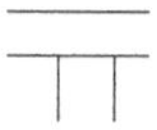
10	电流互感器　TA		
11	电压互感器　TV	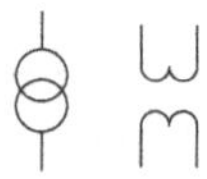	
12	阀型避雷器　F		
13	电抗器　L		
14	电缆及其终端头		

1.1.11　电气图形符号的取向规则

电气图形符号的取向规则见表1-20。

表1-20　电气图形符号的取向规则

图上所需信号流方向		示例		
方向	取向规则	方框符号	二进制逻辑元件	触点符号
从左到右 或 从上到下	该符号应按GB/T 4728中规定的方法表示	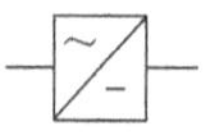	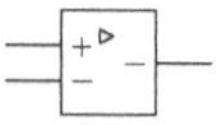	
从下到上 或 从左到右	该符号应按GB/T 4728中规定的方法表示，并按逆时针方向旋转90°，从下到上应以箭头表示		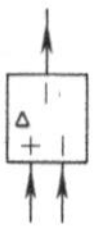	

（续）

图上所需信号流方向		示例		
方向	取向规则	方框符号	二进制逻辑元件	触点符号
从右到左 或 从下到上	必须设计一个新符号,以便表示在右(下)边的输入和其标记以及在左(上)边的输出和其标记,连接线上应以箭头表示出从右(下)到左(上)的方向	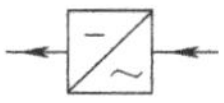	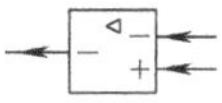	
从上到下 或 从右到左	必须按照从右(下)到左(上)流向的方法设计一个新符号,并将符号按逆时针方向旋转90°,从右到左应以箭头表示		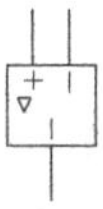	

1.2　建筑电气工程图常用图形符号

1.2.1　发电厂和变电所图形符号

发电厂和变电所图形符号见表1-21。

表1-21　发电厂和变电所图形符号

符号名称	图形符号	备注
发电站(站)	 运行的　　规划(设计)的	同IEC标准
热电站	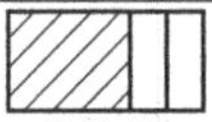 运行的 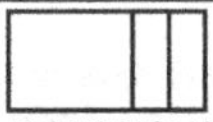　　规划(设计)的	
变电所,配电所	 运行的 　　规划(设计)的	同IEC标准
水力发电站	 运行的 　　规划(设计)的	同IEC标准
火力发电站	 运行的 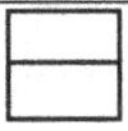　　规划(设计)的	同IEC标准
核能发电站	 运行的 　　规划(设计)的	同IEC标准
变电所(示出改变电压)	 V/V　　　　V/V 运行的 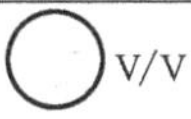　　规划(设计)的	
杆上变电站	 运行的 　　规划(设计)的	
地下变电所	 运行的 　　规划(设计)的	

1.2.2 电气线路图形符号

电气线路图形符号及说明见表1-22。

表1-22 电气线路图形符号及说明

图形符号	说 明	图形符号	说 明
	导线、导线组、电线、电缆、电路、传输通路(如微波技术)、线路、母线(总线)一般符号。 注:当用单线表示一组导线时,若需示出导线数可加小短斜线或画一条短斜线加数字表示		沿建筑物明敷设通信线路
	柔软导线		滑触线
	绞合导线(示出二股)		中性线
	屏蔽导线		保护线
	不需要示出电缆芯数的电缆终端头		保护和中性共用线
3 — 3	电缆直通接线盒(示出带三根导线)单线表示		具有保护线和中性线的三相配线
3 — 3 3	电缆连接盒,电缆分线盒(示出带三根导线T形连接)单线表示		向上配线
F T V S F	电话 电报和数据传输 视频通路(电视) 声道(电视或无线电广播) 示例:电话线路或电话电路		向下配线
			垂直通过配线
	地下线路		电缆铺砖保护
	水下(海底)线路	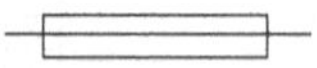	电缆穿管保护 注:可加注文字符号表示其规格数量
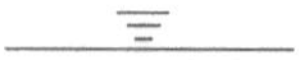			电缆预留 母线伸缩接头
	架空线路	(1)  —o— · —o— (2)  — · — · — · —	接地装置 (1)有接地极 (2)无接地极

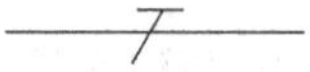

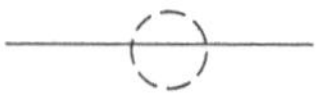

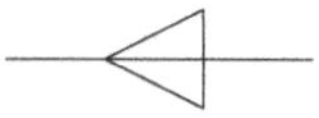

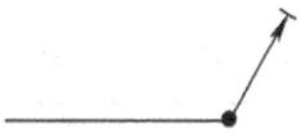

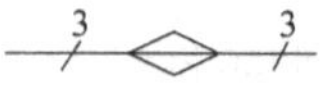

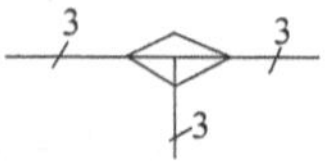

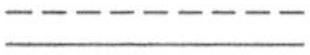

1.2.3 电杆及附属设备图形符号

电杆及附属设备图形符号及说明见表1-23。

表 1-23 电杆及附属设备图形符号及说明

图形符号	说 明	图形符号	说 明
○ $_C^{AB}$	电杆的一般符号(单杆、中间杆) 注:加可注文字符号表示 A—杆材或所属部门 B—杆长 C—杆号	$a \cdot b \cdot \frac{c}{d} \alpha \cdot A$ θ	装有投光灯的架空线电杆 一般画法 a—编号;b—投光灯型号;c—容量;d—投光灯安装高度;α—俯角;A—连接相序;θ—偏角 注:投照方向偏角的基准线可以是坐标轴线或其他基准线
○—⊢	带撑杆的电杆		
○←→⊢	带撑拉杆的电杆	○→	拉线一般符号(示出单方拉线)
$\frac{a\,b}{c}Ad$ ○ ↓	带照明灯的电杆 (1)一般画法 a—编号 b—杆型 c—杆高 d—容量 A—连接相序 (2)需要示出灯具的投照方向时	○→○	有高桩拉线的电杆

1.2.4 配电箱、配线架图形符号

配电箱、配线架图形符号见表1-24。

表 1-24 配电箱、配线架图形符号

名称	图形	名称	图形
变电所	○	杆上变电所	○
设备、器件、功能单元、功能器件	□ □ 符号轮廓内填入或加上适当的代号或符号,以表示物件的类别	屏、盘、架(一般符号)	□ 注:可用文字符号或型号表示设备名称
多种电源配电箱(盘)	◤	电力配电箱(盘)	▬
照明配电箱(盘)	■	事故照明配电箱(盘)	⊠
电源自动切换箱(屏)	╱	直流配电盘(屏)	▭
交流配电盘(屏)	∼	熔断器箱	▭
信号箱(屏)	⊗	刀开关箱	⊟
低压断路器箱	▢	立柱式按钮箱	○○
组合开关箱	⊞	壁龛电话交接箱	◨◧
列架(一般符号)	▤	人工交换台、中继台、测量台、业务台等(一般符号)	▭
总配线架	▦	中间配线架	▦

1.2.5 照明灯具图形符号

照明灯具图形符号及说明见表1-25。

表 1-25 照明灯具的图形符号及说明

名称	图形	名称	图形
灯(一般符号)	⊗ 如果要求指出灯光源类型,则在靠近符号处标出下列代码: Na——钠气 Hg——汞	荧光灯(一般符号),发光体(一般符号)	
二管荧光灯	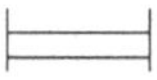	三管荧光灯	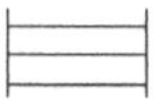
五管荧光灯	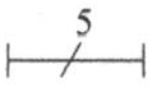 5	投光灯(一般符号)	 ⊗
聚光灯	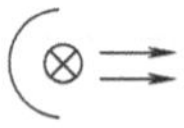 ⊗→	泛光灯	
气体放电灯的辅助设备	注:仅用于辅助设备与光源不在一起时	在专用电路上的事故照明灯	✕
自带电源的事故照明灯	 ⊠	障碍灯、危险灯,红色闪烁、全向光束	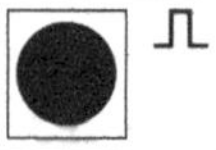 ● ⊓
顶棚灯座(裸灯头)	 ✕	墙上灯座(裸灯头)	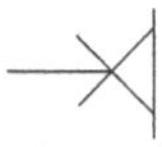
深照型灯		广照型灯(配照型灯)	
防水防尘灯	⊗	球形灯	●
局部照明灯		矿山灯	
安全灯		隔爆灯	 ◎
顶棚灯		花灯	
弯灯		壁灯	
应急疏散指示标志灯	EEL	应急疏散指示标志灯(向右)	EEL →
应急疏散指示标志灯(向左)	← EEL	应急疏散照明灯	EL
一般电杆	○	带照明灯具的电杆	 —⊙

1.2.6 插座、开关图形符号

插座、开关图形符号及说明见表1-26。

表1-26 插座、开关图形符号及说明

图形符号	说　　明	图形符号	说　　明
	单相插座		开关一般符号
	暗装		单极开关
	密闭(防水)		暗装
	防爆		密闭(防水)
	带保护接点插座 带接地插孔的单相插座		防爆
			双极开关
	暗装		暗装
	密闭(防水)		密闭(防水)
	防爆		防爆
	带接地插孔的三相插座		三极开关
	带接地插孔的三相插座暗装		暗装
	密闭(防水)		密闭(防水)
	防爆		防爆
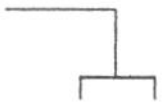	电信插座的一般符号 注:可用文字或符号加以区别 如:TP—电话 　　TX—电传 　　TV—电视 　　*—扬声器(符号表示) 　　M—传声器 　　FM—调频		单极拉线开关
			单极双控拉线开关
			多拉开关(如用于不同照度)
	带熔断器的插座		单极限时开关

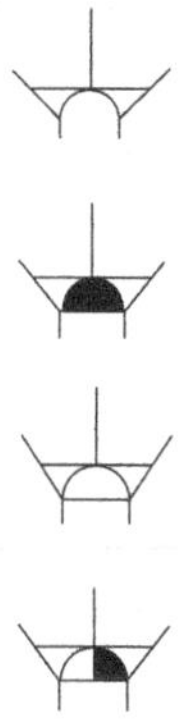

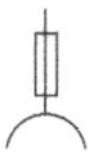

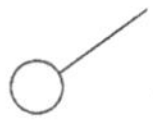

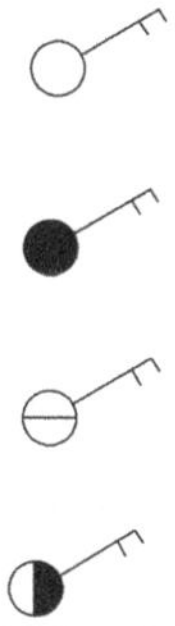

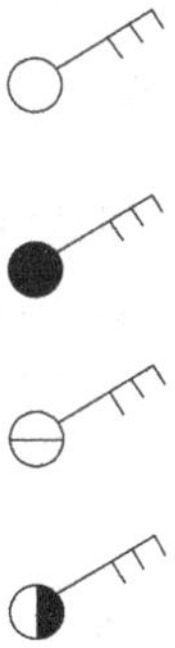

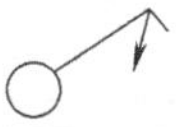

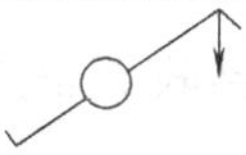

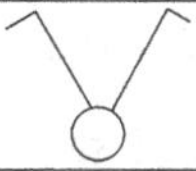

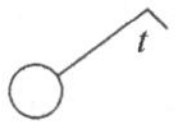

(续)

图形符号	说　明	图形符号	说　明
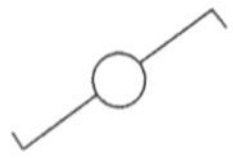 双控开关(单极三线)		盒(箱)一般符号	
 具有指示灯的开关		连接盒或接线盒	
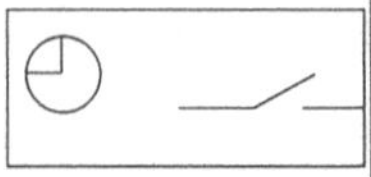 定时开关		 阀的一般符号	
 钥匙开关		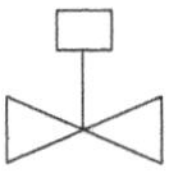 电磁阀	
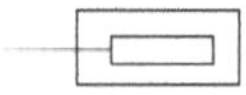 电阻加热装置		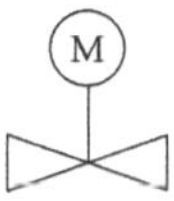 电动阀	
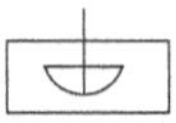 电弧炉		电磁分离器	
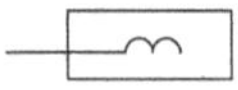 感应加热炉		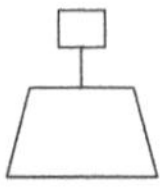 电磁制动器	
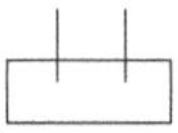 电解槽或电镀槽		按钮的一般符号 注:若图面位置有限,又不会引起混淆,小圆允许涂黑	
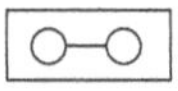 直流电焊机		(a) 一般或保护型按钮盒 (b) (a)示出一个按钮;(b)示出两个按钮 	
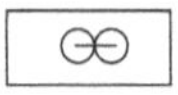 交流电焊机			

1.2.7　热水器、电风扇图形符号

热水器、电风扇图形符号及说明见表1-27。

表 1-27　热水器、电风扇图形符号及说明

GB/T 4728 图形符号	说　明	GB/T 4728 图形符号	说　明
	热水器(示出线)		吊式风扇
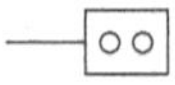	风扇一般符号(示出引线) 注:若不引起混淆,方框可省略不画	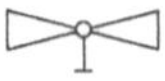	壁装台式风扇
			轴流风扇

1.2.8　有线电视及卫星电视接收系统常用图形符号

有线电视及卫星电视接收系统常用图形符号见表1-28。

1.2.9　广播音响系统常用图形符号

广播音响系统常用图形符号见表1-29。

表 1-28　有线电视及卫星电视接收系统常用图形符号

名称	图形		名称	图形	
	形式 1	形式 2		形式 1	形式 2
天线			带馈线的抛物面天线	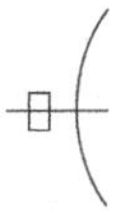	
有本地天线引入的前端(符号表示 1 条馈线支路)			无本地天线引入的前端(符号表示 1 条输入和 1 条输出通路)		
放大器、中继器(三角形指向传输方向)			双向分配放大器	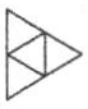	
均衡器	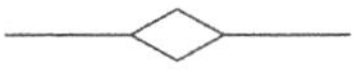		可变均衡器	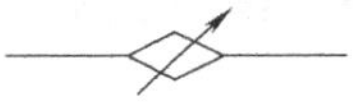	
固定衰减器	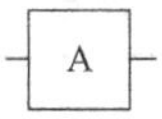 A		可变衰减器	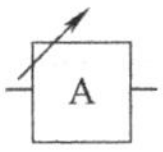 A	
解调器	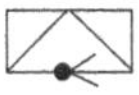	 DEM	调制器	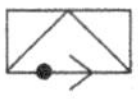	 MO
调制解调器	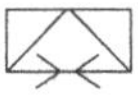	 MOD	分配器(表示两路分配器)	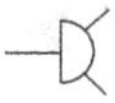	
分配器(表示三路分配器)	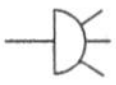		分配器(表示四路分配器)	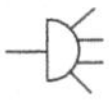	
分支器(表示 1 个信号分支)	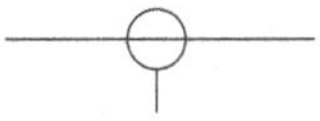		分支器(表示 2 个信号分支)	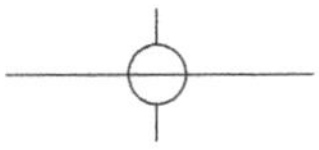	
分支器(表示 4 个信号分支)	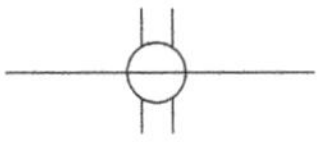		混合器(表示两路混合器)	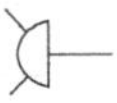	
电视插座	 TV	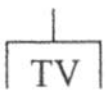 TV	信息插座	TO	

表 1-29　广播音响系统常用图形符号

名称	图形		名称	图形	
	形式 1	形式 2		形式 1	形式 2
传声器			嵌入式扬声器箱		

(续)

名称	图形		名称	图形	
	形式1	形式2		形式1	形式2
号筒式扬声器	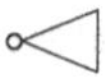 ◁		扬声器箱、音箱、声柱	 ◁	①
放大器	 ▷ ②		调谐器、无线电接收机	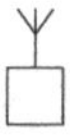 Y	
扬声器	 ◁ ①		传声器插座	M	

① 当扬声器箱、音箱、声柱需要区分不同的安装形式时，宜在符号旁标注下列字母：D—吸顶式安装；R—嵌入式安装；W—壁挂式安装。

② 当放大器需要区分不同类型时，宜在符号旁标注下列字母：A—扩大机；PRA—前置放大器；AP—功率放大器。

1.2.10 电话通信系统常用图形符号

电话通信系统常用图形符号见表1-30。

表1-30 电话通信系统常用图形符号

序号	图形符号	说明	备注
1	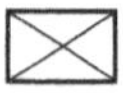 ⊠	架空交接箱	
2	 ⬔	落地交接箱	
3	 ◪	壁龛交接箱	
4	 ◪	墙挂交接箱	
5	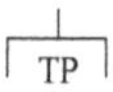 TP	在地面安装的电话插座	
6	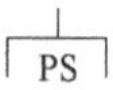 PS	直通电话插座	
7	 ⌓	室内分线箱	可加注 $\dfrac{A-B}{C}D$
8	 ⌓	室外分线箱	A——编号 B——容量 C——线号 D——用户数
9	 PBX	程控交换机	
10	●	电话出线盒	
11	 ⌓	电话机	
12	 ●	电传插座	
13	 ▭	传真收报机	

1.2.11 楼宇设备自动化系统常用图形符号

楼宇设备自动化系统常用图形符号见表1-31。

表1-31 楼宇设备自动化系统常用图形符号

序号	图形符号	说明	序号	图形符号	说明
1		热电偶	12	F	流量计
2		热电阻	13	T	温度传感器
3		一般检测点	14	Q	无功变送器
4		温度传感器	15	M	电动三通阀
5	P	压力传感器	16	M	电磁阀
6	ΔP	压差传感器	17		节流孔板
7	E	电压变送器	18		风机
8	I	电流变送器	19		水泵
9	J	功率变送器	20		加湿器
10	f	频率变送器	21		空气加热器
11	L	液位计	22		空气冷却器

1.2.12 综合布线系统常用图形符号

综合布线系统常用图形符号见表1-32。

表1-32 综合布线系统常用图形符号

序号	符号	名称	符号来源	序号	符号	名称	符号来源
1	CD	建筑群配线架 （系统图,含跳线连接）		6	ODF	总光纤配线架 （总光纤连接盘）	
2	BD	建筑物配线架 （系统图,含跳线连接）		7	SC	光纤配线架 （光纤连接盘）	
3	FD	楼层配线架 （系统图,含跳线连接）		8	MDF	总配线架	
4	FD	楼层配线架 （系统图,无跳线连接）		9	SB	模块配线架式的 供电设备(系统图)	
5	CP	集合点配线架		10	HUB	集线器	YD 5082—1999

(续)

序号	符号	名称	符号来源	序号	符号	名称	符号来源
11	SW	网络交换机	04DX003	20		光纤或光缆	GA/T 74 —2017
12	PABX	程控用户交换机		21		线槽	
13	形式1: —○nTO 形式2: nTO	信息插座，n 为信息孔数量 例如：TO—单孔信息插座； 2TO—双孔信息插座； 4TO—四孔信息插座； nTO—n 孔信息插座		22	CD	建筑群配线设备	GB 50311 —2016
				23	BD	建筑物配线设备	GB 50311 —2016
				24	FD	楼层配线设备	GB 50311 —2016
				25	CP	集合点	GB 50311 —2016
14	形式1: —○ 形式2: ○	信息插座的一般符号可用以下的文字或符号区别不同插座： TP—电话； TD—计算机（数据）		26	ODF	光纤配线架	
				27	MDF	总配线架	
				28	RJ45	8 位模块通用插座	GB 50311 —2016
15	—○MUTO	多用户信息插座，信息孔数量≤12		29	IDC	卡接式配线模块	GB 50311 —2016
16	IP	网络电话		30	OF	光纤	GB 50311 —2016
17	AP	无线接入点	AP 为 Access Point	31	TE	终端设备	GB 50311 —2016
18	IP	网络摄像机	GB/T 5465.2 —2008	32	SC	用户连接器（光纤连接器）	GB 50311 —2016
19	IP	带云台网络摄像机（含解码器）	GB/T 5465.2 —2008	33	SFF	小型连接器	

1.2.13 安全技术防范系统常用图形符号

安全技术防范系统常用图形符号见表1-33。

表 1-33 安全技术防范系统常用图形符号

名称	图形		名称	图形	
	形式1	形式2		形式1	形式2
摄像机			红外摄像机	IR	
彩色转黑白摄像机			半球形摄像机	H	
有室外防护罩的摄像机	OH		监视器		

（续）

名称	图形		名称	图形	
	形式1	形式2		形式1	形式2
彩色摄像机			指纹识别器		
带云台的摄像机			键盘读卡器	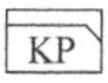 KP	
网络（数字）摄像机	 IP		紧急脚挑开关		
红外带照明灯摄像机	 IR		门磁开关		
全球摄像机	 R		振动探测器	 A	
彩色监视器			微波入侵探测器	 M	
读卡器	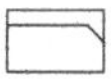		主动红外探测器（发射、接收分别为Tx、Rx）	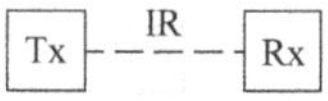 Tx — IR — Rx	
保安巡查打卡器			埋入线电场扰动探测器	 □ — L — □	
紧急按钮开关			激光探测器	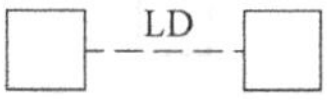 □ — LD — □	
玻璃破碎探测器	 B		对讲电话分机	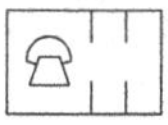	
被动红外入侵探测器	 IR		可视对讲户外机	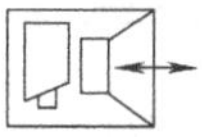	
被动红外/微波双技术探测器	 IR/M		磁力锁	 M	
遮挡式微波探测器	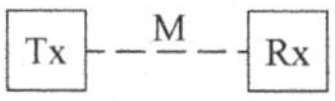 Tx — M — Rx		电锁按键	 E	
弯曲或振动电缆探测器	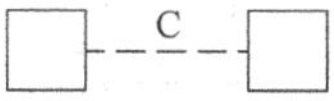 □ — C — □		投影机	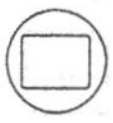	
对讲系统主机	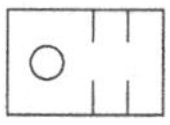		电控锁	 EL	
可视对讲机	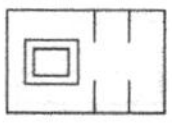		—	—	—

1.2.14　火灾自动报警系统常用图形符号

火灾自动报警系统常用图形符号（见表1-34）

表 1-34　火灾自动报警系统常用图形符号

序号	图形符号	说明	序号	图形符号	说明
1	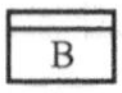 B	火灾报警控制器	20	⊘	防火阀（70℃熔断关闭）
2	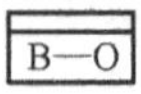 B—O	区域火灾报警控制器	21	 ⊘E	防火阀（24V 电控及 70℃温控关）
3	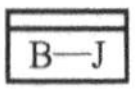 B—J	集中火灾报警控制器	22	 ⊘280	防火阀（280℃熔断关闭）
4		火灾部位显示器（层显示）	23		防火排烟阀
5		感烟探测器	24	●	排烟阀
6	 ↓	感温探测器	25		正压送风口
7	∧	火焰探测器	26	⊡	消火栓箱内启泵按钮
8	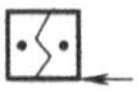	红外光束感烟发射器	27		紧急启、停按钮
9		红外光束感烟接收器	28		短路隔离器
10		可燃气体探测器	29	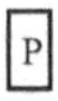 P	压力开关
11	Y	手动报警按钮	30	 ⚠	启动钢瓶
12		火灾警铃	31	C	控制模块
13		火灾警报器	32	 M	输入监视模块
14		火灾声光信号显示装置	33	 D	非编码探测器接口模块
15		火灾报警电话(实装)	34	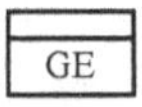 GE	气体灭火控制盘
16	 Ⓣ	火灾报警对讲机	35	 DM	防火门磁释放器
17	 ▪	水流指示器	36	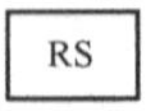 RS	防火卷帘门电气控制器
18	 ▷◁	压力报警阀	37	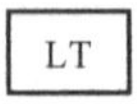 LT	电控箱
19	 ▷◁	带监视信号的检修阀	38	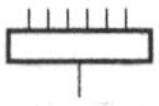	配电中心

1.2.15　与施工用电平面图有关的图例

（1）建筑总平面图图例（见表 1-35）

表 1-35　建筑总平面图图例

名称	图例符号	说明	名称	图例符号	说明
新建的建筑物	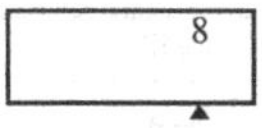 8　▲	右上角数字为层数用中粗实线表示"▲"表示出入口	原有建筑物	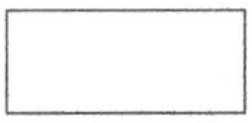	用细实线表示
拆除的建筑物	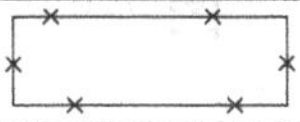	用细实线表示	室外标高	●143.00 ▼143.00	也可用等高线表示
围墙及大门	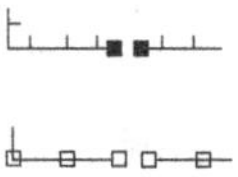	上图为实体性质的围墙 下图为通透性质的围墙	新建的道路	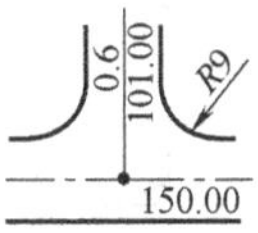 0.6 101.00 R9 150.00	"150.00"为路面中心标高 R9 为转弯半径为9m"101.00"为变坡点间距离"0.6"为0.6%的纵向坡度
原有道路			计划扩建的道路		用中虚线表示
			计划扩建的预留地或建筑物		用中虚线表示
拆除的道路			人行道	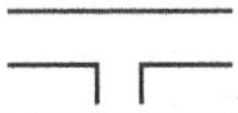	
绿篱			植草砖、铺地	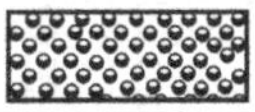	
护坡	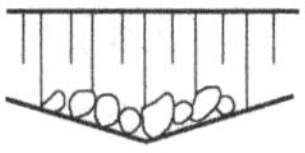		填挖边坡	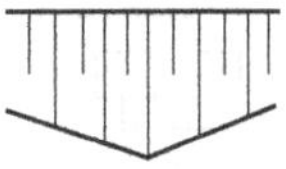	

（2）常用建筑材料图例（见表 1-36）

表 1-36　常用建筑材料图例

名称	图例符号	说明	名称	图例符号	说明
自然土壤			粉刷刮白		
砂、灰土	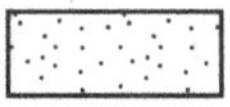		防水材料或防潮层		
钢筋混凝土			水	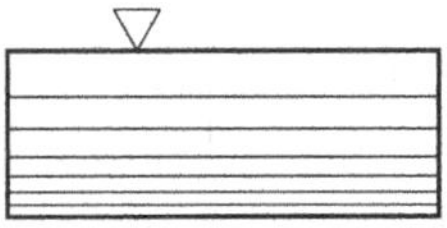	
毛石	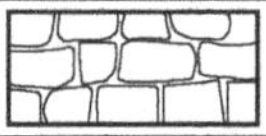				
夯实土壤			普通砖	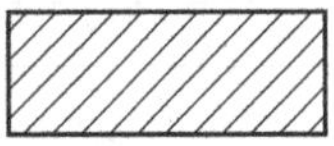	
混凝土			饰面砖	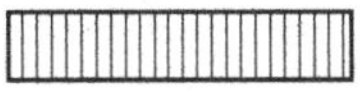	
砂砾石、三合土	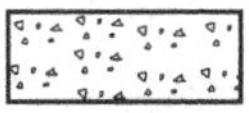		纤维材料		
多孔材料	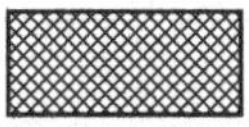		石膏板		
石材	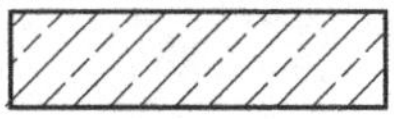		玻璃	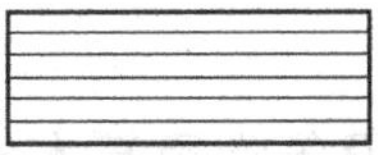	
空心砖	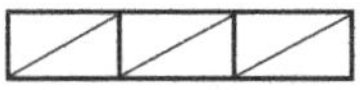				
金属	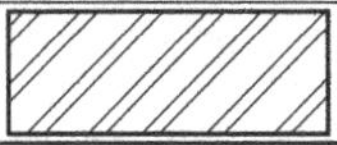		纤维材料	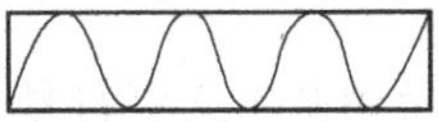	或人造板

（3）采暖与空调安装图例（见表1-37）

表1-37　采暖与空调安装图例

名称	图例符号	说明	名称	图例符号	说明
手动调节阀			防火阀	70℃	
检查孔	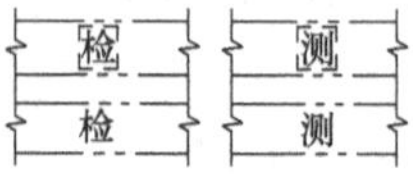 检 测 检 测		风管止回阀		
三通调节阀			止回阀		左、中为通用画法
温度计	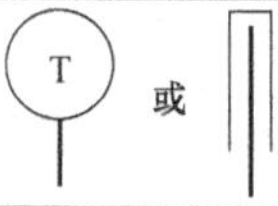 T 或	左为圆盘式，右为管式	集气罐		左图为平面
板式换热器			加湿器	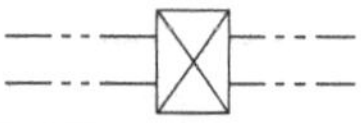	
空气过滤器	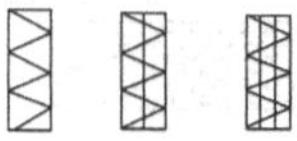	左为粗效，右为高效	窗式空调器		
风机盘管			离心风机		左为左式风机，右为右式风机
轴流风机	或		压力表	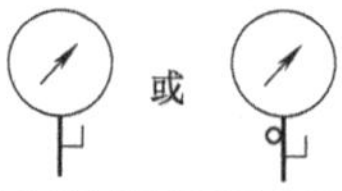 或	
软管	或光滑曲线（中粗）		电加热器		
挡水板			分体空调器	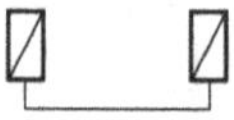	
水泵		左侧为进水，右侧为出水	气流方向		左为通用表示法
天圆地方	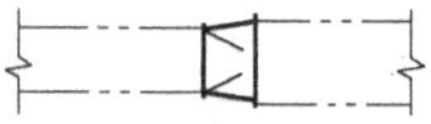	左接矩形管，右接圆管	插板阀		
闸阀			散热器及控制阀	15 15 15 15	左为平面图，右为剖面图
截止阀	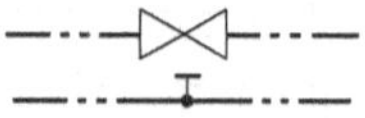	没有说明时，表示螺纹联接			
绝热管					

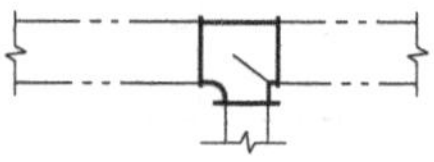

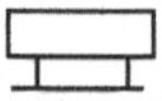

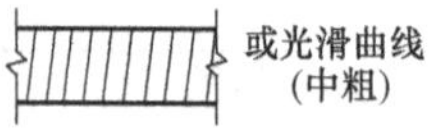

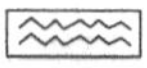

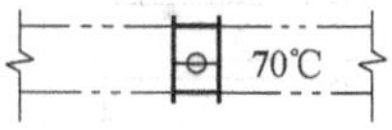

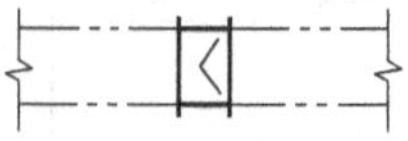

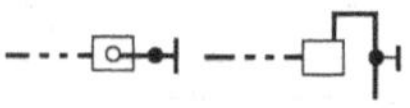

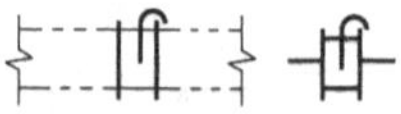

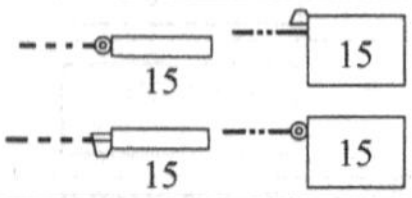

1.3　常用文字符号

1.3.1　电气设备常用基本文字符号

电气设备常用基本文字符号见表1-38。

表 1-38 电气设备常用基本文字符号

单字母符号	中文含义（设备、装置和元器件种类）	双字母符号	中文含义（设备、装置和元器件种类进一步分类）	等同IEC	补充(惯用符号)
A	组件部件	AD	晶体管放大器	=	AA 低压配电屏 AC 控制屏（箱） ACP 并联电容屏 AD 直流配电屏 AF 低压负荷开关箱 AH 高压开关箱 AK 刀开关箱 AI 照明配电箱 ALE 应急照明箱 AM 多种电源配电箱 AP 动力配电箱 AR 继电器屏 ARC 漏电流断路器箱 AS 信号屏（箱） AT 电源自动切换箱 AW 电能表箱、操作箱 AX 插座箱
A	组件部件	AJ	集成电路放大器	=	
A	组件部件	AT	抽屉柜	=	
A	组件部件	AR	支架盘	=	
B	非电量到电量变换器或电量到非电量变换器	BP	压力变换器	=	BK 时间测量传感器 BL 液位测量传感器 BM 温度测量传感器
B	非电量到电量变换器或电量到非电量变换器	BQ	位置变换器	=	
B	非电量到电量变换器或电量到非电量变换器	BV	速度变换器	=	
B	非电量到电量变换器或电量到非电量变换器	BT	温度变换器	=	
C		电容器		=	CE 电力电容器
D	二进制元件 延迟器件 存储器件	DI (c/a)	数字集成电器和器件	=	—
D	二进制元件 延迟器件 存储器件	DL	延迟线	=	
D	二进制元件 延迟器件 存储器件	DB	双稳态元件	=	
D	二进制元件 延迟器件 存储器件	DM	单稳态元件	=	
D	二进制元件 延迟器件 存储器件	DR	寄存器	=	
E	其他元器件	EH	发热器件	=	EE 电加热器、加热元件
E	其他元器件	EV	空气调节器	=	
F	保护器件	FA	具有瞬间动作的限流保护器件	=	FF 跌落式熔断器 FTF 快速熔断器
F	保护器件	FR	具有延时动作的限流保护器件	=	
F	保护器件	FS	具有延时和瞬间动作的限流保护器件	=	
F	保护器件	FU	熔断器	=	
F	保护器件	FV	限压保护器件	=	
G	发生器 发电机电源	GS	发生器	=	GD 柴油发电机 GE(通用)发电机 GU 不间断电源 GV 稳压电源设备 DG 配电干线 LG 电力干线 MG 照明干线 PFG 配电分干线 LFG 电力分干线 MFG 照明分干线 KZ 控制线
G	发生器 发电机电源	GS	同步发电机	=	
G	发生器 发电机电源	GA	异步发电机	=	
G	发生器 发电机电源	GB	蓄电池	=	
G	发生器 发电机电源	GF	旋转式或固定式变频机	=	

（续）

单字母符号	中文含义（设备、装置和元器件种类）	双字母符号	中文含义（设备、装置和元器件种类进一步分类）	等同IEC	补充（惯用符号）
H	信号器件	HA	声响指示器	=	HL 信号灯（各种信号） HB 蓝色灯（必须遵守的指示） HG 绿色灯（L2相电源，开关断，设备停） HR 红色灯（L3 相电源，开关合，设备运行，危险） HW 白色灯（工作正常，有电，工作状态指示） HY 黄色灯（L1 相电源，警告，小心）
		HL	光指示器	=	
			指示灯	=	
K	继电器、接触器	KA	瞬时接触继电器	=	KA 中间继电器 KG 气体继电器 KCZ 零序电流继电器 KD 差动继电器 KE 接地继电器 KF 液流继电器 KFR 闪光继电器 KH 热继电器 KOS 失步继电器 KW 功率方向继电器 KPR 压力继电器 KRR 逆流继电器 KRr 重合闸继电器 KSP 绝缘监视继电器 KTE 温度继电器 KY 同步监视继电器 KA 电流继电器
			瞬时有或无继电器	=	
			交流继电器		
		KL	闭锁接触继电器（机械闭锁或永磁铁式有或无继电器）	=	
			双稳态继电器	=	
		KM	接触器	=	
		KP	极化继电器	=	
		KR	干簧继电器	=	
		KT	延时有或无继电器	=	
		KR	逆流继电器阻抗继电器	=	
L	电感器电抗器			=	LA 消弧线圈 LF 励磁线圈 LL 滤波电容器
M	电动机	MS	同步电动机	=	MA 异步电动机 MC 笼型异步电动机 MD 直流电动机 MN 绕线转子异步电动机
		MG	可作发电机或电动机用的电机	=	
N	模拟元件				
P	测量设备实验设备	PA	电流表	=	PAR 无功电流表 PF 频率表 PJR 无功电能表 PM 最大容量表（负荷监控仪） PPA 相位表 PPF 功率因数表 PR 无功功率表 PW 有功功率表
		PC	（脉冲）计数器	=	
		PJ	电能表	=	
		PS	记录仪器	=	
		PT	时钟、操作时间表	=	
		PV	电压表	=	—
Q	电力电路的开关器件	QF	断路器	=	QE 接地开关 QFS 刀熔开关、熔断器 QI 有载分接开关 QK 刀开关 QL 负荷开关 QR 漏电流断路器 QT 转换开关 QS 起动器 QSA 自耦减压起动器 QSC 综合起动器 QSD 三角起动器 QV 真空断路器
		QM	电动机保护开关	=	
		QS	隔离开关	=	

扫一扫看视频

（续）

单字母符号	中文含义（设备、装置和元器件种类）	双字母符号	中文含义（设备、装置和元器件种类进一步分类）	等同IEC	补充（惯用符号）
R	电阻器	RP	电位器	=	RC 限流电阻器 RD 放电电阻 RF 频敏变阻器 RG 接地电阻 RL 光敏电阻 TPS 压(力)敏电阻 RS 启动变阻器
		PS	测量分路表	=	
		RT	热敏电阻器	=	
		RV	压敏电阻器	=	
S	控制、记忆、信号电路的开关器件选择器	SA	控制开关	=	SA 电流表切换开关 SBE 紧急按钮 SBF 正转按钮 SBI 试验按钮 SBR 反转按钮 SBS 停止按钮 SH 手动按钮 SI 温度控制开关、辅助开关 SK 时间控制开关 SL 液位控制开关 SM 湿度控制开关 SP 压力控制开关 SQ 限位开关 SR 复归接近开关 SS 速度控制开关 SV 电压表切换开关
			选择开关	=	
		SB	按钮开关	=	
		SL	液体标高传感器	=	
		SP	压力传感器	=	
		SQ	位置传感器(包括接近传感器)	=	
		SR	转数传感器	=	
		ST	温度传感器	=	
T	变压器	TA	电流互感器	=	TD 干式变压器 TI 隔离变压器 TL 照明变压器 TLC 有载调压变压器 TR 整流变压器 TT 试验变压器
		TC	控制电路电源用变压器	=	
		TM	电力变压器	=	
		TV	电压互感器	=	
U	调制器变换器			=	UC 变换器 UI 逆变器 UR 可控制整流器
V	半导体管	VC	控制电路用电源的整流器	=	—
W	传输通道波导天线			=	W 照明分支线 WB 直流母线 WC 控制子母线 WCL 合闸子母线 WE 应急照明分支线 WEM 应急照明干线 WF 闪光子母线 WFS 事故音响子母线 WLM 照明干线 WP 电力分支线 WPS 预先音响子母线 WS 信号子母线 WV 电压子母线

(续)

单字母符号	中文含义（设备、装置和元器件种类）	双字母符号	中文含义（设备、装置和元器件种类进一步分类）	等同IEC	补充（惯用符号）
X	端子 插头 插座	XB	连接片	=	—
		XJ	测试插孔	=	
		XP	插头	=	
		XS	插座	=	
		XT	端子板	=	
Y	电器操作的机械器件	YA	电磁铁	=	YA 气动执行器 YC 合闸线圈 YE 电动执行器 YF 防火阀 YT 跳闸线圈 YL 电磁锁 YS 排烟阀
		YB	电磁制动器	=	
		YC	电磁离合器	=	
		YM	电动阀	=	
		YV	电磁阀	=	
Z		终端设备 混合变压器 滤波器 均衡器 限幅器	=	ZE 电延时元件

1.3.2 常用辅助文字符号

常用辅助文字符号见表1-39。

表 1-39 常用辅助文字符号

序号	名称	文字符号	序号	名称	文字符号
1	电流	A	22	减	DEC
2	模拟	A	23	接地	E
3	交流	AC	24	紧急	EM
4	自动	A,AUT	25	快速	F
5	加速	ACC	26	反馈	FB
6	附加	ADD	27	正,向前	FW
7	可调	ADJ	28	绿	GN
8	辅助	AUX	29	高	H
9	异步	ASY	30	输入	IN
10	制动	B,BRK	31	增	INC
11	黑	BK	32	感应	INC
12	蓝	BL	33	左	L
13	向后	BW	34	限制	L
14	控制	C	35	低	L
15	顺时针	CW	36	闭锁	LA
16	逆时针	CCW	37	主	M
17	延时（延迟）	D	38	中	M
18	差动	D	39	中间线	M
19	数字	D	40	手动	M
20	降	D			MAN
21	直流	DC	41	中性线	N

（续）

序号	名称	文字符号	序号	名称	文字符号
42	断开	OFF	57	信号	S
43	闭合	ON	58	启动	ST
44	输出	OUT	59	置位，定位	S
45	压力	P			SET
46	保护	P	60	饱和	SAT
47	保护接地	PE	61	步进	STE
48	保护接地与中性线共用	PEN	62	停止	STP
49	不接地保护	PU	63	同步	SYN
50	记录	R	64	温度	T
51	右	R	65	时间	T
52	反	R	66	无噪声（防干扰）接地	TE
53	红	RD	67	真空	V
54	复位	R	68	速度	V
		RST	69	电压	V
55	备用	RES	70	白	WH
56	运转	RUN	71	黄	YE

1.3.3 标注线路用文字符号

标注线路用文字符号见表1-40。

表 1-40 标注线路用文字符号

序号	中文名称	英文名称	常用文字符号		
			单字母	双字母	三字母
1	控制线路	Control Line		WC	
2	直流线路	Direct-Current Line		WD	
3	应急照明线路	Emergency Lighting Line		WE	WEL
4	电话线路	Telephone Line		WF	
5	照明线路	Illuminating（Lighting）Line	W	WL	
6	电力线路	Power Line		WP	
7	声道（广播）线路	Sound Gate（Broadcasting）Line		WS	
8	电视线路	TV Line		WV	
9	插座线路	Socket Line		WX	

1.3.4 线路敷设方式文字符号

线路敷设方式文字符号见表1-41。

表 1-41 线路敷设方式文字符号

序号	表达内容	文字符号	
		新文字符号	旧文字符号
1	穿焊接钢管敷设	SC	G
2	穿薄电线管敷设	TC	DG
3	穿硬质塑料管敷设	PC	VG
4	穿半硬塑料管槽敷设	PEC	ZVG
5	用绝缘子（瓷瓶或瓷柱）敷设	K	CP
6	用塑料线槽敷设	PR	XC
7	用金属线槽敷设	SR	GC

（续）

序号	表达内容	文字符号	
		新文字符号	旧文字符号
8	用电缆桥架敷设	CT	—
9	用瓷夹板敷设	PL	CJ
10	用塑料夹敷设	PCL	VJ
11	穿蛇皮管敷设	CP	SPG
12	穿阻燃塑料管敷设	PVC	—

1.3.5　线路敷设部位文字符号

线路敷设部位文字符号见表 1-42。

表 1-42　线路敷设部位文字符号

序号	表达内容	文字符号	
		新文字符号	旧文字符号
1	沿钢索敷设	SR	S
2	沿屋架或层架下弦敷设	BE	LM
3	沿柱敷设	CLE	ZM
4	沿墙敷设	WE	QM
5	沿天棚面或顶板面敷设	CE	PM
6	在能进入的吊顶内敷设	ACE	PNM
7	暗敷在梁内	BC	LA
8	暗敷在柱内	CLC	ZA
9	暗敷在屋面或顶板内	CC	PA
10	暗敷在地面内或地板内	FC	DA
11	暗敷在不能进入的吊顶内	ACC	PND
12	暗敷在墙内	WC	QA

1.4　常用电力设备在平面布置图上的标注方法与实例

1.4.1　常用电力设备在平面布置图上的标注方法

常用电力设备在平面布置图上的标注方法见表 1-43。

表 1-43　常用电力设备在平面布置图上的标注方法

序号	类别	新标注方法	符号释义	旧标注方法
1	用电设备或电动机出口处	$\dfrac{a}{b}$ 或 $\dfrac{a}{b}\left\vert\dfrac{c}{d}\right.$	a——设备编号 b——额定功率（kW） c——线路首端熔断片或自动开关释放器的电流（A） d——标高（m）	$=$
2	开关及熔断器	一般标注方法 $a\dfrac{b}{c/i}$ 或 $a\text{-}b\text{-}c/i$ 当需要标注引入线的规格时 $a\dfrac{b\text{-}c/i}{d(e\times f)\text{-}g}$	a——设备编号 b——设备型号 c——额定电流（A） d——导线型号 i——整定电流（A） e——导线根数 f——导线截面积（mm^2） g——导线敷设方式	基本相同其中一般符号为 a $[b/(cd)]d$——导线型号

（续）

序号	类别	新标注方法	符号释义	旧标注方法
3	电力或照明设备	一般标注方法 $a\dfrac{b}{c}$ 或 $a-b-c$ 当需要标注引入线的规定时 $a\dfrac{b-c}{d(e\times f)-g}$	a——设备编号 b——设备型号 c——设备功率（kW） d——导线型号 e——导线根数 f——导线截面（mm^2） g——导线敷设方式及部位	=
4	照明变压器	$\dfrac{a}{b}-c$	a——一次电压（V） b——二次电压（V） c——额定容量（VA）	=
5	照明灯具	一般标注方法 $a-b\dfrac{c\times d\times L}{e}f$ 灯具吸顶安装时 $a-b\dfrac{c\times d\times L}{}$	a——灯数 b——型号或编号 c——每盏照明灯具的灯泡数 d——灯泡容量（W） e——灯泡安装高度（m） f——安装方式 L——光源种类	=
6	最低照度	⑨	表示最低照度为9lx	=
7	照明照度检查点	●a ●$\dfrac{a-b}{c}$	a：水平照度（lx） $a-b$：双侧垂直照度（lx） c：水平照度（lx）	=
8	电缆与其他设施交叉点	$\dfrac{a-b-c-d}{e-f}$	a——保护管根数 b——保护管直径（mm） c——管长（mm） d——地面标高（mm） e——保护管埋设深度（m） f——交叉点坐标	$\dfrac{a-b-c-d}{e-f}$
9	配电线路	$a-b(c\times d)e-f$	末端支路只注编号时为 a——回路编号 b——导线型号 c——导线根数 d——导线截面积 e——敷设方式及穿管管径 f——敷设部位	
10	电话交接箱	$\dfrac{a-b}{c}d$	a——编号 b——型号 c——线序 d——用户数	
11	电话线路上	$a-b(c\times d)e-f$	a——编号 b——型号 c——导线对数 d——导线线径（mm） e——敷设方式和管径 f——敷设部位	
12	标注线路	PG、LG、MG、PFG、LFG、MFG、KZ	PG——配电干线 LG——电力干线 MG——照明干线 PFG——配电分干线 LFG——电力分干线 KZ——控制线 MFG——照明分干线	

（续）

序号	类别	新标注方法	符号释义	旧标注方法
13	导线型号规格或敷设方式的改变	$\dfrac{3\times16 \quad 3\times10}{—}\times$	$3\times16mm^2$ 导线改为 $3\times10mm^2$	
		$\dfrac{—\times\phi2.5''}{—}$	无穿管敷设改为导线穿管（$\phi2.5''$）敷设	
14	相序	L1 L2 L3 U V W	L1——交流系统电源第一相 L2——交流系统电源第二相 L3——交流系统电源第三相 U——交流系统设备端第一相 V——交流系统设备端第二相 W——交流系统设备端第三相	A B C A B C
15	中性线	N	N——中性线	=
16	保护线	PE	PE——保护线	
17	保护和中性用线	PEN	PEN——保护和中性用线	
18	交流电	$m\sim f,U$	m——相数 f——频率（Hz） U——电压 $\sim$——交流电	=
		例：$3N\sim50Hz,380V$	示出交流，三相中性线，50Hz,380V	
19	直流电	$-220V$	直流电压220V	=
20	标写计算	$F_e \quad F_i \quad I_z \quad I_i \quad K_x \quad \cos\varphi$	F_e——设备容量（kW） F_i——计算负荷（kW） I_z——额定电流（A） I_i——计算电流（A） K_x——需要系数 $\cos\varphi$——功率因数	
21	电压损失	U	电压损失（%）	$\triangle U\%$

注：表中"="表示新旧标注方法相同；空格表示无此项。

1.4.2　常用电力设备在平面布置图上的标注实例

电气工程中有很多电器装置，如配电箱、导线、电缆、灯具、开关、插座等，在电气施工图中用规定的符号画出后，还要用文字符号在其旁边进行标注，以表明电器装置的技术参数。

1. 配电箱的编号

配电箱的编号方法没有明确的规定，设置者可根据自己的习惯给配电箱编号。下面介绍一种常用的编号方法。

在建筑供配电与照明系统施工图中，照明总配电箱使用编号 ALO（或 M），照明层配电箱使用编号 ALn（n 为层数，如一层为 AL1），照明分配电箱（房间内配电箱）使用编号 ALm-n（m 为房间所在层数，n 为房间的编号，如 201 为 AL2-1）。动力配电箱使用编号 APn（n 为动力设备的编号）。配电箱的编号应标注在平面图和系统图中相应的配电箱旁边，同一配电箱在平面图和系统图中的编号应一致。

2. 线路的标注

在平面图和系统图中所画的线路，应用图线加文字标注的方法，表明线路编号或用途（a）、所用导线的型号（b）、导线根数（c）、导线截面积（d）、线路的敷设方式及穿管直径（e）和线路敷设部位（f）等。

（1）常用导线的型号

常用的导线有两种：铜芯绝缘导线和铝芯绝缘导线，分别用 BV 和 BLV 表示。具有阻燃作用的铝芯导线表示为 ZR-BLV，具有耐火作用的铜芯导线表示为 NH-BV。常用导线的型号见表 1-44。此外，还有通用橡胶软电缆 YQ、YQW、YZ、YZW 及 YC、YCW 型；聚氯乙烯电力电缆 VV、VLV 系列；交联聚氯乙烯电力电缆 YJV、YJLV、YJY、YJLY 系列；不滴流油浸绝缘电力电缆 ZQD、ZLQD、ZLD、ZLLD 系列；视频（射频）同轴电缆 SYV、SYWV、SYFV 系列；信号控制电缆（RVV 护套线、RVVP 屏蔽线）等。

表 1-44 常用导线技术数据表

线路类别	线路敷设方式	导线型号	额定电压（kV）	产品名称	最小截面积/mm²	附注
交直流配电线路	吊灯用软线	RVS	0.25	铜芯聚氯乙烯绝缘绞型软线；铜芯丁腈聚氯乙烯复合物绝缘软线	0.5	
		RFS				
	室内配线；穿管线槽塑料线夹瓷瓶	BV	0.45/0.75	铜芯聚氯乙烯绝缘电线	1.5	
		BLV		铝芯聚氯乙烯绝缘电线	2.5	
		BX		铜芯橡皮绝缘电线	1.5	
		BLX		铝芯橡皮绝缘电线	2.5	
		BXF		铜芯氯丁橡皮绝缘电线	1.5	
		BLXF		铝芯氯丁橡皮绝缘电线	2.5	
	架空进户型	BV	0.45/0.75	铜芯聚氯乙烯绝缘电线	10	铺设距离应不超过 25m
		BLV		铝芯聚氯乙烯绝缘电线		
		BXF		铜芯氯丁橡皮绝缘电线		
		BLXF		铝芯氯丁橡皮绝缘电线		
	架空线	JKLY	0.6/1	辐照聚乙烯绝缘架空电缆	16（25）	居民小区不小于 35mm²。注：括号内的数值仅为北京地区使用
		JKLYJ		辐照交联聚乙烯绝缘架空电缆		
		LJ	10	铝芯绞线	25（35）	
		LGJ		钢芯铝绞线		

（2）导线根数

因为线路在图上用图线表示时，只要走向相同，无论导线根数多少，都使用一条线。所以除了写出导线根数（c）外，还要在图线上打上一短斜线并标以根数，或打上相同数量的短斜线，但是根数为 2 根的图线不作标记。

（3）导线截面积

各导线用途虽不同，但截面积的等级是相同的，只是最小和最大截面积有所不同。以 BV 导线为例，有 $1.5mm^2$、$2.5mm^2$、$4mm^2$、$6mm^2$、$10mm^2$、$16mm^2$、$25mm^2$、$35mm^2$、$50mm^2$、$70mm^2$、$95mm^2$、$120mm^2$、$150mm^2$、$185mm^2$、$240mm^2$ 共 15 个等级。

（4）线路敷设方式

线路敷设方式可分为两大类：明敷和暗敷。明敷有夹板敷设、瓷瓶敷设、铝卡钉敷设、塑料线槽敷设等；暗敷有线管敷设等。各种线路敷设方式的文字代号见表1-41。

穿管管径有下列几种规格：15（16、18）mm、20mm、25mm、32mm、40mm、50mm、63mm、70mm、80mm、100mm、125mm、150mm等。括号中16、18只有硬和半硬塑料管中有此规格的。

（5）线路敷设部位

表达线路敷设部位的文字符号参见表1-42。

（6）线路敷设标注格式

系统图中线路的编号、导线型号、规格、根数、敷设方式、管径、敷设部位等内容，在系统图中按下面的格式进行标注：

$$a-b-(c \times d)-e-f$$

式中，a 为线路编号或回路编号；b 为导线型号；c 为导线根数；d 为导线截面积（mm^2），不同截面积应分别标注；e 为敷设方式和穿管管径（mm），参见表1-41；f 为敷设部位，参见表1-42。

例如，在某系统图中，导线标注如下：

① WP_1-BLV-$(3 \times 50+1 \times 35)$-K-WE　表示1号电力线路，导线型号为BLV（铝芯聚氯乙烯绝缘导线），共有4根导线，其中3根截面积分别为50mm^2，1根截面积为35mm^2，采用瓷瓶配线，沿墙明敷设。

② BLV-(3×4)-SC25-WC　表示有3根截面积分别为4mm^2的铝芯聚氯乙烯绝缘电线，穿管直径为25 mm的钢管沿墙暗敷设。

③ BLV$(2 \times 2.5+2.5)$-PC20-CE　N1 照明 100W

　BLV$(2 \times 2.5+2.5)$-PC20-CE　N2 插座 200W

　BLV$(2 \times 2.5+2.5)$-PC20-CE　N3 空调器 1500W

"BLV$(2 \times 2.5+2.5)$-PC20/CE"表示采用铝芯聚氯乙烯绝缘电线（BLV），3根导线，截面为2.5mm^2：其中1根相线、1根中性线、1根接地线，穿塑料管（PC），管径20mm，沿顶棚暗敷。

"N1、N2、N3"表示回路编号。

"照明、插座、空调器"表示该回路所供电的负荷类型。

"100W、200W、1500W"表示回路的负荷大小。

3. 系统图中配电装置的标注

（1）电力和照明配电箱的文字标注

电力和照明配电箱等设备的文字标注格式一般为 $a\dfrac{b}{c}$ 或 $a-b-c$。当需要标注引入线的规格时，则标注为 $a\dfrac{b-c}{d(e \times f)-g}$。

式中，a 为设备编号；b 为设备型号；c 为设备功率（kW）；d 为导线型号；e 为导线根数；f 为导线截面积（mm^2）；g 为导线敷设方式及部位。

如 $A_3\dfrac{XL-3-2}{35.165}$，则表示3号动力配电箱，其型号为XL-3-2型，功率为35.165kW；若标

注为 $A_3 \dfrac{\text{XL-3-2-35.165}}{\text{BLV-3×35-SC40-CLE}}$，则表示为 3 号动力配电箱，型号为 XL-3-2 型，功率为 35.165kW，配电箱进线为 3 根，截面分别为 35mm² 的铝芯聚氯乙烯绝缘导线，穿直径为 40mm 的钢管，沿柱子敷设。

（2）开关及熔断器的文字标注

开关及熔断器的文字标注格式一般为 $a\dfrac{b}{c/i}$ 或 $a\text{-}b\text{-}c/i$。当需要标注引入线的规格时，则应标注为 $a\dfrac{b\text{-}c/i}{d(e×f)\text{-}g}$。

式中，a 为设备编号；b 为设备型号；c 为额定电流（A）；i 为整定电流（A）；d 为导线型号；e 为导线根数；f 为导线截面积（mm²）；g 为导线敷设方式。

如 $Q_2\dfrac{\text{HH}_3\text{-100/3}}{\text{100/80}}$，则表示 2 号开关设备，型号为 HH₃ 型，额定电流为 100A 的三极负荷开关，开关内熔断器所配用的熔体额定电流为 80A；若标注为 $Q_2\dfrac{\text{HH}_3\text{-100/3-100/80}}{\text{BLX-3×35-SC40-FC}}$，则表示 2 号开关设备，型号为 HH₃-100/3，额定电流为 100A 的三极负荷开关，开关内熔断器所配用的熔体额定电流为 80A，开关的进线是 3 根，截面积为 35mm² 的铝芯橡皮绝缘线，导线穿直径为 40mm 的钢管，埋地暗敷。

又如 $Q_3\dfrac{\text{DZ10-100/3}}{\text{100/60}}$，表示 3 号开关设备是一型号为 DZ10-100/3 型的塑料外壳式 3 极低压空气断路器，其额定电流为 100A，脱扣器脱扣电流为 60A。

（3）断路器的标注方法

断路器的标注格式为

$$a/b,i$$

式中，a 为断路器的型号；b 为断路器的极数；i 为断路器中脱扣器的额定电流（A）。

例如，系统图中某断路器标注为"C65N/1P，10A"，表示该断路器型号为 C65N，单极，脱扣器的额定电流为 10A。

（4）漏电保护器的标注方法

在建筑供配电系统中，漏电保护通常采用带漏电保护器的断路器。在系统图中的标注格式为：

$$a/b+\text{vigi }c,i$$

式中，a 为断路器的型号；b 为断路器的极数；vigi 为表示断路器带有漏电保护单元；c 为漏电保护单元的漏电动作电流（mA），装在支线为 30mA，干线或进户线为 300mA；i 为断路器中脱扣器的额定电流（A）。

例如，系统图中某断路器标注为"C65N/2P+vigi30mA，25A"，表示该断路器型号为 C65N，2 极，可同时切断相线和中线，脱扣器的额定电流为 25A，漏电保护单元的漏电动作电流为 30mA。

（5）照明变压器的文字标注

照明变压器的文字标注方式为

$$a/b-c$$

式中 a 为一次电压（V）；b 为二次电压（V）；c 为额定容量（VA）。

如 380/36-500 则表示该照明变压器一次额定电压为 380V，二次额定电压为 36V，其容量为 500VA。

4．平面图中照明器具的标注

（1）电光源的代号

常用的电光源有白炽灯、荧光灯、碘钨灯等，各种电光源的文字代号见表 1-45。

（2）灯具的代号

常用灯具的代号见表 1-46。

（3）灯具安装方式的代号

常见灯具安装方式的代号见表 1-47。

表 1-45 常用电光源的文字代号

序号	电光源种类	代号	序号	电光源种类	代号
1	白炽灯	IN	7	氖灯	Ne
2	荧光灯	FL	8	弧光灯	ARC
3	碘钨灯	I	9	红外线灯	IR
4	汞灯	Hg	10	紫外线灯	UV
5	钠灯	Na	11	电发光灯	EL
6	氙灯	Xe	12	发光二极管	LED

表 1-46 常用灯具的代号

序号	灯具名称	代号	序号	灯具名称	代号
1	普通吊灯	P	8	工厂一般灯具	G
2	壁灯	B	9	隔爆灯	G 或专用符号
3	花灯	H	10	荧光灯	Y
4	吸顶灯	D	11	防水防尘灯	F
5	柱灯	Z	12	搪瓷伞罩灯	S
6	卤钨探照灯	L	13	无磨砂玻璃罩万能型灯	Ww
7	投光灯	T			

表 1-47 灯具安装方式的代号

序号	安装方式	新代号	旧代号	序号	安装方式	新代号	旧代号
1	线吊式	CP		10	吸顶嵌入式（嵌入可进入的顶棚）	CR	DR
2	自在器线吊式	CP	X				
3	固定线吊式	CP1	X1	11	墙壁嵌入式	WR	BR
4	防水线吊式	CP2	X2	12	台上安装	T	T
5	吊线器式	CP3	X3	13	支架上安装	SP	J
6	链吊式	Ch（CH）	L	14	壁装式	W	B
7	管吊式	P	G	15	柱上安装	CL	Z
8	吸顶式或直附式	S 或 C	D	16	座装式	HM	ZH
9	嵌入式（嵌入不可进入的顶棚）	R	R				

（4）平面图中照明灯具的标注格式

平面图中不同种类的灯具应分别标注，标注格式为

$$a-b\ \frac{c\times d\times L}{e}f$$

式中，a 为同类型灯具的数量；b 为灯具型号或编号；c 为每个灯具内电光源的数量；d 为每个光源的电功率（W）；e 为相对于楼层地面的灯具安装高度（m）；f 为安装方式，参见表 1-47；L 为光源种类，参见表 1-45（光源种类，设计者一般不标出，因为灯具型号已示出光源的种类）。

例如：

① 某灯具标注为 8-Y $\dfrac{2\times 40\times FL}{3.0}$Ch，各部分的意义为"8-Y"表示有 8 盏荧光灯（Y），"2×40"表示每个灯盘内有两支荧光灯管，每支荧光灯管的功率为 40W，"Ch"表示安装方式为链吊式，"3.0"表示灯具安装高度为 3.0m。

② 某灯具标注为 6-S $\dfrac{1\times 100\times IN}{2.5}$CP，各部分的意义为表示有 6 盏白炽灯，灯具类型是搪瓷伞罩灯（S），"1×100"表示每个灯具内有一只灯，每只灯管的功率为 100W，"CP"表示安装方式为线吊式，"2.5"表示灯具安装高度为 2.5m。

③ 吸顶安装时，安装方式和安装高度就不再标注了，例如，某灯具标注为 5-DBB306 $\dfrac{4\times 60\times IN}{-}$S，各部分的意义为 5 盏型号为 DBB306 型的圆口方罩吸顶灯，每盏有 4 个白炽灯泡，每个灯泡为 60W，吸顶安装，安装高度不规定。

第2章

电气工程图基础

2.1 阅读电气工程图的基本知识

电气工程图是根据国家颁布的有关电气技术标准和通用图形符号绘制而成的。它是电气安装工程的"语言"，可以简练而直观地表明设计意图。

电气工程图种类很多，各有其特点和表达方式，各有规定画法和习惯画法，有一些规定是共同的，还有许多基本的规定和格式是各种图样都应共同遵守的。

2.1.1 电气工程图的幅面与标题栏

1. 图纸的幅面

图纸的幅面是指短边和长边的尺寸。一般分为六种，即 0 号、1 号、2 号、3 号、4 号和5 号。具体尺寸见表 2-1。表中代号的意义如图 2-1 所示。

表 2-1 图幅尺寸 　　　　　　　　　　　　　（单位为 mm）

幅面代号	0	1	2	3	4	5
宽×长($B×L$)	841×1189	594×841	420×594	297×420	210×297	148×210
边宽(c)	10	10	10	5	5	5
装订侧边宽(a)	25	25	25	25	25	25

当图纸不需装订时，图纸的四个边宽尺寸均相同，即 a 和 c 一样。

2. 标题栏

用以标注图样名称、图号、比例、张次、日期及有关人员签署等内容的栏目，称为标题栏。标题栏的位置一般在图纸的右下方。标题栏中的文字方向为看图的方向。图 2-2 为图纸标题栏示例，其格式目前我国还没有统一规定。

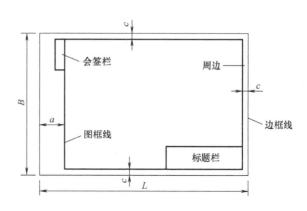

图 2-1 图面的组成

图 2-2　标题栏格式（单位 mm）

2.1.2　电气工程图的比例、字体与图线

1. 比例

比例即工程图样中的图形与实物相对应的线性尺寸之比。大部分电气工程图不是按比例绘制的，只有某些位置图按比例绘制或部分按比例绘制。常用的比例一般有 1:10，1:20，1:50，1:100，1:200，1:500。

2. 字体

工程图纸中的各种字，如汉字、字母和数字等，要求字体端正、笔画清楚、排列整齐、间隔均匀，以保证图样的规定性和通用性。汉字应写成长仿宋体，并采用国家正式公布的简体字。字母和数字可以用正体，也可以用斜体。字体的高度分为 20mm、14mm、10mm、7mm、5mm、3.5mm 等几种，字体的宽度约等于字体高度的 $\frac{2}{3}$。

3. 图线

绘制电气工程图所用的各种线条统称为图线。工程图纸中采用不同的线型、不同的线宽来表示不同的内容。电气工程图样中常用、图线形式和应用举例见表 2-2。

表 2-2　图线名称、形式及应用举例

序号	名称	代号	形式	宽度	应用举例
1	粗实线	A	——————	b	简图主要用线、可见轮廓线、可见过渡线、可见导线、图框线等
2	中实线		——————	约 $b/2$	土建平、立面图上门、窗等的外轮廓线
3	细实线	B	——————	约 $b/3$	尺寸线、尺寸界线、剖面线、分界线、范围线、辅助线、弯折线、指引线等
4	波浪线	C	∿∿	约 $b/3$	未全画出的折断界线、中断线、局部剖视图或局部放大图的边界线等
5	双折线（折断线）	D	—⌐—	约 $b/3$	被断开的部分的边界线
6	虚线	F	– – – – –	约 $b/3$	不可见轮廓线、不可见过渡线、不可见导线、计划扩展内容用线、地下管道（粗虚线 b）、屏蔽线

（续）

序号	名称	代号	形式	宽度	应用举例
7	细点画线	G	—— - ——	约 b/3	物体（建筑物、构筑物）的中心线、对称线、回转体轴线、分界线、结构围框线、功能围框线、分组围框线
8	粗点画线	J	—— - ——	b	表面的表示线、平面图中大型构件的轴线位置线、起重机轨道、有特殊要求的线
9	双点画线	K	—— - - ——	约 b/3	运动零件在极限或中间位置时的轮廓线、辅助用零件的轮廓线及其剖面线、剖视图中被剖去的前面部分的假想投影轮廓线、中断线、辅助围框线

注：表中实线非国家标准规定，因绘图时需要而列此项。

2.1.3 方位、安装标高与定位轴线

1. 方位

电气工程图一般按上北下南，左西右东来表示建筑物和设备的位置和朝向。但在许多情况下都是用方位标记表示。方位标记如图 2-3 所示，其箭头方向表示正北方向（N）。

2. 安装标高

电气工程图中用标高来表示电气设备和线路的安装高度。标高有绝对标高和相对标高两种表示方法，其中绝对标高又称为海拔；相对标高是以某一平面作为参考面（零点）而确定的高度。建筑工程图样一般以室外地平面为±0.00mm。

图 2-3　方位标记

在电气工程图上有时还标有另一种标高，即敷设标高，它是电气设备或线路安装敷设位置与该层地坪或楼面的高差。

3. 定位轴线

建筑电气工程图通常是在建筑物断面上完成的。在建筑平面图中，建筑物都标有定位轴线。凡承重墙、柱子、大梁或屋架等主要承重构件，都应画出定位轴线并对轴线编号确定其位置。定位轴线编号的原则是：在水平方向采用阿拉伯数字，由左向右注写；在垂直方向上采用汉语拼音字母由下向上注写，但其中字母 I、Z、O 不得用作轴线编号，以免与阿拉伯数字 1、2、0 混淆。数字和字母用点划线引出，通过定位轴线可以很方便地找到电气设备和其他设备的具体安装位置。图 2-4 所示为定位轴线的标注方法。

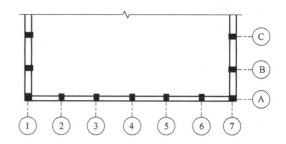

图 2-4　定位轴线的标注方法

2.1.4 图幅分区与详图

1. 图幅分区

电气工程图上的内容有时是很多的，对于幅面大且内容复杂的图，需要分区，以便在读

图时能很快找到相应的部分。图幅分区的方法是将相互垂直的两边框分别等分，分区的数量视图的复杂程度而定，但要求必须为偶数，每一分区的长度一般为 25~75mm。分区线用细实线。每个分区内，竖边方向分区代号用大写拉丁字母从上到下顺序编写；水平方向分区代号用阿拉伯数字从左到右顺序编写。分区代号由拉丁字母和阿拉伯数字组合而成，字母在前，数字在后，如 B4、C5 等。图2-5 为图幅分区示例。

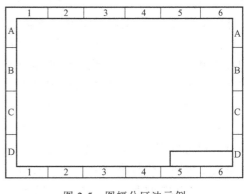

图 2-5　图幅分区法示例

2. 详图

电气设备中某些零部件、连接点等的结构、做法、安装工艺要求无法表达清楚时，通常将这些部分用较大的比例放大画出，称为详图。详图可以画在同一张图纸上，也可以画在另一张图纸上。为便于查找，应用索引符号和详图符号来反映基本图与详图之间的对应关系，见表 2-3。

表 2-3　详图的标示方法

图例	示意	图例	示意
$\frac{2}{—}$	2 号详图与总图画在一张图上	$\frac{5}{2}$	5 号详图被索引在 2 号图样上
$\frac{2}{3}$	2 号详图画在 3 号图样上	D××× $\frac{4}{6}$	图集代号为 D×××，详图编号为 4，详图所在图集页码编号为 6
5	5 号详图被索引在本张图样上	D××× $\frac{8}{—}$	图集代号为 D×××，详图编号为 8，详图在本页(张)上

2.1.5　指引线的画法

电气工程图中的指引线（用来注释某一元器件或某一部分的指向线），用细实线表示，指向被标注处，且根据其末端不同，加注不同标记，图2-6 列举了三种指引线的画法。

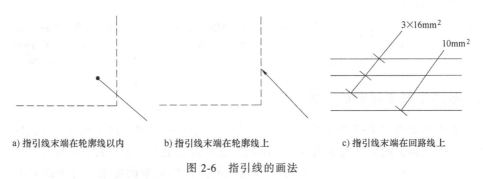

a) 指引线末端在轮廓线以内　　　b) 指引线末端在轮廓线上　　　c) 指引线末端在回路线上

图 2-6　指引线的画法

2.1.6　尺寸标注的规定

按国家标准规定，标准的汉字、数字和字母，都必须做到"字体端正、笔画清楚、排列整齐、间隔均匀"。汉字应写成长仿宋体，并应采用国家正式公布的简化字。数字通常采用正体。字母有大写、小写和正体、斜体之分。

标注尺寸时，一般需要有尺寸线、尺寸界线、尺寸起止点的箭头或45°短划线、尺寸数字和尺寸单位几部分。尺寸线、尺寸界线一般用细实线表示。尺寸箭头一般用实心箭头表示，建筑图中则常用45°短划线表示。尺寸数字一般标注在尺寸线的上方或中断处。尺寸单位可用其名称或代号表示，电气工程图上除标高尺寸、总平面图和一些特大构件的尺寸单位一般以米（m）为单位外，其余尺寸一般以毫米（mm）为单位。凡是尺寸单位为mm的，不必注明尺寸单位，如图2-7所示，采用其他单位的尺寸，必须注明尺寸单位。在一张图中每一个尺寸一般只标注一次（建筑电气图上允许注重复尺寸）。

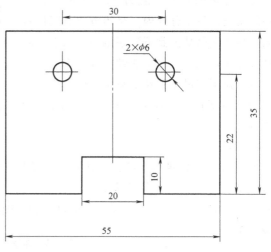

图 2-7　尺寸的标注

2.2　常用电气工程图的类型

2.2.1　电路的分类

电路通常可按如下划分：

电路
- 按电能性质分
  - 直流电路
  - 交流电路
    - 正弦电路
    - 非正弦电路
- 按功能分
  - 一次电路——发、输、变、配、用电能电路
  - 二次电路——控制、保护、测量、监察、指示及自动装置
- 按电压分
  - 高压电路
  - 低压电路
- 按电压及负荷属性分
  - 强电系统
    - 电能传输——发电、输电、变电、配电、用电电路，防雷与接地等电路
    - 负荷——动力、照明、工业、农业、生活、军工、船舶、医疗等用电电路
  - 弱电系统——电子、电信、电视、计算机、自动装置、广播音响、监控报警等电路

2.2.2　常用电气工程图的分类

电气工程图是电气工程中各部门进行沟通、交流信息的载体。由于电气工程图所表达的对象不同，提供信息的类型及表达方式也不同，这样就使电气工程图具有多样性。同一套电气设备，可以有不同类型的电气工程图，以适应不同使用对象的要求。对于供配电设备来说，主要电气工程图是指一次回路和二次回路的电路图。但要表示清楚一项电气工程或一种电气设备的功能、用途、工作原理、安装和使用方法等，光有这两种图是不够的，例如，表示系统的规模、整体方案、组成情况、主要特性需用概略图；表示系统的工作原理、工作流

程和分析电路特性需用电路图；表示元件之间的关系、连接方式和特点需用接线图。在数字电路中，由于各种数字集成电路的应用，使电路能实现逻辑功能，因此就有反映集成电路逻辑功能的逻辑图。

根据各电气工程图所表示的电气设备、工程内容及表达形式的不同，通常可分为以下类型。

1. 按表达方式分类

按表达方式的不同，可分为以下两大类：

（1）概略类型的图

概略图是表示系统、分系统、装置、部件、设备软件中各项目之间的主要关系和连接的相对简单的简图。它体现的是设计人员对某一电气项目的初步构思、设想，用以表示理论和理想的电路。概略图并不涉及具体的实现方式，主要有系统图和框图、功能图、功能表图、等效电路、逻辑图和程序图，通常采用单线表示法。

（2）详细类型的图

详细类型的电气图是将概略图具体化，将设计理论、思路转变实施电气技术文件。其主要由电路图、接线图或接线表、位置图等构成。

以上两类电气图是从各种图的功能及其产生顺序来划分的，是整个项目中的不同部分。

2. 其他常用分类

1）按电能性质分类，可分为交流系统图和直流系统图。

2）按相数分类，可分为单线图和三线图。

3）按表达内容分类，可分为一次电路图、二次电路图、建筑电气安装图和电子电路图等。

4）按表达的设备分类，可分为机床电气控制电路图、电梯电气电路图、汽车电路图、空调控制系统电路图、电信系统图、计算机系统图、广播音响系统图、电视系统图及电机绕组连接图等。

5）按表达形式和使用场合分类，电气图可分为以下几种：

① 系统图或框图。系统图或框图就是用符号或带注释的框概略表示系统或分系统的基本组成、相互关系及其主要特征的一种简图。它通常是某一系统、某一装置或某一成套设计图中的第一张图样。

② 电路图。电路图又称为电气原理图或原理接线图，是表示系统、分系统、装置、部件、设备、软件等实际电路的简图。按照所表达电路的不同，电路图又可分为一次电路图和二次电路图。按照用途的不同，二次电路图又可分为原理图、位置图及接线图。

③ 接线图或接线表。接线图或接线表是表示成套装置、设备或装置的连接关系的简图或表格，用于进行设备的装配、安装和检查、试验、维修。

接线图（表）可分为以下4种：

a. 单元接线图或接线表。它是表示成套装置或设备中一个结构单元内部的连接关系的接线图或接线表。"结构单元"一般是指可独立运行的组件或某种组合体，如电动机、继电器、接触器等。

b. 互连接线图或接线表。它是表示成套装置或设备不同单元之间连接的接线图或接线表。其元件和连接线应绘制在同一平面上。

c. 端子接线图或接线表。它表示成套装置或设备的端子以及接在端子上的外部接线（必要时包括内部接线）的一种接线图或接线表。

d. 电缆接线图或接线表。它是提供设备或装置的结构单元之间铺设电缆所需的全部信息，必要时还应包括电缆路径等信息的一种接线图或接线表。

④ 设备元件表（或称主要电气设备明细表）。它是成套装置、设备和装置中各个组成部分的代号、名称、型号、规格和数量等列成的表格。它一般不单独列出，而列在相应的电路图中。在一次电气图中，各设备项目自上而下依次编号列出，二次电气图中则紧接标题栏自下而上依次编号列出。

⑤ 位置简图或位置图。它是表示成套装置、设备或装置中各个项目的布置、安装位置的图。其中，位置简图一般用图形符号绘制，用来表示某一区域或某一建筑物内电气设备、元器件或装置的位置及其连接布线；而位置图是用正投影法绘制的图，它表达设备、装置或元器件在平面、立面、断面、剖面上的实际位置、布置及尺寸。为了表达清晰，有时还要画出大样图（比例为 1:2、1:5、1:10 等）。

⑥ 功能图。它是表示理论的或理想的电路，而不涉及具体实现方法的图，用以作为提供绘制电路图等有关图的依据。

⑦ 功能表图。它是表示控制系统（如一个供电过程或生产过程的控制系统）作用和状态的图。它往往采用图形符号和文字叙述相结合的表示方法，用以全面表达控制系统的控制过程、功能和特性，但并不表达具体实施过程。

⑧ 等效电路。它是表示理论的或理想的元件（如电阻、电感、电容、阻抗等）及其连接关系的一种功能图，供分析和计算电路特性、状态用。

⑨ 逻辑图。它是一种主要用二进制逻辑（"与""或""异或"等）单元图形符号绘制的一种简图。一般的数字电路图属于这种图。只表示功能而不涉及实现方法的逻辑图，称为纯逻辑图。

⑩ 程序图。它是一种详细表示程序单元和程序片及其互相连接关系的简图，而要素和模块的布置应能清楚地表示出其相互关系，目的是便于对程序运行的理解。

⑪ 数据单。它是对特定项目给出详细信息的资料。列出其工作参数，供调试、检测、使用和维修之用。数据单一般都列在相应的电路图中而不单列。

以上是电气工程图的基本分类。因表达对象的不同，目的、用途、要求的差异，所需要设计、提供的图样种类和数量往往相差很多。在表达清楚、满足要求的前提下，图样越少越简练越好。

2.2.3 电气工程的项目与电气工程图的组成

电气工程一般是指某一工程（如工厂、高层建筑、居住区、院校、商住楼、宾馆饭店、仓库、广场及其他设施）的供电、配电、用电工程。

表达电气工程的电气图即称电气工程图。按电气工程的项目不同，可分为不同的电气工程图。

1. 电气工程的主要项目

电气工程主要有以下项目：

1）变配电工程，由变配电所、变压器及一整套变配电电气设备、防雷接地装置等组成。

2）发电工程，包括自备发电站及其附属设备设施。

3）外线工程，包括架空线路、电缆线路等室外电源的供电线路。

4）内线工程，包括室内、车间内的动力、照明线路及其他电气线路。

5）动力工程，包括各种机床、起重机、水泵、空调器、锅炉、消防等用电设备及其动力配电箱、配电线路等。

6）照明工程，包括各类照明的配电系统、管线、开关、各种照明灯具、电光源、电扇、插座及其照明配电箱等。

7）弱电工程，包括电话通信、电传等各种电信设备系统，电脑管理与监控系统，保安防火、防盗报警系统，共用天线电视接收系统，闭路电视系统，卫星电视接收系统，电视监控系统，广播音响系统等。

8）电梯的配置和选型，包括确定电梯的功能、台数及供电管线等。

9）空调系统与给排水系统工程，包括供电方案、配电管线和选择相应的电气设备。

10）防雷接地工程，包括避雷针、避雷线、避雷网、避雷带和接地体、接地线及其附属零配件等。

11）其他，如锅炉房、洗手间、室内外装饰广告及景观照明、洗衣房、电气炊具等。

2. 电气工程图的组成

按电气工程的不同项目，电气工程图一般由以下几类图样组成：

（1）首页

首页相当于整个电气工程项目的总概要说明。它主要包括该电气工程项目的图样目录、图例、设备明细表及设计说明、施工说明等。图样目录按类别顺序列出；图例只标明该项目中所用的特殊图形符号，凡国家标准统一规定的不用标；设备明细表列出该项目主要电气设备元件的文字代号、名称、型号、规格、数量等，供读图及订货时参考；设计或施工说明主要表述该项目设计或施工的依据、基本指导思想与原则，用以补充图样中没有阐明的项目特点、分期建设、安装方法、工艺要求、特殊设备的使用方法及使用与维护注意事项等。

（2）电气总平面图

电气总平面图是在建筑总平面图上表示电源及电力负荷分布的图样，主要表示各建筑物的名称和用途、电路负荷的装机容量、电气线路的走向及变配电装置的位置、容量和电源进户的方向等。通过电气总平面图可了解该项工程的概况，掌握电气负荷的分布及电源装置等。一般大型工程都有电气总平面图，中小型工程则由动力平面图或照明平面图代替。

（3）电气系统图

用以表达整个电气工程或其中某一局部工程的供配电方案、方式，一般指一次电路图或主接线图。电气系统图是用单线图表示电能或电信号按回路分配出去的图样，主要表示各个回路的名称、用途、容量以及主要电气设备、开关元件及导线电缆的规格型号等。通过电气系统图可以知道该系统的回路个数及主要用电设备的容量、控制方式等。建筑电气工程中系统图用得很多，动力、照明、变配电装置、通信广播、电缆电视、火灾报警、防盗保安、微机监控、自动化仪表等都会用到。

（4）电气设备平面图

电气设备平面图是在建筑物的平面图上标出电气设备、元件、管线实际布置的图样，主要表示其安装位置、安装方式、规格型号数量及接地网等。通过平面图可以知道每幢建筑物及其各个不同标高上装设的电气设备、元件及其管线等。建筑电气平面图用得很多,动力、照明、变配电装置、各种机房、通信广播、电缆电视、火灾报警、防盗安保、微机监控、自动化仪表、架空线路、电缆线路及防雷接地等都会用到。

(5) 控制原理图

控制原理图是单独用来表示电气设备及元件控制方式及其控制线路的图样,主要表示电气设备及元件的起动、保护、信号、联锁、自动控制及测量等。通过控制原理图可以知道各设备元件的工作原理、控制方式,掌握电气设备的功能实现的方法等。控制原理图用的很多,动力、变配电装置、火灾报警、防盗保安、微机控制、自动化仪表、电梯等都会用到控制原理图,较复杂的照明及声光系统也会用到控制原理图。

(6) 二次接线图(接线图)

二次接线图是与控制原理图配套的图样,用来表示设备元件外部接线以及设备元件之间接线。通过接线图可以知道系统控制电路的接线及控制电缆、控制线的走向及布置等。动力、变配电装置、火灾报警、防盗保安、微机监控、自动化仪表、电梯等都会用到接线图。一些简单的控制系统一般没有接线图。

(7) 大样图

大样图一般是用来表示某一具体部位或某一设备元件的结构或具体安装方法的,通过大样图可以了解该项工程的复杂程度。一般非标的控制柜、箱,检测元件和架空线路的安装等都会用到大样图。大样图通常均采用标准通用图集,剖面图也是大样图的一种。

(8) 订货图

订货图用于重要设备(如发电机、变压器、高压开关柜、低压配电屏、继电保护屏及箱式变电站等)向制造厂的订货。通常要详细画出并说明该设备的型号规格、使用环境、与其他有关设备的相互安装位置等,如变配电所的电气主接线图、高压开关柜安装图、低压配电屏安装图、变压器安装图等。

(9) 电缆清册

电缆清册是用表格的形式表示该系统中电源的规格、型号、数量、走向、敷设方法、头尾接线部位等内容的,一般使用电缆较多的工程均有电缆清册,简单的工程通常没有电缆清册。

(10) 图例

图例是用表格的形式列出该系统中使用的图形符号或文字符号的,目的是使读图者容易读懂图样。

(11) 设备材料表

设备材料表一般都要列出系统主要设备及主要材料的规格、型号、数量、具体要求或产地。但是表中的数量一般只作为概算估计数,不作为设备和材料的供货依据。

(12) 设计说明

设计说明主要标注图中交代不清或没有必要用图表示的要求、标准、规范等。

上述图样类别具体到工程上则按工程的规模大小、难易程度等原因有所不同,其中系统图、平面图、原理图是必不可少的,也是读图的重点,是掌握工程进度、质量、投资及编制施工组织设计和预决算书的主要依据。

2.2.4 系统图或框图

系统图或框图就是用符号或带注释的框概略表示系统或分系统的基本组成、相互关系及其主要特征的一种简图。它通常是某一系统、某一装置或某一成套设计图中的第一张图样。系统图或框图可分为不同层次绘制，可参照绘图对象逐级分解来划分层次。它还可以作为教学、训练、操作和维修的基础文件，使人们对系统、装置、设备等有一个概略的了解，为进一步编制详细的技术文件以及绘制电路图、接线图和逻辑图等提供依据，也为进行相关计算、选择导线和电气设备等提供重要依据。

电气系统图和框图原则上没有区别。在实际使用时，电气系统图通常用于系统或成套装置，框图则用于分系统或设备。系统图或框图布局采用功能布局法，能清楚地表达过程和信息的流向。

图 2-8 是某工厂的供电系统图。其 10kV 电源取自区域变电所，经两台降压变压器降压后，供各车间等负荷用电。该图表示了这些组成部分（如断路器、隔离器、熔断器、变压器、电流互感器等）的相互关系、主要特征和功能，但各部分都只是简略表示，而每一部分的具体结构、型号规格、连接方法和安装位置等并未详细表示。

对于较为复杂的电子设备，除了电路原理图之外，往往还会用到电路框图。图 2-9 是被动式红外线报警器的原理框图。该报警

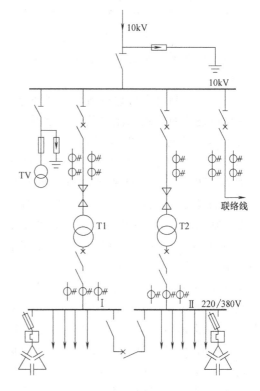

图 2-8 某工厂的供电系统图

器利用热释红外线传感器（该传感器对人体辐射的红外信号非常敏感）再配上一个菲涅耳透镜作为探头，对人体辐射的红外线信号进行检测。当有人从探头前经过时，探头会检测到人体辐射的红外线信号，该信号经过电子电路放大、处理后，驱动报警电路发出报警信号。

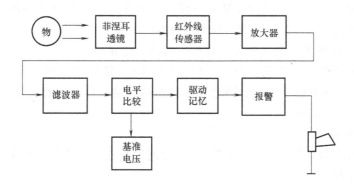

图 2-9 被动式红外线报警器的原理框图

电路框图和电路原理图相比，包含的电路信息比较少。在实际应用中，根据电路框图是无法弄清楚电子设备具体电路的，它只能作为分析复杂电子设备电路的辅助手段。

2.2.5　电路图

电路图以电路的工作原理及阅读和分析电路方便为原则，用国家统一规定的电气图形符号和文字符号，按工作顺序将图形符号从上而下、从左到右排列，详细表示电路、设备或成套装置的工作原理、基本组成和连接关系。电路图是表示电流从电源到负载的传送情况和电气元件的工作原理，而不考虑其实际位置的一种简图。其目的是便于详细理解设备工作原理，为编制接线图、安装和维修提供依据，所以这种图又称为电气原理图或原理接线图，简称原理图。

电路图在绘制时应注意设备和元件的表示方法。在电路图中，设备和元件采用符号表示，并应以适当的形式标注其代号、名称、型号、规格等，并应注意设备和元件的工作状态。设备和元件的可动部分通常应表示其在非激励或不工作时的状态或位置。符号的布置原则为：驱动部分和被驱动部分之间采用机械连接的设备和元件（例如接触器的线圈、主触点、辅助触点），以及同一个设备的多个元件（例如转换开关的各对触点）可在图上采用集中、半集中或分开布置。

控制原理图是单独用来表示电气设备及元件控制方式及其控制线路的图样，主要表示电气设备及元件的起动、保护、信号、联锁、自动控制及测量等。通过控制原理图可以知道各设备元件的工作原理、控制方式等。交流接触器控制三相异步电动机起动、停止电路原理图如图 2-10 所示，该图表示了系统的供电和控制关系。

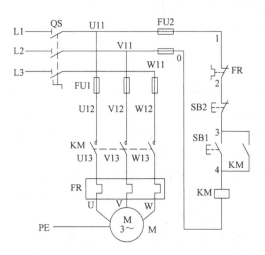

图 2-10　交流接触器控制三相异步电动机起动、停止电路原理图

2.2.6　接线图

接线图（或接线表）是表示成套装置、设备、电气元件之间及其外部其他装置之间的连接关系，用以进行安装接线、检查、试验与维修的一种简图或表格。

图 2-11 是交流接触器控制三相异步电动机起动、停止电路接线图，它清楚地表示了各元件之间的实际位置和连接关系：电源（L1、L2、L3）接至端子排 XT，然后通过熔断器 FU1 接至交流接触器 KM 的主触点，再经过继电器的发热元件接到端子排 XT，最后用导线接入电动机的 U、V、W 端子。

1. 接线图的特点

1）电气接线图只标明电气设备和控制元件之间的相互连接线路，而不标明电气设备和控制元件的动作原理。

2）电气接线图中的控制元件位置要依据它所在实际位置绘制。

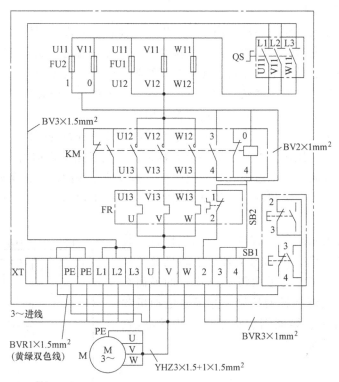

图 2-11 交流接触器控制三相异步电动机起动、停止电路接线图

3）电气接线图中各电气设备和控制要按照国家标准规定的电气图形符号绘制。

4）电气接线图中的各电气设备和控制元件，其具体型号可标在每个控制元件图形旁边，或者画表格说明。

5）实际电气设备和控制元件结构都很复杂，画接线图时，只画出接线部件的电气图形符号。

2. 其他接线图

当一个装置比较复杂时，，接线图又可分解为以下四种：

1）单元接线图。它是表示成套装置或设备中一个结构单元内各元件之间的连接关系的一种接线图。这里"单元结构"是指在各种情况下可独立运行的组件或某种组合体，如电动机、开关柜等。

2）互连接线图。它是表示成套装置或设备的不同单元之间连接关系的一种接线图。

3）端子接线图。它是表示成套装置或设备的端子以及接在端子上的外部接线（必要时包括内部接线）的一种接线图。

4）电线电缆配置图。它是表示电线电缆两端位置的一种接线图，必要时还包括电线电缆功能、特性和路径等信息。

2.2.7 位置图与电气设备平面图

1. 位置图（布置图）

位置图是指用正投影法绘制的图。位置图是表示成套装置和设备中各个项目的布局、安装位置的图。位置图一般用图形符号绘制。

2. 电气设备平面图

电气设备平面图是在建筑物的平面图上标出电气设备、元件、管线实际布置的图样，主要表示其安装位置、安装方式、规格型号数量及接地网等。通过平面图可以知道每幢建筑物及各个不同的标高上装设的电气设备、元件及管线等。建筑电气平面图用得很多，动力、照明、变配电装置、各种机房、通信广播、电缆电视、火灾报警、防盗保安、微机监控、自动化仪表、架空线路、电缆线路及防雷接地等都要用到平面图。

电气总平面图是在建筑总平面图上表示电源及电力负荷分布的图样，主要表示各建筑物电源及电力负荷名称和用途、电路负荷的装机容量、电气线路的走向及变配电装置的位置、容量和电源进户的方向等。通过电气总平面图可了解该项工程的概况，掌握电气负荷的分布及电源装置等。一般大型工程都有电气总平面图，中小型工程则由动力平面图或照明平面图代替。

电气平面图是表示电气工程项目的电气设备、装置和线路的平面布置图，例如为了表示电动机及其控制设备的具体平面布置，可采用图 2-12 所示的平面布置图。图中示出了交流接触器控制三相异步电动机起动、停止电路中开关、熔断器、接触器、热继电器、接线端子等的具体平面布置。

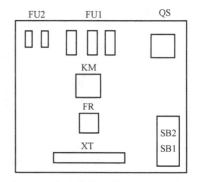

图 2-12　交流接触器控制三相异步电动机起动、停止电路平面布置图

2.2.8　逻辑图

逻辑图是用二进制逻辑单元图形符号绘制的、以实现一定逻辑功能的一种简图。它分为理论逻辑图（纯逻辑图）和工程逻辑图（详细逻辑图）两类。理论逻辑图以二进制逻辑单元，如各种门电路、触发器、计数器、译码器等的逻辑符号绘制，用以表达系统的逻辑功能、连接关系和工作原理等，一般不涉及实现逻辑功能的实际器件。工程逻辑图则不仅要求具备理论逻辑图的内容，而且要求确定实现相应逻辑功能的实际器件和工程化的内容，例如数字电路器件的型号、多余输入输出端的处理、未用单元的处理及电阻器、电容器等其他非数字电路元器件的型号及参数等。总之，理论逻辑图只表示功能而不涉及实现的方法，因此是一种功能图。工程逻辑图不仅表示功能，而且有具体的实现方法，因此是一种电路图。

二进制逻辑单元图形符号由方框、限定符号及使用时附加的输入线、输出线等组成，部分常用的二进制逻辑符号见表 2-4。

表 2-4　部分常用的二进制逻辑符号

名称	逻辑符号	逻辑式	逻辑规律
与门	A、B 经 & 输出 Y	$Y = A \cdot B$	全1出1,有0出0
或门	A、B 经 ≥1 输出 Y	$Y = A + B$	全0出0,有1出1

（续）

名称	逻辑符号	逻辑式	逻辑规律
非门	A —[1]○— Y	$Y = \overline{A}$	入0出1,入1出0
与非门	A B —[&]○— Y	$Y = \overline{A \cdot B}$	全1出0,有0出1
或非门	A B —[≥1]○— Y	$Y = \overline{A+B}$	全0出1,有1出0
与或非门	A B C D —[& ≥1]○— Y	$Y = \overline{AB+CD}$	某组全1出0,各组均有0出1
异或门	A B —[=1]○— Y	$Y = \overline{A}B + A\overline{B}$	入异出1,入同出0

图 2-13 是过负荷保护逻辑图。d59 用于整定是否送出过负荷信号 F16，d59 为"on"时，送出 F16 信号；为"off"时，关闭该信号。H83 用于整定是否送出负荷信号给跳闸回路、信号回路和重合闸闭锁，防止因过负荷动作跳闸后的重合闸操作。一旦过负荷保护作用于跳闸回路，同时给出闭锁重合闸操作（即发生过负荷保护）而跳闸时，就不允许重合闸。

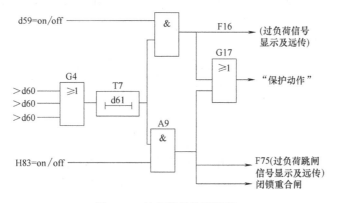

图 2-13 过负荷保护逻辑图

2.3 绘制电路图的一般原则

2.3.1 连接线的表示法

连接线在电气图中使用最多，用来表示连接线或导线的图线应为直线，且应使交叉和折弯最少。图线可以水平布置，也可以垂直布置。只有当需要把元件连接成对称的格局时，才可采用斜交叉线。连接线应采用实线，看不见的或计划扩展的内容用虚线。

（1）中断线

为了图面清晰，当连接线需要穿越图形稠密区域时，可以中断，但应在中断处加注相应的标记，以便迅速查到中断点。中断点可用相同文字标注，也可以按图幅分区标记。对于连接到另一张图纸上的连接线，应在中断处注明图号、张次、图幅分区代号等，如图 2-14 和图 2-15 所示。

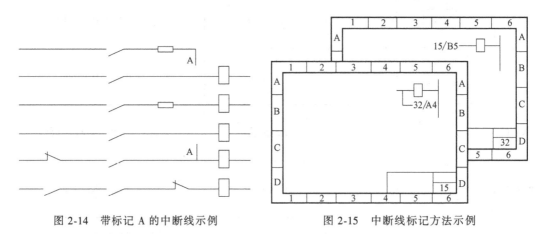

图 2-14　带标记 A 的中断线示例　　　　图 2-15　中断线标记方法示例

（2）单线表示法

当简图中出现多条平行连接线时，为了使图面保持清晰可读，绘图时可用单线表示法。单线表示法具体应用如下：

1）在一组导线中，如导线两端处于不同位置时，应在导线两端实际位置标以相同的标记，可避免大量交叉线，如图 2-16 所示。

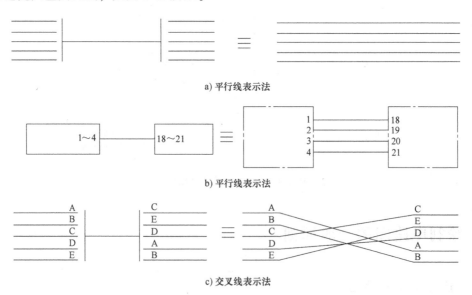

a) 平行线表示法

b) 平行线表示法

c) 交叉线表示法

图 2-16　单线表示法示例

2）当多根导线汇入用单线表示的线组时，汇接处应用斜线表示，斜线的方向应能使读图者易于识别导线汇入或离开线组的方向，并且每根导线的两端要标注相同的标记，如

图 2-17 所示。

图 2-17 导线汇入线组的单线表示法

3）用单线表示多根导线时，如果有时还要表示出导线根数，可用图 2-18 所示的表示方法。

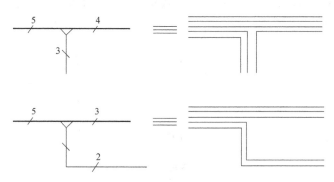

图 2-18 单线图中导线根数表示法

2.3.2 项目的表示法

项目是指在图上通常用一个图形符号表示的基本件、部件、组件、功能单元、设备、系统等。项目表示法主要分为集中表示法、半集中表示法和分开表示法。

（1）集中表示法

把一个项目各组成部分的图形符号在简图上绘制在一起的方法称为集中表示法，如图 2-19 所示。

（2）半集中表示法

把一个项目各组成部分的图形符号在简图上分开布置，并用机械连接符号来表示它们之间关系的方法称为半集中表示法，如图 2-20 所示。

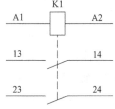

图 2-19 集中表示法
（继电器）

图 2-20 半集中表示法（继电器）

（3）分开表示法

把一个项目各组成部分的图形符号在简图上分开布置，仅用项目代号来表示它们之间关系的方法称为分开表示法，如图 2-21 所示。

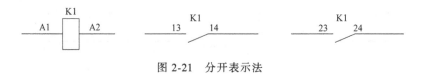

图 2-21　分开表示法

2.3.3　电路的简化画法

（1）并联电路

多个相同的支路并联时，可用标有公共连接符号的一个支路来表示，同时应标出全部项目代号和并联支路数，如图 2-22 所示。

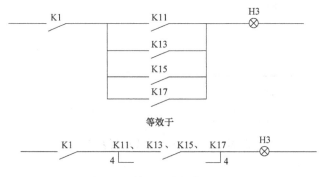

图 2-22　并联电路的简化画法

（2）相同电路

相同的电路重复出现时，仅需详细表示出其中的一个，其余的电路可用适当的说明代替。

（3）功能单元

功能单元可用方框符号或端子功能图来代替，此时应在其上加注标记，以便查找被其代替的详细电路。端子功能图应表示出该功能单元所有的外接端子和内部功能，以便能通过对端子的测量从而确定如何与外部连接。端子功能图的排列应与其所代表的功能单元的电路图的排列相同，内部功能可用下述方式表示：

1）方框符号或其他简化符号。

2）简化的电路图。

3）功能表图。

4）文字说明。

第2篇

电气控制电路图

第3章

电气控制电路图概述

3.1 电气控制电路图的分类

为了使电动机能按生产机械的要求进行起动、运行、调速、制动和反转等，就需要对电动机进行控制。控制设备主要有开关、继电器、接触器、电子元器件等。用导线将电动机、电器、仪表等电气元件连接起来并实现某种要求的线路，称为电气控制电路，又称电气控制线路。

不同的生产机械有不同的控制电路，不论其控制电路多么复杂，但总可找出它的几个基本控制环节，即一个整机控制电路是由几个基本环节组成的。每个基本环节起着不同的控制作用。因此，掌握基本环节，对分析生产机械电气控制电路的工作情况，判断其故障或改进其性能都是很有益的。

生产机械电气控制电路图包括电气原理图、接线图和电气设备安装图等。电气控制电路图应该根据简明易懂的原则，用规定的方法和符号进行绘制。

1．电气原理图

电气原理图简称原理图或电路图。正如第 2 章所讲述的，原理图并不按元件的实际位置来绘制，而是根据工作原理绘制的。在原理图中，一般根据各个元件在电路中所起的作用，将其画在不同的位置上，而不受实物位置的影响。有些不影响电路工作的元件，如插接件、接线端子等，大多可略去不画。原理图中所表示的状态，除非特别说明外，一般是按未通电时的状态画出的。图 3-1 所示为三相异步电动机正反转控制原理图。

原理图具有简单明了、层次分明、易阅读等特点，适于分析生产机械的工作原理和研究生产机械的工作过程和状态。

2．接线图

接线图又称敷线图。接线图是按元件实际布置的位置绘制的，同一元件的各部件是画在一起的。它能表明生产机械上全部元件的接线情况，包括连接的导线、管路的规格、尺寸等。图 3-2 和图 3-3 所示为三相异步电动机正反转控制接线图。

接线图对于实际安装、接线、调整和检修工作是很方便的。但是，从接线图来了解复杂的电路动作原理较为困难。

3．电气设备安装图

电气设备安装图表明元件、管路系统、基本零件、紧固件、锁控装置、安全装置等在生产机械上或机柜上的安装位置、状态及规格、尺寸等。图中的元件、设备多用实际外形图或简化的外形图，供安装时参考。

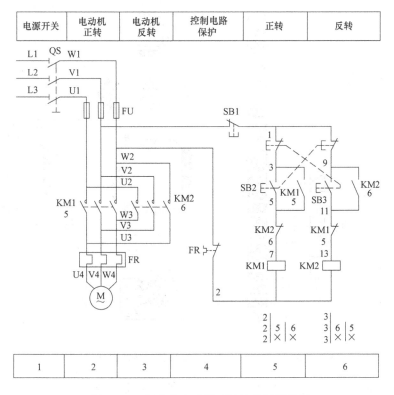

图 3-1　三相异步电动机正反转控制原理图

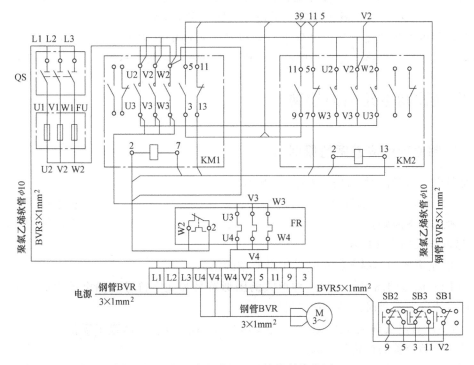

图 3-2　三相异步电动机正反转控制接线图（一）

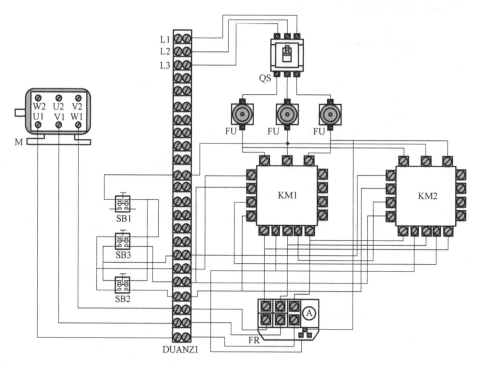

图 3-3 三相异步电动机正反转控制接线图（二）

　　电气控制电路根据通过电流的大小可分为主电路和控制电路。主电路是流过大电流的电路，一般指从供电电源到电动机或线路末端的电路；控制电路是流过较小电流的电路，如接触器、继电器的线圈以及消耗能量较少的信号电路、保护电路、联锁电路等。

　　电气控制电路按功能分类，可分为电动机基本控制电路和生产机械控制电路。一般说来，电动机基本控制电路，比较简单；生产机械控制电路一般指整机控制电路，比较复杂。

3.2　电气控制电路图的绘制

3.2.1　绘制原理图应遵循的原则

　　在绘制电气原理图时一般应遵循以下原则：

　　1）图中各元件的图形符号均应符合最新国家标准，当标准中给出几种形式时，选择图形符号应遵循以下原则：

　　① 尽可能采用优选形式。

　　② 在满足需要的前提下，尽量采用最简单的形式。

　　③ 在同一图号的图中使用同一种形式的图形符号和文字符号。如果采用标准中未规定的图形符号或文字符号时，必须加以说明。

　　2）图中所有电气开关和触点的状态，均以线圈未通电、手柄置于零位、无外力作用或生产机械在原始位置的初始状态画出。

　　3）各个元件及其部件在原理图中的位置根据便于阅读的原则来安排，同一元件的各个部件（如线圈、触点等）可以不画在一起。但是，属于同一元件上的各个部件均应用同一文字符号和同一数字表示。如图 3-1 中的接触器 KM1，它的线圈和辅助触点画在控制电路中，主触点画在主电路中，但都用同一文字符号标明。

4）图中的连接线、设备或元件的图形符号的轮廓线都应使用实线绘制。屏蔽线、机械联动线、不可见轮廓线等用虚线绘制。分界线、结构围框线、分组围框线等用点划线绘制。

5）原理图分主电路和控制电路两部分，主电路画在左边，控制电路画在右边，一般采用竖直画法。

6）电动机和电器的各接线端子都要编号。主电路的接线端子用一个字母后面附加一位或两位数字来编号，如 U1、V1、W1。控制电路的接线端子只用数字编号。

7）图中的各元件除标有文字符号外，还应标有位置编号，以便寻找对应的元件。

3.2.2 绘制接线图应遵循的原则

在绘制接线图时，一般应遵循以下原则：

1）接线图应表示出各元件的实际位置，同一元件的各个部件要画在一起。

2）图中要表示出各电动机、电器之间的电气连接、可用线条表示（见图 3-2 和图 3-3），也可用去向号表示。凡是导线走向相同的可以合并画成单线。控制板内和板外各元件之间的电气连接是通过接线端子来进行的。

3）接线图中元件的图形符号和文字符号及端子编号应与原理图一致，以便对照查找。

4）图中应标明导线和走线管的型号、规格、尺寸、根数等，例如图 3-2 中电动机到接线端子的连接线为 BVR3×1mm^2，表示导线的型号为 BVR，共有 3 根，每根导线的截面积为 1mm^2。

3.2.3 绘制电气原理图的有关规定

要正确绘制和阅读电气原理图，除了应遵循绘制电气原理图的一般原则外，还应遵守以下的规定：

1）为了便于检修线路和方便阅读，应将整张图样划分成若干区域，即图区。图区编号一般用阿拉伯数字写在图样下部的方框内，如图 3-1 所示。

2）图中每个电路在生产机械操作中的用途，必须用文字标明在用途栏内，用途栏一般以方框形式放在图面的上部，如图 3-1 所示。

扫一扫看视频

3）原理图中的接触器、继电器的线圈与受其控制的触点的从属关系应按以下方法标记：

① 在每个接触器线圈的文字符号（如 KM）的下面画两条竖直线，分成左、中、右三栏，把受其控制而动作的触点所处的图区号，按表 3-1 规定的内容填上。对备而未用的触点，在相应的栏中用记号"×"标出。

表 3-1 接触器线圈符号下的数字标志

左栏	中栏	右栏
主触点所处的图区号	辅助动合(常开)触点所处的图区号	辅助动断(常闭)触点所处的图区号

② 在每个继电器线圈的文字符号（KT）的下面画一条竖直线，分成左、右两栏，把受

其控制而动作的触点所处的图区号，按表 3-2 规定的内容填上，对备而未用的触点，在相应的栏中用记号"×"标出。

表 3-2　继电器线圈符号下的数字标志

左栏	右栏
动合（常开）触点所处的图区号	动断（常闭）触点所处的图区号

③ 原理图中每个触点的文字符号下面表示的数字为使其动作的线圈所处的图区号。

例如，在图 3-1 中，接触器 KM1 线圈下面竖线的左边（左栏中）有三个 2，表示在 2 号图区有它的三副主触点；在第二条竖线左边（中栏中）有一个 5 和一个"×"，则表示该接触器共有两副动合（常开）触点，其中一副在 5 号图区，而另一副未用；在第二条竖线右边（右栏中）有一个 6 和一个"×"，则表示该接触器共有两副常闭（动断）触点，其中一副在 6 号图区，而另一副未用；在触头 KM1 下面有一个 5，表示它的线圈在 5 号图区。

3.3　阅读电气原理图的步骤

阅读电气原理图的步骤一般是从电源进线起，先看主电路电动机、电器的接线情况，然后再查看控制电路，通过对控制电路的分析，深入了解主电路的控制程序。

扫一扫看视频

1. 电气原理图中主电路的阅读

1）看供电电源部分。首先查看主电路的供电情况，是由母线汇流排或配电柜供电，还是由发电机组供电，并弄清电源的种类，是交流还是直流；其次弄清供电电压的等级。

2）看用电设备。用电设备指带动生产机械运转的电动机，或耗能发热的电弧炉等电气设备。要弄清它们的类别、用途、型号、接线方式等。

3）看对用电设备的控制方式。如有的采用刀开关直接控制，有的采用各种起动器控制，有的采用接触器、继电器控制，应弄清并分析各种控制电器的作用和功能等。

2. 电气原理图中控制电路的阅读

1）看控制电路的供电电源。弄清电源是交流还是直流；其次弄清电源电压的等级。

2）看控制电路的组成和功能。控制电路一般由几个支路（回路）组成，有的在一条支路中还有几条独立的小支路（小回路）。弄清各支路对主电路的控制功能，并分析主电路的动作程序。例如，当某一支路（或分支路）形成闭合通路并有电流流过时，主电路中的相应开关、触点的动作情况及电气元件的动作情况。

3）看各支路和元件之间的并联情况。由于各分支路之间和一个支路中的元件，一般是相互关联或互相制约的。所以，分析它们之间的联系，可进一步深入了解控制电路对主电路的控制程序。

4）注意电路中有哪些保护环节，某些电路可以结合接线图来分析。

电气原理图是按原始状态绘制的，这时线圈未通电、开关未闭合、按钮未按下，但看图时不能按原始状态分析，而应选择某一状态进行分析。

3.4　电气控制电路图的一般设计方法

一般设计法（又称经验设计法）是根据生产工艺要求，利用各种典型的电路环节，直接设计控制电路。这种设计方法比较简单，但要求设计人员必须熟悉大量的控制线路。在设计过程中往往还要经过多次反复地修改、试验，才能使线路符合设计的要求。即使这样，所得出的方案也不一定是最佳方案。

一般设计法没有固定模式，通常先用一些典型线路环节拼凑起来实现某些基本要求，然后根据生产工艺要求逐步完善其功能，并加以适当的联锁与保护环节。由于是靠经验进行设计的，因而灵活性很大。

用一般方法设计控制电路时，应注意以下几个原则：

1）应最大限度地实现生产机械和工艺对电气控制电路的要求。

2）在满足生产要求的前提下，控制线路应力求简单、经济。

① 尽量选用标准的、常用的或经过实际考验过的电路和环节。

② 尽量缩短连接导线的数量和长度。特别要注意电气柜、操作点和限位开关之间的连接线，如图 3-4 所示。图 3-4a 所示的接线是不合理的，因为按钮在操作台上，而接触器在电气柜内，这样接线就需要由电气柜二次引出连接线到操作台上的按钮上。因此，一般都将起动按钮和停止按钮直接连接，如图 3-4b 所示，这样可以减少一次引出线。

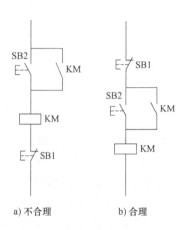

a) 不合理　　　b) 合理

图 3-4　电器连接图

③ 尽量缩减电器的数量、采用标准件，并尽可能选用相同型号。

④ 应减少不必要的触点，以便得到最简化的线路。

⑤ 控制线路在工作时，除必要的电器必须通电外，其余的尽量不通电以节约电能。以三相异步电动机串电阻减压起动控制电路为例，如图 3-5a 所示，在电动机起动后接触器 KM1 和时间继电器 KT 就失去了作用。若接成图 3-5b 所示的电路时，就可以在起动后切除 KM1 和 KT 的电源。

3）保证控制线路的可靠性和安全性。

① 尽量选用机械和电气寿命长、结构坚实、动作可靠、抗干扰性能好的电气元件。

② 正确连接电器的触点。同一电器的动合和常闭辅助触点靠得很近，如果分别接在电源的不同相上（见图 3-6a），由于限位开关 S 的常开触点与常闭触点不是等电位，当触点断开产生电弧时，很可能在两触点间形成飞弧而造成电源短路。如果按图 3-6b 接线，由于两触点电位相同，就不会造成飞弧。

③ 在频繁操作的可逆电路中，正、反转接触器之间不仅要有电气联锁，而且要有机械联锁。

④ 在电路中采用小容量继电器的触点来控制大容量接触器的线圈时，要计算继电器触点断开和接通容量是否足够。如果继电器触点容量不够，应增加小容量接触器或中间继电器。

⑤ 正确连接电器的线圈。在交流控制电路中，不能串联接入两个电器的线圈，如图 3-7 所示。即使外加电压是两个线圈额定电压之和，也是不允许的。因为交流电路中，每个线圈上所分配到的电压与线圈阻抗成正比，两个电器动作总是有先有后，不可能同时吸合。假如交流接触器 KM1 先吸合，由于 KM1 的磁路闭合，线圈的电感显著增加，因而在该线圈上的电压降也相应增大，从而使另一个接触器 KM2 的线圈电压达不到动作电压。因此，当两个

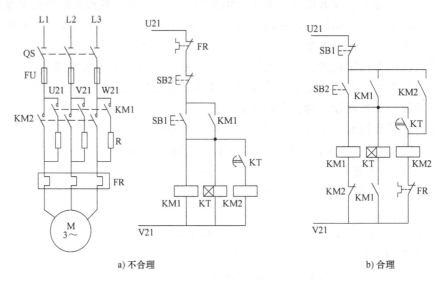

a) 不合理   b) 合理

图 3-5　减少通电电器的控制电路

电器需要同时动作时，其线圈应该并联。

⑥ 在控制电路中，应避免出现寄生电路。在控制电路的动作过程中，那种意外接通的电路称为寄生电路（或称假回路）。例如，图 3-8 所示是一个具有指示灯和热保护的正反向控制电路。在正常工作时，能完成正反向起动、停止和信号指示。但当热继电器 FR 动作时，电路中就出现了寄生电路，如图 3-8 中虚线所示，使正转接触器 KM1 不能释放，无法起到保护作用。因此，在控制电路中应避免出现寄生电路。

⑦ 应具有完善的保护环节，以避免因误操作而发生事故。完善的保护环节包括过载、短路、过电流、过电压、欠电压、失电压等保护环节，有时还应设有合闸、断开、事故等必需的指示信号。

4）应尽量使操作和维修方便。

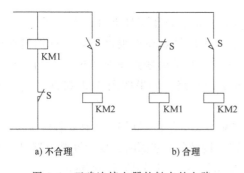

a) 不合理   b) 合理

图 3-6　正确连接电器的触点的电路

图 3-7　线圈不能串联

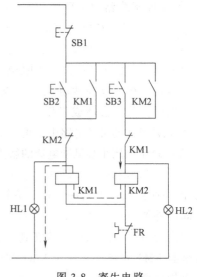

图 3-8　寄生电路

第4章

电动机基本控制电路的识读

4.1 三相异步电动机基本控制电路

4.1.1 三相异步电动机单向起动、停止控制电路

三相异步电动机单方向起动、停止电气控制电路应用广泛，也是最基本的控制电路，其原理图如图 4-1 所示，其接线图如图 4-2 所示。该电路能实现对电动机起动停止的自动控制、远距离控制和频繁操作，并具有必要的保护，如短路、过载、失电压等保护。

起动电动机时，合上刀开关 QS，按下起动按钮 SB2，接触器 KM 的吸引线圈得电，其三副常开（动合）主触点闭合，电动机起动，与 SB2 并联的接触器常开（动合）辅助触点 KM 也同时闭合，起自锁（自保持）作用。这样，当松开 SB2 时，接触器吸引线圈 KM 通过其辅助触点可以继续保持通电，维持其吸合状态，电动机继续运转。这个辅助触点通常称为自锁触点。

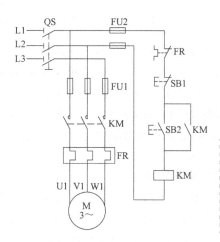

扫一扫看视频

图 4-1 三相异步电动机单方向起动、
停止控制电路（原理图）

使电动机停转时，按下停止按钮 SB1，接触器 KM 的吸引线圈失电而释放，其常开（动合）触点断开，电动机停止运转。

4.1.2 电动机的电气联锁控制电路

一台生产机械有较多的运动部件，这些部件根据实际需要有互相配合、互相制约、先后顺序等各种要求。这些要求若用电气控制来实现，就称为电气联锁。常用的电气联锁控制有以下几种：

（1）互相制约

互相制约联锁控制又称互锁控制。例如当拖动生产机械的两台电动机同时工作会造成事

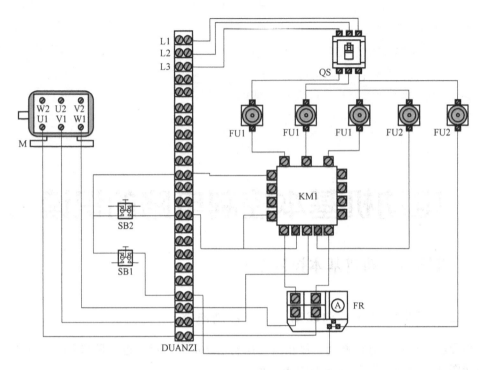

图 4-2　三相异步电动机单方向起动、停止控制电路（接线图）

故时，要使用互锁控制；又如许多生产机械常要求电动机能正反向工作，对于三相异步电动机可借助正反向接触器改变定子绕组相序来实现，而正反向工作时也需要互锁控制，否则当误操作造成正反向接触器线圈同时得电时，会导致短路故障。

互锁控制线路构成的原则：将两个不能同时工作的接触器 KM1 和 KM2 各自的常闭触点相互交换串接在彼此的线圈回路中，如图 4-3 所示。

（2）按先决条件制约

在生产机械中，要求必须满足一定先决条件才允许起动某一电动机或执行元件时（即要求各运动部件之间能够实现按顺序工作时），应采用按先决条件制约的联锁控制电路（又称按顺序工作的联锁控制电路）。例如车床主轴转动时要求油泵先给齿轮箱供油润滑，即要求保证润滑泵电动机起动后主拖动电动机才能起动。

这种按先决条件制约的联锁控制电路构成的原则如下：

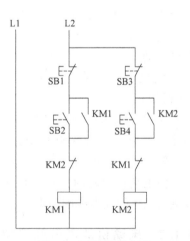

图 4-3　互锁控制电路

1）要求接触器 KM1 动作后，才允许接触器 KM2 动作，则需将接触器 KM1 的常开触点串联在接触器 KM2 的线圈电路中，如图 4-4a、b 所示。

2）要求接触器 KM1 动作后，不允许接触器 KM2 动作时，则需将接触器 KM1 的常闭触点串联在接触器 KM2 的线圈电路中，如图 4-4c 所示。

（3）选择制约

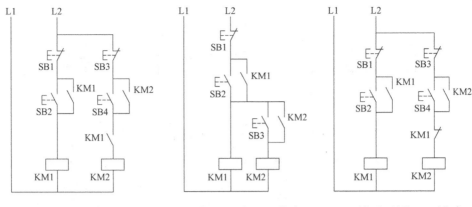

a) KM1动作后,才允许KM2动作时　　b) KM1动作后,才允许KM2动作时　　c) KM1动作后,不允许KM2动作时

图 4-4　按先决条件制约的联锁控制电路

　　某些生产机械要求既能够正常起动、停止,又能够实现调整时的点动工作（即需要在工作状态和点动状态两者间进行选择时）,可采用联锁控制电路。其常用的实现方式有以下两种：

　　1）用复合按钮实现联锁,如图 4-5a 所示。

　　2）用继电器实现联锁,如图 4-5b 所示。

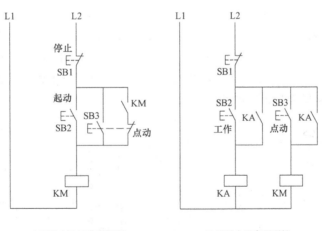

a) 用复合按钮实现联锁　　　　　　　　b) 用继电器实现联锁

图 4-5　选择制约的联锁控制电路

　　工程上通常还采用机械互锁,进一步保证了正反转接触器不可能同时通电,提高了可靠性。

4.1.3　两台三相异步电动机的互锁控制电路

1. 控制电路

　　当拖动生产机械的两台电动机同时工作会造成事故时,应采用互锁控制电路。图 4-6 是两台电动机互锁控制电路的原理图。将接触器 KM1 的常闭辅助触点串联在接触器 KM2 的线圈回路中，而将接触器 KM2 的常闭辅助触点串联在接触器 KM1 的线圈回路中即可。

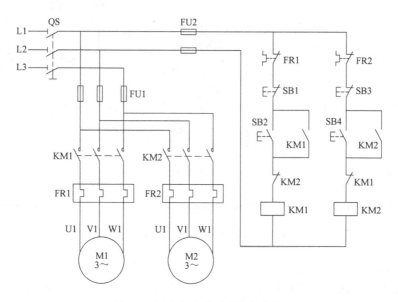

图 4-6　两台电动机互锁控制电路

2. 原理分析

（1）控制电动机 M1

1）起动电动机 M1。按下电动机 M1 的起动按钮 SB2→SB2 常开触点闭合→接触器 KM1 线圈得电而吸合→KM1 的三副主触点闭合→电动机 M1 得电起动运转；与此同时，KM1 常开辅助触点闭合，起自锁（自保持）作用，其控制电路中电流通路如图 4-7 中的虚线箭头所示。这样，当松开 SB2 时，接触器 KM1 的线圈通过其辅助触点 KM1 可以继续保持通电，维持其吸合状态，电动机 M1 继续运转。

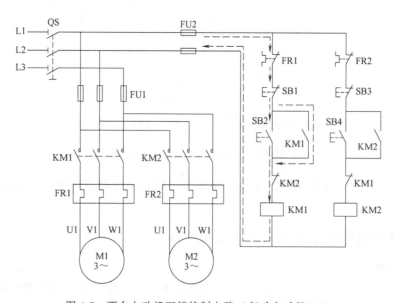

图 4-7　两台电动机互锁控制电路（起动电动机 M1）

电动机 M1 运行时，由于串联在接触器 KM2 回路中的 KM1 的常闭辅助触点已经断开（起互锁作用）。所以，如果此时按下电动机 M2 的起动按钮 SB4，接触器 KM2 的线圈不能得电，电动机 M2 不能起动运行。KM1 的常闭辅助触点起到了互锁作用。

2）停止电动机 M1。按下停止按钮 SB1→SB1 常闭触点断开→接触器 KM1 线圈失电而释放→KM1 的三副主触点断开（复位）→电动机 M1 断电并停止。与此同时，KM1 常开辅助触点断开（复位），解除自锁；KM1 常闭辅助触点闭合（复位），解除互锁。

（2）控制电动机 M2

1）起动电动机 M2。按下电动机 M2 的起动按钮 SB4→SB4 常开触点闭合→接触器 KM2 线圈得电而吸合→KM2 的三副主触点闭合→电动机 M2 得电起动运转；与此同时，KM2 常开辅助触点闭合，起自锁（自保持）作用，其控制电路中电流通路如图 4-8 中的虚线箭头所示。这样，当松开 SB4 时，接触器 KM2 的线圈通过其辅助触点 KM2 可以继续保持通电，维持其吸合状态，电动机 M2 继续运转。

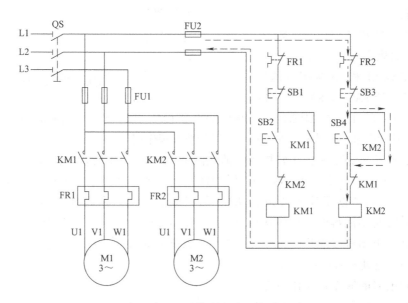

图 4-8　两台电动机互锁控制电路（起动电动机 M2）

电动机 M2 运行时，由于串联在接触器 KM1 线圈回路中的 KM2 的常闭辅助触点已经断开（起互锁作用），所以，如果此时按下电动机 M1 的起动按钮 SB2，接触器 KM1 的线圈不能得电，电动机 M1 不能起动运行。KM2 的常闭辅助触点起到了互锁作用。

2）停止电动机 M2。按下停止按钮 SB3→SB3 常闭触点断开→接触器 KM2 线圈失电而释放→KM2 三副主触点断开（复位）→电动机 M2 断电并停止。与此同时，KM2 常开辅助触点断开（复位），解除自锁；KM2 常闭辅助触点闭合（复位），解除互锁。

4.1.4　三相异步电动机正反转控制电路

1. 用接触器联锁的三相异步电动机正反转控制电路

许多生产机械常要求具有上下、左右、前后等相反方向的运动，这就要求电动机可以正反转控制（又称可逆控制）。对于三相异步电动机，可借助正反转接触器将接至电动机的三相电源进线中的任意两相对调，从而达到反转的目的。而正反转控制时需要一种联锁关系，否则，当误操作同时会使正反转接触器线圈得电时，将会造成短路故障。

图 4-9 是用接触器辅助触点作联锁（又称互锁）保护的正反转控制电路的原理图。图中采用两个接触器，当正转接触器 KM1 的三副主触点闭合时，三相电源的相序按 L1、L2、L3 接入电动机；而当反转接触器 KM2 的三副主触点闭合时，三相电源的相序按 L3、L2、L1 接入电动机，电动机即反转。

控制线路中接触器 KM1 和 KM2 不能同时通电，否则它们的主触点就会同时闭合，将造成 L1 和 L3 两相电源短路。为此在接触器 KM1 和 KM2 各自的

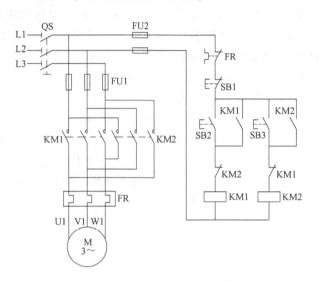

图 4-9　用接触器联锁的正反转控制电路

线圈回路中互相串联对方的一副常闭辅助触点 KM2 和 KM1，以保证接触器 KM1 和 KM2 的线圈不会同时通电。这两副常闭辅助触点在电路中起联锁或互锁作用。

当按下起动按钮 SB2 时，正转接触器的线圈 KM1 得电，正转接触器 KM1 吸合，使其常开辅助触点 KM1 闭合自锁，其三副主触点 KM1 的闭合使电动机正向运转，而其常闭辅助触点 KM1 的断开，则切断了反转接触器 KM2 的线圈的电路。这时如果按下反转起动按钮 SB3，线圈 KM2 也不能得电，反转接触器 KM2 就不能吸合，从而避免造成电源短路故障。欲使正向旋转的电动机改变其旋转方向，必须先按下停止按钮 SB1，待电动机停下后再按下反转按钮 SB3，电动机就会反向运转。

这种控制电路的缺点是操作不方便，因为要改变电动机的转向时，必须先按下停止按钮。

2. 用按钮联锁的三相异步电动机正反转控制电路

图 4-10 是用按钮作联锁（又称互锁）保护的正反转控制电路的原理图。该电路的动作原理与用接触器联锁的正反转控制电路基本相似。但是，由于采用了复合按钮，当按下反转按钮 SB3 时，首先使串联在正转控制电路中的反转按钮 SB3 的常闭触点断开，正转接触

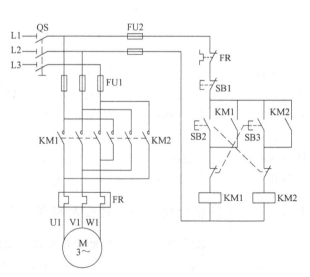

图 4-10　用按钮联锁的正反转控制电路

器 KM1 的线圈断电，接触器 KM1 释放，其三副主触点断开，电动机断电；接着反转按钮 SB3 的常开触点闭合，使反转接触器 KM2 的线圈得电，接触器 KM2 吸合，其三副主触点闭合，电动机反向运转。同理，由反转运行转换成正转运行时，也无须按下停止按钮 SB1，而直接按下正转按钮 SB2 即可。

这种控制电路的优点是操作方便。但是，当已断电的接触器释放的速度太慢，而操作按钮的速度又太快，且刚通电的接触器吸合的速度也较快时，即已断电的接触器还未释放，而刚通电的接触器却也吸合时，则会产生短路故障。因此，单用按钮联锁的正反转控制电路还不是特别安全可靠。

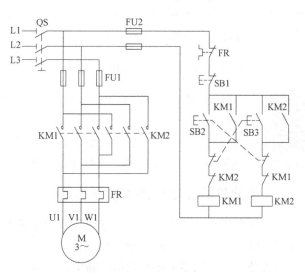

图 4-11 用按钮、接触器复合联锁的正反转控制电路

3. 用按钮和接触器复合联锁的三相异步电动机正反转控制电路

用按钮、接触器复合联锁的正反转控制电路的原理图如图 4-11 所示。该电路的动作原理与上述正反转控制电路基本相似。这种控制电路的优点是操作方便，而且安全可靠。读者可根据上述方法自行分析该电路的工作原理。

4.1.5 采用点动按钮联锁的电动机点动与连续运行控制电路

某些生产机械常要求既能够连续运行，又能够实现点动运行，以满足一些特殊工艺的要求。点动与连续运行的主要区别在于是否接入自锁触点，点动控制加入自锁后就可以连续运行。采用点动按钮联锁的三相异步电动机点动与连续运行的控制电路的原理图如图 4-12 所示。

图 4-12c 所示的电路是将点动按钮 SB3 的常闭触点作为联锁触点串联在接触器 KM 的自锁

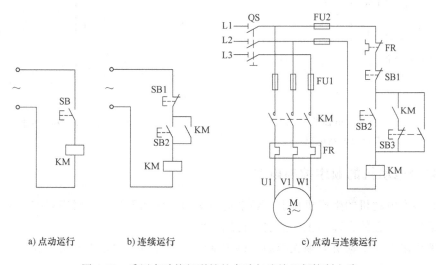

a) 点动运行   b) 连续运行   c) 点动与连续运行

图 4-12 采用点动按钮联锁的点动与连续运行控制电路

触点电路中。当正常工作时，按下起动按钮 SB2，接触器 KM 得电并自保。当点动工作时，按下点动按钮 SB3，其常开触点闭合，接触器 KM 通电。但是，由于按钮 SB3 的常闭触点已将接触器 KM 的自锁电路切断，手一离开按钮，接触器 KM 就失电，从而实现了点动控制。

值得注意的是，在图 4-12c 所示电路中，若接触器 KM 的释放时间大于按钮 SB3 的恢复时间，则点动结束，按钮 SB3 的常闭触点复位时，接触器 KM 的常开触点尚未断开，将会使接触器 KM 的自锁电路继续通电，电路将无法正常实现点动控制。

4.1.6 采用中间继电器联锁的电动机点动与连续运行控制电路

扫一扫看视频

采用中间继电器 KA 联锁的点动与继续运行的控制电路的原理图如图 4-13 所示。当正常工作时，按下按钮 SB2，中间继电器 KA 得电，其常开触点闭合，使接触器 KM 得电并自锁（自保）。当点动工作时，按下点动按钮 SB3，接触器 KM 得电，由于接触器 KM 不能自锁（自保），从而能可靠地实现了点动控制。

4.1.7 电动机的多地点操作控制电路

在实际生活和生产现场中，通常需要在两地或两地以上的地点进行控制操作。因为用一组按钮可以在一处进行控制，所以要在多地点进行控制，就应该有多组按钮。这多组按钮的接线原则是：在接触器 KM 的线圈回路中，将所有起动按钮的常开触点并联，而将各停止按钮的常闭触点串联。图 4-14 是实现两地操作的控制电路。根据上述原则，可以推广用于更多地点的控制。

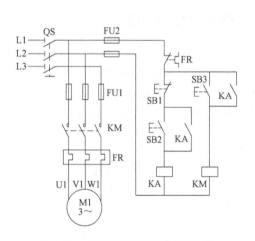

图 4-13 采用中间继电器联锁的点动与连续运行控制电路

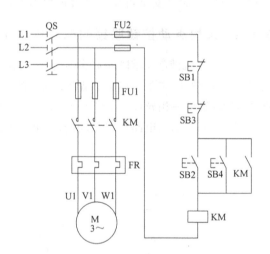

图 4-14 两地操作控制电路

4.1.8 多台电动机的顺序控制电路

在装有多台电动机的生产机械上，各电动机所起的作用不同，有时需要按一定的顺序起动才能保证操作过程的合理和工作的安全可靠。例如，机械加工车床要求油泵先给齿轮箱供油润滑，即要求油泵电动机必须先起动，待主轴润滑正常后，主轴电动机才允许起动。这种顺序关系反映在控制电路上，称为顺序控制。

图 4-15 所示为两台电动机 M1 和 M2 的顺序控制电路。图 4-15a 所示控制电路的特点是，将接触器 KM1 的一副常开辅助触点串联在接触器 KM2 线圈的控制电路中。这就保证了只有当接触器 KM1 接通，电动机 M1 起动后，电动机 M2 才能起动，而且，如果由于某种原因（如过载或失电压等）使接触器 KM1 失电释放而导致电动机 M1 停止时，电动机 M2 也立即停止，即可以保证电动机 M2 和 M1 同时停止。另外，该控制电路还可以实现单独停止电动机 M2。

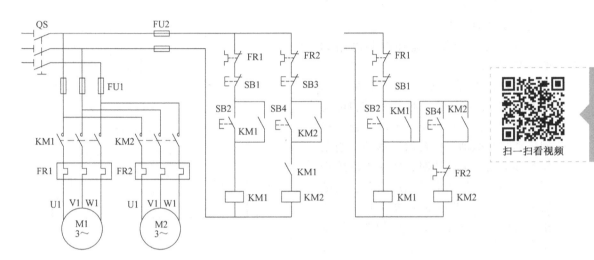

a) 将KM1的常开触点串联在KM2线圈回路中　　　b) 将KM2的控制电路接在KM1的常开触点之后

图 4-15　两台电动机的顺序控制电路

图 4-15b 所示控制电路的特点是，电动机 M2 的控制电路是接在接触器 KM1 的常开辅助触点之后，其顺序控制作用与图 4-15a 相同。而且还可以节省一副常开辅助触点 KM1。

4.1.9　行程控制电路

行程控制就是用运动部件上的挡铁碰撞行程开关而使其触点动作，以接通或断开电路，来控制机械行程。

行程开关（又称限位开关）可以完成行程控制或限位保护。例如，在行程的两个终端各安装一个行程开关，并将这两个行程开关的常闭触点串联在控制电路中，就可以达到行程控制或限位保护。

行程控制或限位保护在摇臂钻床、万能铣床、桥式起重机及各种其他生产机械中经常被采用。

图 4-16a 所示为小车限位控制电路。该电路的工作原理如下：先合上电源开关 QS；然后按下向前按钮 SB2，接触器 KM1 因线圈得电而吸合并自锁，电动机正转，小车向前运行；当小车运行到终端位置时，小车上的挡铁碰撞行程开关 SQ1，使 SQ1 的常闭触点断开，接触器 KM1 因线圈失电而释放，电动机断电，小车停止前进。此时即使再按下向前按钮 SB2，接触器 KM1 的线圈也不会得电，保证了小车不会超过行程开关 SQ1 所在位置。

当按下向后按钮 SB3 时，接触器 KM2 因线圈得电而吸合并自锁，电动机反转，小车向后运行，行程开关 SQ1 复位，触点闭合。当小车运行到另一终端位置时，行程开关 SQ2 的常闭触点被撞开，接触器 KM2 因线圈失电而释放，电动机断电，小车停止运行。

4.1.10 自动往复循环控制电路

有些生产机械,要求工作台在一定距离内能自动往复,不断循环,以使工件能连续加工。其对电动机的基本要求仍然是起动、停止和反向控制,所不同的是当工作台运动到一定位置时,能自动地改变电动机工作状态。

常用的自动往复循环控制电路如图 4-17 所示。

先合上电源开关 QS,然后按下起动按钮 SB2,接触器 KM1 因线圈得电而吸合并自锁,电动机正转起动,通过机械传动装置拖动工作台向左移动。当工作台移动到一定位置时,挡铁 1 碰撞行程开关 SQ1,使其常闭触点断开,接触器 KM1 因线圈断电而释放,电动机停止,与此同时行程开关 SQ1 的常开触点闭合,接触器 KM2 因线圈得电而吸合并自锁,电动机反转,拖动工作台向右

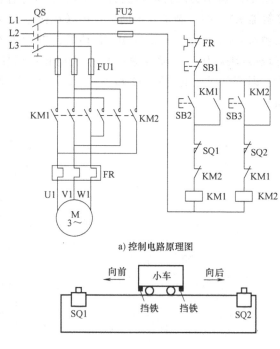

a) 控制电路原理图

b) 小车运动示意图

图 4-16　行程控制电路

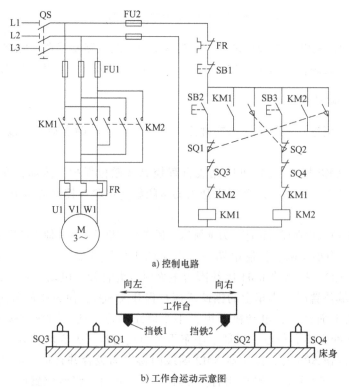

a) 控制电路

b) 工作台运动示意图

图 4-17　自动往复循环控制电路

移动。同时，行程开关 SQ1 复位，为下次正转做准备。当工作台向右移动到一定位置时，挡铁 2 碰撞行程开关 SQ2，使其常闭触点断开，接触器 KM2 因线圈断电而释放，电动机停止，与此同时行程开关 SQ2 的常开触点闭合，使接触器 KM1 线圈又得电，电动机又开始正转，拖动工作台向左移动。如此周而复始，使工作台在预定的行程内自动往复移动。

工作台的行程可通过移动挡铁（或行程开关 SQ1 和 SQ2）的位置来调节，以适应加工零件的不同要求。行程开关 SQ3 和 SQ4 用来作为限位保护，安装在工作台往复运动的极限位置上，以防止行程开关 SQ1 和 SQ2 失灵，工作台继续运动不停止而造成事故。

带有点动功能的自动往复循环控制电路如图 4-18 所示，它是在图 4-17 中加入了点动按钮 SB4 和 SB5，以供点动调整工作台位置时使用。其工作原理与图 4-17 基本相同。

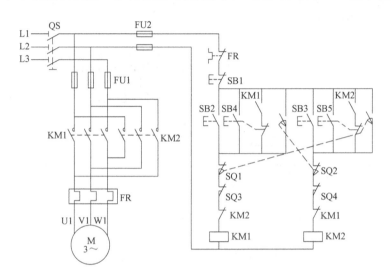

图 4-18 带有点动功能的自动往复循环控制电路

4.1.11 无进给切削的自动循环控制电路

为了提高加工精度，有的生产机械对自动往复循环还提出了一些特殊要求。以钻孔加工过程自动化为例，钻削加工时刀架的自动循环如图 4-19 所示。其具体要求是：刀架能自动地由位置 1 移动到位置 2 进行钻削加工；刀架到达位置 2 时不再进给，但钻头继续旋转，进行无进给切削以提高工件加工精度，短暂时间后刀架再自动退回位置 1。

无进给切削的自动循环控制电路如图 4-20 所示。这里采用行程开关 SQ1 和

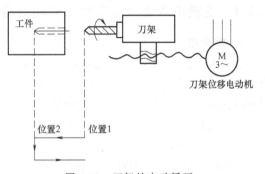

图 4-19 刀架的自动循环

SQ2 分别作为测量刀架运动到位置 1 和位置 2 的测量元件，由它们给出的控制信号通过接触器控制刀架位移电动机。按下进给按钮 SB2，正向接触器 KM1 因线圈得电而吸合并自锁，刀架位移电动机正转，刀架进给，当刀架到达位置 2 时，挡铁碰撞行程开关 SQ2，其常开触

点断开，正转接触器 KM1 因线圈断电而释放，刀架位移电动机停止工作，刀架不再进给，但钻头继续旋转（其拖动电动机在图 4-20 中未绘出）进行无进给切削。与此同时，行程开关 SQ2 的常开触点闭合，接通时间继电器 KT 的线圈，开始计算无进给切削时间。到达预定无进给切削时间后，时间继电器 KT 延时闭合的常开触点闭合，使反转接触器 KM2 因线圈得电而吸合并自锁，刀架位移电动机反转，于是刀架开始返回。当刀架退回到位置 1 时，挡铁碰撞行程开关 SQ1，其常开触点断开，反转接触器 KM2 因线圈断电而释放，刀架位移电动机停止，刀架自动停止运动。

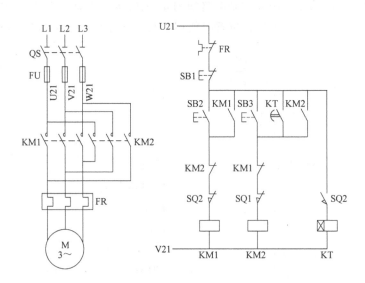

图 4-20　无进给切削的自动循环控制电路

4.2　直流电动机基本控制电路

4.2.1　交流电源驱动直流电动机控制电路

1. 控制电路

图 4-21 是一种最简单的交流电源驱动直流电动机控制电路。该控制电路是用 24V 交流电源经二极管桥式整流变为直流后，加到并励直流电动机 M 上。这种控制电路比较简单，但是由于直流电压脉动比较大，使直流电动机的转矩波动较大，影响转动特性，但对于高速旋转的直流电动机，这些影响较小，因此应用范围很广。

2. 原理分析

合上电源开关 S，电压为 220V 的单相交流电经变压器 T，变成电压为 24V 的单相交流电。当变压器 T 二次绕组的上端为

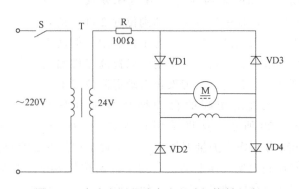

图 4-21　交流电源驱动直流电动机控制电路

正、下端为负的瞬间，变压器二次侧的电流路径为由变压器二次绕组的上端→电阻 R→二极管 VD1→并励直流电动机 M 的电枢绕组和励磁绕组→二极管 VD4→变压器二次绕组的下端，构成闭合回路，其电流路径如图 4-22 中虚线箭头所示，直流电动机 M 正向起动运行。

当变压器 T 二次绕组的上端为负、下端为正的瞬间，变压器二次侧的电流路径为由变压器二次绕组的下端→二极管 VD2→并励直流电动机 M 的电枢绕组和励磁绕组→二极管 VD3→电阻 R→变压器二次绕组的上端，构成闭合回路，其电流路径如图 4-23 中虚线箭头所示。由于流经直流电动机 M 励磁绕组和电枢绕组的电流方向都未改变，所以直流电动机 M 仍正向运行。

如果断开电源开关 S，则直流电动机 M 停止运行。

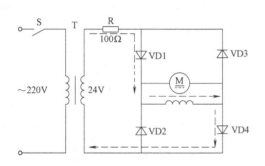

图 4-22　交流电源驱动直流电动机控制电路
（当变压器 T 二次绕组的上端为正、下端为负的瞬间）

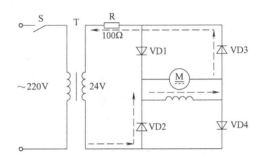

图 4-23　交流电源驱动直流电动机控制电路
（变压器 T 二次绕组的上端为负、下端为正的瞬间）

4.2.2　并励直流电动机可逆运行控制电路

1. 控制电路

因为并励和他励直流电动机励磁绕组的匝数多，电感量大，若要使励磁电流改变方向，一方面，在将励磁绕组从电源上断开时，绕组中会产生较大的自感电动势，很容易把励磁绕组的绝缘层击穿；另一方面，在改变励磁电流方向时，由于中间有一段时间励磁电流为零，容易出现"飞车"现象。所以一般情况下，并励和他励直流电动机多采用改变电枢绕组中电流的方向来改变电动机的旋转方向。

图 4-24 是一种并励直流电动机正反向（可逆）运行控制电路，其控制部分与交流异步电动机正反向（可逆）运行控制电路相同，故工作原理也基本相同。

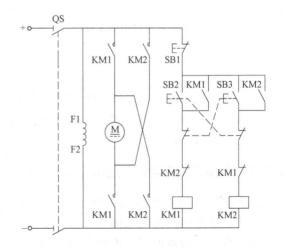

图 4-24　并励直流电动机正反向运行控制电路

2. 原理分析

（1）正向起动

正转起动时，合上电源开关 QS，电动机的励磁绕组得到励磁电流。按下正向起动按钮

SB2→正转直流接触器 KM1 线圈得电吸合并自锁→KM1 的主触点闭合→接通电枢回路→电动机正向起动并运行，其控制电路中的电流路径如图 4-25 中的虚线箭头所示，电动机 M 中的电枢电流和励磁电流的方向如图 4-25 中的实线箭头所示。另外，由于在 KM1 通电时，其串联在 KM2 线圈电路中的常闭触点断开，切断了反转控制接触器 KM2 的回路，使 KM2 不能得电，起到互锁作用，确保电动机正转能正常进行。

（2）反向起动

若要使正在正转的电动机反转时，应先按下停止按钮 SB1，使正转接触器断电复位后，再按下反转起动按钮 SB3→反转接触器 KM2 线圈得电并自锁→KM2 的主触头闭合→反向接通电枢回路→直流电动机反向起动并运行，其控制电路中的电流路径如图 4-26 中的虚线箭头所示，电动机 M 中的电枢电流和励磁电流的方向如图 4-26 中的实线箭头所示。另外，串联在 KM1 线圈电路中的 KM2 的常闭触点断开，使 KM1 不能得电，起到互锁作用。

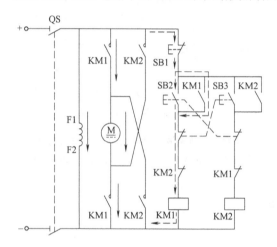

图 4-25　并励直流电动机可逆运行
控制电路（正向起动时）

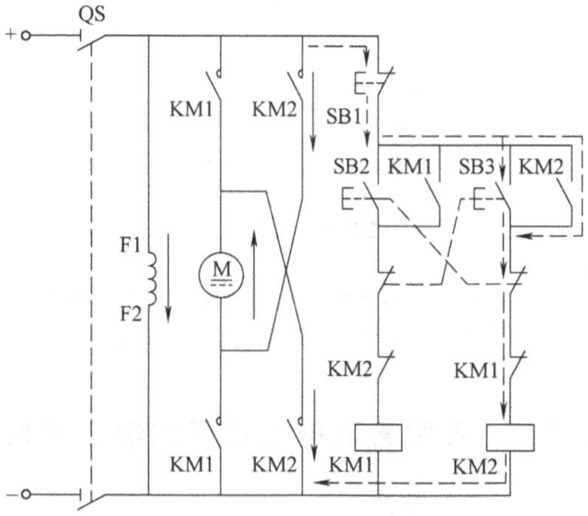

图 4-26　并励直流电动机可逆运行
控制电路（反向起动时）

（3）停止

若要电动机停转，只需按下停止按钮 SB1，KM1（或 KM2）断电，其主触点切断电动机电枢电源，电动机停转。

4.2.3　串励直流电动机可逆运行控制电路

因为串励直流电动机励磁绕组的匝数少，电感量小，且励磁绕组两端的电压较低，反接较容易。所以一般情况下，串励直流电动机多采用改变励磁绕组中电流的方向来改变电动机的旋转方向。图 4-27 是串励直流电动机正反向（可逆）运行控制电路图，其控制部分与图 4-24 完全相同，故其动作原理也基本相同，读者可自行分析。

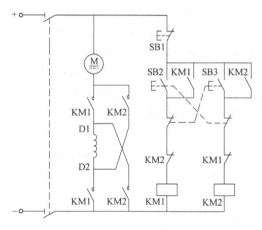

图 4-27　串励直流电动机可逆运行控制电路

第5章

常用电动机起动控制电路的识读

5.1 笼型三相异步电动机定子绕组串电阻（或电抗器）减压起动控制电路

对于大中容量的笼型异步电动机，当电动机容量超过其供电变压器的规定值（变压器只为动力用时，取变压器容量的 25%；变压器为动力、照明共用时，取变压器容量的 35%）时，一般应采用减压起动方式，以防止过大的起动电流引起很大的线路电压降，并影响电网的供电质量。另外，由于笼型三相异步电动机的起动电流为额定电流的 4 ~ 7 倍，在电动机频繁起动的情况下，过大的起动电流将会造成电动机严重发热，以致加速绝缘层老化，大大缩短电动机的使用寿命。因此，也应采用减压起动方式。

减压起动（又称降压起动）是指降低电动机定子绕组的相电压进行起动，以限制电动机的起动电流。当电动机的转速升高到一定值时，再使定子绕组电压恢复到额定值。由于电动机的电磁转矩与定子绕组相电压的二次方成正比，减压起动时，电动机的起动转矩将大大降低，因此，减压起动方法仅适用于空载或轻载时的起动。

定子绕组串联电阻（或电抗器）减压起动是在三相异步电动机的定子绕组电路中串入电阻（或电抗器），起动时，利用串入的电阻（或电抗器）起降压限流作用，待电动机转速上升到一定值时，将电阻（或电抗器）切除，使电动机在额定电压下稳定运行。由于定子绕组电路中串入的电阻要消耗电能，所以大、中型电动机常采用串电抗器的减压起动方法，它们的控制电路是一样的。现仅以串电阻减压起动控制电路为例说明其工作原理。

定子绕组串电阻（或电抗器）减压起动控制电路有手动接触器控制及时间继电器自动控制等几种形式。

5.1.1 手动接触器控制的串电阻减压起动控制电路

手动接触器控制的串电阻减压起动控制电路如图 5-1 所示。由控制电路可以看出，接触器 KM1 和 KM2 是按顺序工作的。

图 5-1a 所示控制电路的工作原理如下：欲起动电动机，先合上电源开关 QS，然后按下起动按钮 SB2，接触器 KM1 因线圈得电而吸合并自锁，接触器 KM1 主触点闭合，电动机 M 定子绕组串电阻 R_{st} 减压起动。当电动机的转速接近额定值时，按下按钮 SB3，接触器 KM2

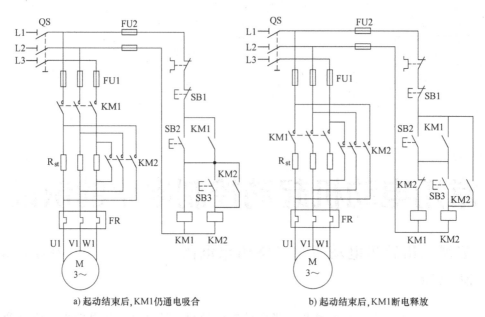

a) 起动结束后,KM1仍通电吸合   b) 起动结束后,KM1断电释放

图 5-1 手动接触器控制的串电阻减压起动控制电路

因线圈得电而吸合并自锁,接触器 KM2 主触点闭合,将起动电阻 R_st 短接,使电动机 M 全压运行。图 5-1b 所示控制电路的工作原理与图 5-1a 的不同之处是:接触器 KM2 吸合时,其一副常闭辅助触点断开,使接触器 KM1 因线圈断电而释放。

该控制电路的缺点是:从起动到全压运行需人工操作,所以起动时要按两次按钮,很不方便,故一般采用时间继电器控制的自动控制电路。

5.1.2 时间继电器控制的串电阻减压起动控制电路

时间继电器控制的串电阻减压起动控制电路如图 5-2 所示。它用时间继电器代替按钮 SB3,起动时只需按一次起动按钮,从起动到全压运行由时间继电器自动完成。

图 5-2a 所示控制电路工作原理如下:欲起动电动机,先合上电源开关 QS,然后按下起动按钮 SB2,接触器 KM1 与时间继电器 KT 因线圈得电而同时吸合并自锁,接触器 KM1 主触点闭合,电动机 M 定子绕组串电阻 R_st 减压起动。当时间继电器 KT 到达预先给定的延时值时,其延时闭合的常开触点闭合,接触器 KM2 因线圈得电而吸合,KM2 主触点闭合,将起动电阻 R_st 短接,使电动机 M 全压运行。采用该控制电路,在电动机运行时,接触器 KM1、KM2 和时间继电器 KT 线圈内都通有电流。为了避免这一缺点,可改进为图 5-2b 所示形式。

图 5-2b 所示控制电路工作原理如下:欲起动电动机,先合上电源开关 QS,然后按下起动按钮 SB2,接触器 KM1 与时间继电器 KT 因线圈得电而同时吸合并自锁,接触器 KM1 主触点闭合,电动机 M 定子绕组串电阻 R_st 减压起动。当时间继电器 KT 到达预先给定的延时值时,其延时闭合的动合触点闭合,接触器 KM2 因线圈得电而吸合并自锁,KM2 主触点闭合,将起动电阻 R_st 短接,使电动机 M 全压运行。与此同时,接触器 KM2 的常闭辅助触点断开,使接触器 KM1 时间继电器 KT 因线圈断电而释放。所以电动机全压运行时,只有接触器 KM2 接入

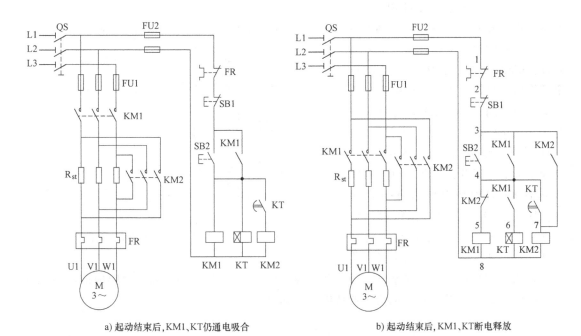

a) 起动结束后,KM1、KT仍通电吸合　　　　　　b) 起动结束后,KM1、KT断电释放

图 5-2　时间继电器控制的串电阻减压起动控制电路

电路。

5.2 笼型三相异步电动机自耦变压器（起动补偿器）减压起动控制电路

自耦变压器减压起动又称起动补偿器减压起动，是利用自耦变压器来降低起动时加在电动机定子绕组上的电压，从而达到限制起动电流的目的。起动结束后将自耦变压器切除，使电动机全压运行。自耦变压器减压起动常采用一种叫作自耦减压起动器（又称起动补偿器）的控制设备来实现，可分手动控制与自动控制两种。

5.2.1 手动控制的自耦减压起动器减压起动

图 5-3 所示为 QJ3 型自耦减压起动器控制电路，自耦变压器的抽头可以根据电动机起动时负载的大小来选择。

起动时，先把操作手柄转到"起动"位置，这时自耦变压器的三相绕组连接成Y联结，三个首端与三相电源相连接，三个抽头与电动机相连接，电动机在降压下起动。当电动机的转速上升到较高转速时，将操作手柄转到"运行"位置，电动机与三相电源直接连接，电动机在全压下运行，自耦变压器失去作用。若欲停止，只要按下按钮 SB，则失电压脱扣器 K 的线圈断电，机械机构使操作手柄回到"停止"位置，电动机停止。

5.2.2 时间继电器控制的自耦变压器减压起动

图 5-4 所示为时间继电器控制的自耦变压器减压起动控制电路。起动时，先合上电源开

关 QS，然后按下起动按钮 SB2，接触器 KM1、KM2 与时间继电器 KT 因线圈得电而同时吸合并自锁，接触器 KM1、KM2 的主触点闭合，电动机定子绕组经自耦变压器接至电源减压起动。当时间继电器 KT 到达延时值时，其常闭触点断开，使接触器 KM1 因线圈断电而释放，KM1 主触点和辅助触点断开；与此同时，时间继电器 KT 延时闭合的常开触点闭合，使接触器 KM3 因线圈得电而吸合并自锁，KM3 主触点闭合，电动机进入全压正常运行，而此时接触器

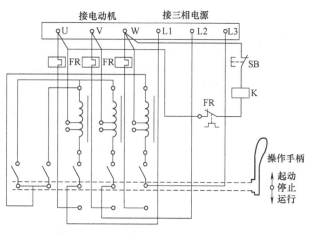

图 5-3　QJ3 型自耦减压起动器控制电路

KM3 的常闭辅助触点也同时断开，使接触器 KM1、KM2 与时间继电器 KT 因线圈断电而释放，KM2 主触点断开，将自耦变压器从电网上切除。

扫一扫看视频

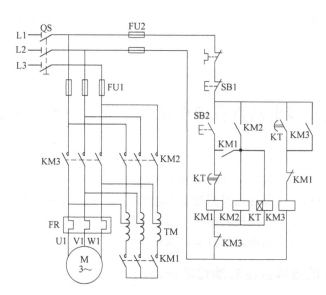

图 5-4　时间继电器控制的自耦变压器减压起动控制电路

　　自耦变压器减压起动与定子绕组串电阻减压起动相比较，在同样的起动转矩时，对电网的电流冲击小，功率损耗小。其缺点是自耦变压器相对电阻器结构复杂、价格较高。因此，自耦变压器减压起动主要用于起动较大容量的电动机，以减小起动电流对电网的影响。

5.3　笼型三相异步电动机星形-三角形（Y-△）减压起动控制电路

　　Y-△起动只能用于正常运行时定子绕组为△联结（其定子绕组相电压等于电动机的额定电压）的三相异步电动机，而且定子绕组应有 6 个接线端子。起动时将定子绕组成Y联结

(其定子绕组相电压降为电动机额定电压的 $\dfrac{1}{\sqrt{3}}$ 倍)，待电动机的转速升到一定程度时，再改接成△联结，使电动机正常运行。丫-△起动控制电路有按钮切换控制和时间继电器自动切换控制两种。

5.3.1 按钮切换的控制电路

按钮切换控制电路的原理图如图 5-5 所示。起动时，先合上电源开关 QS，然后按下起动按钮 SB2，接触器 KM、KM1 因线圈得电而同时吸合并自锁，接触器 KM1 的主触点闭合，将电动机的定子绕组接成丫联结；与此同时，接触器 KM 的主触点闭合，将电动机接至电源，电动机以丫联结起动。当电动机的转速升高到一定值时，按下按钮 SB3，使接触器 KM1 因线圈断电而释放，KM1 主触点断开，使电动机丫联结起动结束；与此同时，接触器 KM1 的常闭辅助触点恢复闭合，使接触器 KM2 因线圈得电而吸合并自锁，KM2 主触点闭合，将电动机的定子绕组接成△联结，使电动机以△联结投入正常运行，而接触器 KM2 的动断辅助触点也断开，起到了与接触器 KM1 的联锁作用。

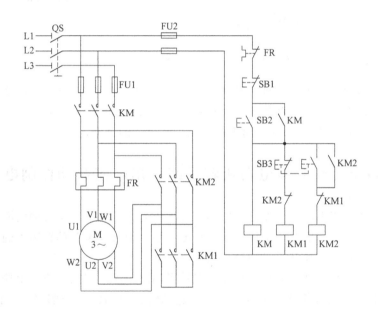

图 5-5 按钮切换丫-△减压起动控制电路

5.3.2 时间继电器自动切换的控制电路

图 5-6 为时间继电器自动切换丫-△减压起动控制电路的原理图。起动时，先合上电源开关 QS，然后按下起动按钮 SB2，接触器 KM、KM1 与时间继电器 KT 因线圈得电而同时吸合并自锁，接触器 KM1 的主触点闭合，将电动机的定子绕组接成丫联结，而与此同时，接触器 KM 的主触点闭合，将电动机接至电源，电动机以丫联结起动。当时间继电器 KT 到达延时值时，其延时断开的常闭触点断开，使接触器 KM1 因线圈断电而释放，KM1 主触点断开，使电动机丫联结起动结束；而与此同时，时间继电器 KT 延时闭合的常开触点闭合，使

接触器 KM2 因线圈得电而吸合并自锁，KM2 主触点闭合，将电动机的定子绕组接成△联结，使电动机以△联结投入正常运行，与此同时，接触器 KM2 的常闭辅助触点也断开，起到了与接触器 KM1 的互锁作用。

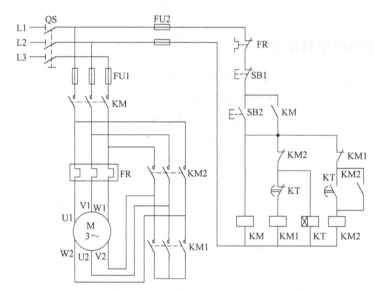

图 5-6　时间继电器控制丫-△减压起动控制电路

丫-△起动的优点在于丫联结起动时起动电流只是原来△联结时的 1/3，起动电流较小，而且结构简单、价格便宜；缺点是丫联结起动时起动转矩也相应下降为原来△联结时的 1/3，起动转矩较小，因而丫-△起动只适用于空载或轻载起动的场合。

5.4　绕线转子三相异步电动机转子回路串电阻起动控制电路

对于笼型三相异步电动机，无论采用哪一种减压起动方法来减小起动电流，电动机的起动转矩都会随之减小。所以对于不仅要求起动电流小，而且要求起动转矩大的场合，就不得不采用起动性能较好的绕线转子三相异步电动机。

绕线转子三相异步电动机的特点是可以在转子回路中串入起动电阻，串接在三相转子绕组中的起动电阻，一般都接成丫联结。在开始起动时，起动电阻全部接入，以减小起动电流，保持较高的起动转矩。随着起动过程的进行，起动电阻应逐段短接（即切除）；起动完毕时，起动电阻全部被切除，电动机在额定转速下运行。实现这种切换的方法有采用时间继电器控制和采用电流继电器控制两种。

5.4.1　采用时间继电器控制的转子回路串电阻起动控制电路

图 5-7 是用时间继电器控制的绕线转子三相异步电动机转子回路串电阻起动的控制电路。为了减小电动机的起动电流，在电动机的转子回路中，串联有三级起动电阻 R_{st1}、R_{st2} 和 R_{st3}。

起动时，先合上电源开关 QS，然后按下起动按钮 SB2，使接触器 KM 因线圈得电而吸合并自锁，接触器 KM 的主触点闭合，使电动机 M 在串入全部起动电阻时起动；与此同时，接触器 KM 的常开辅助触点闭合，使时间继电器 KT1 因线圈得电而吸合。经一定时间后，

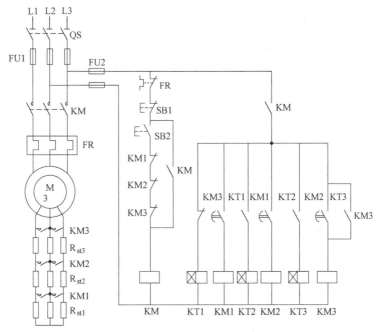

图 5-7 时间继电器控制绕线转子三相异步电动机转子串电阻起动电路

时间继电器 KT1 延时闭合的常开触点闭合，使接触器 KM1 因线圈得电而吸合，KM1 的主触点闭合，将电阻 R_{st1} 切除（即短接）；与此同时，接触器 KM1 的常开辅助触点闭合，使时间继电器 KT2 因线圈得电而吸合。又经一定时间后，时间继电器 KT2 延时闭合的常开触点闭合，使接触器 KM2 因线圈得电而吸合，KM2 的主触点闭合，这样又将电阻 R_{st2} 切除；同时，接触器 KM2 的常开辅助触点闭合，使时间继电器 KT3 因线圈得电而吸合。再经一定时间后，时间继电器 KT3 延时闭合的常开触点闭合，使接触器 KM3 因线圈得电而吸合并自锁，KM3 的主触点闭合，将转子回路串入的起动电阻全部切除，电动机正常运行。同时，接触器 KM3 的常闭辅助触点断开，使时间继电器 KT1 因线圈断电而释放，并依次使 KM1、KT2、KM2、KT3 释放，只有接触器 KM 和 KM3 仍保持吸合。

5.4.2 采用电流继电器控制的转子回路串电阻起动控制电路

图 5-8 是用电流继电器控制的绕线转子三相异步电动机转子回路串电阻起动控制电路。

在图 5-8 所示的电动机转子回路中，也串联有三级起动电阻 R_{st1}、R_{st2} 和 R_{st3}。该控制电路是根据电动机在起动过程中转子回路里电流的大小来逐级切除起动电阻的。

图 5-8 中，KA1、KA2 和 KA3 是电流继电器，它们的线圈串联在电动机的转子回路中，电流继电器的选择原则是：它们的吸合电流可以相等，但释放电流不等，且使 KA1 的释放电流大于 KA2 的释放电流，而 KA2 的释放电流大于 KA3 的释放电流。图中 KM 是中间继电器。

起动时，先合上隔离开关 QS，然后按下起动按钮 SB2，使接触器 KM0 因线圈得电而吸合并自锁，KM0 的主触点闭合，电动机在接入全部起动电阻的情况下起动；同时，接触器 KM0 的常开辅助触点闭合，使中间继电器 KM 因线圈得电而吸合。另外，由于刚起动时，

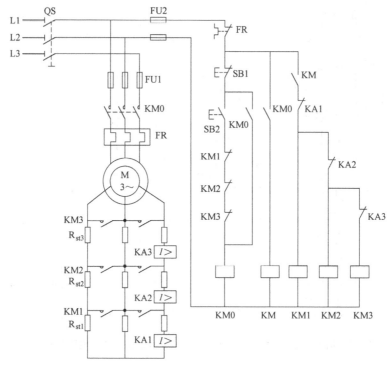

图 5-8 电流继电器控制绕线转子三相异步电动机转子回路串电阻起动电路

电动机转子电流很大，电流继电器 KA1、KA2 和 KA3 都吸合，它们的常闭触点断开，于是接触器 KM1、KM2 和 KM3 都不动作，全部起动电阻都接入电动机的转子电路。随着电动机的转速升高，电动机转子回路的电流逐渐减小，当电流小于电流继电器 KA1 的释放电流时，KA1 立即释放，其常闭触点闭合，使接触器 KM1 因线圈得电而吸合，KM1 的主触点闭合，把第一段起动电阻 R_{st1} 切除（即短接）。当第一段电阻 R_{st1} 被切除时，转子电流重新增大，随着转速上升，转子电流又逐渐减小，当电流小于电流继电器 KA2 的释放电流时，KA2 立即释放，其常闭触点闭合，使接触器 KM2 因线圈得电而吸合，KM2 主触点闭合，又把第二段起动电阻 R_{st2} 切除。如此继续，直到全部切除起动电阻，电动机起动完毕，进入正常运行状态。

控制电路中，中间继电器 KM 的作用是保证刚开始起动时，接入全部起动电阻。由于电动机开始起动时，起动电流由零增大到最大值需要一定时间。这样就有可能出现，在起动瞬间，电流继电器 KA1、KA2 和 KA3 还未动作，接触器 KM1、KM2 和 KM3 的吸合而将把起动电阻 R_{st1}、R_{st2} 和 R_{st3} 短接（切除），相当于电动机直接起动。控制电路中采用了中间继电器 KM 以后，不管电流继电器 KA1 等有无动作，开始起动时可由 KM 的常开触点来切断接触器 KM1 等线圈的通电回路，这就保证了起动时将起动电阻全部接入转子回路。

5.5 绕线转子三相异步电动机转子绕组串频敏变阻器起动控制电路

频敏变阻器实质上是一个铁心损耗非常大的三相电抗器，通常接成丫联结。它的阻抗值随着电流频率的变化而显著地变化，电流频率高时，阻抗值也高，电流频率越低，阻抗值也越低。所以，频敏变阻器是绕线转子异步电动机较为理想的一种起动设备，常用于较大容量的绕线转子三相异步电动机的起动控制。

起动时，将频敏变阻器串接在绕线转子三相异步电动机的转子回路中。在电动机起动过程中，转子的感应电动势的频率是变化的，转子电流的频率也随之变化。刚起动时，转子转速 $n=0$，电动机的转差率 $s=1$，转子感应电动势的频率最高（$f_2=sf_1=f_1$），转子电流的频率也最高，频敏变阻器的阻抗也就最大。随着电动机转速上升，转差率 s 减小。转子电流的频率降低，频敏变阻器的阻抗也随之减小，相当于在转子绕组串电阻起动控制电路中，随着电动机的转速上升，自动逐级切除起动电阻。

图 5-9 是一种采用频敏变阻器的起动控制电路。该电路可以实现自动和手动两种控制。

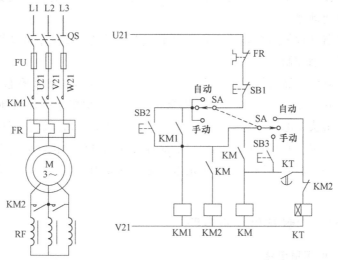

图 5-9 绕线转子三相异步电动机串频敏变阻器起动控制电路

自动控制时，将转换开关 SA 置于"自动"位置，然后按下起动按钮 SB2，使接触器 KM1 因线圈得电而吸合并自锁，KM1 的主触点闭合，电动机转子绕组串接频敏变阻器 RF 起动，与此同时，时间继电器 KT 也因线圈得电而吸合。经过一段延时时间以后，时间继电器 KT 延时闭合的常开触点闭合，使中间继电器 KM 因线圈得电而吸合并自锁，KM 的常开触点闭合，使接触器 KM2 因线圈得电而吸合，KM2 的主触点闭合，使频敏变阻器被短接，电动机起动完毕，进入正常运行状态。与此同时，接触器 KM2 的常闭辅助触点断开，使时间继电器 KT 因线圈断电而释放。

手动控制时，将转换开关 SA 置于"手动"位置，然后按下起动按钮 SB2，使接触器 KM1 因线圈得电而吸合并自锁，KM1 的主触点闭合，电动机转子绕组串接频敏变阻器 RF 起动。待电动机的转速升到一定程度时，按下按钮 SB3，使中间继电器 KM 因线圈得电而吸合并自锁，KM 的常开触点闭合，使接触器 KM2 因线圈得电而吸合，KM2 的主触点闭合，使频敏变阻器被短接，电动机起动完毕，进入正常运行。

5.6 三相异步电动机软起动器常用控制电路

三相异步电动机因为结构简单、体积小、重量轻、价格便宜、维护方便等特点，在生产和生活中得到了广泛的应用，成为当今传动工程中最常用的动力来源。但是，如果这些电动机连接电源系统直接起动，将会产生过大的起动电流，该电流通常达电动机额定电流的4~7倍，甚至更高。为了满足电动机自身起动条件、负载传动机械的工艺要求、保护其他用电设备正常工作的需要，应当在电动机起动过程中采取必要的措施控制其起动过程，降低起动电流冲击和转矩冲击。

为了降低起动电流，必须使用起动辅助装置。传统的起动辅助装置有定子串电抗器起动装置、转子串电阻起动（针对绕线转子电动机）装置、Y—△起动器、自耦变压器起动器等。但传统的起动辅助装置，要么起动电流和机械冲击仍过大，要么体积庞大笨重。随着电力电子技术和微机技术、现代控制技术的发展，出现了一些新型的起动装置，如变频调速器和晶闸管电动机软起动器。

由于变频调速器结构复杂性和价格高等因素，决定了其主要用于电动机调速领域，一般不单纯用于电动机起动控制。

晶闸管电动机软起动器也被成称为可控硅电动机软起动器，或者固态电子式软起动器，它是一种集电动机软起动、软停车、轻载节能和多种保护功能于一体的新颖电动机控制装置，它不仅有效地解决了电动机起动过程中电流冲击和转矩冲击问题，还可以根据应用条件的不同设置其工作状态，有很强的灵活性和适应性。晶闸管电动机软起动器通常都由微型计算机作为其控制核心，因此可以方便地满足电力拖动的要求，所以电动机的软起动器得到了越来越广泛地应用。

5.6.1 电动机软起动器常用控制电路

1. 软起动最简单应用电路

由软起动器组成的控制电动机起动的装置，除去主要电器设备-软起动器外，为了实现与电网、电动机之间的电连接可靠工作，仍需施加起保护协调与控制作用的低压电器，如刀开关、熔断器（快速熔断器）、断路器、热继电器等，实现功能不同，电路配置也不同。

最简单的软起动应用电路由一台软起动器和一只断路器 QF 组成，无旁路接触器，如图 5-10 所示。

2. 带旁路接触器的电路

带旁路接触器的电路如图 5-11~图 5-16 所示。旁路接触器（KM 或 KM2）用以在软起动器起动结束后旁路晶闸管通电回路使用。旁路接触器的通断一般由软起动器继电器输出口自动控制，由于在这种工作方式下旁路接触器通断时触点承受的电流冲击较小，所以旁路接触器电气寿命很长，其容量按电动机额定电流选择，无须考虑放大容量。

在图 5-12 中装设熔断器式隔离开关（或刀开关）的目的主要是为了方便检修。在检修时，隔离开关提供一个明显的电气断点，对检修安全有利。装设熔断器的目的主要是当发生短路或过电流故障时，对晶闸管提供保护，同时又可兼作线路保护。

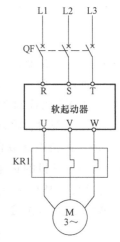

图 5-10 软起动最简单应用电路

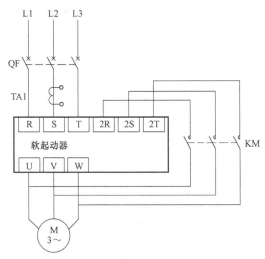

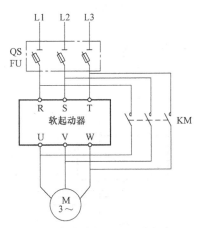

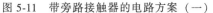

图 5-11　带旁路接触器的电路方案（一）　　　　　图 5-12　带旁路接触器的电路方案（二）

在图 5-13 中，加入了主接触器 KM1，否则当软起动器停止时，电动机侧仍带电。这是由于晶闸管的漏电流特性，使晶闸管不能从电气上完全分断电路，只有在软起动器的上侧接一个接触器 KM1，当 KM1 断开后电动机才能不带电。

图 5-14 是一种常用的软起动器用户采用的电路方案，图 5-14 中主接触器 KM1 的作用与图 5-13 中主接触器 KM1 的作用相同，其中断路器 QF 既可以采用塑壳式断路器，也可以采用万能式断路器。

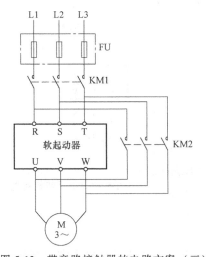

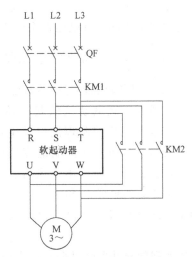

图 5-13　带旁路接触器的电路方案（三）　　　　　图 5-14　带旁路接触器的电路方案（四）

由于断路器的分断能力一般比同容量的熔断器低（尤其是小容量断路器的分断能力，更不如熔断器），保护特性并不理想。所以在远距离操作及对选择性保护要求较高的场合，通常采取断路器与熔断器串联使用，如图 5-15 所示。这样既可以自动操作，又具有较高的分断能力，使保护更可靠。

在对谐波有特殊要求的场合，一般可在软起动器进线侧主回路中串接交流电抗器或滤波器，如图 5-16 所示。同时交流电抗器还可以起到限制短路电流的作用。此外，还可以抑制 di/dt。

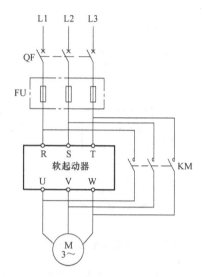

图 5-15 带旁路接触器的电路方案（五）

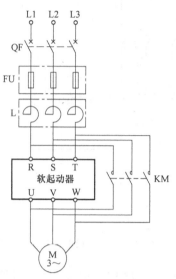

图 5-16 带旁路接触器的电路方案（六）

3. 正反转控制电路

图 5-17 是一个带旁路接触器的正反转电路方案，其中 KM1 为主接触器，KM3 为旁路接触器，KM2 为反方向运转接触器。KM1、KM2 应当具备电气、机械双重互锁，利用两者的切换可以操纵电动机正向与反向运行。软起动完成后的旁路运行由软起动内部的继电器逻辑输出信号控制。

5.6.2 STR 系列电动机软起动器应用实例

1. STR 系列电动机软起动器概述

STR 系列数字式电动机软起动器是采用电力电子技术、微处理器技术及现代控制理论设计生产的，具有先进水平的新型电动机起动设备。该产品能有效地限制异步电动机起动时的起动电流，可广泛应用于风机、水泵、输送类及压缩机等负载，是传统的星形-三角形（丫-△）转换、自耦减压等减压起动设备的理想换代产品，也是具有先进水平的新型节能产品。

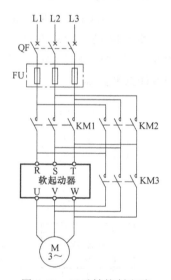

图 5-17 正反转控制电路

STR 系列软起动器经过多年推广应用和不断改进，无论在性能还是可靠性上均显示出了优越性。目前适合各种场合使用的电动机软起动器的功率范围为 7.5～600kW，品种有：STRA 系列软起动装置、STRB 系列软起动器、STRC 汉字显示电动机软起动器、STRG 系列通用型软起动控制柜、STRF 风力发电专用电动机软起动器。

2. STR 系列电动机软起动器的基本接线图

STR 系列电动机软起动器的基本接线如图 5-18 所示，其接线图中的各外接端子的符号、名称及说明见表 5-1。

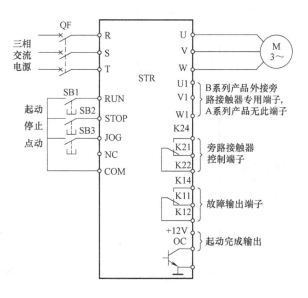

图 5-18　STR 系列软起动器的基本接线图

表 5-1　STR 系列软起动器各外接端子的符号、名称及说明

符号		端子名称	说明
主电路	R、S、T	交流电源输入端子	通过断路器(MCCB)接三相交流电源
	U、V、W	软起动器输出端子	接三相异步电动机
	U1、V1、W1	外接旁路接触器专用端子	B 系列专用，A 系列无此端子
控制电路	数字输入		
	RUN	外控起动端子	RUN 和 COM 短接即可外接起动
	STOP	外控停止端子	STOP 和 COM 短接即可外接停止
	JOG	外控点动端子	JOG 和 COM 短接即可实现点动
	NC	空端子	扩展功能用
	COM	外部数字信号公共端子	内部电源参考点
	数字输出 +12V	内部电源端子	内部输出电源，12V，50mA，DC
	OC	起动完成端子	起动完成后 OC 门导通(DC 30V/100mA)
	COM	外部数字信号公共端子	内部电源参考点
	继电器输出 K14	常开	故障输出端子
	K11	常闭	故障时 K14—K12 闭合 K11—K12 断开 触点容量 AC：10A/250V DC：10A/30V
	K12	公共	
	K24	常开	外接旁路接触器控制端子
	K21	常闭	起动完成后 K24—K22 闭合 K21—K22 断开 触点容量 AC：10A/250V 或 5A/380V
	K22	公共	

3. 一台 STR 系列软起动器控制两台电动机的控制电路

有时为了节省资金，可以用一台电动机软起动器对多台电动机进行软起动、软停车控制，但要注意的是，使用软起动器在同一时刻只能对一台电动机进行软起动或软停车，多台电动机不能同时起动或停车。一台 STR 系列软起动器控制两台电动机的控制电路如图 5-19 所示，图中右下侧为控制电路（也称二次电路）。

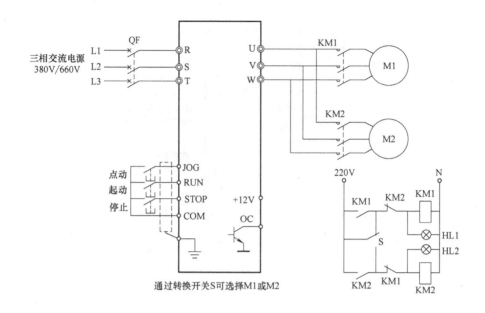

图 5-19 一台 STR 系列软起动器控制两台电动机

5.6.3 CR1 系列电动机软起动器应用实例

1. CR1 系列电动机软起动器概述

CR1 系列电动机软起动器主要适用于作笼型电动机的起动、运行和停止的控制和保护。因为电动机直接起动时，起动电流可高达电动机额定电流的 7~10 倍，对电网冲击较大，而且会影响机械设备的寿命，甚至造成严重故障，带来重大的经济损失。CR1 系列电动机软起动器的使用能避免这些问题的产生，其性能达到了国际上同类产品的先进水平。

CR1 系列电动机软起动器采用 8 位单片微型计算机控制技术，通过对电压和电流的检测，控制输出电压，降低起动电流。

CR1 系列电动机软起动器具有以下功能：

1）该装置具有软起动功能，能降低电动机的起动电流和起动转矩，减小起动时产生的力矩冲击。

2）该装置具有软停车功能，能逐渐降低电动机终端电压，避免设备由于突然停车所造成的损坏。

3）该装置具有保护功能，能够对过载、三相不平衡、断相、起动峰值过流、限流起动超时、散热器过热等故障进行保护。

CR1 系列电动机软起动器的额定电流为 30~900A；额定工作电压为 400V（50Hz）；可设定软起动时间、软停车时间、基值电压、脱扣级别、限流倍数。

2. CR1 系列电动机软起动器的基本接线图

CR1 系列电动机软起动器的基本接线如图 5-20 所示。CR1 系列电动机软起动器主电路端子功能和控制电路端子功能分别见表 5-2 和表 5-3。

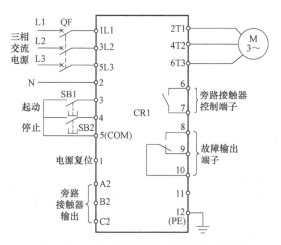

图 5-20　CR1 系列软起动器的基本接线图

表 5-2　CR1 型软起动器主电路端子功能

编号	1L1	3L2	5L3	2T1	4T2	6T3	A2	B2	C2
说明	U 相输入	V 相输入	W 相输入	U 相输出	V 相输出	W 相输出	旁路接触器 U 相输出	旁路接触器 V 相输出	旁路接触器 W 相输出

表 5-3　CR1 型软起动器控制电路端子功能

编号	1	2	3	4	5	6	7	8	9	10	11	12
说明	电源复位	控制电源中性线	起动	停止	公共（COM）	旁路常开输出	故障常开输出	故障常闭输出	故障公共	空	保护接地（PE）

3. CR1 系列软起动器不带旁路接触器的控制电路

图 5-21 所示为 CR1 系列软起动器不带旁路接触器的控制电路，由于不带旁路接触器，电动机在运行中，自始至终主电路通过软起动器内部的晶闸管。

合上断路器 QF，电源指示灯 HL1 点亮，接触器 KM 得电吸合。起动时，按下起动按钮 SB1，端子 3、5 接通，电动机按设定参数起动。停机时，按下停止按钮 SB2，端子 4、5 接通，电动机按设定参数停机。

当出现意外情况，需要电动机紧急停机时，可按下急停按钮 SB3。当软起动器内部发生故障时，故障继电器动作，接触器 KM 失电释放，切断软起动器输入端电源。同时，故障指示灯 HL2 点亮。当故障排除后，按一下电源复位按钮 SB4，即可恢复正常操作。

4. CR1 系列软起动器带旁路接触器的控制电路

图 5-22 所示为 CR1 系列软起动器带旁路

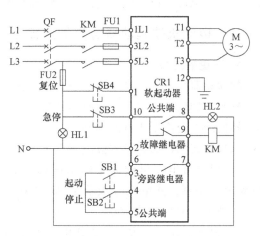

图 5-21　CR1 系列软起动器不带旁路接触器的控制电路

接触器的控制电路。

合上断路器 QF，电源指示灯 HL1 点亮，进线接触器 KM1 得电吸合。起动时，按下起动按钮 SB1，中间继电器 KA 得电吸合并自锁，其常闭触点断开，常开触点闭合，软起动器端子 3、5 接通，电动机开始软起动。当电动机起动结束后，软起动器内部的旁路继电器触点 S 闭合。旁路接触器 KM2 自动吸合，将软起动器内部的主电路（晶闸管）短路，从而可以避免晶闸管等因长期工作而发热损坏。与此同时，旁路接触器 KM2 的主触点闭合，使电动机直接接通额定电压运行。并且旁路运行指示灯 HL2 点亮。

停机时，按下软停按钮 SB2，中间继电器 KA 失电释放，

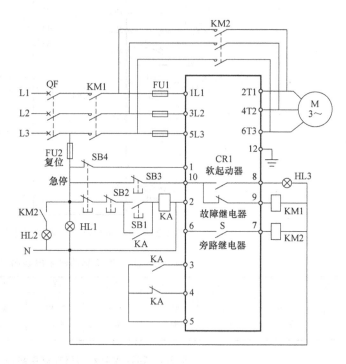

图 5-22　CR1 系列软起动器带旁路接触器的控制电路

其常开触点断开，常闭触点闭合，使软起动器的端子 4、5 接通。与此同时，软起动器的内部触点 S 断开，旁路接触器 KM2 失电释放，其主触点断开，电动机通过软起动器软停车（电动机逐渐减速）。

当出现意外情况，需要电动机紧急停机时，可按下急停按钮 SB3。当软起动器内部发生故障时，故障继电器动作，接触器 KM1 失电释放，切断软起动器输入端电源。当故障排除后，按一下电源复位按钮 SB4，即可恢复正常操作。

5.6.4　电动机软起动器容量的选择

1. 容量的选择

软起动器容量的选择原则上应大于所拖动电动机的容量。

软起动器的额定容量通常有两种标称：一种为按对应的电动机功率标称；另一种为按软起动器的最大允许工作电流标称。

选择软起动器的容量时应注意以下两点：

1）以所带电动机的额定功率标称，则不同电压等级的产品其额定电流不同。例如，75kW 软起动器，其电压等级若为 AC 380V，则其额定电流为 160A；其电压等级若为 AC 660V，则其额定电流为 100A。

2）以软起动器最大允许工作电流来标称，则不同电压等级的产品其额定容量不同。例如，160A 软起动器，电压等级若为 AC 380V，则其额定容量为 75kV·A；电压等级若为 AC 660V，则其额定容量为 132kV·A。

软起动器容量的选择还应综合考虑，如软起动器的带载能力、工作制、环境条件、冷却条件等。

额定电流与被控电动机功率对应关系见表 5-4。

表 5-4 额定电流与被控电动机功率对应关系

额定电流 I_N/A	电动机额定功率 P_N/kW				
	220~230V	380~400/450V	500V	600V	1140V
30	7.5	15	22	—	—
50	11	22	30	—	—
60	17	30	45	55	—
100	22	45	55	75	132
125	30	55	75	90	160
160	37	75	110	132	250
200	55	110	132	185	315
250	75	132	185	220	400
400	100	185	220	315	—
500	110	220	280	380	—
630	160	315	400	500	—

注：本表所列电动机是 4 极电动机。

2. 注意事项

作为一个通用原则，电动机全电压堵转转矩比负载起动转矩高得越多，越便于对起动过程进行控制；但单纯提高软起动器的容量而不加大电动机容量是不能够提高电动机的起动转矩的。

必须加大软起动器容量的情况主要有以下几种：

1）在线全压运行的软起动器或使用了节能控制方式的软起动器经常处于重载状态下运行。

2）电动机用于连续变动负载或断续负载，且周期较短。电动机有可能短时间过载运行时。

3）电动机用于重复短时工作制，且周期小于厂家规定的起动时间间隔，则在起动期间可能引起软起动器过载时。

4）有些负载过于沉重或者电网容量太小，起动时，电动机起动时间太长，使软起动器过载跳闸。

5）对加速时间有特殊要求的负载，电动机加速时间的长短是一个与惯性大小有关的相对概念。某些负载要求较短的加速时间，电动机的加速电流将比较大。

6）过渡过程有较大冲击电流的负载，可能导致过电流保护动作时。

5.7 用起动变阻器手动控制直流电动机起动的控制电路

对于小容量直流电动机，有时可使用人工手动起动。虽然起动变阻器的型式很多，但其原理基本相同。图 5-23 所示为三点起动器及其接线图。起动变阻器中有许多电阻 R，分别接于静触点 1、2、3、4、5。起动器的动触点随可转动的手柄 6 移动，手柄上附有衔铁及其复位弹簧 7，弧形铜条 8 的一端经电磁铁 9 与励磁绕组接通，同时环形铜条 8 还经电阻 R 与电枢绕组接通。

　　起动时，先合上电源开关，然后转动起动变阻器手柄，把手柄从 0 位移到触点 1 上时，接通励磁电路，同时将变阻器全部电阻串入电枢电路，电动机开始起动运转，随着转速的升高，把手柄依次移到静触点 2、3、4 等位置，将起动电阻逐级切除。当手柄移至触点 5 时，电磁铁吸住手柄衔铁，此时起动电阻全部被切除，电动机起动完毕，进入正常运行。

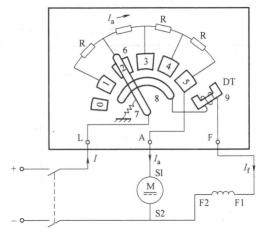

　　当电动机停止工作切除电源或励磁回路断开时，电磁铁由于线圈断电，吸力消失，在复位弹簧的作用下，手柄自动返回"0"位，以备下次起动，并起到失磁保护作用。

图 5-23　三点起动器及其接线图

5.8　并励直流电动机电枢回路串电阻起动控制电路

　　并励直流电动机的电枢电阻比较小，所以常在电枢回路中串入附加电阻来起动，以限制起动电流。

　　图 5-24 所示为并励直流电动机电枢回路串电阻起动控制电路。图中，KA1 为过电流继电器，作为直流电动机的短路和过载保护；KA2 为欠电流继电器，作为励磁绕组的失磁保护。图中 KT 为时间继电器，其触点是当时间继电器释放时延时闭合的常闭触点，该触点的特点是当时间继电器吸合时，触点立即断开；当时间继电器释放时，触点延时闭合。

　　起动时，合上电源开关 QS，励磁绕组得电励磁，欠电流继电器 KA2 线圈得电吸合，KA2 常开触点闭合，接通控制电路电源；同时时间继电器 KT 线圈得电吸合，时间继电器 KT 的在释放时延时闭合的常闭触点瞬时断开。然后按下起动按钮 SB2，接触器 KM1 线圈得电吸合，KM1 主触点闭合，电动机串电阻器 R_{st} 起动；KM1 的常闭触点断开，时间继电器 KT 的线圈断电释放，KT 的在释放时延时闭合的常闭触点延时闭合，接触器 KM2 的线圈得电吸合，KM2 的主触点闭合将电阻器 R_{st} 短接，电动机在全压下运行。

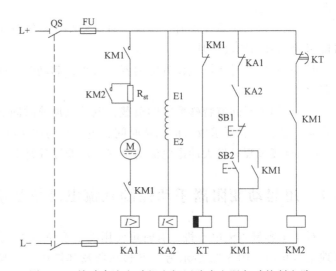

图 5-24　并励直流电动机电枢回路串电阻起动控制电路

5.9 直流电动机电枢回路串电阻分级起动控制电路

5.9.1 他励直流电动机电枢回路串电阻分级起动控制电路

图 5-25 是一种用时间继电器控制的他励直流电动机电枢回路串电阻分级起动控制电路，它有两级起动电阻。图中 KT1 和 KT2 为时间继电器，其触点是当时间继电器释放时延时闭合的常闭触点，该触点的特点是当时间继电器吸合时，触点立即断开；当时间继电器释放时，触点延时闭合。该电路中，触点 KT1 的延时时间小于触点 KT2 的延时时间。

起动时，首先合上开关 QS1 和 QS2，励磁绕组首先得到励磁电流，与此同时，时间继电器 KT1 和 KT2 因线圈得电而同时吸合，它们在释放时延时闭合的常闭触点 KT1 和 KT2 立即断开，使接触器 KM2 和 KM3 线圈断电。于是，并联在起动电阻 R_{st1} 和 R_{st2} 上的接触器动合触点 KM2 合 KM3 处于断开状态，从而保证了电动机在起动时全部电阻串入电枢回路中。

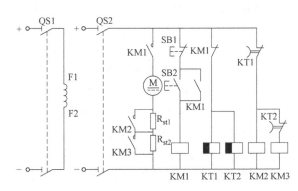

图 5-25 他励直流电动机电枢回路
串电阻分级起动控制电路

然后按下起动按钮 SB2，接触器 KM1 因线圈得电而吸合并自锁，电动机在串入全部起动电阻的情况下起动。与此同时，KM1 的常闭触点断开，使时间继电器 KT1 和 KT2 因线圈断电而释放。经过一段延时时间后，时间继电器 KT1 延时闭合的常闭触点闭合，接触器 KM2 因线圈得电而吸合，其常开触点闭合，将起动电阻 R_{st1} 短接，电动机继续加速。再经过一段延时时间后，时间继电器 KT2 延时闭合的常闭触点闭合，接触器 KM3 因线圈得电而吸合，其常开触点闭合，将起动电阻 R_{st2} 短接，电动机起动完毕，投入正常运行。

5.9.2 并励直流电动机电枢回路串电阻分级起动控制电路

图 5-26 是一种用时间继电器控制的并励直流电动机电枢回路串电阻分级起动控制电路，除主电路部分与他励直流电动机电枢回路串电阻分级起动控制电路有所不同外，其余完全相同。因此，两种控制电路的动作原理也基本相同，故不再赘述。

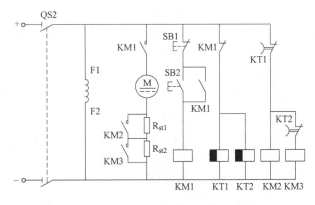

图 5-26 并励直流电动机电枢回路串
电阻分级起动控制电路

5.9.3 串励直流电动机串电阻分级起动控制电路

图 5-27 是一种用时间继电器控制的串励直流电动机分级起动控制电路，它也是有两级起动电阻。图中时间继电器 KT1 和 KT2 的触点的动作原理与图 5-25 中的触点 KT1 和 KT2 相同。

起动时，先合上电源开关 QS，时间继电器 KT1 因线圈得电而吸合，其释放时延时闭合的常闭触点 KT1 立即断开。然后按下起动按钮 SB2，接触器 KM1 因线圈得电而吸合并自锁，KM1 的主触点闭合，接通主电路，电动机串电阻 R_{st1} 和 R_{st2} 起动，因刚起动时。电阻 R_{st1} 两端电压较高，时间继电器 KT2 吸合，其释放时延时闭合的常闭触点 KT2 立即断开；与此同时，KM1 的常闭辅助触点断开，使时间继电器 KT1 因线圈断电而释放。经过一段延时时间后，KT1 延时闭合的常闭触点闭合，接触器 KM2 因线圈得电而吸合，其常开触点闭合，将起动电阻 R_{st1} 短接，同时使时间继电器 KT2 因线圈电压为零而释放。再经过一段延时时间后，KT2

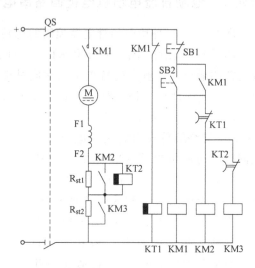

图 5-27　串励直流电动机分级起动控制电路

延时闭合的常闭触点闭合，接触器 KM3 因线圈得电而吸合，其常开触点闭合，将起动电阻 R_{st2} 短接，电动机起动完毕，投入正常运行。

必须注意，串励直流电动机不能在空载或轻载的情况下起动、运行。

5.10　直流电动机串电阻起动可逆运行控制电路

5.10.1　并励直流电动机串电阻起动可逆运行控制电路

并励直流电动机的正反转控制常用的方法是电枢反接法，这种方法是保持磁场方向不变而改变电枢电流的方向，使电动机反转。此方法常用于并励直流电动机。并励直流电动机串电阻起动可逆运行的控制电路如图 5-28 所示。图中 KT 为时间继电器，其触点是当时间继电器释放时延时闭合的常闭触点，该触点的特点是当时间继电器吸合时，触点立

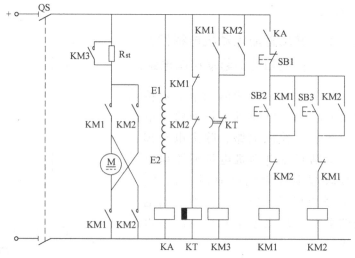

图 5-28　并励直流电动机串电阻起动可逆运行控制电路

即断开；当时间继电器释放时，触点延时闭合。

起动直流电动机前，首先合上电源开关QS，励磁绕组得电励磁，欠电流继电器KA线圈得电，KA常开触点闭合，接通控制电路电源；与此同时，时间继电器KT因线圈得电而吸合，其释放时延时闭合的常闭触点KT立即断开，使接触器KM3线圈断电，于是，并联在起动电阻 R_{st} 上的接触器KM3的常开触点KM3处于断开状态，从而保证了电动机在起动时起动电阻串入电枢回路中。

1）正转起动。起动时按下正转起动按钮SB2，接触器KM1线圈得电吸合，KM1的常开触点闭合，接通主电路，电动机串电阻 R_{st} 起动，电动机正向起动。与此同时，接触器KM1的常开辅助触点闭合，为接通接触器KM3做准备，而接触器KM1的常闭辅助触点断开，使时间继电器KT的线圈失电。时间继电器KT的线圈失电后，再经过一段延时时间后，时间继电器KT的释放时延时闭合的常闭触点闭合，使接触器KM3的线圈得电吸合，KM3的常开触点闭合，将电动机电枢回路中串入的起动电阻 R_{st} 短路（即切除起动电阻 R_{st}），电动机起动完毕，投入正常运行。

2）反转起动。若要反转，则需先按下停止按钮SB1，使接触器KM1断电释放，KM1的联锁触点闭合。这时再按下反转起动按钮SB3，接触器KM2线圈得电吸合，KM2的常开触头闭合，使电枢电流反向，电动机反转运行。

5.10.2 串励直流电动机串电阻起动可逆运行控制电路

串励直流电动机的正反转控制方法中有磁场反接法，这种方法是保持电枢电流方向不变而改变磁场方向（即励磁电流的方向），使电动机反转。因为串励直流电动机电枢绕组两端的电压很高，而励磁绕组两端的电压很低，反接较容易，所以电力机车的反转均使用此方法。串励直流电动机串电阻起动可逆运行控制电路如图5-29所示。

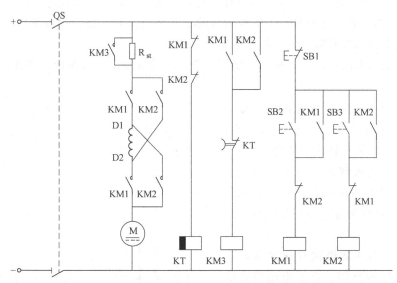

图 5-29　串励直流电动机串电阻起动可逆运行控制电路

由于串励直流电动机串电阻起动可逆运行控制电路图中的控制电路部分与并励直流电动机串电阻起动可逆运行控制电路图中的控制电路部分基本相同，所以其工作原理可参照并励直流电动机串电阻起动可逆运行控制电路进行分析。

第6章

常用电动机调速控制电路的识读

6.1 单绕组双速变极调速异步电动机的控制电路

将三相笼型异步电动机的定子绕组，经过不同的换接，改变其定子绕组的极对数 p，可以改变其旋转磁场的转速，从而改变转子的转速。这种通过改变定子绕组的极对数 p，从而得到多种转速的电动机，称为变极多速异步电动机。由于笼型转子本身没有固定的极数，其极数随定子磁场的极数而定，变换极数时比较方便，所以变极多速异步电动机都采用笼型转子。

改变定子绕组的极对数，一般有以下三种方法：

1）在定子槽内放置一套绕组，改变其不同的接线组合，得到不同的极对数，即单绕组变极多速电动机，简称单绕组多速电动机。

2）在定子槽内放置两套具有不同极对数的独立绕组，即双绕组双速电动机。

3）在定子槽内放置两套具有不同极对数的独立绕组，而且每套绕组又可以有不同的接线组合，得到不同的极对数，即双绕组多速电动机。

上述三种变极方法中，第一种方法绕制简单，出线头较少，用铜量也较省，所以被广泛采用。

变极调速设备简单、运行可靠，是一种比较经济的调速方法，属于有级调速，适用于不需要平滑调节转速的场合。

由于单绕组变极双速异步电动机是变极调速中最常用的一种形式，所以下面仅以单绕组变极双速异步电动机为例进行分析。

图 6-1 是一台 4/2 极的双速异步电动机定子绕组接线示意图。要使电动机在低速时工作，只需将电动机定子绕组的 1、2、3 三个出线端接三相交流电源，而将 4、5、6 三个出线端悬空，此时电动机定子绕组为三角形（△）联结，如图 6-1a 所示，

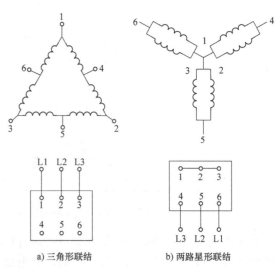

a）三角形联结　　b）两路星形联结

图 6-1　4/2 极双速异步电动机定子绕组接线示意图

磁极为 4 极，同步转速为 1500r/min。

　　要使电动机高速工作，只需将电动机定子绕组的 4、5、6 三个出线端接三相交流电源，而将 1、2、3 三个出线端连接在一起，此时电动机定子绕组为两路星形（又称双星形，用 丫丫或 2丫表示）联结，如图 6-1b 所示，磁极为 2 极，同步转速为 3000r/min。

　　必须注意，从一种接法改为另一种接法时，为使变极后电动机的转向不改变，应在变极时把接至电动机的 3 根电源线对调其中任意 2 根，如图 6-1 所示。

　　单绕组双速异步电动机的控制电路，一般有以下两种。

6.1.1　采用接触器控制的单绕组双速异步电动机控制电路

　　采用接触器控制单绕组双速异步电动机控制电路如图 6-2 所示。该电路工作原理如下：

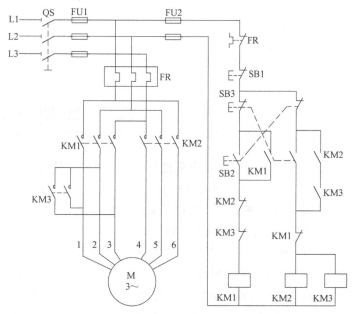

图 6-2　接触器控制单绕组双速异步电动机的控制电路

　　先合上电源开关 QS，低速控制时，按下低速起动按钮 SB2，使接触器 KM1 因线圈得电而吸合并自锁，KM1 的主触点闭合，使电动机 M 成三角形（△）联结，以低速运转。与此同时 KM1 的常闭辅助触点断开。如需换为高速时，按下高速起动按钮 SB3，于是接触器 KM1 因线圈断电而释放；同时接触器 KM2、KM3 因线圈得电而同时吸合并自锁，KM2、KM3 的主触点闭合，使电动机 M 成两路星形（丫丫）联结，并且将电源相序改接，因此，电动机以高速同方向运转。与此同时，接触器 KM2、KM3 起联锁作用的常闭辅助触点断开。

　　当电动机静止时，若按下高速起动按钮 SB3，将使接触器 KM2 与 KM3 因线圈得电而同时吸合并自锁，KM2 与 KM3 主触点闭合，使电动机 M 成两路星形（丫丫）联结，电动机将直接高速起动。

6.1.2　采用时间继电器控制的单绕组双速异步电动机控制电路

　　采用时间继电器控制的单绕组双速异步电动机控制电路如图 6-3 所示。该电路的工作原理如下：

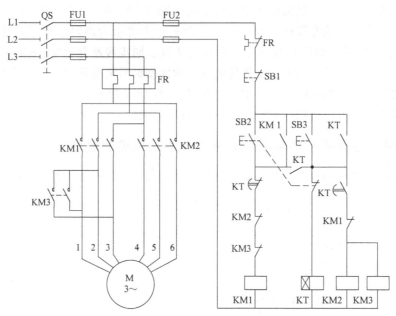

图 6-3　用时间继电器控制的单绕组双速异步电动机控制电路

　　先合上电源开关 QS，低速控制时，按下低速起动按钮 SB2，使接触器 KM1 因线圈得电而吸合并自锁，KM1 的主触点闭合，使电动机 M 成三角形（△）联结，以低速运转。同时，接触器 KM1 的常闭辅助触点断开，使接触器 KM2、KM3 处于断电状态。

　　当电动机静止时，若按下高速起动按钮 SB3，电动机 M 将先成三角形（△）联结，以低速起动，经过一段延时时间后，电动机 M 自动转为两路星形（丫丫）联结，再以高速运行。其动作过程如下：按下按钮 SB3，时间继电器 KT 因线圈得电而吸合，并由其瞬时闭合的常开触点自锁；与此同时 KT 的另一副瞬时闭合的常开触点闭合，使接触器 KM1 因线圈得电而吸合并自锁，KM1 的主触点闭合，使电动机 M 成三角形（△）联结，以低速起动；经过一段延时时间后，时间继电器 KT 延时断开的常闭触点断开，使接触器 KM1 因线圈断电而释放；与此同时，时间继电器 KT 延时闭合的常开触点闭合，使接触器 KM2、KM3 因线圈得电而同时吸合，KM2、KM3 主触点闭合，使电动机 M 成两路星形（丫丫）联结，并且将电源相序改接，因此，电动机以高速同方向运行；而且，KM2、KM3 起联锁作用的常闭辅助触点也同时断开，使 KM1 处于断电状态。

6.2　绕线转子三相异步电动机转子回路串电阻调速控制电路

　　绕线转子三相异步电动机的调速可以采用改变转子电路中电阻的调速方法。随着转子回路串联电阻的增大，电动机的转速降低，所以串联在转子回路中的电阻也称为调速电阻。

6.2.1　转子回路串电阻调速控制电路

　　绕线转子三相异步电动机转子回路串电阻调速的控制电路如图 6-4 所示。它也可以用作转子回路串电阻起动，所不同的是，一般起动用的电阻都是短时工作的，而调速用的电阻为长期工作的。

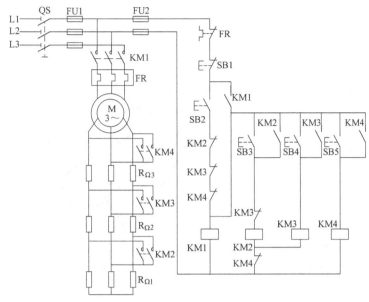

图 6-4　绕线式异步电动机转子回路串电阻调速控制电路

按下按钮 SB2，接触器 KM1 因线圈得电而吸合并自锁，KM1 主触点闭合，使电动机 M 转子绕组串接全部电阻低速运行。当分别按下按钮 SB3、SB4、SB5 时，将分别使接触器 KM2、KM3、KM4 因线圈得电而吸合并自锁，其主触点闭合，并分别将转子绕组外接电阻 $R_{\Omega 1}$、$R_{\Omega 2}$、$R_{\Omega 3}$ 短接（切除），电动机将以不同的转速运行。当外接电阻全部被短接后，电动机的转速最高。此时，接触器 KM2、KM3 均因线圈断电而释放，仅有 KM1、KM4 因线圈得电吸合。

按下按钮 SB1，接触器 KM1 等线圈断电释放，电动机断电停止。

绕线转子三相异步电动机转子回路串电阻调速的最大缺点是，如果把转速调得越低，就需要在转子回路串入越大的电阻，随之转子铜耗就越大，电动机的效率也就越低，所以很不经济。但由于这种调速方法简单、便于操作，所以目前在起重机、吊车一类短时工作的生产机械上仍被普遍采用。

6.2.2　转子回路串电阻调速的简易计算

绕线转子三相异步电动机转子回路串电阻调速属于改变转差率 s 的调速方式。由绕线转子三相异步电动机转子回路串电阻多级起动可知，它也能实现调速，所不同的是一般起动用的变阻器都是短时工作的，而调速用的变阻器为长期工作的。绕线转子三相异步电动机转子回路串电阻调速原理图如图 6-5a 所示。

绕线转子异步电动机转子回路串电阻调速时电动机的机械特性如图 6-5b 所示。图中，R_2 为绕线转子绕组的电阻；$R_{\Omega 1}$、$R_{\Omega 2}$、$R_{\Omega 3}$ 分别为在转子回路中外串的调速电阻；曲线 1 为转子回路没有串入调速电阻时的机械特性；曲线 2、3、4 则分别为转子回路串入 $R_{\Omega 1}$、$R_{\Omega 2}$、$R_{\Omega 3}$ 时的机械特性。

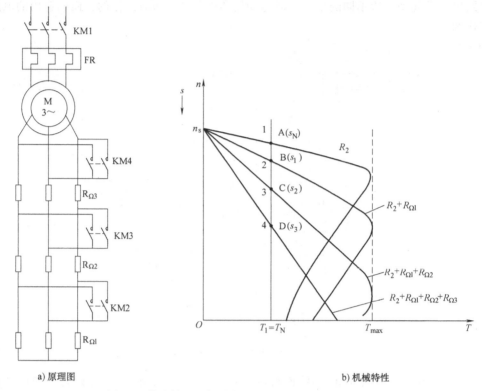

a) 原理图　　　　　　　b) 机械特性

图 6-5　绕线转子三相异步电动机转子回路串电阻调速

由图 6-5b 可见，在异步电动机转子回路中串入的电阻越大，电动机的机械特性曲线越偏向下方，在一定负载转矩 T_L 下，转子回路的电阻越大，电动机的转速越低。

在恒转矩调速时，$T_e = T_L = $ 常数，从电磁转矩的参数表达可知，若定子绕组电阻 R_1、定子绕组漏电抗 $X_{1\sigma}$ 和转子绕组漏电抗的归算值 $X'_{2\sigma}$ 皆不变，欲保持 T_e 不变，则应有 $\dfrac{R'_2}{s}$ 不变。这说明，恒转矩调速时，电动机的转差率 s 将随转子回路总电阻（$R_2 + R_\Omega$）成正比例变化。$R_2 + R_\Omega$ 增加一倍，则转差率也增加一倍。因此，若在保持负载转矩不变的条件下调速，则应有

$$\frac{R_2}{s_N} = \frac{R_2 + R_{\Omega 1}}{s_1} = \frac{R_2 + R_{\Omega 1} + R_{\Omega 2}}{s_2} = \frac{R_2 + R_{\Omega 1} + R_{\Omega 2} + R_{\Omega 3}}{s_3} = \cdots$$

上式说明，转差率 s 将随着转子回路的总电阻成正比地变化，如图 6-5b 中所示对应不同电阻时的工作点 A、B、C、D。而与上述各工作点对应的电动机的转差率分别为 s_N、s_1、s_2、s_3。

现在来阐明绕线转子异步电动机转子回路串电阻调速的物理过程。设电动机拖动恒转矩性质的额定负载运行，其工作点位于图 6-5b 中的 A 点，此时电动机的转差率为 s_N，电动机的转速为 $n_N = n_S(1 - s_N)$。当串入电阻 $R_{\Omega 1}$ 的瞬间，由于转子有惯性，电动机的转速还来不及改变，转子绕组的感应电动势未改变，转子电流却因转子电路阻抗增加而减小，由于电动机中的主磁通未变，相应的电磁转矩也减小，电动机的转速开始下降。随着转速的下降，电动机气隙中的旋转磁场与转子导体相对运动的速度逐渐增大，转子绕组中的感应电动势开始

增大，随之转子电流又开始增加，相应的电磁转矩也逐渐增大，这个过程一直进行到电磁转矩 T_e 与负载转矩互相平衡为止。这时电动机在一个较低转速下稳定运行。

当转子回路串入调速电阻 $R_{\Omega1}$ 时，电动机的机械特性曲线由曲线 1 变为曲线 2，如图 6-5b 所示。若负载转矩 T_L 保持不变，则电动机的运行点将从 A 点变到 B 点，相应的转差率从 s_N 增加到 s_1，电动机的转速则从 $n_S(1-s_N)$ 降到 $n_S(1-s_1)$。增加调速电阻，电动机的机械特性越向下移，转速便越下降。

这种调速方法只能从空载转速向下调速，调速范围不大，负载转矩 T_L 小时，调速范围更小。当转差率较大，即电动机的转速较低时，转子回路（包括外接调速电阻 R_{Ω}）中的功率损耗较大，因此效率较低。由于转子要分级串电阻，体积大、笨重，且为有级调速，这种调速方法的另一缺点是，转子串入调速电阻后，电动机的机械特性变软，负载转矩稍有变化就会引起很大的转速波动。

这种调速方法的主要优点是设备简单，初投资少，其调速电阻还可兼作起动电阻和制动电阻使用。因此多用于对调速性能要求不高且断续工作的生产机械，如桥式起重机等。

例 6-1　一台绕线转子三相异步电动机，极数 $2p=8$，额定功率 $P_N=30kW$，额定电压 $U_N=380V$，额定频率 $f_N=50Hz$，额定电流 $I_N=65.3A$，额定转速 $n_N=713r/min$，转子电压（指定子绕组加额定频率的额定电压，转子绕组开路时，集电环间的电压）$E_{2N}=200V$，转子额定电流（电动机额定运行时的转子电流）$I_{2N}=97A$。电动机拖动的负载为恒转矩负载。假定负载为额定负载，现要求将电动机的转速降低到 450r/min，试求每相转子绕组中应串入多大电阻？

解：（1）电动机的同步转速 n_S 为

$$n_S=\frac{60f}{p}=\frac{60\times50}{4}r/min=750r/min$$

（2）电动机的额定转差率 s_N 为

$$s_N=\frac{n_S-n_N}{n_S}=\frac{750-713}{750}=0.049$$

（3）转速降为 $n=450r/min$ 时，电动机的转差率 s 为

$$s=\frac{n_S-n}{n_S}=\frac{750-450}{750}=0.4$$

（4）估算转子绕组每相电阻 R_2 为

$$R_2\approx\frac{s_N E_{2N}}{\sqrt{3}I_{2N}}=\frac{0.049\times200}{\sqrt{3}\times97}\Omega=0.058\Omega$$

（5）转子回路每相应串入的调速电阻 R_{Ω} 为

因为
$$\frac{R_2}{s_N}=\frac{R_2+R_{\Omega}}{s}$$

所以
$$R_{\Omega}=R_2\left(\frac{s}{s_N}-1\right)=0.058\times\left(\frac{0.4}{0.049}-1\right)\Omega=0.415\Omega$$

6.3 电磁调速三相异步电动机控制电路

电磁调速三相异步电动机又称滑差电动机，是一种交流无级调速电动机。它由三相异步电动机、电磁转差离合器和测速发电机等组成，可通过控制器进行较广范围的平滑调速，其调速比一般 10：1。其广泛地应用在纺织、印染、化工、造纸、电缆等部门的恒转矩负载及风机类负载中。

中小型电磁调速异步电动机是组合式结构；较大的电磁调速异步电动机是整体式结构。笼型三相异步电动机为原动机，测速发电动机安装在电磁调速异步电动机的输出轴上，用来控制和指示电动机的转速；电磁转差离合器是电磁调速的关键部件，电动机的平滑调速就是通过它的作用来实现的。

电磁转差离合器有两个旋转部分，即电枢和磁极。电枢制成圆筒形结构，通常由铸钢加工而成。它是直接固定在异步电动机的轴伸上，随异步电动机旋转，属主动部分；磁极制成爪形结构，有励磁绕组，固定在输出轴上，属从动部分。磁极的励磁绕组经集电环通入直流励磁。

电磁调速异步电动机控制电路的原理图如图 6-6 所示。图中 VC 是晶闸管可控整流电源，其作用是将交流电变换成直流电，供给电磁转差（滑差）离合器的直流励磁电流，电流的大小可通过电位器 R_P 进行调节。

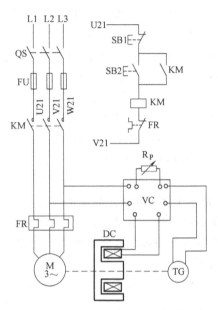

图 6-6　电磁调速异步电动机控制电路

欲起动电动机，应先合上电源开关 QS，然后按下起动按钮 SB2，接触器 KM 因线圈得电而吸合并自锁，KM 的主触点闭合，三相异步电动机运转，同时也接通了晶闸管可控整流装置 VC 的电源，使电磁转差（滑差）离合器磁极的励磁线圈得到励磁电流，此时磁极随电动机及离合器电枢同向转动。调节电位器 R_P，即可改变爪形磁极的转速，从而调节被拖动负载的转速。图中 TG 为测速发电机，由它取出的电动机转速信号，反馈给晶闸管可控整流电路，以调整和稳定电动机的转速，改善电磁调速异步电动机的机械特性。

由于电磁转差（滑差）离合器是依靠电枢中的感应电流而工作的，感应电流会引起电枢发热，在一定的负载转矩下，转速越低，则转差就越大，感应电流也就越大，电枢发热也就越严重。因此，电磁调速异步电动机不宜长期低速运行。

6.4 变频调速三相异步电动机控制电路

当直流电源向交流负载供电时，必须经过直流-交流变换，能够实现直流（DC）-交流（AC）变换的电路称为逆变电路。

利用电力半导体器件的通断作用，将工频交流电变换为另一频率的交流电的控制电路称为变频电路。根据交换方式的不同，可分为交-交和交-直-交两种形式。

把直流变交流、交流变交流的技术称为变频技术。

变频器是一种静止的频率变换器，它可以把电力配电网 50Hz 恒定频率的交流电，变换成频率、电压均可调节的交流电。变频器可以作为交流电动机的电源装置，实现变频调速，还可以用于中频电源加热器、不间断电源（UPS）、高频淬火机等。

交流电动机变频调速是利用交流电动机的同步转速随电源频率变化的特点，通过改变交流电动机的供电频率进行调速的方法。

在异步电动机的诸多调速方法中，变频调速的性能最好，它调速范围大、稳定性好、可靠性高、运行效率高、节电效果好，有着广泛的应用。所以，变频调速已成为当今节电、改造传统工业、改善工艺流程、提高生产过程自动化水平、提高产品质量、推动技术进步的主要手段之一，也是国际上技术更新换代最快的领域之一。

6.4.1 常用变频调速控制电路

1. 电动机正转运行变频调速控制电路

电动机正转运行变频调速控制电路如图 6-7 所示。调节频率给定电位器 R_P，可设定电动机运行速度。按下运行按钮 SB1，继电器 KA 得电吸合并自锁，其常开触点闭合，FR-COM 连接，电动机按照预先设定的转速运行；停止时，按下停止按钮 SB2，KA 失电，FR-COM 断开，电动机停止运行。

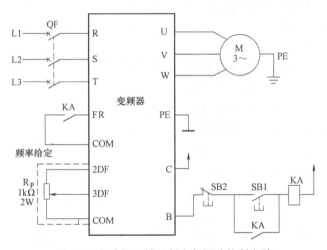

图 6-7 电动机正转运行变频调速控制电路

2. 采用 JP6C 型变频器的三速运行控制电路

采用 JP6C 型变频器的三速运行控制电路如图 6-8 所示。JP6C 型变频器设有多速选择信号端子（这里仅用三速），因此不需要选用件。频率的给定可以有三种速度，高速、中速和低速用各自的给定电位器调速。继电器 KA1、KA2、KA3 相互连锁。如按下按钮 SB1，继电器 KA1 吸合并自锁，其常开触点闭合，X1—COM 连接，另一副触点将 FWD-COM 连接，电动机按高速指令运行；同样，按下按钮 SB2 和 SB3，电动机将分别按中速和低速指令运行。

3. 变频调速电动机正反转控制电路

变频调速电动机正反转控制电路如图 6-9 所示。该电路由主电路和控制电路等组成。主电路包括断路器 QF、交流接触器 KM 的主触头、变频器 UF 内置的转换电路以及三相交流电

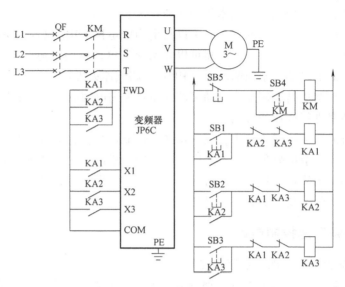

图 6-8 采用 JP6C 型变频器的三速运行控制电路

动机 M 等。控制电路包括变频器内置的辅助电路、旋转开关 SA、起动按钮 SB2、停止按钮 SB1、交流接触器 KM 的线圈、辅助触点以及频率给定电路等。

合上断路器 QF，控制电路得电。按下起动按钮 SB2 后，接触器 KM 的线圈得电吸合并自锁，KM 的主触点闭合，与此同时 KM 的常开辅助触点闭合，使旋转开关 SA 与变频器的 COM 端接通，为变频器工作做好准备。操作开关 SA，当 SA 与 FWD 端接通时，电动机正转；当 SA 与 REV 端接通时，电动机反转。需要停机时，先使SA 位于断开位置，使变频器首先停止工作，

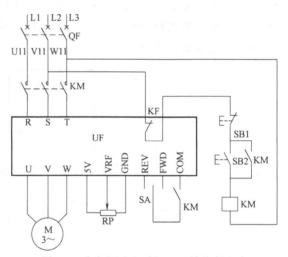

图 6-9 变频调速电动机正反转控制电路

再按下停止按钮 SB1，使交流接触器 KM 的线圈失电，其主触点断开三相交流电源。

4. 用单相电源变频器控制三相电动机

用单相电源变频器控制三相电动机的控制电路如图 6-10 所示。采用该控制电路，可以用单相电源控制三相异步电动机，进行变频调速。图中 SB2 是起动按钮，SB1 是停止按钮。

6.4.2 SB200 系列变频器在变频恒压供水装置上的应用

SB200 系列变频器在变频恒压供水装置上的应用如图 6-11 所示。

图 6-11 中为变频一控二，即一台变频器控制两台水泵，运行中只有一台水泵处于变频运行状态。循环投切系统中，M1、M2 分别为驱动 1#、2#水泵的电动机，1KM1、2KM1 分别为 1#、2#水泵变频运转控制接触器，1KM2、2KM2 分别为 1#、2#水泵工频运转控制接触器，1KM1、1KM2、2KM1、2KM2 由变频器内置继电器控制，四个接触器的状态均可通过可

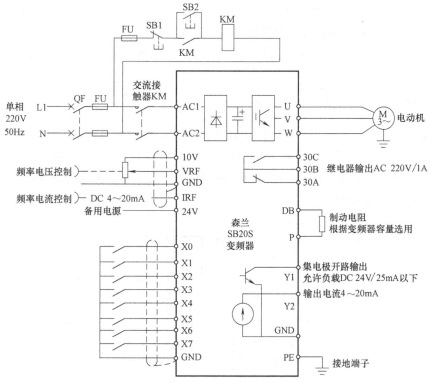

图 6-10　用单相电源变频器控制三相电动机

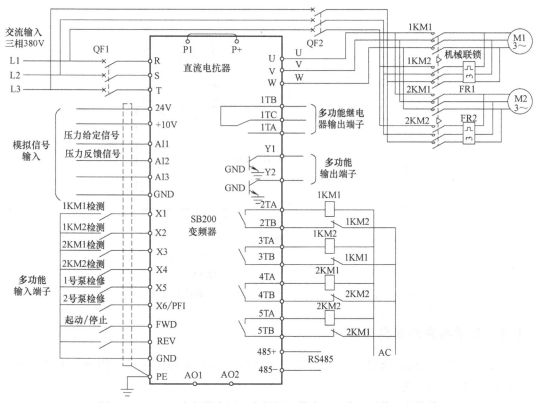

图 6-11　SB200 变频器应用于变频恒压供水（一控二系统）的接线

编程输入端子进行检测，当 1#、2# 水泵在运行中出现故障时，可以通过输入相应检修指令，让该故障水泵退出运行，非故障水泵继续保持运行，以保证系统供水能力；压力给定信号可通过端子模拟输入信号或数字给定，反馈信号可为电流或电压信号，也可为两个信号的运算结果作为反馈信号。

6.4.3　DZB300B 系列变频器在数控机床上的应用

图 6-12 是机床控制系统示意图。DZB300B 系列变频器在数控机床上的应用基本接线如图 6-13 所示。在图 6-13 中，VI 和 ACM 为数控模拟电压（0～10V）接入端子；S1、S2、DCM 接正、反转输入信号，DCM 为公共端子；A、B、C 为故障输出报警继电器，A、B 为常开触点，B、C 为常闭触点。

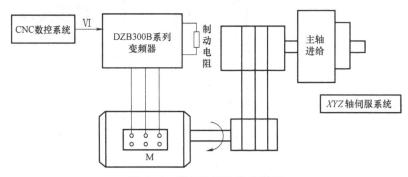

图 6-12　机床控制系统示意图

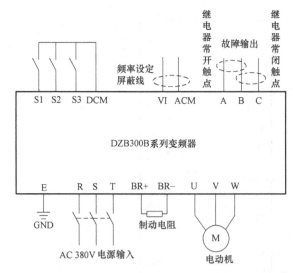

图 6-13　DZB300B 系列变频器在数控机床上的应用基本接线图

6.4.4　变频调速的简易计算

在改变异步电动机电源频率 f_1 时，异步电动机的参数也在变化。三相异步电动机定子绕组的感应电动势 E_1 为

$$E_1 = 4.44 f_1 k_{W1} N_1 \Phi_m$$

式中，E_1 为定子绕组的感应电动势（V）；k_{W1} 为电动机定子绕组的绕组系数；N_1 为电动机定子绕组每相串联匝数；Φ_m 为电动机气隙每极磁通（又称气隙磁通或主磁通）（Wb）。

如果忽略电动机定子绕组的阻抗电压降，则电动机定子绕组的电源电压 U_1 近似等于定子绕组的感应电动势 E_1，即

$$U_1 \approx E_1 = 4.44 f_1 k_{W1} N_1 \Phi_m$$

由上式可以看出，在变频调速时，若保持电源电压 U_1 不变，则气隙每极磁通 Φ_m 将随频率 f_1 的改变而成反比变化。一般电动机在额定频率下工作时磁路已经饱和，如果电源频率 f_1 低于额定频率时，气隙每极磁通 Φ_m 将会增加，电动机的磁路将过饱和，以致引起励磁电流急剧增加，从而使电动机的铁损耗大大增加，并导致电动机的温度升高、功率因数和效率均下降，这是不允许的；如果电源频率 f_1 高于额定频率时，气隙每极磁通 Φ_m 将会减小，因为电动机的电磁转矩与每极磁通和转子电流有功分量的乘积成正比，所以在负载转矩不变的条件下，Φ_m 的减小，势必会导致转子电流增大，为了保证电动机的电流不超过允许值，则将会使电动机的最大转矩减小，过载能力下降。综上所述，变频调速时，通常希望气隙每极磁通 Φ_m 近似不变，这就要求频率 f_1 与电源电压 U_1 之间能协调控制。若要 Φ_m 近似不变，则应使

$$\frac{U_1}{f_1} \approx 4.44 k_{W1} N_1 \Phi_m = \text{常数}$$

另一方面，也希望变频调速时，电动机的过载能力 $\lambda_m = \dfrac{T_{max}}{T_N}$ 保持不变。

由电机学相关分析可得，在变频调速时，若要电动机的过载能力不变，则电源电压、频率和额定转矩应保持下列关系：

$$\frac{U_1'}{U_1} = \frac{f_1'}{f_1} \sqrt{\frac{T_N'}{T_N}}$$

式中，U_1、f_1、T_N 分别为变频前的电源电压、频率、和电动机的额定转矩；U_1'、f_1'、T_N' 分别为变频后的电源电压、频率、和电动机的额定转矩。

从上式可得对应于下面三种负载，电压应如何随频率的改变而调节。

（1）恒转矩负载

对于恒转矩负载，变频调速时希望 $T_N' = T_N$，即 $\dfrac{T_N'}{T_N} = 1$，所以要求

$$\frac{U_1'}{U_1} = \frac{f_1'}{f_1} \sqrt{\frac{T_N'}{T_N}} = \frac{f_1'}{f_1}$$

即加到电动机上的电压必须随频率成正比变化，这个条件也就是 $\dfrac{U_1}{f_1} = \text{常数}$，可见这时气隙每极磁通 Φ_m 也近似保持不变。这说明变频调速特别适用于恒转矩调速。

（2）恒功率负载

对于恒功率负载，$P_N = T_N \Omega = T_N \dfrac{2\pi n}{60} = \text{常数}$，由于 $n \propto f$，所以，变频调速时希望 $\dfrac{T_N'}{T_N} = \dfrac{n}{n'} = \dfrac{f_1}{f_1'}$，以使 $P_N = T_N \dfrac{2\pi n}{60} = T_N' \dfrac{2\pi n'}{60} = \text{常数}$。于是要求

$$\frac{U'_1}{U_1}=\frac{f'_1}{f_1}\sqrt{\frac{T'_N}{T_N}}=\frac{f'_1}{f_1}\sqrt{\frac{f_1}{f'_1}}=\sqrt{\frac{f'_1}{f_1}}$$

即加到电动机上的电压必须随频率的开方成比变化。

（3）风机、泵类负载

风机、泵类负载的特点是其转矩随转速的二次方成正比变化，即 $T_N\propto n^2$，所以，对于风机、泵类负载，变频调速时希望 $\frac{T'_N}{T_N}=\left(\frac{n'}{n}\right)^2=\left(\frac{f'_1}{f_1}\right)^2$，所以要求

$$\frac{U'_1}{U_1}=\frac{f'_1}{f_1}\sqrt{\frac{T'_N}{T_N}}=\frac{f'_1}{f_1}\sqrt{\left(\frac{f'_1}{f_1}\right)^2}=\left(\frac{f'_1}{f_1}\right)^2$$

即加到电动机上的电压必须随频率的二次方成正比变化。

实际情况与上面分析的结果有些出入，主要因为电动机的铁心总是有一定程度的饱和，以及由于电动机的转速改变时，电动机的冷却条件也改变了。

例 6-2 一台笼型三相异步电动机，极数 $2p=4$，额定功率 $P_N=30\mathrm{kW}$，额定电压为 380V，额定频率 $f_N=50\mathrm{Hz}$，额定电流 $I_N=56.8\mathrm{A}$，额定转速 $n_N=1470\mathrm{r/min}$，拖动 $T_L=0.8T_N$ 的恒转矩负载，若采用变频调速，保持 $\frac{U_1}{f_1}=$ 常数，试计算将此电动机转速调为 $900\mathrm{r/min}$ 时，变频电源输出的线电压 U'_1 和频率 f'_1 各为多少？

解：电动机的同步转速 n_S 为

$$n_S=\frac{60f_1}{p}=\frac{60f_N}{p}=\frac{60\times50}{2}\mathrm{r/min}=1500\mathrm{r/min}$$

电动机在固有机械特性上的额定转差率 s_N 为

$$s_N=\frac{n_S-n_N}{n_S}=\frac{1500-1470}{1500}=0.02$$

负载转矩 $T_L=0.8T_N$ 时，对应的转差率 s 为

$$s=\frac{T_L}{T_N}s_N=0.8\times0.02=0.016$$

则 $T_L=0.8T_N$ 时的转速降 Δn 为

$$\Delta n=sn_S=0.016\times1500\mathrm{r/min}=24\mathrm{r/min}$$

因为电动机变频调速时的人为机械特性的斜率不变，即转速降落值 Δn 不变，所以变频以后电动机的同步转速 n'_s 为

$$n'_s=n'+\Delta n=(900+24)\mathrm{r/min}=924\mathrm{r/min}$$

若使 $n'=900\mathrm{r/min}$，则变频电源输出的频率 f'_1 和线电压 U'_1 为

$$f'_1=\frac{pn'_s}{60}=\frac{2\times924}{60}\mathrm{Hz}=30.8\mathrm{Hz}$$

$$U'_1=\frac{U_1}{f_1}f'_1=\frac{U_N}{f_N}f'_1=\frac{380}{50}\times30.8\mathrm{V}=234.08\mathrm{V}$$

6.5 直流电动机改变电枢电压调速控制电路

6.5.1 改变电枢电压调速的控制电路

直流电动机改变电枢电压的简易调速控制电路如图 6-14 所示。该控制电路是将交流电压经桥式整流后的直流电压，通过晶闸管 V 加到直流电动机的电枢绕组上。调节电位器 R_P 的值，则能改变 V 的导通角，从而改变输出直流电压的大小，实现直流电动机调速。

为了使电动机在低速时运转平稳，在移相回路中接入稳压管 VS，可以保证触发脉冲的稳定。VD5 起续流作用。只要调节 R_P 的电阻值就能实现调速。

本电路操作简单，在小容量直流电动机及单相串励式手电钻中得到了广泛应用。

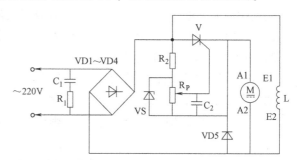

图 6-14 直流电动机改变电枢电压的简易调速控制电路

通常，对于小容量直流电动机，可采用单相桥式可控整流电路对直流电动机的电枢绕组供电，如图 6-15 所示，单相桥式可控整流电路输出的直流电压为

$$U_d = 0.9U\cos\alpha$$

式中，U 为单相交流电压的有效值；α 为晶闸管的导通角；U_d 为整流电路输出的直流电压。改变导通角就能改变整流电压，从而改变直流电动机的转速。图 6-15 中的 L 为平波电抗器，用来减小电流的脉动，保持电流的连续。

对于容量较大的直流电动机，可采用三相桥式可控整流电路对直流电动机的电枢绕组供电，如图 6-16 所示。三相桥式可控整流电路输出的直流电压为

$$U_d = 2.34U\cos\alpha$$

式中，U 为单相交流电压的有效值；α 为晶闸管的导通角；U_d 为整流电路输出的直流电压。改变导通角就能改变整流电压，从而改变直流电动机的转速。图 6-16 中的 L 为平波电抗器，用来减小电流的脉动，保持电流的连续。

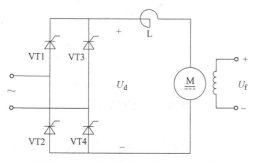

图 6-15 单相桥式可控整流电路
供电的调压调速系统原理图

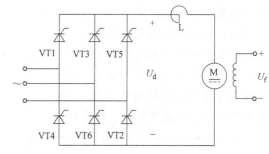

图 6-16 三相桥式可控整流电路
供电的调压调速系统原理图

6.5.2 改变电枢电压调速的简易计算

直流电动机具有良好的调速性能，可以在宽广的范围内平滑而经济地调速，特别适用于对调速性能要求较高的电力拖动系统。

对直流电动机进行调速，可采取多种方法。当在直流电动机的电枢回路中串入外加调节电阻（又称调速电阻）R_Ω 时，可得直流电动机的转速表达方式为

$$n = \frac{U - I_a(R_a + R_\Omega)}{C_e \Phi}$$

从上式可见，直流电动机的调速方法有以下三种：

1）改变串入电枢回路中的调速电阻 R_Ω。

2）改变加于电枢回路的端电压 U。

3）改变励磁电流 I_f，以改变主极磁通 Φ。

他励直流电动机拖动负载运行时，若保持电动机的每极磁通为额定磁通 Φ_N，且在电动机的电枢回路不串外接电阻，即 $R_\Omega = 0$，则他励直流电动机的机械特性方程式为

$$n = \frac{U}{C_e \Phi_N} - \frac{R_a}{C_e C_T \Phi_N^2} T_e$$

由上式可知，当改变电动机电枢绕组的端电压 U 时，电动机就可运行于不同的转速，且电压 U 越低，电动机的转速 n 越低。他励直流电动机改变电枢端电压调速时的机械特性如图 6-17 所示。图中，曲线 1、2、3、4 分别为对应于不同电枢端电压时电动机的机械特性曲线；曲线 5 为负载的机械特性曲线。从图中可以看出，改变电枢端电压后，电动机的理想空载转速 n_0 随电压的降低而下降。但是，电动机机械特性的斜率不变，即电动机的机械特性的硬度不变。

由以上分析可知，当他励直流电动机改变电枢端电压调速时，随着电枢端电压的降低，电动机机械特性平行地向下移动，如图 6-17 所示，当带恒转矩负载 T_L 时，在不同的电枢端电压 U_1、U_2、U_3、U_4 时，电动机的转速分别为 n_1、n_2、n_3、n_4。由于调速过程中电动机的机械特性只是平行地上下移动而不改变其斜率，因此调速时，电动机机械特性的硬度不变，这是改变电枢端电压调速的优点。而且降低电枢端电压调速的平滑性好，当电枢端电压连续变化时，转速也能连续变化，可实现无级调速，调速范围大，稳定性好。

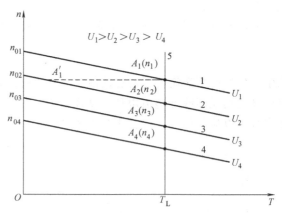

图 6-17　他励直流电动机改变电枢端
电压调速时的机械特性

改变电枢端电压调速，对于串励直流电动机来说，也是适用的。在电力牵引机车中，常把两台串励直流电动机从并联运行改为串联运行，以使加于每台电动机的电压从全压降为半压。

例6-3　一台他励直流电动机，额定功率 $P_N = 22\text{kW}$，额定电压 $U_N = 220\text{V}$，额定电流 $I_N = 115\text{A}$，额定转速 $n_N = 1500\text{r/min}$，电枢回路总电阻 $R_a = 0.1\Omega$，忽略空载转矩 T_0，负载为恒转矩负载，当电动机带额定负载运行时，要求把转速降到 1000r/min，忽略电枢反应，试计算：采用降低电源电压调速时，需把电枢绕组端电压 U 降到多少？

解：

因为电动机为他励直流电动机，所以额定电枢电流 $I_{aN} = I_N = 115\text{A}$，额定电枢电动势 E_{aN} 为

$$E_{aN} = U_N - I_{aN} R_a = (220 - 115 \times 0.1)\text{V} = 208.5\text{V}$$

由此求得

$$C_e \Phi_N = \frac{E_{aN}}{n_N} = \frac{208.5}{1500}\text{V/(r/min)} = 0.139\text{V(r/min)}$$

转速降到 $n = 1000\text{r/min}$ 时，因为调速前后每极磁通未变，即 $\Phi = \Phi_N$，所以有

$$E_a = C_e \Phi_N n = (0.139 \times 1000)\text{V} = 139\text{V}$$

当转速降到 $n = 1000\text{r/min}$ 时，因为负载转矩未变，每极磁通未变，所以调速前后电枢电流不变，即 $I_a = I_{aN}$，于是电枢绕组端电压应为

$$U = E_a + I_a R_a = (139 + 115 \times 0.1)\text{V} = 150.5\text{V}$$

6.6　直流电动机电枢回路串电阻调速控制电路

6.6.1　电枢回路串电阻调速控制电路

并励直流电动机电枢回路串电阻调速控制电路如图6-18所示。该电路的主电路部分与并励直流电动机电枢回路串电阻起动的控制电路基本相同。由直流电动机电枢回路串电阻多级起动可知，它也能实现调速，所不同的是，一般起动用的变阻器都是短时工作的，而调速用的变阻器应为长期工作的。

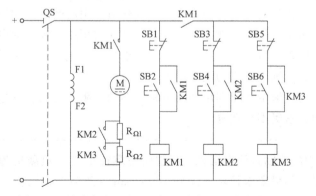

图6-18　并励直流电动机电枢回路串电阻调速控制电路

在图6-18中，接触器KM1为主接触器，控制直流电动机起动与运行；接触器KM2和接

触器 KM3 分别用于将调速电阻 $R_{\Omega 1}$ 和 $R_{\Omega 2}$ 短路（即切除），使电动机中速或高速运行。

6.6.2 电枢回路串电阻调速时电阻的简易计算

他励直流电动机拖动负载运行时，保持电枢绕组电源电压为额定电压 U_N、每极磁通为额定磁通 Φ_N，在电枢回路中串入调速电阻 R_Ω 时，电动机的机械特性方程式为

$$n = \frac{U_N}{C_e \Phi_N} - \frac{R_a + R_\Omega}{C_e C_T \Phi_N^2} T_e$$

由上式可知，在电枢回路中串入不同的电阻 R_Ω。电动机就可运行于不同的转速，且调速电阻 R_Ω 越大，电动机的转速 n 越低。他励直流电动机电枢回路串电阻调速时的机械特性如图 6-19 所示，图中，曲线 1 为 $R_\Omega = 0$ 时电动机的机械特性曲线（即固有机械特性曲线）；曲线 2 和曲线 3 分别为 $R_\Omega = R_{\Omega 1}$ 和 $R_\Omega = R_{\Omega 2}$ 时电动机的机械特性曲线（即人为机械特性曲线）；曲线 4 为负载的机械特性曲线。从图中可以看出，串入不同的 R_Ω 时，电动机的理想空载转速 n_0 不变，但是电动机机械特性的斜率随 R_Ω 的增加而变大，即随着 R_Ω 的增加，电动机的机械特性变软。

由以上分析可知，在他励直流电动机电枢回路中串入的调速电阻 R_Ω 越大，则电动机的机械特性越软，电动机的转速 n 也就越低（见图 6-19）。但是，如果电动机拖动恒转矩负载调速，则调速前后，电动机的电磁转矩 T_e 和电枢电流 I_a 不变。

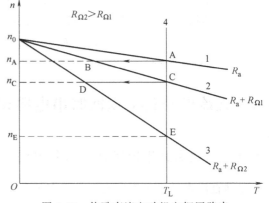

图 6-19　他励直流电动机电枢回路串
电阻调速时的机械特性

这种调速方法以调速电阻 $R_\Omega = 0$ 时的转速为最高转速，只能"调低"，不能"调高"，即只能使电动机的转速在额定转速以下调节。

在电枢回路串电阻调速，设备简单，操作方便，调速电阻又可作起动电阻用。但是，由于电阻只能分段调节，故调速不均匀，属有级调速，调速平滑性差。而且随着调速电阻的增大。电动机的机械特性变软，使得在负载变化时，引起转速波动较大，即转速对负载的变化反应敏感，机组运行的稳定性差。另外，在调速过程中，较大的电枢电流要流过电枢回路中所串联的调速电阻，将会使调速电阻上的电能损耗增大。速度越低，调速电阻串得越大，电能损耗也就越大，则电动机的效率越低。

并励、串励、复励直流电动机利用串入电枢回路的电阻调速的物理过程及有关优缺点与他励直流电动机类似，这里不再重复。

例 6-4　例 6-3 中的他励直流电动机，仍忽略空载转矩 T_0，负载仍为恒转矩负载，电动机带额定负载运行时，如果要求把转速降到 $1000r/min$，忽略电枢反应，试计算：采用电枢回路串电阻调速时，电枢回路应串入的调速电阻 R_Ω 为多少？

解：因为前面已求得，电动机的转速降为 $1000r/min$ 时，电动机的电枢电动势 $E_a =$

139V，电枢电流 $I_a = I_{aN} = 115A$，所以，采用电枢回路串电阻调速，使电动机的转速降为 1000r/min 时，电枢回路的总电阻应为

$$R_a + R_\Omega = \frac{U_N - E_a}{I_a} = \frac{U_N - E_{aN}}{I_{aN}} = \frac{220 - 139}{115}\Omega = 0.704\Omega$$

由此求得电枢绕组应串入的调速电阻 R_Ω 应为

$$R_\Omega = 0.704 - R_a = 0.704\Omega - 0.1\Omega = 0.604\Omega$$

6.7 单相异步电动机电抗器调速控制电路

单相异步电动机电抗器调速控制电路如图 6-20 所示。把电抗器 L 串联到单相异步电动机的电源回路中，通过切换电抗器的线圈抽头实现调速。

当将调速开关 SA 拨到"低速"档时，电动机的主绕组与电抗器 L 串联后接电源，电源电压的一部分降落在电抗器 L 的全部线圈上，因而电动机主绕组的工作电压降为最低，产生的磁场最弱，电动机的转差率增为最大，电动机为低速运行；当将调速开关 SA 拨到"高速"档时，电动机主绕组在额定电压下运行，电动机的转速达到最高；当将调速开关 SA 拨到"中速"档，电动机主绕组的工作电压介于高速和低速之间，因此电动机为中速运行。

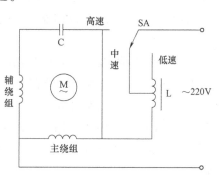

图 6-20 单相异步电动机电抗器调速控制电路

使用该电路时，应根据电动机在低速、中速时的工作电压和电流，确定电抗器的端电压和电流，由此确定其参数。

6.8 单相异步电动机绕组抽头调速控制电路

6.8.1 单相异步电动机绕组抽头 L-1 型接法调速控制电路

调速绕组又称中间绕组，用调速绕组调速是在单相异步电动机的定子槽内适当嵌入调速绕组，这些调速绕组可以与主绕组（又称工作绕组）同槽，也可以与辅绕组（又称起动绕组或副绕组）同槽，但调速绕组总是在槽的上层。调速绕组与主绕组或辅绕组串联，也可以与主、辅绕组一起串联。调速绕组有几个中间抽头，改变调速开关的位置，可以调节电动机的转速。

图 6-21 所示为单相异步电动机绕组抽头 L-1 型接法三速调速电路。L-1 型接法的特点是调速绕组

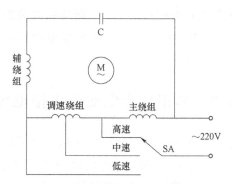

图 6-21 单相异步电动机绕组抽头 L-1 型接法调速控制电路

127

与主绕组串联，且在空间上同相位，因此调速绕组与主绕组是同槽分布的，而且全部绕组能在高、中、低三速运行中均参与工作。其缺点是低速时效率较低。

当调速开关 SA 拨至"低速"档时，调速绕组全部串入主绕组中，因而主绕组的工作电压降低，产生的磁场减弱，转速降低；当 SA 拨至"高速"档，主绕组在额定电压下运行，转速达到最高；当 SA 拨至"中速"档时，调速绕组的 1/2 串接到主绕组中，电动机中速运转。

6.8.2 单相异步电动机绕组抽头 L-2 型接法调速控制电路

图 6-22 所示为单相异步电动机绕组抽头 L-2 型接法调速控制电路。在 L-2 型接法中，其调速绕组与辅绕组串联，且它们在空间上是同相位，因此调速绕组与辅绕组是同槽分布的。在同一槽中，调速绕组嵌在上面，辅绕组嵌在下面，其线径相同。

当调速开关 SA 拨至"低速"档时，调速绕组全部串入主绕组中，因而转速降低；当 SA 拨至"高速"档，主绕组在额定电压下运行，转速达到最高；当 SA 拨至"中速"档时，调速绕组部分串入辅绕组，部分串接到主绕组中，电动机中速运转。

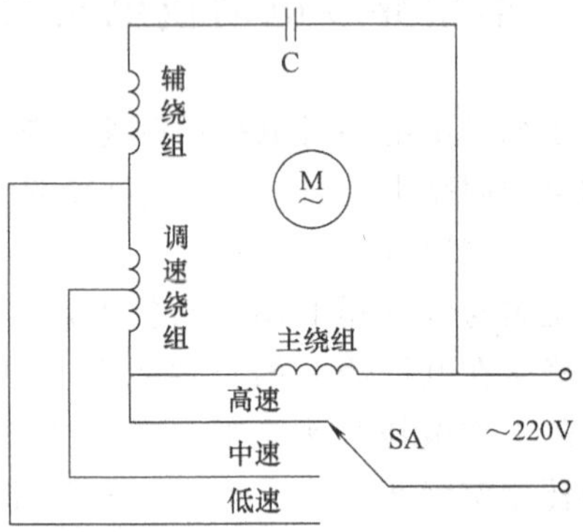

图 6-22 单相异步电动机绕组
抽头 L-2 型接法调速控制电路

6.8.3 单相异步电动机绕组抽头 T 形接法调速控制电路

单相电动机绕组抽头 T 形接法调速控制电路，如图 6-23 所示。一般来说，调速绕组与主绕组同槽嵌放。调速绕组串接在主绕组和辅绕组并联的电路外面，对主绕组和辅绕组同时起着调压作用，通过改变电压可调节磁场强度，从而达到调速的目的。T 形接法调速的单相异步电动机性能较好，电能利用合理、省电。

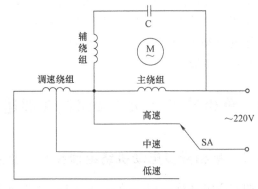

图 6-23 单相异步电动机绕组
抽头 T 形接法调速控制电路

6.9 单相异步电动机串接电容调速控制电路

某些单速单相异步电动机，可采用串接电容 C_1、C_2，改成三速电动机，如图 6-24 所示。C_1、C_2 必须用纸介电容或油浸纸介电容，其电容量的大小直接关系到电动机的速度。通过电容降压可调节磁场强度，从而达到调速的目的。电容容量应根据单相异步电动机的功率选定，一般由试验决定，但耐压应大于 400V。

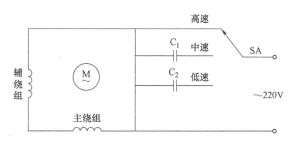

图 6-24 单相异步电动机串接电容调速控制电路

6.10 单相异步电动机晶闸管无级调速控制电路

单相异步电动机晶闸管调速是通过电子电路控制加在电动机定子绕组上的电压的大小，达到调速的目的。

单相异步电动机晶闸管无级调速控制电路很多，图 6-25 为较简单经济的一种。从图中可以看出，通过调节电位器 R_P，即可调节晶闸管 VT 的导通角，改变输出电压，从而达到无级调节电动机转速的目的。当电位器 R_P 的阻值小时，晶闸管 VT 的导通角大，输出电压高，电动机的转速高；反之，当电位器 R_P 的阻值大时，晶闸管 VT 的导通角小，输出电压低，电动机的转速低。

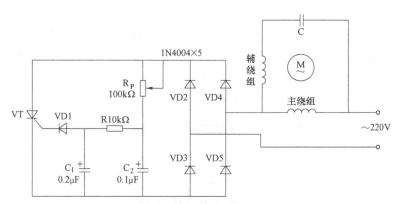

图 6-25 单相异步电动机晶闸管无级调速控制电路

第7章

<<<<<<<

常用电动机制动控制电路的识读

7.1 三相异步电动机正转反接的反接制动控制电路

当三相异步电动机运行时，若电动机转子的转向与定子旋转磁场的转向相反，转差率 $s>1$，则该三相异步电动机就运行于电磁制动状态，这种运行状态称为反接制动。实现反接制动有正转反接和正接反转两种方法。

正转反接的反接制动又称改变定子绕组电源相序的反接制动（或称定子绕组两相反接的反接制动）。

正转反接的反接制动是将运动中的电动机的电源反接（即将任意两根电源线的接法交换）以改变电动机定子绕组中的电源相序，从而使定子绕组产出的旋转磁场反向，使转子受到与原旋转方向相反的制动转矩而迅速停止。在制动过程中，当电动机的转速接近于零时，应及时切断三相电源，防止电动机反向起动。

7.1.1 单向（不可逆）起动、反接制动控制电路

三相异步电动机单向（不可逆）起动、反接制动控制电路的原理图如图 7-1 所示。该控制电路可以实现单向起动与运行，以及反接制动。

起动时，先合上电源开关 QS，然后按下起动按钮 SB2，使接触器 KM1 因线圈得电而吸合并自锁，KM1 的主触点闭合，电动机 M 接通电源直接起动。当电动机转速升高到一定数值（此数值可调）时，速度继电器 KS 的常开触点闭合，因 KM1 的常闭辅助触点已断开，这时接触器 KM2 线圈不通电，KS 的常开触点的闭合，仅为反接制动做好了准备。

停车时，按下停止按钮 SB1，接触器 KM1 首先因线圈断电而释放，KM1 的主触点断开，电动机断电，作惯性运转，与此同时 KM1 的常闭辅助触点闭合复位，又由于此时电动机的惯性很高，速度继电器 KS 的常开触点依然处于闭合状态，所以按钮 SB1 的常开触点闭合时，使接触器 KM2 因线圈得电而吸合并自锁，KM2 的主触点闭合，电动机便串入限流电阻 R 进入反接制动状态，使电动机的转速迅速下降。当转速降至速度继电器 KS 整定值以下时，KS 的常开触点断开复位，接触器 KM2 因线圈断电而释放，电动机断电，反接制动结束，防止了反向起动。

由于反接制动时，旋转磁场与转子的相对速度很高，转子感应电动势很大，转子电流比

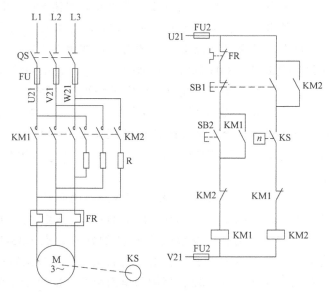

图 7-1　三相异步电动机单向（不可逆）起动、反接制动控制电路

直接起动时的电流还大，因此，反接制动电流一般为电动机额定电流的 10 倍左右（相当于全压直接起动时电流的 2 倍）。故应在主电路中串接限流电阻，可以限制反接制动电流。反接制动电阻有三相对称和两相不对称两种接法。

7.1.2　双向（可逆）起动、反接制动控制电路

三相异步电动机双向（可逆）起动、反接制动控制电路，如图 7-2 所示。该控制电路可以实现可逆起动与运行，并可实现反接制动。

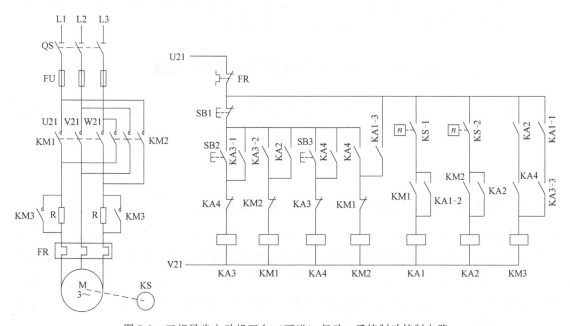

图 7-2　三相异步电动机双向（可逆）起动、反接制动控制电路

正向起起动时，先合上电源开关 QS，然后按下正向起动按钮 SB2，中间继电器 KA3 因线圈得电而吸合并自锁，其常闭触点 KA3 断开；而其常开触点 KA3-3 闭合，为接触器 KM3 线圈通电做准备；与此同时，其常开触点 KA3-2 闭合，使接触器 KM1 因线圈得电而吸合。这时，KM1 的常闭辅助触点断开，KM1 的常开辅助触点闭合，为中间继电器 KA1 线圈通电做准备；与此同时，KM1 的主触点闭合，使电动机定子绕组串电阻 R 减压起动。当电动机转速 n 升至一定值时，速度继电器 KS 的触点 KS-1 闭合，使中间继电器 KA1 因线圈得电而吸合并自锁。其常开触点 KA1-3 闭合，为接触器 KM2 线圈通电做准备；与此同时，其常开触点 KA1-1 闭合，使接触器 KM3 因线圈得电而吸合，KM3 的主触点闭合，将电阻 R 短接，电动机全压运行。

停车时，按下停止按钮 SB1，中间继电器 KA3 因线圈断电而释放，KA3 的各触点复位，其中常开触点 KA3-3 断开，使接触器 KM3 因线圈断电而释放，KM3 的主触点断开，将电阻 R 串入电动机定子电路；与此同时，中间继电器 KA3 的常开触点 KA3-2 断开，使接触器 KM1 因线圈断电而释放，KM1 的主触点断开，电动机断电，作惯性运转；而此时因接触器 KM1 的常闭辅助触点闭合，使接触器 KM2 因线圈得电而吸合，KM2 的主触点闭合，电动机便串入限流电阻 R 进入反接制动状态，使电动机的转速迅速下降，当转速降至速度继电器 KS 的整定值以下时，KS 的常开触点 KS-1 断开，使中间继电器 KA1 因线圈断电而释放，KA1 各触点复位。其中，常开触点 KA1-3 断开，使接触器 KM2 因线圈断电而释放，KM2 的主触点断开，反接制动结束。

相反方向的起动和制动控制原理与上述基本相同，只是起动时按下的是反向起动按钮 SB3，电路便通过 KA4 接通 KM2，三相电源反接，使电动机反向起起动。停车时，通过速度继电器 KS 的常开触点 KS-2 及中间继电器 KA2 控制反接制动过程的完成。不过这时接触器 KM1 便成为反向运行时的反接制动接触器了。

反接制动的优点是制动转矩大、制动快；缺点是制动过程中冲击强烈。所以，反接制动一般只适用于系统惯性较大、制动要求迅速且不频繁的场合。

7.2　三相异步电动机正接反转的反接制动控制电路

正接反转的反接制动又称为转速反向的反接制动（或称为转子反转的反接制动），这种反接制动用于位能性负载，使重物获得稳定的下放速度。由于正接反转的反接制动的目的不是停车，而是使重物获得稳定的下放速度，故正接反转的反接制动又称为倒拉反转运行，即属于反接制动运行。

7.2.1　绕线转子电动机正接反转的反接制动控制电路

绕线转子三相异步电动机正接反转的反接制动接线图如图 7-3a 所示，其制动原理图如图 7-3b 所示。当绕线转子三相异步电动机拖动起重机下放重物时，若电动机的定子绕组仍按作为电动运行时（即提升重物时）的接法接线，即所谓正接，而利用在转子回路中串入较大电阻 R_{ad}，可以使电动机转子的转速下降。而在转子回路中串接的电阻增加到一定值时，转子开始反转，重物则开始下降。

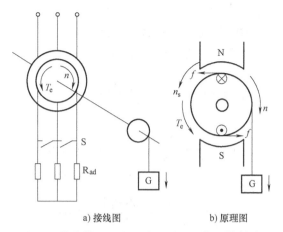

a) 接线图   b) 原理图

图 7-3　绕线转子三相异步电动机正接反转制动

7.2.2　绕线转子电动机正接反转的反接制动的简易计算

正接反转的制动原理与在转子回路串电阻调速基本相同。当绕线转子三相异步电动机提升重物时，电动机在其固有机械特性曲线 1 上的 A 点稳定运行，如图 7-4 所示。当异步电动机下放重物时在转子回路中串入较大电阻 R_{ad}，电动机的人为机械特性曲线的斜率随串入电阻 R_{ad} 的增加而增大，如图 7-4 所示中的曲线 2、3 所示。而转子转速 n 逐步减小至零，如图 7-4 中的 A、B、C 点所示。此时如果在转子回路中串入的电阻 R_{ad} 继续增加，由于电磁转矩 T_e 小于负载转矩 T_L，转子就开始反转（重物向下降落）而进入反接制动状态，当电阻 R_{ad} 增加到 R_{ad3} 时，电动机稳定运行于 D 点，从而保证了重物以较低的均匀转速慢慢下降，而不致将重物损坏。

显然，调节在转子回路中串入的电阻 R_{ad} 可以控制重物下放的速度。利用同一转矩下转子电阻与电动机的转差率成正比的关系，即

$$\frac{s_D}{s_A} = \frac{R_2 + R_{ad}}{R_2}$$

可以求出在需要的下放速度 n_D 时，转子回路中需要串入的附加电阻 R_{ad} 的数值。

$$R_{ad} = \left(\frac{s_D}{s_A} - 1\right) R_2$$

式中，R_2 为绕线转子异步电动机转子绕组的电阻；s_A 为反接制动开始时电动机的转差率；s_D 为以稳定速度下放重物时电动机的转差率。

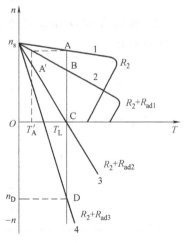

图 7-4　绕线转子三相异步电动机
正接反转制动时的机械特性

例 7-1　一台绕线转子三相异步电动机拖动起重机主钩，其额定功率 $P_N = 20\text{kW}$，额定电压 $U_N = 380\text{V}$，定、转子绕组均为丫联结，极数 $2p = 6$，电动机的额定转速 $n_N = 960\text{r/min}$，电动机的过载能力 $\lambda_m = 2$，转子额定电动势 $E_{2N} = 208\text{V}$，转子额定电流 $I_{2N} = 76\text{A}$。升降某重

物的转矩 $T_L = T_N$，忽略空载转矩 T_0，试计算：

（1）转子回路每相串入 $R_{adA} = 0.88\Omega$ 时转子转速；

（2）转速为 -430r/min 时转子回路每相串入的电阻值。

解：

（1）转子每相串 $R_{adA} = 0.88\Omega$ 后的转速 n_A 的计算

电动机的同步转速

$$n_s = \frac{60f}{p} = \frac{60 \times 50}{3} \text{r/min} = 1000\text{r/min}$$

额定转差率

$$s_N = \frac{n_S - n_N}{n_S} = \frac{1000 - 960}{1000} = 0.04$$

转子每相电阻

$$R_2 = \frac{s_N E_{2N}}{\sqrt{3} I_{2N}} = \frac{0.04 \times 208}{\sqrt{3} \times 76}\Omega = 0.0632\Omega$$

设转子每相串入 R_{adA} 后，转速为 n_A，转差率为 s_A，则

$$\frac{s_A}{s_N} = \frac{R_2 + R_{adA}}{R_2}$$

$$s_A = \frac{R_2 + R_{adA}}{R_2} s_N = \frac{0.0632 + 0.88}{0.0632} \times 0.04 = 0.597$$

$$n_A = (1 - s_A) n_S = (1 - 0.597) \times 1000\text{r/min} = 403\text{r/min}$$

（2）转速为 -430r/min 时转子每相串入电阻 R_{adB} 的计算

转差率为

$$s_B = \frac{n_1 - n_B}{n_1} = \frac{1000 - (-430)}{1000} = 1.43$$

转子每相串入电阻值为 R_{adB}，则

$$\frac{s_B}{s_N} = \frac{R_2 + R_{adB}}{R_2}$$

$$R_{adB} = \left(\frac{s_B}{s_N} - 1\right) R_2 = \left(\frac{1.43}{0.04} - 1\right) \times 0.0632\Omega = 2.2\Omega$$

7.3 三相异步电动机能耗制动控制电路

所谓三相异步电动机的能耗制动，就是在电动机脱离三相电源后，立即在定子绕组中加入一个直流电源，以产生一个恒定的磁场，惯性运转的转子绕组切割恒定磁场产生制动转矩，使电动机迅速停转。

根据直流电源的整流方式，能耗制动分为半波整流能耗制动和全波整流能耗制动。根据

能耗制动时间控制的原则，又可分为时间继电器控制和速度继电器控制两种。由于半波整流能耗制动控制电路与全波整流能耗制动控制电路除整流电路部分不同外，其他部分基本相同，所以下面仅以全波整流电路为例进行分析。

7.3.1 按时间原则控制的全波整流单向能耗制动控制电路

图 7-5 所示为一种按时间原则控制的全波整流单向能耗制动控制电路的原理图，它仅可用于单向（不可逆）运行的三相异步电动机。

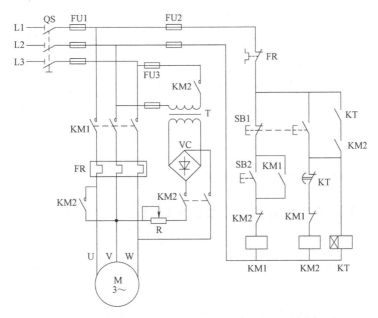

图 7-5 按时间原则控制的全波整流单向能耗制动控制电路

起动时，先合上电源开关 QS，然后按下起动按钮 SB2，使接触器 KM1 因线圈得电而吸合并自锁，KM1 的主触点闭合，电动机 M 接通电源直接起动。与此同时，KM1 的常闭辅助触点断开。

停车时，按下停止按钮 SB1，首先使接触器 KM1 因线圈断电而释放，KM1 的主触点断开，电动机断电，作惯性运转，而 KM1 的各辅助触点均复位；与此同时，接触器 KM2 与时间继电器因线圈得电而同时吸合，并通过 KM2 的常开辅助触点及时间继电器 KT 瞬时闭合的常开触点自锁，KM2 的主触点闭合，电动机通入直流电流，进入能耗制动状态。当到达延时时间后，时间继电器 KT 延时断开的常闭触点断开，使 KM2 与 KT 因线圈断电而释放，KM2 的主触点断开，切断电动机的直流电源，能耗制动结束。

7.3.2 按时间原则控制的全波整流可逆能耗制动控制电路

图 7-6 所示为一种按时间原则控制的全波整流可逆能耗制动控制电路的原理图，它可用于双向（可逆）运行的三相异步电动机。

按时间原则控制的全波整流可逆能耗制动控制电路的工作原理与单向能耗制动相似，故不再赘述。

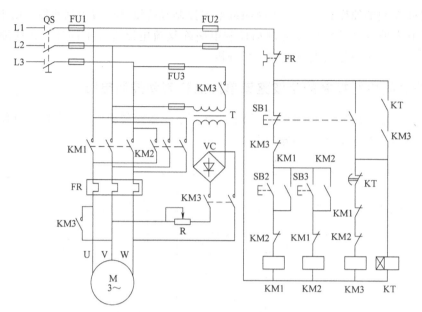

图 7-6　按时间原则控制的全波整流可逆能耗制动控制电路

7.3.3　按速度原则控制的全波整流单向能耗制动控制电路

图 7-7 所示为一种按速度原则控制的全波整流单向能耗制动控制电路，它仅可用于单向（不可逆）运行的三相异步电动机。

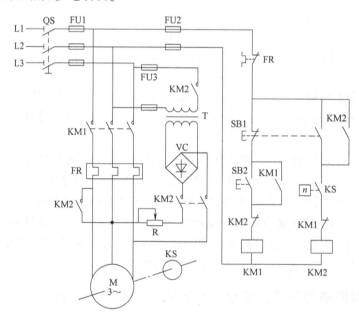

图 7-7　按速度原则控制的全波整流单向能耗制动控制电路

起动时，先合上电源开关 QS，然后按下起动按钮 SB2，使接触器 KM1 因线圈得电而吸合并自锁，KM1 的主触点闭合，电动机 M 接通电源直接起动。与此同时，KM1 的常闭辅助触点断开。当电动机的转速升高到一定数值（此数值可调）时，速度继电器 KS 的常开触点闭合，因 KM1 的常闭辅助触点已断开，这时接触器 KM2 线圈不通电，KS 的常开触点的闭合，仅为反接制动做好了准备。

　　停车时，按下停止按钮 SB1，接触器 KM1 首先因线圈断电而释放，KM1 的主触点断开，电动机断电，作惯性运转，而 KM1 的各辅助触点均复位；与此同时，接触器 KM2 因线圈得电而吸合并自锁，KM2 的主触点闭合，电动机通入直流电源，进入能耗制动状态。使电动机的转速迅速下降。当转速降至速度继电器 KS 的整定值以下时，KS 的常开触点断开，使接触器 KM2 因线圈断电而释放，KM2 的主触点断开，切断电动机的直流电源，能耗制动结束。

7.3.4 按速度原则控制的全波整流可逆能耗制动控制电路

　　图 7-8 所示为一种按速度原则控制的全波整流可逆能耗制动控制电路的原理图，它可用于双向（可逆）运行的三相异步电动机。

　　按速度原则控制的可逆能耗制动控制电路的工作原理与单向能耗制动相似，故不再赘述。

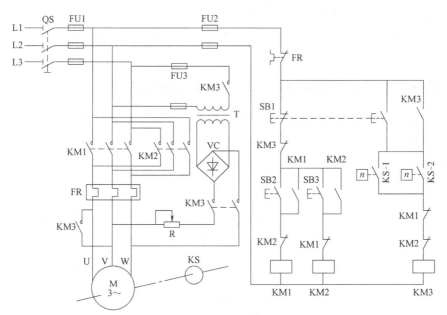

图 7-8　按速度原则控制的全波整流可逆能耗制动控制电路

7.4　直流电动机反接制动控制电路

7.4.1　刀开关控制的他励直流电动机反接制动控制电路

　　图 7-9 为刀开关控制的他励直流电动机反接制动控制电路。图中 S 是双向双刀开关。

　　当双向双刀开关 S 扳到图中位置 "1" 时，他励直流电动机正常运行，电磁转矩属于拖动性质的转矩。

　　当需要停车时，将双向双刀开关 S 扳向图中位置 "2"，因为开关 S 刚刚扳向下边瞬间，由于机械惯性的存在，电动机的转速不会突变，励磁也并没有改变，只改变了电枢两端的电压极性，从而使电动机电磁转矩反向成为制动性质的转矩，因而使电动机的转速迅速下降。若在转速下降到零的瞬间，立即断开电源，则反接制动结束，电动机将立即停转；如果转速下降到零的瞬间没有断开电源，则电动机将反向转动。

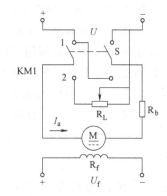

图 7-9 刀开关控制的他励直流
电动机反接制动控制电路

直流电动机反接制动时应注意以下几点：

1）对于他励或并励直流电动机，制动时应保持励磁电流的大小和方向不变。将电枢绕组电源反接时，应在电枢回路中串入限流电阻。

2）对于串励直流电动机，制动时一般只将电枢绕组反接，并串入制动电阻（又称限流电阻）R_L。如果直接将电源极性反接，则由于电枢电流和励磁电流同时反向，因而由它们建立的电磁转矩 T_e 的方向却不改变，不能实现反接制动。

3）当电动机的转速下降到零时，必须及时断开电源，否则电动机将反转。

4）由于制动过程中，电枢电流较大，会使电动机发热，因此这种制动方法不适合频繁起停的生产机械。

7.4.2 按钮控制的并励直流电动机反接制动控制电路

图 7-10 是用按钮控制的并励直流电动机反接制动控制电路的原理图。图中，KM1 是运行接触器，KM2 是制动接触器，R_L 是制动电阻。

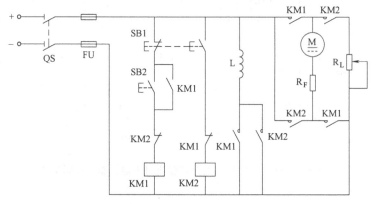

图 7-10 按钮控制的并励直流电动机反接制动控制电路

制动时，按下停止按钮 SB1，其常闭触点断开，使运行接触器 KM1 断电释放，切断电枢电源。与此同时 SB1 的常开触点闭合，接通制动接触器 KM2 线圈电路，KM2 吸合，将直流电动机电枢电源反接，于是电动机电磁转矩成为制动转矩，使电动机转速迅速下降到接近零时，松开停止按钮 SB1，制动过程结束。

7.4.3 直流电动机反接制动的简易计算

他励直流电动机反接制动可分为电压反接的反接制动（简称电压反接制动或反接制动）

和转速反向的反接制动（又称倒拉反转运行）两种方法。

1. 电压反接的反接制动

电压反接制动是把正向运行的他励直流电动机的电枢绕组电压突然反接，同时在电枢回路中串入限流的反接制动电阻 R_L 来实现的，其原理接线图如图 7-9 所示。

反接制动时的电枢电流 I_a 是由电源电压 U_N 和电枢电动势 E_a 共同建立的，因此数值较大。为使制动时的电枢电流在允许值以内，反接制动时应在电枢回路中串入起限流作用的制动电阻 R_L，制动电阻 R_L 可参考下式选择：

$$R_L \geq \frac{U_N + E_a}{(2 \sim 2.5) I_{aN}} - R_a$$

或

$$R_L \geq \frac{2 U_N}{(2 \sim 2.5) I_{aN}} - R_a$$

式中，R_a 为电枢绕组电阻（Ω）；I_{aN} 为额定电枢电流（A）；U_N 为电枢绕组的额定电压（V）。

由于电枢绕组的额定电压 U_N 与制动瞬间的电枢电动势 E_a 近似相等，即 $U_N \approx E_a$，所以反接制动时在电枢回路中串入的制动电阻 R_L 要比能耗制动时串入的制动电阻几乎大一倍。

反接制动的优点是制动转矩大，制动时间短；缺点是制动时要由电网供给功率，电网所供给的功率和机组的动能全部消耗在电枢回路电阻及制动电阻 R_L 上，因此很不经济。此外，在制动过程中冲击强烈，易损坏传动零件。

2. 转速反向的反接制动

一台他励直流电动机拖动位能性恒转矩负载运行，运行点为图 7-11 中电动机的机械特性（曲线 1）与负载的机械特性（曲线 3）的交点 A，此时电动机以转速 n_A 提升重物。

若在该直流电动机的电枢回路中串入电阻时，电动机的转速 n 将下降。但是，如果突然在电动机电枢回路中串入一个足够大的电阻 R_L，则电动机的机械特性将立即变为图 7-11 中的曲线 2。由于机械惯性，电动机的转速 n_A 来不及突变，电动机的运行点将由曲线 1 上的 A 点过渡到曲线 2 上的 B 点。从图 7-11 可以看出，在 B 点，电动机的电磁转矩 T_{eB} 小于负载转矩 T_L，即 $T_{eB} < T_L$，电动机将沿曲线 2 减速，到 C 点时，电动机的转速为零，电动运行状态结束。此时，电动机的电磁转矩 T_{eC} 仍小于负载转矩 T_L，电动机在重物作用下反向加速，运行点进入第四象限，开始下放重物。

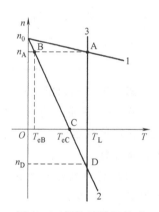

图 7-11　倒拉反转运行时的机械特性

下放重物时，由于电动机的转速 n 反向，即 $n < 0$，所以电动机的电枢电动势 E_a 也随之反向，但是电枢电流 $I_a = \dfrac{U_N - (-E_a)}{R_a + R_L}$ 与电动运行时的方向一致，因此电动机的电磁转矩 T_e 仍为正。此时电磁转矩 T_e 与电动机转速 n 的方向相反，电磁转矩 T_e 为制动性质的转矩。所以可以判断出电动机进入制动状态。电动机沿曲线 2 反向加速，电动机的电磁转矩 T_e 也逐渐增大，当到达 D 点时，$T_e = T_L$，电动机以转速 n_D 均匀下放重物。这种情况是由于位能性负载拖着电动机反转而发生的，而且具有稳定运行点 D，故称为倒拉反转运行。倒拉反转运行

时各物理量的方向如图 7-12 所示。

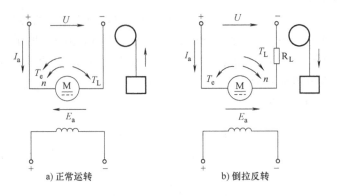

a) 正常运转　　　　　　　b) 倒拉反转

图 7-12　倒拉反转运行时各物理量的方向

倒拉反转运行的功率关系与电压反接制动过程的功率关系一样，区别仅在于机械能的来源，在电压反接制动中，向电动机输送的机械功率是负载所释放的动能；而在倒拉反转运行中，机械功率则是负载的位能变化提供的。因此，倒拉反转制动方式不能用来停车，只能用于下放重物。倒拉反转运行时，电枢回路中应串入的制动电阻 R_L 可由下式求得：

$$R_L = \frac{U_N + E_a}{I_a} - R_a$$

式中，I_a 为带负载运行时的电枢电流，即 $I_a = \frac{T_L}{T_N} I_{aN}$（$T_N$ 为电动机的额定转矩；I_{aN} 为电动机的额定电枢电流；T_L 为负载转矩）。

例 7-2　一台他励直流电动机，额定功率 $P_N = 5.5\text{kW}$，额定电压 $U_N = 220\text{V}$，额定电流 $I_N = 30.3\text{A}$，额定转速 $n_N = 1000\text{r/min}$，电枢回路总电阻 $R_a = 0.74\Omega$，忽略空载转矩 T_0，电动机带额定负载运行，要求电枢电流最大值 $I_{amax} \leq 2I_{aN}$，若该电动机正在运行于正向电动状态，试计算：

（1）若负载为恒转矩负载，采用反接制动停车时，在电枢回路中应串入的制动电阻最小值 R_{Lmin} 是多少？

（2）若负载为位能性恒转矩负载（例如起重机），忽略传动机构损耗，要求电动机运行在 −500r/min 匀速下放重物，采用倒拉反转运行，在电枢回路中应串入的制动电阻 R_L 是多少？

解：

（1）负载为恒转矩负载，采用反接制动时，求解在电枢回路中应串入的 R_{Lmin}。

① 计算额定运行时的电枢感应电动势 E_{aN} 为

$$E_{aN} = U_N - I_{aN}R_a = (220 - 30.3 \times 0.74)\text{V} = 197.6\text{V}$$

② 反接制动时应串入的制动电阻最小值 R_{Lmin} 为

$$R_{Lmin} = \frac{U_N + E_{aN}}{I_{amax}} - R_a = \frac{U_N + E_{aN}}{2I_{aN}} - R_a = \frac{220 + 197.6}{2 \times 30.3}\Omega - 0.74\Omega = 6.15\Omega$$

（2）负载为位能性恒转矩负载，采用倒拉反转运行时，求解在电枢回路中应串入的 R_L。

① 转速 $n=-500\text{r/min}$ 时的电枢感应电动势 E_a 为

$$E_a = \frac{n}{n_N} E_{aN} = \frac{-500}{1000} \times 197.6\text{V} = -98.8\text{V}$$

② 应在电枢回路中串入的制动电阻 R_L 为

$$R_L = \frac{U_N - E_a}{I_{aN}} - R_a = \frac{220 - (-98.8)}{30.3}\Omega - 0.74\Omega = 9.78\Omega$$

7.5 直流电动机能耗制动控制电路

7.5.1 按钮控制的并励直流电动机能耗制动控制电路

图 7-13 是按钮控制的并励直流电动机能耗制动控制电路的原理图。当按下停止按钮 SB1 时，KM1 线圈断电释放，其常开触点将电动机的电枢从电源上断开，与此同时，接触器 KM2 得电吸合，接触器 KM2 的常开触点闭合，使电动机的电枢绕组与一个外加电阻 R_L（制动电阻）串联构成闭合回路，这时励磁绕组则仍然接在电源上。由于电动机的惯性而旋转使它成为发电机。这时电枢电流的方向与原来的电枢电流方向相反，电枢就产生制动性质的电磁转矩，以反抗由于惯性所产生的力矩，使电动机迅速停止旋转。调整制动电阻 R_L 的阻值，可调整制动时间。制动电阻 R_L 越小，制动越迅速，R_L 值越大，则制动时间越长。

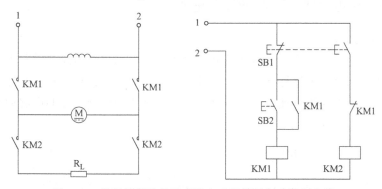

图 7-13 按钮控制的并励直流电动机能耗制动控制电路

直流电动机能耗制动时应注意以下几点：

1）对于他励或并励直流电动机，制动时应保持励磁电流大小和方向不变。切断电枢绕组电源后，应立即将电枢与制动电阻 R_L 接通，构成闭合回路。

2）对于串励直流电动机，制动时电枢电流与励磁电流不能同时反向，否则无法产生制动转矩。所以串励直流电动机能耗制动时，应在切断电源后，立即将励磁绕组与电枢绕组反向串联，再串入制动电阻 R_L，构成闭合回路，或将串励改为他励形式。

3）制动电阻 R_L 的大小要选择适当，电阻过大，制动缓慢；电阻过小，电枢绕组中的电流将超过电枢电流的允许值。

4）能耗制动操作简便，但低速时制动转矩很小，停转较慢。为加快停转，可添加机械制动闸。

7.5.2 电压继电器控制的并励直流电动机能耗制动控制电路

电压继电器控制的并励直流电动机能耗制动控制电路如图7-14所示。

需要制动时,按下停止按钮SB1,接触器KM1失电释放,其常闭触点复位,电压继电器KV得电吸合,KV的常开触点闭合使制动接触器KM2得电吸合,接触器KM2的常开触点闭合,使电动机的电枢绕组与一个外加电阻R_L(制动电阻)串联构成闭合回路。此时,由于励磁电流方向未变,电动机所产生的电磁转矩为制动转矩,使电动机M迅速停转。电枢反电动势低于电压继电器KV的释放电压时,KV释放,接触器KM2失电释放,制动完毕。

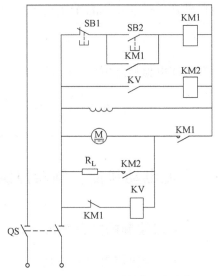

图7-14 电压继电器控制的并励直流电动机能耗制动控制电路

7.6 串励直流电动机制动控制电路

7.6.1 串励直流电动机能耗制动控制电路

1. 自励式能耗制动

自励式能耗制动的原理是,当电动机断开电源后,将励磁绕组反接并与电枢绕组和制动电阻串联构成闭合回路,使惯性运转的电枢处于自励发电状态,从而产生与原方向相反的电流和电磁转矩,迫使电动机迅速停转。串励电动机自励式能耗制动控制电路如图7-15所示。

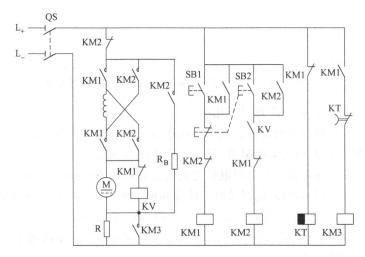

图7-15 串励电动机自励式能耗制动控制电路

自励式能耗制动设备简单，在高速时，制动转矩大，制动效果好。但在低速时，制动转矩减小很快，使制动效果变差。

2. 他励式能耗制动

他励式能耗制动的原理图如图 7-16 所示。制动时，切断电动机电源，将电枢绕组与放电电阻 R_1 接通，励磁绕组与电枢绕组断开后串入分压电阻 R_2，再接入外加直流电源励磁。由于串励绕组电阻很小，若外加电源与电枢电源共用时，需要在串励回路串入较大的降压电阻。这种制动方法不仅需要外加直流电源设备，而且励磁电路消耗的功率较大，所以经济性较差。

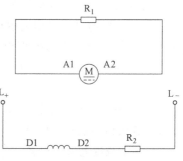

图 7-16 串励电动机他励式
能耗制动控制原理图

小型串励直流电动机作为伺服电动机使用时，采用的他励式能耗制动控制电路如图 7-17 所示。其中，R_1 和 R_2 为电枢绕组的放电电阻，减小它们的阻值可增大制动转矩；R_3 是限流电阻，防止电动机起动电流过大；R 是励磁绕组的分压电阻；SQ1 和 SQ2 是行程开关。该电路的工作原理请自行分析。

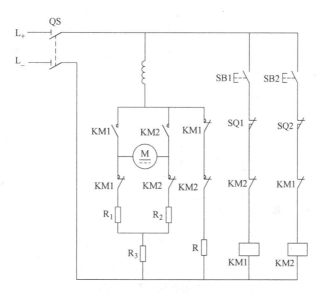

图 7-17 小型串励电动机他励式能耗制动控制电路

7.6.2 串励直流电动机反接制动控制电路

串励直流电动机反接制动可通过位能负载时转速反向法和电枢直接反接法两种方式来实现。

1. 位能负载时转速反向法

这种方法通过强迫电动机的转速反向，使电动机的转速方向与电磁转矩的方向相反来实现制动。如提升机下放重物时，电动机在重物（位能负载）的作用下，转速 n 与电磁转矩 T_e 反向，使电动机处于制动状态，如图 7-18 所示。

2. 电枢直接反接法

电枢直接反接法是切断电动机的电源后，将电枢绕组串入制动电阻后反接，并保持其励磁电流方向不变的制动方法。必须注意的是，采用电枢反接制动时，不能直接将电源极性反接，否则由于电枢电流和励磁电流同时反向，无法起到制动作用。串励电动机反接制动自动控制电路如图 7-19 所示。

图 7-19 中 AC 是主令控制器，用来控制电动机的正反转；KM 是线路接触器；KM1 是正转接触器；KM2 是反转接触器；KA 是过电流继电器，用来对电动机进行过载和短路保护；KV 是零压保护继电器；KA1、KA2 是中间继电器；R_1、R_2 是起动电阻；R_B 是制动电阻。

该电路的工作原理如下：

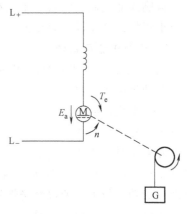

图 7-18 串励电动机转速反向法制动控制原理图

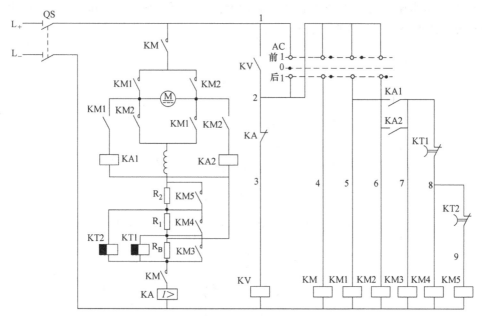

图 7-19 串励电动机反接制动自动控制电路

1）准备起动：将主令控制器 AC 手柄放在"0"位→ 合上电源开关 QS→ 零压继电器 KV 线圈得电→ KV 常开触点闭合自锁。

2）电动机正转：将控制器 AC 手柄向前扳向"1"位置→ AC 触点（2-4）、（2-5）闭合→ KM 和 KM1 线圈得电→ KM 和 KM1 主触点闭合→ 电动机 M 串入电阻 R_1、R_2 和 R_B 起动→ KT1、KT2 线圈得电→ 它们的常闭触点瞬时分断→ KM4、KM5 处于断电状态。

因 KM1 得电时其辅助常开触点闭合→ KA1 线圈得电→ KA1 常开触点闭合→ KM3、KM4、KM5 依次得电动作→ KM3、KM4、KM5 常开触点依次闭合短接电阻 R_B、R_1、R_2→ 电动机起动完毕进入正常运转。

3）电动机反转：将主令控制器 AC 手柄由正转位置向后扳向"1"反转位置，这时，接触器 KM1 和中间继电器 KA1 失电，其触点复位，电动机由于惯性仍沿正转方向转动。但电枢电源则由于接触器 KM、KM2 的接通而反向，使电动机运行在反接制动状态，而中间继电器 KA2 线圈上的电压变得很小，并未吸合，KA2 常开触点分断，接触器 KM3 线圈失电，KM3 常开触点分断，制动电阻 R_B 接入电枢电路，电动机进行反接制动，其转速迅速下降。当转速降到接近于零时，KA2 线圈上的电压升到吸合电压。此时，KA2 线圈得电，KA2 常开触点闭合，使 KM3 的得电动作，R_B 被短接，电动机进入反转起动运转。其详细过程请自行分析。

4）若要电动机停转，把主令控制器手柄扳向"0"位即可。

第8章

常用电动机保护电路的识读

8.1 电动机过载保护电路

8.1.1 电动机双闸式保护电路

三相交流电动机起动电流很大，一般为其额定电流的4~7倍，故选用的熔丝电流较大，一般只能起到短路保护的作用，不能起到过载保护的作用。若选用的熔丝电流小一些，可以起到过载保护的作用，但电动机正常起动时，会因为起动电流较大，会造成熔丝熔断，使电动机不能正常起动。这对保护运行中的电动机很不利。采用双闸式保护电路，则可以解决上述问题。电动机双闸式保护指用两只刀开关控制，电动机双闸式保护控制电路如图8-1所

示。图中刀开关Q1用于控制电动机起动、刀开关Q2用于控制电动机运行。

起动时先合上起动刀开关Q1，由于熔断器FU1的额定电流较大（一般为电动机额定电流的1.5~2.5倍），因此起动时熔丝不会熔断。当电动机进入正常运行后，再合上运行刀开关Q2，断开Q1。由于熔断器FU2的额定电流较小（一般等于电动机的额定电流），所以在电动机正常运行的情况下，熔丝不会熔断。但是，当电动机发生过载或断相运行时，电流会增加到电动机额定电流的1.73倍左右，可使熔断器FU2的熔丝熔断，断开电源，保护电动机不被烧毁。

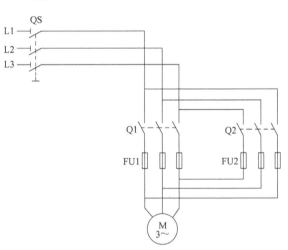

图8-1 电动机双闸式保护电路

8.1.2 采用热继电器作为电动机过载保护的控制电路

图8-2是一种采用热继电器作为电动机过载保护的控制电路。

热继电器是一种过载保护继电器，将它的发热元件串接到电动机的主电路中，紧贴热元

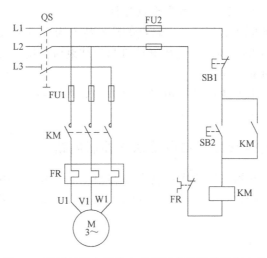

图8-2　采用热继电器作电动机过载保护的控制电路

件处装有双金属片（由两种不同膨胀系数的金属片压接而成）。若有较大的电流流过热元件时，热元件产生的热量将会使双金属片发生弯曲，当弯曲到一定程度时，便会使脱扣器打开，从而使热继电器 FR 的常闭触点断开，使接触器 KM 的线圈失电释放，接触器 KM 的主触点断开，电动机停止运转，从而达到过载保护的目的。

8.1.3　起动时双路熔断器并联控制电路

由热继电器和熔断器组成的三相异步电动机保护系统，通常前者作为过载保护用，后者作为短路保护用。在这种保护系统中，如果热继电器失灵，而过载电流又不能使熔断器熔断，则会烧毁电动机。如果电动机能顺利起动，而运行时熔断器熔丝的额定电流等于电动机额定电流，则发生过载时，即使热继电器失灵，熔断器也会熔断，从而保护了电动机。图8-3所示为一种起动时双路熔断器并联控制电路。

电动机起动时，两路熔断器并联工作。电动机起动完毕，正常运行时，第二路熔断器 FU2 自动退出。这样，由于第一路熔断器 FU1 的额定电流和电动机的额定电流一致，一旦发生过电流或其他故障，能将熔丝熔断，保护电动机。

图8-3中时间继电器 KT1 的延时动作触点的动作特点为：当时间继电器线圈得电时，触点延时闭合，时间继电器 KT1 的作用是保证熔断器 FU2 并上后，接触器 KM2 再动作，电动机才开始起动，

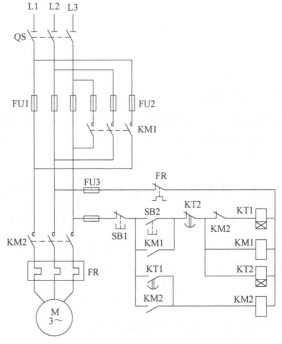

图8-3　起动时双路熔断器并联控制电路

KT1 的延时时间应调到最小位置（一般为零点几秒）。

图 8-3 中时间继电器 KT2 的延时动作触点的动作特点为：当时间继电器线圈得电时，触点延时断开，时间继电器 KT2 的作用是待电动机起动结束后，切除第二路熔断器 FU2。KT2 的延时时间应调到电动机起动完毕。

选择熔丝时，FU1 额定电流应等于电动机的额定电流，FU2 额定电流一般与 FU1 的一样大，如果是重负荷动或频繁起动，则应酌情增大。

8.1.4 电动机起动与运转熔断器自动切换控制电路

电动机起动与运转熔断器自动切换控制电路如图 8-4 所示。图中 KM1 与 FU1 分别为运行接触器与运行熔断器，KM2 与 FU2 分别为起动接触器与起动熔断器。

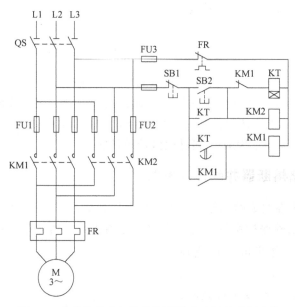

图 8-4 电动机起动与运转熔断器自动切换控制电路

图 8-4 中时间继电器 KT 的延时动作触点的动作特点为：当时间继电器线圈得电时，触点延时闭合。其作用是在起动过程结束后，将时间继电器 KT 和起动接触器 KM2 切除。

电动机起动熔断器 FU2 额定电流按满足起动要求选择，运行熔断器 FU1 额定电流按电动机额定电流选择。时间继电器 KT 的延时时间（3~30s）视负载大小而定。

8.1.5 采用电流互感器和热继电器的电动机过载保护电路

为了防止电动机过载损坏，常采用热继电器 FR 进行过载保护。对于容量较大的电动机，额定电流较大时，如果没有合适的热继电器，可以用电流互感器 TA 变流后，再接热继电器进行保护。如果起动时负载惯性转矩较大，起动时间较长（5s 以上），则在起动时可将热继电器短接，如图 8-5 所示。

图 8-5 中时间继电器 KT 的延时动作触点的动作特点为：当时间继电器线圈得电时，触点瞬时闭合；当时间继电器线圈断电时，触点延时断开。其作用是在起动过程中，将热继电器短接。

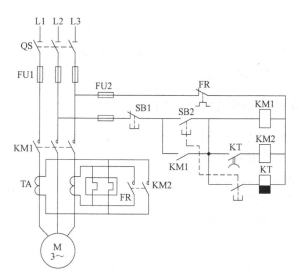

图 8-5　采用电流互感器和热继电器的电动机过载保护电路

热继电器动作电流一般设定为电动机额定电流通过电流互感器电流比换算后的电流。

8.1.6　采用电流互感器和过电流继电器的电动机保护电路

图 8-6 所示为由过电流继电器和电流互感器配合组成的电动机过电流保护控制电路。它的特点是灵敏度高、可靠性强、电路切断速度快。它既能对过载进行定时保护，又能对短路进行瞬时动作。本控制电路适用于大容量的电动机运行保护。

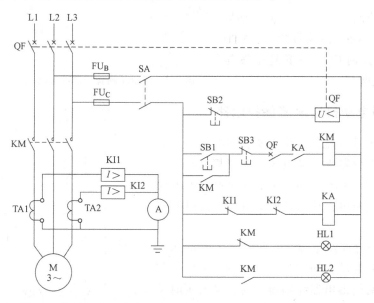

图 8-6　使用电流互感器和过电流继电器的电动机过电流保护电路

起动时，合上控制开关 SA，QF 得电吸合，中间继电器线圈 KA 经过过电流继电器 KI1、KI2 的常闭触点得电吸合，KA 的常开触点闭合。这时按下按钮 SB1，接触器 KM 得电吸合，接通主电路，使电动机运转。

当电动机电流增大到某一数值时（约 10 倍的动作电流），过电流继电器迅速动作，其常闭触点 KI1、KI2 断开，使中间继电器线圈 KA 失电释放，KA 的常开触点断开，切断接触器 KM 的控制回路，从而使电动机即刻停止。

8.1.7 采用晶闸管控制的电动机过电流保护电路

采用晶闸管控制的电动机过电流保护电路，属电流开关型保护电路，如图 8-7 所示。

合上电源开关 QS，因电流互感器 TA1～TA3 的二次侧无感应电流，晶闸管 VTH 的门极无触发电流而关断，继电器 KA 处于释放状态，其常闭触点闭合，接触器 KM 线圈得电，主触点闭合，电动机起动运行。电动机正常运行时，TA1～TA3 二次侧的感应电流较小，不足以触发 VTH 导通。当电动机任一相出现过电流时，电流互感器二次侧的感应电流增大，经整流桥 VC1、VC2、VC3 整流，C_3、C_4、C_5 滤波，通过或门电路（VD2～VD4），使 VTH 触发导通，KA 线圈得电，其常闭触点断开，KM 线圈失电，主触头复位，电动机停转。

检修时，应断开电源开关 QS。如果未断开电源开关 QS，故障排除后，VTH 仍维持导通，此时应按一下复位按钮 SB，使 VTH 关断。

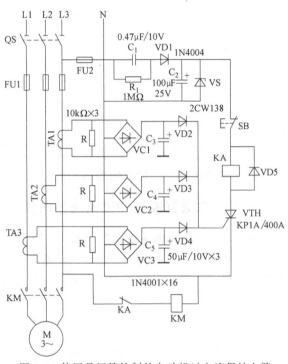

图 8-7 使用晶闸管控制的电动机过电流保护电路

8.1.8 三相电动机过电流保护电路

三相电动机过电流保护电路如图 8-8 所示。它使用一只电流互感器来感应电流，在三相电动机电流出现超过正常工作电流时，KA 得到吸合电流而吸合，使主回路断电，从而使电动机过电流时断开电源。

图 8-8 中的时间继电器 KT 有两个延时动作触点：其中一个延时动作触点与电流互感器并联，其动作特点为当时间继电器线圈得电时，触点延时断开；另一个延时动作触点经中间继电器的线圈与电流互感器串联，其动作特点为当时间继电器线圈得电时，触点延时闭合。

由于电动机在起动时，电流很大，所以本电路

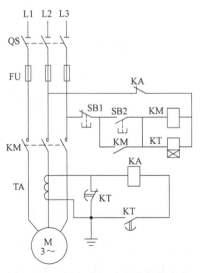

图 8-8 三相电动机过电流保护电路

将时间继电器的常闭触点先短接电流互感器,当电动机起动完毕后,时间继电器 KT 动作,KT 的常闭触点断开,KT 的常开触点闭合,把中间继电器 KA 的线圈接入电流互感器电路中。电动机运行时,若电动机出现过电流,则中间继电器 KA 动作,其常闭触点断开。此时接触器 KM 的线圈失电释放,KM 的主触点断开,使电动机的主回路断电,从而使电动机过电流时断开电源,起到保护作用。

8.2 电动机断相保护电路

8.2.1 电动机熔丝电压保护电路

由于熔丝熔断造成电动机断相运行的情况相当普遍,于是提出了断丝电压(又称熔丝电压)保护电路。断丝电压保护只适用于因熔丝熔断而产生的断相运行,所以局限性较大。图 8-9 所示电路把电压继电器 KV1、KV2、KV3 分别并联在 3 个熔断器的两端。

正常情况下,由于熔丝电阻很小,熔断器两端的电压很低,所以继电器不动作。当某相熔丝熔断时,在该相熔断器两端产生 30 ~ 170V 电压(0.5 ~ 75kW 电动机),在该相熔断器两端并联的继电器线圈得电,其常闭触点断开,从而使接触器 KM 线圈失电,KM 的主触点复位,电动机停转,起到熔丝熔断的保护。

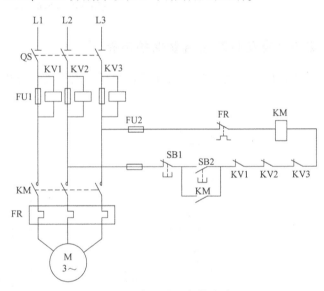

图 8-9 断丝电压保护电路

熔丝熔断后,熔断器两端电压的大小与电动机所拖动负载的大小(即电动机的转速)有关,利用断丝电压使继电器吸合,继电器的吸合电压一般整定为小于 60V。

8.2.2 采用热继电器的断相保护电路

三相异步电动机采用热继电器的断相保护电路如图 8-10 所示。对于丫联结的三相异步电动机,正常运行时,其丫联结的绕组中性点与中性线 N 间无电流。当电动机因故障断相运行时,通过热继电器 FR2 的电流,使 FR2 的热元件受热弯曲,其常闭触点断开,KM 的线圈失电、KM 的主触点释放,电动机 M 停止运行。

热继电器的电流整定值应略大于丫联结绕组的中性点与中性线 N 间的不平衡电流。该保护电路的特点是不管何处断相均能动作,有较宽的电流适应范围,通用性强,而且其不需另外使用电源,不会因保护电路的电源故障而拒动。

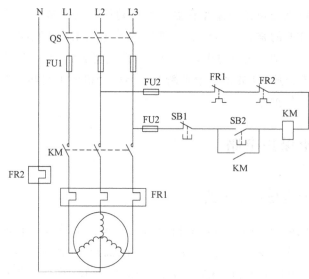

图 8-10　采用热继电器的断相保护电路

8.2.3　电动机断相自动保护电路

图 8-11 是一种采用三只互感器测量三相电流平衡状态的电动机断相自动保护电路。

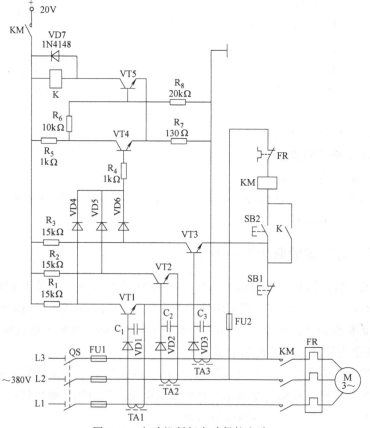

图 8-11　电动机断相自动保护电路

当按下起动按钮SB2时，接触器KM得电，其常开触点闭合，保护器电源接通工作。当电动机三相均有电流时TA1、TA2、TA3的感应电流经VD1、VD2、VD3使晶体管VT1、VT2、VT3饱和，VT1、VT2、VT3的集电极输出电位为零，VD4～VD6构成的二极管或门电路输出为零，VT4截止，VT5饱和，继电器K得电工作，其常开触点闭合，电动机正常运行。当断相起动或运行时，其中任意一只晶体管将截止，或门输出高电位，使VT4饱和，VT5截止，继电器K失电断开，接触器KM线圈将失去自锁而失电释放，KM三相主触点断开，电动机M停止运行。

图8-11中的晶体管VT1～VT4选用3DG6；VT5选用3DG12；继电器K选用JR-4型；VD1～VD4选用1N4004，VD7选用1N4148。

8.2.4 电容器组成的零序电压电动机断相保护电路

图8-12是一种由电容器组成的零序电压电动机断相保护电路，其特点是在电动机的三相电源接线柱上，各用导线引出，分别接在电容C₁、C₂、C₃上，并通过这三只电容器，使其产生一个人为中性点。当电动机正常运行时，人为中性点的电压为零，与三相四线制电路的中性点电位一致，故此两点电压通过整流后无电压输出，继电器KA不动作。当电动机电源某一相断相时，则人为中性点的电压会明显上升，电压高达12V时，继电器KA便吸合，其常闭触点断开，使接触器KM的线圈失电，KM的主触点复位，从而使电动机断电，达到保护电动机的目的。

由于此断相保护电路是在L1、L2、L3三相电源上投入三只电容器进行运行工作，而电容器在低压交流电网上又能起到无功功率补偿作用，故断相保护器在正常工作时，不浪费电能，相反还会提高电动机的功率因数，具有节电和断相保护两种功能。该电路动作灵敏，在电动机断相小于或等于1s时，继电器KA便会动作。该电路无论负载轻重，也无论是星形联结的电动机，还是三角形联结的电动机均可使用。本电路适用于0.1～22kW的电动机。换用容量更大的继电器，则可在30kW以上的电动机上使用。

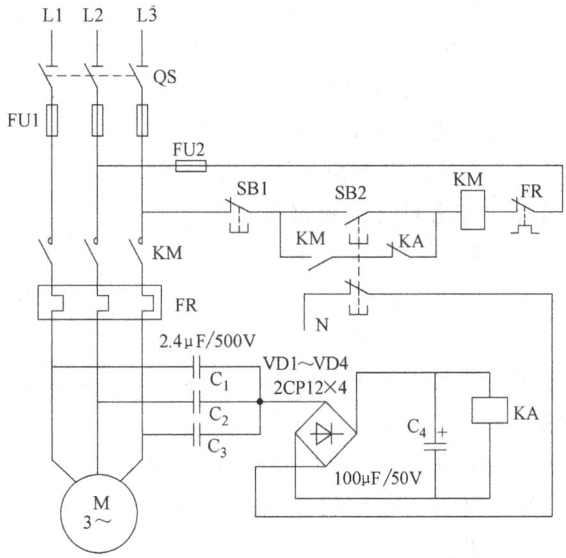

为了防止电动机在起动时由于交流接触器触点不同步引起继电器误动作，该电路采用一常闭的双联按钮作为起动按钮，可以在电动机起动的同时断开保护电路与三相四线制中性点的连线。待电动机起动完毕，操作者松手使按钮复位后，断相保护电路才能正常工作。

图8-12 电容器组成的零序电压电动机断相保护电路

8.2.5 简单的星形联结电动机零序电压断相保护电路

图 8-13 是一种简单的星形联结电动机零序电压断相保护电路。因为星形联结电动机的中性点对地电压为零，所以在中性点与地之间连接一个 18V 的继电器，可起到电动机的断相保护作用。

对于星形联结的三相异步电动机，正常运行时，其星形绕组中性点与地之间无电压。当电动机因故障使某一相断电时，会造成电动机的中性点电位偏移，中性点与地存在电位差，从而使继电器 K 吸合，其常闭触点断开，使接触器 KM 的线圈失电，KM 的主触点断开，使电动机停转，保护电动机不被烧坏。此方法是一种简单易行的保护方法。

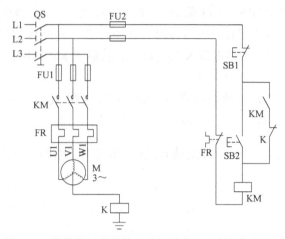

图 8-13 简单的星形联结电动机零序电压断相保护电路

8.2.6 采用欠电流继电器的断相保护电路

图 8-14 是一种采用 3 只欠电流继电器 KA 的断相保护电路。

合上电源开关 QS，按下起动按钮 SB2，接触器 KM 线圈得电，KM 的主触点闭合，电动机起动运行，同时 3 只欠电流继电器 KA1、KA2、KA3 得电吸合，3 只欠电流继电器的常开触点闭合。与此同时接触器 KM 的常开辅助触点闭合，接触器 KM 的线圈自锁，电动机正常运行。

当电动机发生断相故障时，接在该断相上的欠电流继电器释放，其常开触点 KA1、KA2 或 KA3 复位，使得接触器 KM 的线圈自锁电路断开，KM 的主触点复位，电动机停转，从而保护了电动机。

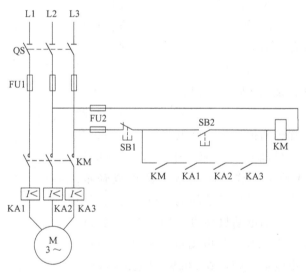

图 8-14 采用欠电流继电器的断相保护电路

8.2.7 零序电流断相保护电路

零序电流断相保护电路如图 8-15 所示，其特点是以零序电流使继电器动作，以达到断相保护的目的。图中 TA 是零序电流互感器。

按下起动按钮 SB2，接触器 KM 和时间继电器 KT 吸合，电动机 M 正常运行。此时电动机三相负载平衡，零序电流互感器 TA 二次电流等于零，晶体管 VT1 处于截止状态；晶体管

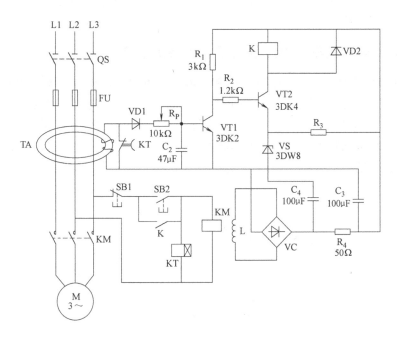

图 8-15　零序电流断相保护电路

VT2 处于导通状态，继电器 K 吸合，其常开触点闭合，使 KM 和 KT 自锁。

　　当发生断相时，TA 二次侧产生的感应电流经二极管 VD1 整流，使 VT1 由截止翻转为导通，而 VT2 由导通翻转为截止（VT2 的电源由 KM 的线圈外加绕的 L 绕组取出 15～18V，经桥式整流电路 VC 整流后供给）。继电器 K 失电，其常开触点断开，使接触器 KM 和时间继电器 KT 的线圈失电，接触器 KM 的主触点断开，切断电动机电源，达到了电动机断相保护的目的。

　　时间继电器 KT 的作用是为了避开电动机起动时的不平衡电流，时间继电器 KT 的延时断开的常闭触点可以将 TA 的二次侧在电动机 M 起动过程中暂时短路。对于起动时三相电流平衡的电动机则无须增加 KT。

8.2.8　丫联结电动机断相保护电路

　　图 8-16 所示电路是一种丫联结电动机断相保护电路，该电路适用于 7.5kW 以下的电动机。

　　按下起动按钮 SB2，接触器 KM 的线圈得电，KM 吸合，松开 SB2，KM 自保，电动机 M 运行。当三相交流电中某一相断路时，电动机的中性点与中性线之间出现电位差。此电压经过整流、滤波、稳压后，使继电器

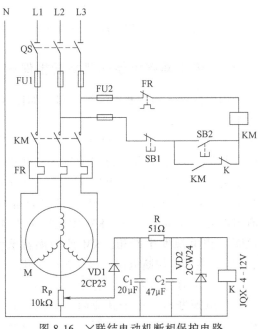

图 8-16　丫联结电动机断相保护电路

K 得电吸合，其常闭触点断开，使 KM 失电释放，KM 的主触点断开，从而使电动机 M 断电，保护电动机定子绕组不被烧毁。

8.2.9 △联结电动机零序电压继电器断相保护电路

图 8-17 所示电路是一种△联结电动机零序电压继电器断相保护电路。该电路采用三只电阻 $R_1 \sim R_3$ 接成一个人为的中性点，当电动机断相时，此中性点的电位发生偏移，使继电器 K 得电吸合，其常闭触点断开，切断了接触器 KM 的线圈回路，KM 失电释放，KM 的主触点断开，从而使电动机 M 断电，保护电动机定子绕组不被烧毁。该电路中的电阻 $R_1 \sim R_3$ 可根据实际经验选定。

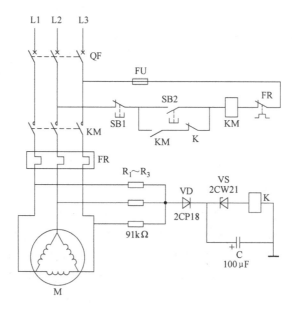

图 8-17　△联结电动机零序电压继电器断相保护电路

8.2.10 带中间继电器的简易断相保护电路

采用中间继电器的断相保护电路，如图 8-18 所示。接触器线圈和继电器线圈分别接于电源 L1、L2 和 L2、L3 上。

合上电源开关 QS，中间继电器 KA 的线圈得电，其常开触点闭合，为接触器 KM 线圈得电做准备。按下起动按钮 SB2，接触器 KM 的线圈得电，KM 的主触点闭合，电动机起动运行。只有当电源三相都有电时，KM 才能得电工作，无论哪一相电源发生断相，KM 的线圈都会失电，KM 的主触点切断电源，以保护电动机。

电动机在运行过程中，若熔丝熔断，使得其中一相电源断电，由于其他两相电源通过电动机可返回另一相断电的线圈上，为保证接触

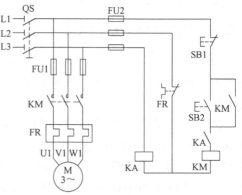

图 8-18　带中间继电器的简易断相保护电路

器、中间继电器可靠释放，应选择释放电压大于190V的接触器和中间继电器。

8.2.11 实用的三相电动机断相保护电路

图8-19是一种三相电动机断相保护电路。该交流三相电动机断相保护电路能在电源断相时，自动切断三相电动机电源，起到保护电动机的目的。

从图8-19中可以看出，电动机控制电路中多了一个同型号的交流接触器，当按下按钮SB2时，L3相电源经过按钮SB1、SB2、接触器KM1的线圈到L2相，使交流接触器KM1吸合，同时KM1的常开触点闭合，将交流接触器KM2的线圈接到L1相与L3相之间，使交流接触器KM2得电吸合，电动机M起动运转。这样，由于多用了一个同型号的接触器，两个接触器线圈的电压分别使用了L1、L2、L3三相中的电压回路，故此在三相中出现任何一相断相时，它都能使两个接触器中的一个或两个线圈释放，从而保护电动机不因电源断相而烧毁。

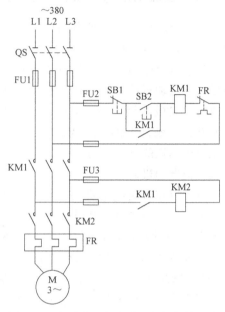

此断相保护电路适用于10kW以上的较大型的电动机且负荷较重的场合，能可靠地对电动机进行断相保护。该电路简单、实用、取材方便、效果理想。

图8-19 实用的三相电动机断相保护电路

8.2.12 三相电源断相保护电路

三相电源断相保护电路如图8-20所示。该电路采用了电流互感器TA和双向晶闸管VTH，适用于三相异步电动机的断相保护。合上电源开关QS，按下起动按钮SB2，交流接触器KM的线圈得电吸合，其主触点闭合，电动机起动运行。此时，电流互感器TA有感应信号输出，双向晶闸管VTH被触发导通，起到了交流接触器辅助触点自锁的作用。松开SB2后，接触器仍会保持吸合，电动机M继续运行。

该电路的特点是当三相电源中的任意一相断路时，三相异步电动机都可以自动脱离电源，停止运行。例如，当L1相或L2相断路时，接触器KM的线圈将失电释放，切断电动机的电源，实现断相保护；当L3相断路时，电流互感器TA就没有感应信号输出，晶闸管VTH将失去触发信号而关断，接触器KM则失电释放，电动机的电源被切断，也可以完成断相保护的任务。

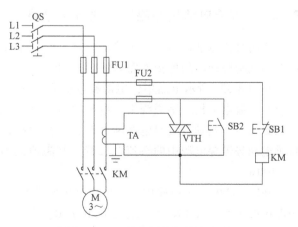

图8-20 三相电源断相保护电路

8.3 直流电动机失磁、过电流保护电路

8.3.1 直流电动机失磁的保护电路

直流电动机失磁保护电路的作用是防止电动机在工作中因失磁而发生"飞车"事故。这种保护是通过在直流电动机励磁回路中串入欠电流继电器来实现的。

他励直流电动机失磁保护电路如图 8-21 所示。当电动机的励磁电流消失或减小到设定值时,欠电流继电器 KA 释放,其常开触点断开,接触器 KM1 或 KM2 断电释放,切断直流电动机的电枢回路,电动机断电停车,实现保护电动机的目的。

也可以在直流电动机励磁绕组回路中串入硅整流二极管 VD(其整流值只要大于直流电动机的励磁电流即可),并在其两端并联额定值为 0.7V 的电压继电器 KV(JTX-0.7V),以此来控制主电路中的接触器,从而实现直流电动机失磁保护,达到防止"飞车"的目的。

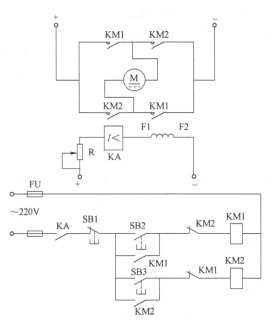

当励磁绕组有电流时,二极管 VD 两端就有 0.7V 电压,使电压继电器 KV 得电吸合,其常开触点闭合,为控制电路中接触器 KM 的线圈得电做准备。当励磁绕组无电流

图 8-21 他励直流电动机失磁保护电路

时,VD 两端无电压,KV 线圈不得电,其常开触点仍处于断开状态,这时控制回路的 KM 线圈也不能得电,则主电路不得电,电动机不工作。也就是说,若不先提供励磁电流,电动机就无法工作。

8.3.2 直流电动机励磁回路的保护电路

使用直流电动机时,为了确保励磁系统的可靠性,在励磁回路断开时需加保护电路。直流电动机励磁回路的保护电路如图 8-22 所示。

在图 8-22a 所示电路中,电源经电抗器 L 降压,再经桥式整流器整流后,提供直流励磁电流给直流电动机的励磁绕组。电阻 R 与电容 C 组成浪涌吸收电路,防止电源的过电压进入励磁绕组。当励磁绕组电源断开时,在其两端并联一个释放电阻 R',以防止励磁绕组的自感电动势击穿电源中的整流二极管,其阻值约为励磁绕组电阻(冷态)的 7 倍,功率为 $50 \sim 100W$。

在图 8-22b 所示电路中,在励磁绕组两端并联一个压敏电阻 R_V,取 R_V 的额定电压为励磁电压的 $1.5 \sim 2.2$ 倍。当工作电压低于 R_V 的额定电压时,R_V 呈现高阻、断开状态;当工作电压高于 R_V 的额定电压时,R_V 呈现低阻、导通状态。当励磁绕组断开瞬间,若励磁绕

组的自感电压高于压敏电阻 R_V 的额定电压，R_V 呈现低阻状态，限制了励磁绕组两端电压，起到保护作用。

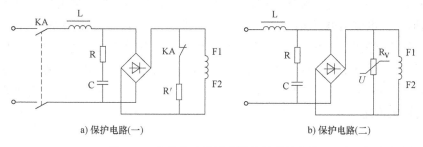

a) 保护电路(一)　　　　　　　　　　b) 保护电路(二)

图 8-22　直流电动机励磁回路的保护电路

8.3.3　直流电动机失磁和过电流保护电路

为了防止直流电动机失去励磁而造成转速猛升（"飞车"），并引起电枢回路过电流，危及直流电源和直流电动机，因此励磁回路接线必须十分可靠，不宜用熔断器作励磁回路的保护，而应采用失磁保护电路。失磁保护很简单，只要在励磁绕组上并联一只失压继电器或串联一只欠电流继电器即可。过流继电器可以作为电动机的过载及短路保护。

直流电动机失磁和过电流保护电路如图 8-23 所示。图中 KUC 为欠电流继电器，KOC 为过电流继电器。KT1、KT2 为时间继电器，其常开触点的动作特点是当时间继电器吸合时，常开触点延时闭合。

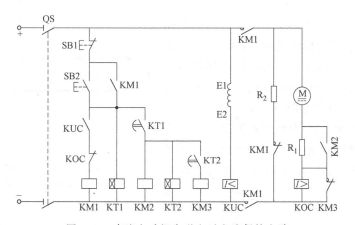

图 8-23　直流电动机失磁和过电流保护电路

闭合电源开关 QS，欠电流继电器 KUC 线圈得电，KUC 常开触点闭合，为接触器 KM1 线圈得电做准备。

过电流继电器 KOC 用作直流电动机的过载及短路保护。直流电动机电枢串电阻起动时，KOC 线圈被 KM3 短接，不受起动电流的影响。电动机正常运行时，KOC 处于释放状态、KOC 的常闭触点处于闭合状态。当电动机过载或短路时，一旦流过 KOC 线圈的电流超过整定值，过电流继电器 KOC 吸合，KOC 的常闭触点马上断开，使接触器 KM1 的线圈失电，KM1 的主触点断开，切断直流电动机的电源，电动机停转。过电流继电器一般可按电动机额定电流的 1.1~1.2 倍整定。

欠电流继电器 KUC 用作直流电动机的失磁保护，一般串联在励磁回路中。电动机正常运行时，KUC 处于吸合状态，KUC 的常开触点处于闭合状态。当励磁失磁或励磁电流小于电流整定值时，欠电流继电器 KUC 释放，KUC 的常开触点复位，切断 KM1 的自锁回路，使接触器 KM1 的线圈失电，KM1 的主触点断开，切断直流电动机的电源，电动机停转。一般要求欠电流继电器的额定电流应大于电动机的额定励磁电流，电流整定值按电动机的最小励磁电流的 0.8~0.85 倍整定。当 KM1 线圈失电时，KM1 常闭主触点复位，接通能耗制动电阻 R_2，使电动机迅速停转。

8.4 电动机保护器应用电路

8.4.1 电动机保护器典型应用电路

为了更有效地保护电动机，近年来涌现出了许多电动机保护器，电动机保护器又叫电子保护器。它可与交流接触器组成电动机保护电路，主要用于对交流 50Hz、额定电流 600A 及以下三相电动机在运行中出现的断相、过载、堵转、三相不平衡等故障进行保护。

GT-JDG1-16A 型电动机保护器典型应用电路如图 8-24 所示。保护器设有电流刻度指示，可线性调节整定电流，操作简单、方便，用户无须现场带负荷调试，只要根据电动机的额定电流值进行调节即可。GT-JDG1-16A 型电动机保护器电流小，对于额定电流较小的电动机，其主电路可直接接在保护器主触点上即可。端子 A1、A2 接电压表 PV，端子 95、98 为保护器内部的一对常闭触点，只要电路发生故障，保护器动作，端子 95、98 内部的常闭触点动作断开，即可切断交流接触器 KM 线圈的电源，从而使电动机 M 停转。

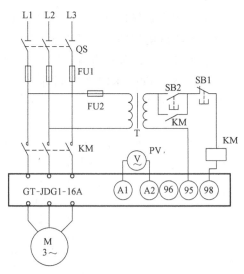

图 8-24 GT-JDG1-16A 型电动机
保护器典型应用电路

8.4.2 电动机保护器配合电流互感器应用电路

GT-JDG1-16A 型电动机保护器的工作电流仅为 16A，要想控制较大额定电流的电动机，可以采用图 8-25 所示电路。图中，TA 为电流互感器；T 为小型电源变压器；SB2 为起动按钮，SB1 为停止按钮。

GT-JDG1-160A 型大功率电动机保护器，在外壳中部有三个穿心孔，这实际上是三相电流互感器，如图 8-26 所示。将电动机的三相电源线穿过这三个穿心孔，主电路即安装完毕。

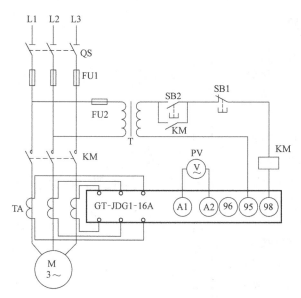

图 8-25　GT-JDG1-16A 型电动机保护器
配合电流互感器应用电路

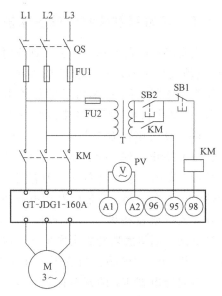

图 8-26　GT-JDG1-160A 型穿心式电动机
保护器应用电路

8.5　其他保护电路

8.5.1　电压型漏电保护电路

电压型漏电保护器如图 8-27 所示。该电路是通过检测漏电设备外壳与地之间的电压来实现保护的。

电压型漏电保护器采用 3 只相同的电阻 $R_2 \sim R_4$ 作为辅助中性点 N。如果用电设备漏电，辅助中性点 N 与用电设备外壳间的电压达到灵敏电压继电器 K 的动作电压时，继电器 K 吸合，其常闭触点断开，使接触器 KM 的线圈断电释放，接触器 KM 的主触点断开，从而切断用电设备的电源。

图 8-27 中的按钮 SB 和电阻 R_1 组成了一个试验电路。按下试验按钮 SB，继电器 K 线圈中流过一个模拟的接地故障电流，可方便地检查漏电保护装置工作是否正常。

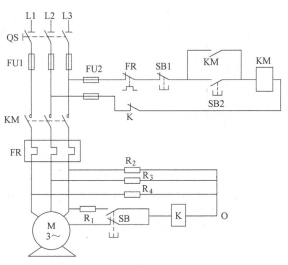

图 8-27　电压型漏电保护器电路

电压型漏电保护器的优点是电路简单，但是它的检测性能差，动作不稳定，已逐步被电流型漏电保护器所取代。

8.5.2 接触器触头粘连设备保护电路

当交流接触器的动、静触头粘连时，用电设备（如电动机）不能停止，会带来严重后果。当接触器触头粘连时，图8-28所示的保护电路，可使断路器QF动作，从而可避免事故的发生。

在一般采用接触器控制的电路中，正常情况下，按下停止按钮SB1，接触器KM的线圈失电，接触器KM的主触头将断开。但有时KM的主触头会熔焊粘连在一起，不能切断用电设备的电源，导致发生人身或设备事故。如果采用图8-28所示的保护电路，当接触器的触头发生熔焊时，可以按下停止按钮SB1不松手，当按下SB1的时间超过1s后，时间继电器KT的延时闭合的常开触头闭合，时间继电器KT自锁；同时时间继电器KT的延时分断的常闭触头动作，断开带有失压脱扣控制的断路器QF的线圈，促使QF主触点跳闸，使电动机M断电。

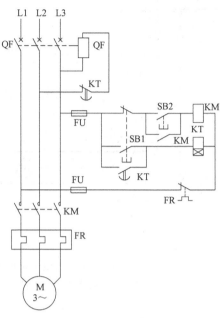

图8-28 接触器触头粘连设备保护电路

8.5.3 防止水泵空抽保护电路

防止水泵空抽的保护电路如图8-29所示。该电路可以保证水泵的使用安全，不会因空抽时间过长而烧毁。

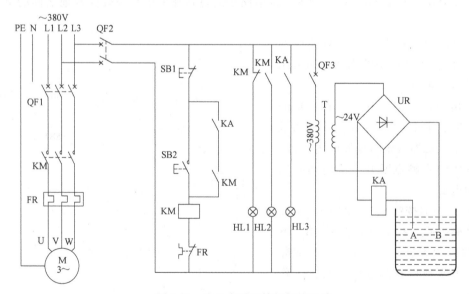

图8-29 防止水泵空抽的保护电路

防止水泵空抽的保护电路由断路器（QF1、QF2、QF3）、接触器KM、小型继电器KA、控制变压器T、探头（A、B）和指示灯（HL1、HL2、HL3）等组成。

首先合上断路器 QF1、QF2、QF3，此时电动机停止及电源指示灯 HL1 点亮。如果水池内有水，探头 A、B 被水短接，小型继电器 KA 线圈得电吸合，其常开触点闭合，此时有水指示灯 HL3 点亮，说明水池内有水。与此同时 KA 的另一组常开触点闭合，为接触器 KM 自锁提供条件。

起动时，按下起动按钮 SB2，交流接触器 KM 线圈得电吸合，且 KM 的常开辅助触点闭合，接触器 KM 自锁。KM 的三相主触点闭合，水泵电动机得电起动运转，带动水泵进行抽水，与此同时，KM 的常闭辅助触点断开，指示灯 HL1 熄灭，而 KM 的常开辅助触点闭合，运行指示灯 HL2 点亮，说明水泵运转正常。

当水池内无水时，探头 A、B 悬空，小型继电器 KA 线圈断电释放，KA 的一组常开触点断开，切断交流接触器 KM 线圈回路电源，KM 线圈失电释放，其三相主触点断开，水泵电动机失电停止运转，水泵停止抽水。与此同时，运行指示灯 HL2 熄灭、停止兼电源指示灯 HL1 点亮。

第9章

常用电动机节电控制电路的识读

9.1 电动机轻载节能器电路

9.1.1 电动机轻载节能器应用电路（一）

图 9-1 是一种电动机轻载节能器电路。该电路能在电动机空载或轻载运行时，通过电抗器降低电动机的工作电压，从而节约电能、提高工作效率。

扫一扫看视频

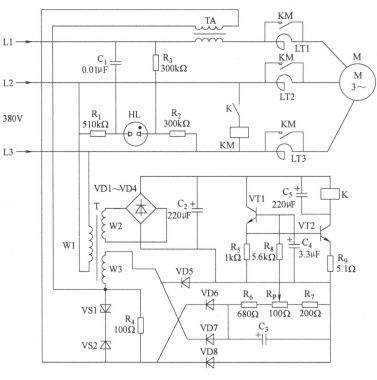

图 9-1　电动机轻载节能器应用电路（一）

图 9-1 所示的电动机轻载节能器应用电路由电源电路、电流取样电路、相序指示电路、

控制放大电路等组成。其中，电源电路由电源变压器 T、整流二极管 VD1~VD4 和滤波电容器 C_2 等组成；电流取样电流由电流互感器 TA、稳压二极管 VS1、VS2、电阻器 R_4 和二极管 VD5~VD8 组成；相序指示电路由氖指示灯 HL、电阻器 R_1~R_3、电容器 C_1 等组成；控制放大电路由晶体管 VT1、VT2、电阻器 R_5~R_9、电位器 R_P、电容器 C_4、C_5 和继电器 K 等组成；LT1~LT3 为饱和式电抗器。

接通电源瞬间，交流 380V 电压经电抗器 LT1~LT3 供给电动机 M；与此同时，在电流互感 TA 上产生感应信号电压，该电压经 VD5~VD8 处理后，使 VT1 和 VT2 饱和导通，继电器 K 吸合，其常开触点 K 接通，使交流接触器 KM 也通电吸合，KM 的三组常开触点（并联在 LT1~LT3 上）均接通，使 LT1~LT3 被短接，电动机 M 处于全电压起动运转。

电动机 M 运转后，若其负载较轻或空载，则电流互感器 TA 上产生的感应信号电压将降低，使 V1 和 V2 截止，K 和 KM 释放，交流 380V 电压经电抗器 LT1~LT3 为电动机 M 供电，电动机 M 降压运转。当电动机 M 的负载变大、TA 产生的感应信号电压升高至一定值时，VT1 和 VT2 又将导通，使 K 和 KM 吸合，电动机 M 全电压运转。

9.1.2 电动机轻载节能器应用电路（二）

图 9-2 也是一种电动机轻载节能器应用电路，该电路用于额定运行时为三角形联结的电动机，它能根据电动机负载大小的变化，对电动机的三角形/星形联结进行自动转换。空载

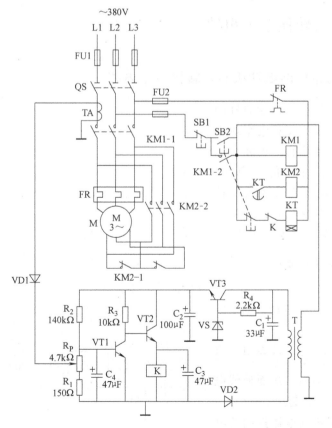

图 9-2 电动机轻载节能器应用电路（二）

和轻载时，电动机为星形联结；重载和满载时，电动机为三角形联结。这种电路在节约电能的同时，还改善了功率因数。

图 9-2 所示的电动机轻载节能器应用电路由电源电路、电流取样检测电路和控制电路等组成。其中，电源电路由电源变压器 T、电源调整管 VT3、稳压二极管 VS、整流二极管 VD2、电阻器 R_4 和滤波电容器 C_1、C_2 等组成；电流取样检测电路由电流互感器 TA、二极管 VD1、电位器 R_P、电阻器 R_1、R_2、电容器 C_4 等组成；控制电路由电源开关 QS、停止按钮 SB1、起动按钮 SB2、晶体管 VT1 和 VT2、继电器 K、时间继电器 KT、交流接触器 KM1、KM2 等组成。

接通电源开关 QS，按动起动按钮 SB2 后，交流接触器 KM1 通电吸合，交流 380V 电压经 KM1 的常开触点加至电动机 M 的三相绕组上，电动机为星形起动。

当电动机轻载时，电流互感器 TA 上的感应电压较低，VT1 截止，VT2 导通，继电器 K 吸合，其常闭触点断开，时间继电器 KT 和交流接触器 KM2 均不动作，电动机 M 三相绕组的尾端经交流接触器 KM2 的常闭触点 KM2-1 接通，电动机 M 在星形联结状态下运行。

当电动机 M 的负载增大到一定程度时，电流互感器 TA 上的感应电压升高至一定值时，VT1 将导通，使 VT2 截止，继电器 K 释放，继电器 K 的常闭触点接通，时间继电器 KT 吸合，其常开触点接通，使交流接触器 KM2 吸合，KM2 的常闭触点 KM2-1 断开，常开触点 KM2-2 接通，电动机 M 由星形联结运转状态变换为三角形联结运转状态。

9.2 电动机Y-△转换节电电路

9.2.1 用热继电器控制电动机Y-△转换节电电路

扫一扫看视频

在机床上，电动机的额定容量是按照机车最大切削量设计的，实际在应用中，往往不能满负荷，很大程度上存在着大马拉小车的现象。那么利用三相异步电动机的△联结改为Y联结后，绕组承受的相电压将为原来的 $\frac{1}{\sqrt{3}}$，线电流减小为原来的 $\frac{1}{3}$。如果电动机的实际负载也减小为满负载的 $\frac{1}{3}$，那么电动机可以在Y联结下安全运行，从而使线电流减小，功率因数提高，起到节电作用。

图 9-3 所示为用热继电器控制的电动机Y-△转换节电电路。当轻载时，

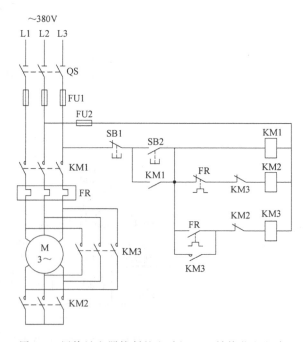
图 9-3 用热继电器控制的电动机Y-△转换节电电路

热继电器不动作，接触器 KM1、KM2 吸合，电动机接成丫联结运行；当电动机处于重负荷下运行时，热继电器 FR 动作，其常闭触点断开、常开触点闭合，自动将接触器 KM2 断开，并使接触器 KM3 吸合，电动机切换为△联结运行。

9.2.2　用电流继电器控制电动机丫-△转换节电电路

　　用电流继电器控制的电动机丫-△转换节电电路如图9-4所示。当按下起动按钮 SB2 时，接触器 KM1、KM2 吸合，电动机接为丫形起动。图中的 SQ 限位开关受主轴操纵杆控制，主轴在工作运转时，SQ 闭合，时间继电器 KT 吸合。如空载或轻载时，电流继电器 KI 不动作，电动机丫联结运行不变；如重载时，KI 吸合，这时 KA 随之吸合，切断 KM2 线圈电路，KM2 断电释放，KM3 得电吸合，电动机改为△联结运行。工作完毕时，通过主轴操纵杆使 SQ 断开，KT 断电释放，KM3 释放，KM2 线圈得电吸合，于是电动机改为丫联结运行。

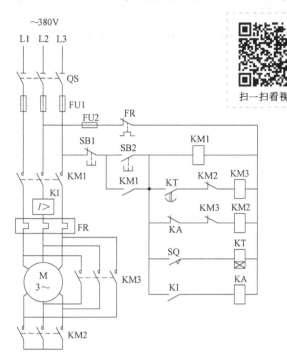

图 9-4　用电流继电器控制电动机丫-△转换节电电路

9.3　异步电动机无功功率就地补偿电路

9.3.1　直接起动异步电动机就地补偿电路

　　直接起动异步电动机就地补偿电路如图9-5所示。该电路也可以用于自耦减压起动或转子

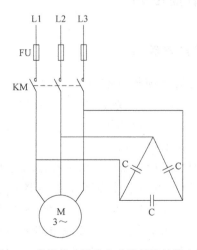

图 9-5　直接起动异步电动机就地补偿电路

串接频敏变阻器起动电路的就地补偿。该电路将电容器直接并接在电动机的引出线端子上。

9.3.2　Ｙ-△起动异步电动机就地补偿电路

Ｙ-△起动异步电动机就地补偿电路如图 9-6 所示。

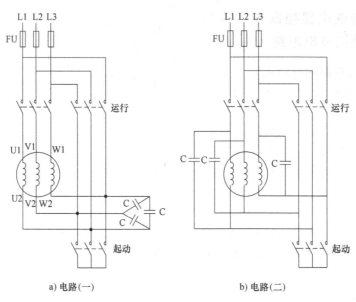

a) 电路(一)　　　　　　　　　　b) 电路(二)

图 9-6　Ｙ-△起动异步电动机就地补偿电路

采用图 9-6a 所示线路时，当电动机绕组Ｙ联结起动时，和电容器连接的 U2、V2、W2 三个端子被短接，成为Ｙ联结的中性点，电容器短接无电压。起动完毕，电动机绕组改为△联结，电容器与电动机绕组并接。当停机时，电容器不能通过定子绕组放电，所以补偿电容器必须选用 BCMJ 型自愈式金属化膜电容器或类似内部装有放电电阻的电容器。

采用图 9-6b 所示电路时，每组单相电容器直接并联在电动机每相绕组的两个端子上。

9.4　电动缝纫机空载节能电路

9.4.1　电动缝纫机空载节能电路（一）

中、小型服装厂使用的电动缝纫机（包括平缝机、包缝机等，装机功率为 0.25 ~ 0.37kW）一般采用机械离合器开关控制系统，实际使用时机器加工的时间较短，手工操作较多。在手工操作或出现操作故障时，电动机处于空载耗电状态。若使用电动缝纫机空载节能电路，可以在手工操作或出现操作故障时，使电动机停止空转，从而达到节电的目的。

图 9-7 是一种电动缝纫机空载节能电路。它由直流稳压电源电路、传感器控制电路和主控制电路等组成。其中，直流稳压电源电路由降压电容器 C_1、泄放电阻器 R_1、整流桥堆 UR、滤波电容器 C_2、C_3、限流电阻器 R_2 和稳压二极管 VS 组成；传感器控制电路由固定安装在缝纫机离合器操纵杆上的磁铁和霍尔传感器集成电路 IC（内含霍尔元件、差分放大器、施密特触发器和输出电路）、电阻器 R_3、R_4、电容器 C_4、晶体管 VT、二极管 VD、发光二

极管 VL 和继电器 K 组成；主控制电路由隔离开关 QS、熔断器 FU 和交流接触器 KM 组成。

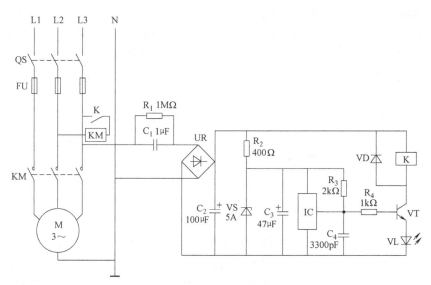

图 9-7 电动缝纫机空载节能电路（一）

接通 QS 后，L3 端与 N 端之间的 220V 交流电压经电容器 C_1 降压、整流桥 UR 整流、电容器 C_2 滤波后，为继电器 K 的驱动电路提供 +16V 工作电压。该 +16V 电压还经电阻 R_2 限流、稳压二极管 VS 稳压及电容器 C_3 滤波后，为霍尔传感器集成电路 IC 提供 +5V 工作电压。

在操作人员未踏下脚踏板时，IC 在磁铁的强磁场作用下输出低电平，使晶体管 VT 截止，发光二极管 VL 不发光，继电器 K 和接触器 KM 均处于释放状态，电动机 M 不工作。使用缝纫机时，操作人员踏下脚踏板，使磁铁随离合器操纵杆下移，IC 失去强磁场作用，其输出端变为高电平，VT 饱和导通，K 通电吸合，其常开触点接通，使 KM 通电吸合，KM 的常开主触点将电动机 M 的工作电源接通，电动机 M 起动运转，同时 VL 点亮。

当需要停机或手工操作时，操作人员释放脚踏板，磁铁又回复原档，使 VT 截止，VL 熄灭，K 和 KM 断电释放，电动机 M 停转。

9.4.2 电动缝纫机空载节能电路（二）

图 9-8 也是一种电动缝纫机空载节能电路。该电路由断路器 QF、控制开关 S1、灯开关 S2 和 S4、脚踏开关 S3、交流接触器 KM 和时间继电器 KT 组成，EL 为照明灯，M 为电动缝纫机的电动机。

使用时，先接通断路器 QF，然后接通控制开关 S1 和灯开关 S2，缝纫工人将脚放在离合器踏板上，使脚踏开关 S3 断开，时间继电器 KT 失电释放，KT 延时断开的常闭触点复位，使接触器 KM 得电吸合，其常开主触点闭合，将电动机 M 的电路接通，电动机 M 起动

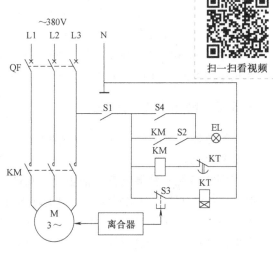

图 9-8 电动缝纫机空载节能电路（二）

运转，照明灯 EL 点亮，工人可以开始缝纫工作。

在缝纫间隙或操作中换活时，缝纫工人将脚离开离合器踏板，S3 闭合，时间继电器 KT 通电吸合，延时开始。当达到预定延时时间时，KT 延时断开的常闭触点断开，使 KM 断电释放，电动机 M 停止运转，照明灯 EL 熄灭，从而避免了电动机 M 空载耗电。

当缝纫工人继续工作时，再将踏动离合器踏板，使 S3 断开，KT 断电复位，KM 通电吸合，M 起动运转，又开始缝纫工作。

在电动机 M 停转期间若需要照明时，可接通手动照明灯开关 S4，使照明灯 EL 点亮。

9.5 常用低压电器节能电路

9.5.1 交流接触器节能电路

交流接触器是电动机控制电路中的主要部件，它在工作时，铁心损耗与短路环损耗占电磁系统有功损耗的绝大部分，而线圈铜损耗仅占 4% 左右。交流接触器节能电路，是将交流接触器改为交流起动、直流保持吸合的工作方式，使其铁心损耗和短路环损耗降至最低，从而节约电能。

图 9-9 是一种交流接触器节能电路，该电路由续流二极管 VD、电解电容器 C、复合起动按钮 SB1、停止按钮 SB2 和交流接触器 KM 组成。

接通电源，按下起动按钮 SB1 时，交流 220V（或 380V）电压经 SB1 的常开触点和 SB2 的常闭触点加至交流接触器 KM 的线圈上，使 KM 通电吸合，KM 的主触点将负载（电动机）的工作电源接通。与此同时，KM 的常开辅助触点将电容器 C 接入 KM 的线圈电路中，C 开始充电。松开 SB1 后，SB1 的常闭触点接通，常开触点断开，电容器 C 的充电电流使

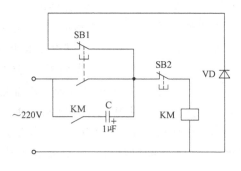

图 9-9 交流接触器节能电路

接触器 KM 维持吸合状态，同时续流二极管 VD 通过 SB1 和 SB2 并联在 KM 线圈的两端。此后，交流电源在正半周期间对电容器 C 充电，在负半周期间 C 通过 VD 放电，使 KM 始终保持小电流吸合状态。

9.5.2 继电器节能电路

继电器线圈吸合时需较大的起动电流，而吸合后利用很小的电流即可保持吸合状态，从而节省电能。

图 9-10 是一种继电器节能电路。在图 9-10a 中，电容器 C 平时充满电，晶体管 VT 导通时，C 对继电器 K 放出瞬间较大电流使 K 的线圈得电吸合，然后电源通过电阻 R 限流使 KM 保持吸合。在图 9-10b 中，电容器 C 平时经电阻 R 放电，晶体管 VT 导通时，C 中有较大的充电电流通过，K 线圈便得电吸合，然后电阻 R 限流，使继电器 K 保持吸合，达到省电的目的。

R 的阻值与 C 的容量的选择依试验参数而定。C 只要充满电后对 K 放电，能使继电器 K

瞬间吸合即可，而调节 R 的阻值可使电流保持最小。

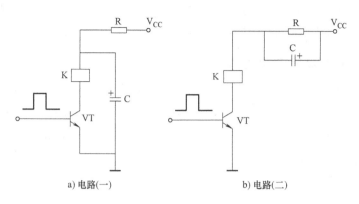

a) 电路(一)   b) 电路(二)

图 9-10　继电器节能电路

9.5.3　继电器低功耗吸合锁定电路

图 9-11 是一种继电器低功耗吸合锁定电路。晶体管 VT 的基极为低电平时，其集电极电平约为电源电压的一半，K、R_P、LED 可构成回路，有 8mA 的电流流过继电器线圈，LED 发光起指示作用。当 VT 基极为高电平时，VT 饱和导通，电源电压几乎全部加于继电器 K 的线圈上，继电器动作吸合。之后，VT 失去触发信号而截止，集电极又变为电源电压的一半左右，使继电器线圈在较小的电流下仍能维持吸合锁定，从而达到降低功耗的目的。

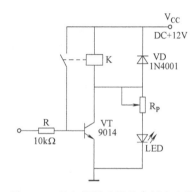

图 9-11　继电器低功耗吸合锁定电路

9.6　其他电气设备节电电路

9.6.1　机床空载自停节电电路

机床空载自停节电电路如图 9-12 所示。该电路主要由接触器 KM、时间继电器 KT 等组成。当时间继电器 KT 线圈得电后，其常闭触点经一定的延时后断开。

按下起动按钮 SB2，接触器 KM 线圈得电吸合，其主触点闭合，车床电动机起动运转；在加工停止时，把操纵杆打到空挡位置，连动杆便压下限位开关 SQ，此时时间继电器 KT 线圈得电吸合，如果在 KT 延时的时间内，限位开关没有复位，则 KT 的常闭触点经过一定的延时后断开，切断接触器 KM 线圈的电源，KM 失电释放，其主触点断开，电动机

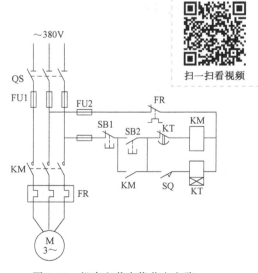

图 9-12　机床空载自停节电电路

停止运转。

延时的时间可根据机床操作而定。如果在机床运行时有较长一段时间不操作，即使起动了电动机，空载运行超过 KT 的延时时间，也会自动停车，以节约用电。

9.6.2 纺织机空载自停节电电路

纺织机空载自停节电电路如图 9-13 所示，图中 VTH1～ VTH3 是双向晶闸管；电阻 R_1 和电容器 C 组成吸收电路；R_2 是触发限流电阻；K1 是起动干簧管，其触点为常开触点；K2 是停止干簧管，其触点是常闭触点；Y1、Y2 是磁钢。三相电源 L1、L2、L3 经过 VTH1～VTH3 加到电动机 M 上。

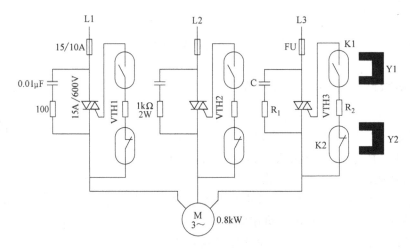

图 9-13　纺织机空载自停节电电路

移动离合器手柄，将磁钢 Y1 推至开机位置，起动干簧管 K1 内部的触点接通，晶闸管 VTH1～ VTH3 触发导通，电动机 M 通电运行；停机时，将装在离合器手柄上的磁钢 Y2 靠近停止干簧管 K2，使 K2 内部的常闭触点断开，触发电路断电，晶闸管 VTH1～ VTH3 相继截止，电动机 M 停转。

第10章

常用电动机控制经验电路的识读

10.1 加密的电动机控制电路

为防止误操作电气设备，并防止非操作人员随意按下操作台上的起动按钮而造成设备或人身事故，可采用加密的电动机控制电路，如图 10-1 所示。

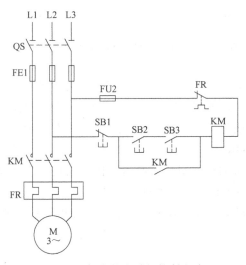

图 10-1 加密的电动机控制电路

操作时，首先按下按钮 SB2，确认无误后，再同时按下加密按钮 SB3，这样控制回路才能接通，KM 线圈才能吸合，电动机 M 才能转动。而非操作人员不知其中加密按钮（加密按钮装在隐蔽处）所在，故不能操作此电气设备。

10.2 三相异步电动机低速运行的控制电路

有时由于工作的需要，如机床运动部件准确定位，需要电动机降低速度运行。图 10-2 所示是一种三相异步电动机反接制动后低速运行的控制电路，图中只画出了主电路。KM1 和 KM2 为电动机正常运行接触器，KM3 为电动机反接制动接触器。

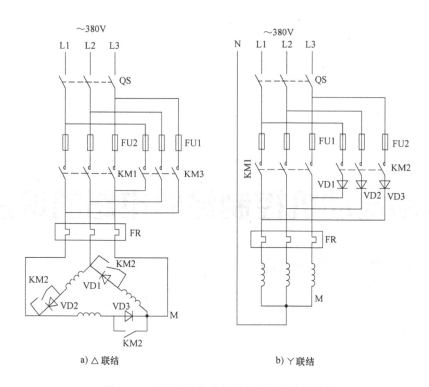

a) △联结　　　　　　　b) Y联结

图 10-2　三相异步电动机低速运行的控制电路

　　图 9-2a 为△联结的电动机反接制动并低速运行控制电路。接触器 KM1、KM2 吸合，电动机正常工作。在制动时，接触器 KM1、KM2 释放，KM3 接通电源，这时电动机绕组中串联二极管，电流中含直流成分，既有助于电动机制动，又能使电动机低速反转，在工作完毕时可切断接触器 KM3 的电源。

　　图 9-2b 为Y联结电动机的反接制动低速运行控制电路。接触器 KM1 吸合，电动机正常工作。在制动时，接触器 KM1 释放，接触器 KM2 接通电源，这时电动机绕组中串联二极管，电流中含直流成分，既有助于电动机制动，又能使电动机低速反转，在工作完毕时可切断接触器 KM2 的电源。

10.3　用安全电压控制电动机的控制电路

　　在环境潮湿的工作场所，为了保障人身安全，需采用安全电压控制电动机。

　　图 10-3 是一种用安全电压控制电动机的控制电路。该控制电路采用安全电压控制电动机起动与停止，主要用于操作环境条件极差及潮湿、易发生漏电的工作场所，以保证人员在接触按钮时，即使按钮漏电也不会造成触电危险。

　　该电路采用一台 BK 系列机床控制变压器为控制电路供电，交流接触器 KM 线圈的工作电压为 36V。该控制电路的工作原理与常规的电动机起动、停止控制电路完全相同，只是控制电压由 380V 或 220V 改为 36V 以下而已。使用时需注意，变压器的功率应大于交流接触器线圈的标称功率，以免过载损坏控制变压器绕组。

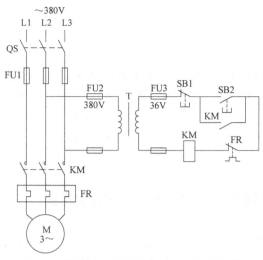

图 10-3　用安全电压控制电动机的控制电路

10.4　只允许电动机单向运转的控制电路

在某些场合，只允许电动机按一个指定的方向运转，即使在电源相序反相时，也要保证

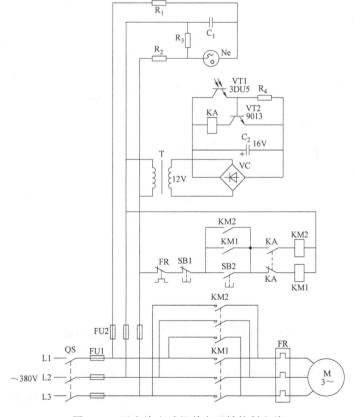

图 10-4　只允许电动机单向运转控制电路

电动机的转向不变，否则会造成人身及设备事故。图 10-4 所示的控制电路可通过相序判别器来保证电动机只能按指定的方向运转。

当电源相序正确时，即为 U、V、W 相序时，氖泡 Ne 不亮，光电晶体管 VT1 截止，晶体管 VT2 截止，中间继电器 KA 释放。按下起动按钮 SB2，接触器 KM1 线圈得电吸合并自锁，电动机正向运行。如果电源相序不对，则氖泡 Ne 发亮，光电晶体管 VT1 导通，晶体管 VT2 导通，KA 线圈得电，其触点动作。按下起动按钮 SB2，接触器 KM2 线圈得电吸合并自锁，KM2 主触点闭合，将电源改变相序（则电源相序正确）后通入电动机，因此电动机仍正向起动运行。

10.5　单线远程控制电动机起动、停止的电路

通常用两个按钮控制一台电动机的起动和停止，从开关柜到控制按钮需要三根导线来连接。如果用一根导线能够实现远地控制电动机的起动和停止，则可节约大量的导线。

图 10-5 是一种实用的单线远程起动、停止控制电路。现场控制按钮按一般常规控制电路连接，只是在现场停止按钮前串联两只指示灯 EL1、EL2。当起动电动机时，按下按钮 SB2，现场的 L2、L3 相电源给交流接触器 KM 的线圈供电，KM 吸合并自锁，电动机起动运转。松开按钮 SB2，L2、L3 相电源通过两只 EL1、EL2 继续给交流接触器 KM 供电。

当需要远地停止时，按下按钮 SB4，接触器 KM 的线圈两端都为 L2 相电源，因为接触器 KM 的线圈两端电压为零，所以 KM 释放，电动机停止运行。

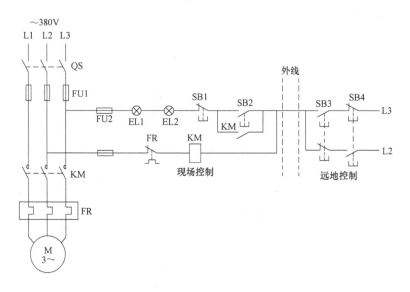

图 10-5　实用的单线远程起动、停止控制电路

反之，当需要远地起动时，按下按钮 SB3，接触器 KM 的线圈两端为 L2 相和 L3 相电源，因为接触器 KM 的线圈两端电压为 380V，所以 KM 吸合，电动机起动运行。

在正常运行时，KM 线圈与两只为 220V 的电灯泡串联，灯泡功率可根据接触器的规格

型号来确定。经过实验，一般主触点额定电流为 40A 的交流接触器可用功率为 60W 的两只灯泡串联，即可使 40A 的交流接触器线圈可靠吸合；如果是大于 40A 的交流接触器，则应适当增大电灯泡功率。在正常工作时，两只灯泡不亮，在远地按下 SB4 停止按钮时，灯泡会瞬间闪亮一下，这也可作为停止指示灯。

此电路应接在同一个三相四线制系统中。接线时要注意电源相序。另外，远地控制按钮 SB3、SB4 上存在两相电源，使用者应注意安全。

10.6　单线远程控制电动机正反转的电路

在某些条件受限的场合，需要在离电动机较远的场所控制电动机的起、停或正、反转运行。利用图 10-6 所示的控制电路，在控制柜与控制按钮之间架设一根导线，即可完成电动机起动、停止和正反转的控制过程。

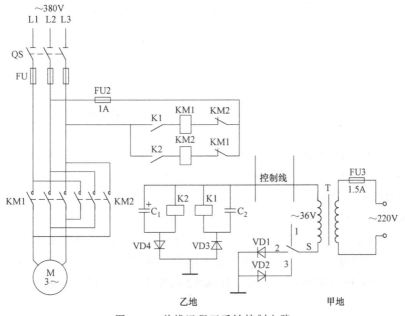

图 10-6　单线远程正反转控制电路

用户在甲地拨动多档开关 S，当拨到位置"1"时，乙地的电动机停止；当拨到位置"2"时，乙地因交流电 36V 通过 VD1，再经过地线、大地使 VD3 导通，继电器 K1 吸合，接触器 KM1 的线圈得电吸合，KM1 的主触点闭合，电动机开始正转运行；当拨到位置"3"时，二极管 VD2、VD4 导通，继电器 K2 吸合，KM2 得电吸合，电动机反转运行。

此控制电路较为简单，并可在需要远距离控制电动机时节约大量导线，继电器 K1、K2 可选用 JRX-13F，根据线路长短、电压降多少，可选用继电器线圈电压为直流 12V 或 24V。

10.7　具有三重互锁保护的正反转控制电路

在众多正反转控制电路中采用最多的保护是双重互锁保护，也就是利用按钮常闭触点、

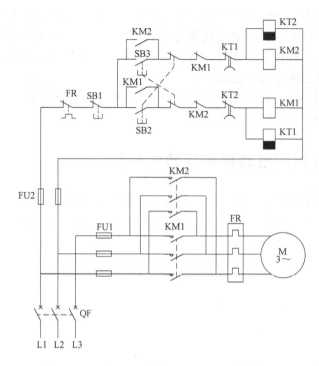

图 10-7　具有三重互锁保护的正反转控制电路

交流接触器辅助常闭触点互锁。为了使电路更加安全可靠，可采用图 10-7 所示的控制电路。该电路为三重互锁保护，即按钮常闭触点互锁、交流接触器常闭触点互锁及失电延时时间继电器失电延时闭合的常闭触点互锁。

正转起动时，按下正转起动按钮 SB2，此时 SB2 的常闭触点断开反转交流接触器 KM2 的线圈回路，起到互锁保护，同时 SB2 的常开触点闭合，交流接触器 KM1、失电延时时间继电器 KT1 的线圈同时得电吸合。KM1 主触点闭合，电动机 M 正转起动运行。KM1 的常闭触点、KT1 延时闭合的常闭触点均断开，使 KM2 的线圈回路同时三处断开，从而起到互锁保护作用。

当需要反转时，按下反转起动按钮 SB3，此时正转交流接触器 KM1 的线圈回路断电释放，电动机 M 正转停止工作，但 KT1 失电延时几秒钟后它的常闭触点才能恢复闭合，即使按下反转起动按钮也不能反转起动，则必须按下反转起动按钮 2s 后（设定时间可任意调整），反转才能起动，从而真正起到了互锁保护的作用。

10.8　防止相间短路的正反转控制电路

图 10-8 是一种防止相间短路的较理想的正反转控制电路。它多加了一个接触器 KM3，当正、反转转换时，接触器 KM2（或 KM1 断电），接触器 KM3 也随之断开。也就是说，无论哪一种情况，总有两个接触器组成四断点灭弧电路，可有效地熄灭电弧，防止相间短路。

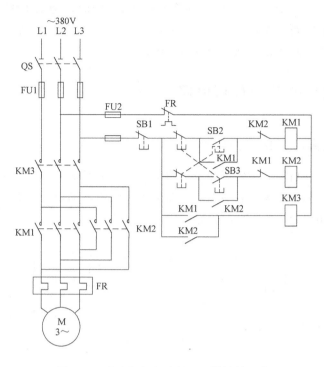

图 10-8　防止相间短路的正反转控制电路

10.9　用一只行程开关实现自动往返的控制电路

自动往返控制电路通常均采用两只行程开关，而图 10-9 所示的控制电路（主电路未画出）仅用一只双轮 LX19-232 型不可复位式行程开关 SQ，即可实现生产机械工作台的自动往返控制。行程开关 SQ 可安装在机器中间位置，左右两个撞块可分别安装在工作台上，且需根据 LX19-232 型行程开关的动作要求各自错开一定的角度，使左右两个撞块能分别撞动行程开关的各个轮珠即可。

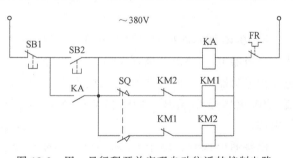

图 10-9　用一只行程开关实现自动往返的控制电路

起动工作台时，按下起动按钮 SB2，中间继电器 KA 得电吸合并自锁，接触器 KM1 得电吸合，其主触点闭合，电动机正转运行（工作台向左移动）。当工作台向左移动到位时，右边的撞块将行程开关 SQ 撞动而改变状态（即 SQ 行程开关的常闭触点断开，常开触点闭合），接触器 KM1 失电释放，电动机正转运行停止（工作台向左移动停止）。同时，接触器 KM2 得电吸合，其主触点闭合，电动机反转运行（工作台向右移动），当工作台向右边移动到位时，左边的撞块将行程开关撞动，恢复原来状态（即 SQ 行程开关的常闭触点闭合，常开触点断开），此时接触器 KM2 线圈失电释放，电动机反转运行停止（工作台向右移动停止）。同时接触器 KM1 线圈又得电吸合，其主触点闭合，电动机再次正转运行（工作台向左移动）。这样一直循环重复，从而实现了自动往返控制。按下停止按钮，则电动机停止运行。

10.10 电动机离心开关代用电路

10.10.1 电动机离心开关代用电路（一）

单相电容起动电动机的起动转矩和输出功率较大，应用非常广泛。但是，当这类电动机在起动较频繁时，其离心开关很容易损坏。如果买不到所需的离心开关，可以采用图 10-10 所示的离心开关代用电路，供生产时应急代用。

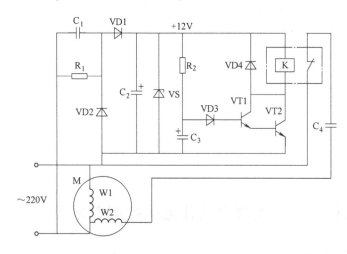

图 10-10 电动机离心开关代用电路（一）

图 10-10 所示的控制电路由电源电路和延时控制电路组成，电源电路由降压电容器 C_1、泄放电阻器 R_1、整流二极管 VD1、VD2、滤波电容器 C_2 和稳压二极管 VS 组成；延时控制电路由电阻器 R_2、电容器 C_3、二极管 VD3、VD4、晶体管 VT1、VT2 和继电器 K 组成。交流 220V 电压经 C_1 降压、VD1 和 VD2 整流、C_2 滤波及 VS 稳压后，为延时电路提供 +12V 工作电源。

刚接通电源时，由于 C_3 两端电压不能突变，VT1 和 VT2 均处于截止状态，K 处于释放状态，其常闭触点接通，电动机 M 的辅助绕组（起动绕组）W2 和起动电容器 C_4 通过 K 的常闭触点接入电路中，电动机 M 起动运行。约 6s，当 M 的转速达到额定转速的 75%~80% 时，C_3 两端电压充至 1.8V 左右，VT1 和 VT2 饱和导通，K 通电吸合，其常闭触点断开，将 M 的辅助绕组 W2 和 C_4 与电源电路断开，此时主绕组 W1 单独运行工作，电动机起动完成。

图 10-10 中的元器件选择：R_1 和 R_2 选用 1/4W 金属膜电阻器或碳膜电阻器；C_1 选用耐压值为 400V 以上的 CBB 电容器；C_2 和 C_3 均选用耐压值为 25V 的铝电解电容器；C_4 为电动机 M 配套的起动电容；VD1、VD2 和 VD4 均选用 1N4007 型硅整流二极管；VD3 选用

1N4148 型硅开关二极管；VS 选用 1W、12V 的硅稳压二极管，例如 1N4742 等型号；VT1 选用 S9013 或 S9014 型硅 NPN 型晶体管；VT2 选用 S8050 或 C8050 型硅 NPN 型晶体管；K 选用 JRX-13F 型 12V 直流继电器。

10.10.2　电动机离心开关代用电路（二）

图 10-11 是另一种电动机离心开关代用电路，该电路由电容器 C_1、C_2、电阻器 R、继电器 K、二极管 VD1、VD2 组成。

接通电源后，交流 220V 电压一路加至电动机 M 的主绕组（W1）上，另一路经继电器 K 的常闭触点加至由起动电容器 C_3 和 M 的辅助绕组（W2）组成的起动电路上，电动机 M 起动运转。

刚接通电源时，由于 C_2 的容量较大，其两端电压不能突变，继电器 K 不能吸合。几秒钟后，C_2 两端电压充至一定值时（当输入交流电压为正半周时，输入电压经 VD1 对 C_1 充电；当输入电压为负半周时，C_1 所充电压与输入电压相叠加后，再经

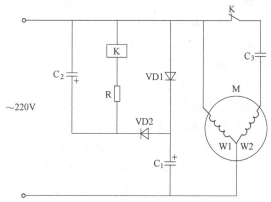

图 10-11　电动机离心开关代用电路（二）

VD2 对 C_2 充电），K 通电吸合，其常闭触点断开，将 M 的起动电路切断，M 的主绕组单独运行工作，完成电动机的起动过程。

图 10-11 中元器件选择：R 选用 1/2W 金属膜电阻器或碳膜电阻器；C_1 和 C_2 均选用耐压值为 50V 的铝电解电容器；C_3 使用与电动机 M 配套的起动电容器；VD1 和 VD2 均选用 1N4007 型硅整流二极管；K 选用 JRX-13F 型直流继电器。

10.10.3　电动机离心开关代用电路（三）

图 10-12 是一种用时间继电器代替电动机离心开关用于起动单相异步电动机的电路。该电路由时间继电器 KT 和熔断器 FU 组成，将时间继电器延时断开的常闭触点串联在单相异步电动机起动绕组的电路中。

合上电源开关 S 后，交流 220V 电压一路经熔断器 FU 加至电动机 M 的主绕组上，另一路经熔断器 FU、时间继电器 KT 延时断开的常闭触点加至由起动电容器 C 和 M 的起动绕组组成的起动电路上，电动机 M 起动运转。

刚接通电源时，单相异步电动机 M 和时间继电器 KT 同时得电，KT 开始延时，电动机 M 得电起动，经 KT 一段延时后，KT 的常闭触点断开，电动机正常运行。

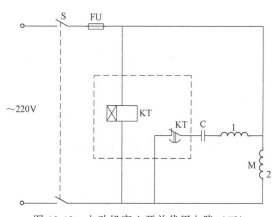

图 10-12　电动机离心开关代用电路（三）

10.11 交流接触器直流运行的控制电路

10.11.1 交流接触器直流运行的控制电路（一）

当交流接触器交流起动、交流运行时，存在噪声较大、功率损耗大等弊端。然而，当交流接触器采用了直流控制后，不但能明显地消除噪声，减少功率损耗，还能降低温升，延长使用寿命。图10-13是一种交流接触器直流运行的控制电路。

工作时，合上电源开关QS，按下起动按钮SB2，电源经过电阻R和二极管VD1使交流接触器KM得电吸合，电动机起动。此时由于接触器的常闭辅助触点KM断开，电源改经电容C给接触器KM的线圈送电，因为二极管VD2与线圈并联，所以为线圈提供了续流回路，使线圈得到了连续的直流电流，维持接触器吸合，使电动机保持运转。

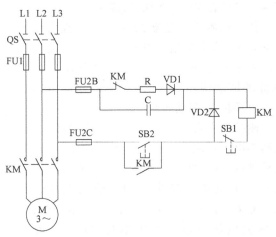

图10-13 交流接触器直流运行的控制电路（一）

停止时，只要按下停止按钮SB1，切断接触器KM线圈的控制回路，电动机就停止。

10.11.2 交流接触器直流运行的控制电路（二）

图10-14是另一种交流接触器直流运行的控制电路。

工作时，合上电源开关QS，按下起动按钮SB2，电源经过电阻R和二极管VD1，使交流接触器KM得电吸合，其主触点闭合，电动机运转。当起动按钮SB2复位时，电源通过已

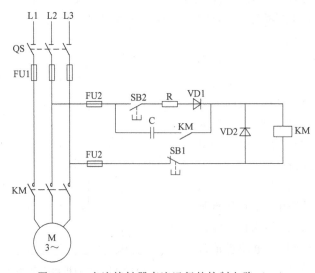

图10-14 交流接触器直流运行的控制电路（二）

闭合的辅助触点 KM 和电容 C 使接触器 KM 自保持。由于二极管 VD2 与线圈 KM 并联，二极管半波截止，半波工作。在截止半波中，电源经电容 C 给接触器线圈供电，在工作半波中，二极管 VD2 给线圈提供了续流回路，使接触器维持吸合，电动机继续运转。

停止时，只要按下停止按钮 SB1，切断接触器 KM 的控制回路，电动机就停止运转。

10.11.3 交流接触器直流运行的控制电路（三）

图 10-15 也是另一种交流接触器直流运行的控制电路。图中 SA 为双掷开关，该电路具有交流起动直流运行，并具有可交直流两用的特点。

起动时，将双掷开关 SA 置于"1"位，按下起动按钮 SB2，其常开触点闭合，常闭触点断开，交流接触器 KM 的线圈经 SB1、SB2 得电吸合，这时为交流起动，接触器 KM 的主触点闭合，电动机起动运行，与此同时，KM 的两个常开辅助触点闭合。当松开起动按钮 SB2 后，SB2 的常开触点先断开，常闭触点后闭合，接触器 KM 的线圈通过电容 C 接通交流 220V 电源，使接触器维

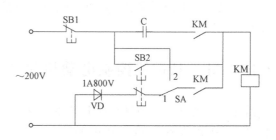

图 10-15　交流接触器直流运行的控制电路（三）

持吸合。等到 SB2 的常闭触点闭合后，将二极管 VD 经 SB2、SA 和 KM 的常开辅助触点接入电路，在交流电源的正半周，二极管 VD 截止，KM 的线圈经电容通电；在交流电源的负半周，二极管导通，电流通过电容 C 和二极管 VD 构成通路，使流过 KM 线圈电流为直流脉动电流。

按下停止按钮 SB1，使 KM 的线圈断电释放，切断控制电路的电源，电动机停转。

10.12　缺少辅助触点的交流接触器应急接线电路

当交流接触器的辅助触点损坏无法修复而又急需使用时，可采用如图 10-16 所示的接线

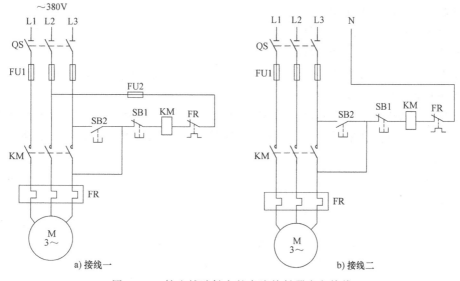

a) 接线一　　　　　　　　　　　　b) 接线二

图 10-16　缺少辅助触点的交流接触器应急接线

方法满足应急使用要求。

按下起动按钮 SB2,交流接触器 KM 线圈得电吸合,KM 的主触点闭合,电动机起动运行。当放松按钮 SB2 后,KM 的一个主触点兼做自锁触点,使接触器 KM 自锁,因此 KM 仍保持吸合,电动机继续运行。图 10-16 中,SB1 为停止按钮,在停车时,按动 SB1 的时间要长一点,待接触器 KM 释放后,再松开停止按钮 SB1。否则,手松开按钮 SB1 后,接触器 KM 的线圈又得电吸合,使电动机继续运行。

接触器线圈电压为 380V 时,可按如图 10-16a 所示接线;接触器线圈电压为 220V 时,可按如图 10-16b 所示接线。图 10-16a 所示电路还有缺陷,即在电动机停转时,其引出线及电动机带电,使维修不安全。因此,这种应急接线电路只能在应急时采用,这一点应特别引起注意。

10.13 用一只按钮控制电动机起动、停止的电路

前面介绍的许多电动机起动电路都是用两个按钮来控制的,而图 10-17 是一种利用一只按钮来控制电动机起动、停止的电路。

起动时,按下按钮 SB,继电器 K1 的线圈得电吸合,K1 的常开触点闭合,交流接触器 KM 的线圈得电,KM 吸合并且自锁,电动机 M 起动运行。与此同时,KM 的常开辅助触点闭合,但继电器 K2 的线圈因 K1 的常闭触点已断开而不能通电,所以 K2 不能吸合。松开按钮 SB,因为 KM 已经自锁,所以 KM 仍然吸合,电动机 M 继续运行。但此时,K1 因 SB 松开而断电释放,其常闭触点复位,为接通 K2 做好准备。要想停车,只需再按一下 SB。此时 K1 的线圈通路被 KM 的

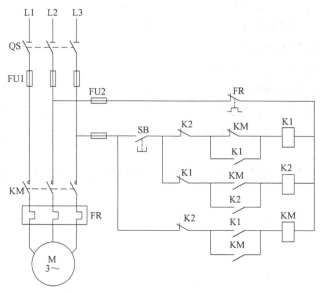

图 10-17 一只按钮控制电动机起动、停止的电路

常闭触点切断,所以 K1 不会吸合,而 K2 线圈通电吸合(因此时 KM 的常开触点是吸合的)。K2 吸合后,其常闭触点断开,切断了 KM 的线圈电源,KM 断电释放,电动机 M 便立即停止转动。

第11章

常用电气设备控制电路的识读

11.1 电磁抱闸制动控制电路

11.1.1 起重机械常用电磁抱闸制动控制电路

在许多生产机械设备中，为了使生产机械能够根据工作需要迅速停车，常采用机械制动。机械制动是利用机械装置使电动机在切断电源后迅速停转。采用比较普遍的机械制动是电磁抱闸。电磁抱闸主要由两部分组成：制动电磁铁和闸瓦制动器。

图11-1是一种电磁抱闸制动的控制电路与抱闸原理。

当按下起动按钮SB2时，接触器KM的线圈得电动作，其常开主触点闭合，电动机接通电源。与此同时，电磁抱闸的线圈YB也接通了电源，其铁心吸引衔铁而闭合，同时衔铁克服弹簧拉力，迫使制动杠杆向上移动，从而使制动器的闸瓦与闸轮松开，电动机正常运转。

当按下停止按钮SB1时，接触器KM线圈断电释放，电动机的电源被切断时，电磁抱闸的线圈也同时断电，衔

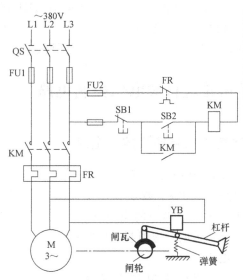

扫一扫看视频

图11-1 起重机械常用电磁抱闸制动控制电路

铁释放，在弹簧拉力的作用下使闸瓦紧紧抱住闸轮，电动机就迅速被制动停转。

这种制动在起重机械上被广泛采用。当重物吊到一定高处，线路突然发生故障断电时，电动机断电，电磁抱闸线圈也断电，闸瓦立即抱住闸轮使电动机迅速制动停转，从而可防止重物掉下。另外，也可利用这一特点将重物停留在空中某个位置。

11.1.2 断电后抱闸可放松的制动控制电路

当电动机已经停止以后，某些机械设备有时还需用人工将工件传动轴做转动调整，图

11-2 可满足这种需要。

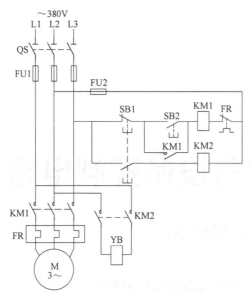

图 11-2　断电后抱闸可放松的制动控制电路

当制动时，按下停止按钮 SB1，接触器 KM1 释放，电动机断电，同时 KM2 得电吸合，使 YB 动作，抱闸抱紧使电动机停止。

松开 SB1，KM2 线圈失电释放，电磁铁线圈 YB 失电释放，抱闸放松。

11.2　常用建筑机械电气控制电路

11.2.1　建筑工地卷扬机控制电路

在建筑工地上常用的一种卷扬机为单筒快速电磁制动式电控卷扬机。它主要由卷扬机交流电动机、电磁制动器、减速器及卷筒组成。图 11-3 是一个典型的电动机正、反转带电磁抱闸制动的控制电路。

当合上电源开关 QS，按下正转起动按钮 SB2 时，正转接触器 KM1 得电吸合并自锁，其主触点接通电动机和电磁铁线圈的电源，电磁铁 YB 得电吸合，使制动闸立即松开制动轮，电动机 M 正转，带动卷筒转动，使钢丝绳卷在卷筒上，从而带动提升设备向楼层高处运动。

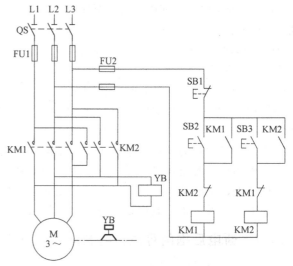

图 11-3　建筑工地卷扬机控制电路

当需要卷扬机停止时，按下停止按钮 SB1，接触器 KM1 断电释放，切断电动机 M 和电磁铁线圈 YB 电源，电动机停转，并且电磁抱闸立即抱住制动轮，避免货物因自重下降。

当需要卷扬机做反向下降运行时，按下反转按钮 SB3。反转接触器 KM2 得电吸合并自锁，其主触点反序接通电动机电源，电磁铁线圈 YB 也同时得电吸合，松开抱闸，电动机反转运行，使卷筒反向松开卷绳，货物下降。

这种卷扬机的优点是体积小、结构简单、操作方便，下降时安全可靠，因此得到了广泛采用。

11.2.2 带运输机控制电路

在大型建筑工地上，当原料堆放较远，使用很不方便时，可采用带运输机来运送粉料。利用带传送机构把粉料运送到施工现场或送入施工机械中进行加工，这既省时又省力。图 11-4 是一种多条带运输机控制电路。这是一个两台电动机按顺序起动，按反顺序停止的控制电路。

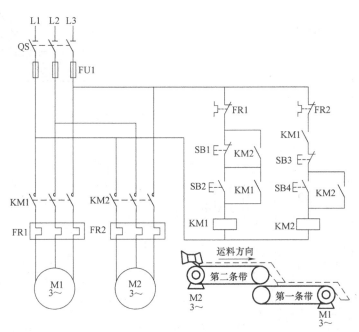

扫一扫看视频

图 11-4　多条带运输机控制电路

为了防止运料带上运送的物料在带上堆积堵塞，在控制上要求：先起动第一条运输带的电动机 M1，当 M1 运转后才能起动第二条运输带的电动机 M2。这样能保证首先将第一条运输带上的物料先清理干净，来料后能迅速运走，不至于堵塞。停止带运输时，要先停止第二条运输带的电动机 M2，然后才能停止第一条运输带的电动机 M1。

起动时，先按下起动按钮 SB2 时，接触器 KM1 得电吸合并自锁，其主触点闭合，使电动机 M1 运转，第一条带开始工作。KM1 的另一个常开辅助触点闭合，为接触器 KM2 通电做准备，这时再按下起动按钮 SB4，接触器 KM2 得电动作，电动机 M2 运转，第二条带投入运行。

停止运行时，先按下停止按钮 SB3，接触器 KM2 断电释放，电动机 M2 停转，第二条带停止运输。再按下 SB1，KM1 断电释放，电动机 M1 停转，第一条带也停止运输。

由于在 KM2 线圈回路串联了 KM1 的常开辅助触点，使得在 KM1 未得电前，KM2 不能得电；而又在停止按钮 SB1 上并联了 KM2 的常开辅助触点，能保证只有 KM2 先断电释放后，KM1 才能断电释放。这就保证了第一条运输带先工作，第二条运输带才能开始工作；第二条运输带先停止，第一条运输带才能停止，有效防止了物料在运输带上的堵塞。

11.2.3　混凝土搅拌机控制电路

JZ350 型搅拌机控制电路如图 11-5 所示。图中 M1 为搅拌机滚筒电动机，正转时搅拌混凝土，反转时使搅拌好的混凝土出料，正、反转分别由接触器 KM1 和 KM2 控制；M2 为料斗电动机，正转时牵引料斗起仰上升，将砂子、石子和水泥倒入搅拌机滚筒，反转时使料斗下降放平，等待下一次上料，正、反转分别由接触器 KM3 和 KM4 控制；M3 为水泵电动机，由接触器 KM5 控制。

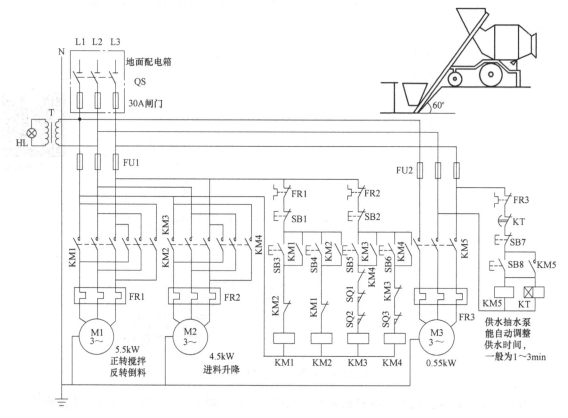

图 11-5　混凝土搅拌机控制电路

当把水泥、砂子、石子配好料后，操作人员按下上升按钮 SB5 后，接触器 KM3 的线圈得电吸合并自锁，使上料卷扬电动机 M2 正转，料斗送料起升。当升到一定高度后，料斗挡铁碰撞上升限位开关 SQ1 和 SQ2，使 KM3 断电释放。这时料斗已升到预定位置，把料自动倒入搅拌机内，并自动停止上升。然后操作人员按下下降按钮 SB6，接触器 KM4 的线圈得电吸合并自锁，其主触点逆序接通料斗电动机 M2 的电源，使电动机 M2 反转，卷扬系统带动料斗下降，待下降到其料口与地面平齐时，料斗挡铁碰撞下降限位开关 SQ3，使接触器

KM4 断电释放，料斗自动停止下降，为下次上料做好准备。

待上料完毕，料斗停止下降后，操作人员再按下水泵起动按钮 SB8，接触器 KM5 的线圈得电吸合并自锁，使供水水泵电动机 M3 运转，向搅拌机内供水，与此同时，时间继电器 KT 得电工作，待供水与原料成比例后（供水时间由时间继电器 KT 调整确定，根据原料与水的配比确定），KT 动作延时结束，时间继电器 KT 的常闭延时断开的触点断开，从而使接触器 KM5 断电自动释放，水泵电动机停止。也可根据供水情况，手动按下停止按钮 SB7，停止供水。

加水完毕即可实施搅拌，按下搅拌起动按钮 SB3，搅拌控制接触器 KM1 得电吸合并自锁，搅拌电动机 M1 正转搅拌，搅拌完毕后按下停止按钮 SB1，搅拌机停止搅拌。出料时，按下出料按钮 SB4，触器 KM2 得电吸合并自锁，其主触点逆序接通电动机 M1 的电源，电动机 M1 反转即可把混凝土泥浆自动搅拌出来。当出料完毕或运料车装满后，按下停止按钮 SB1，接触器 KM2 断电释放，电动机 M1 停转，出料停止。

11.3　秸秆饲料粉碎机控制电路

农村用于加工玉米秸秆、青草等牲畜饲料的秸秆饲料粉碎机，有的使用两台电动机（喂料用电动机和切料用电动机各一台）来完成秸秆饲料的粉碎工作。为防止切料电动机堵转，要求切料电动机先起动运转一段时间后再起动喂料电动机。图 11-6 是一种秸秆饲料粉碎机控制电路，可以实现上述功能。

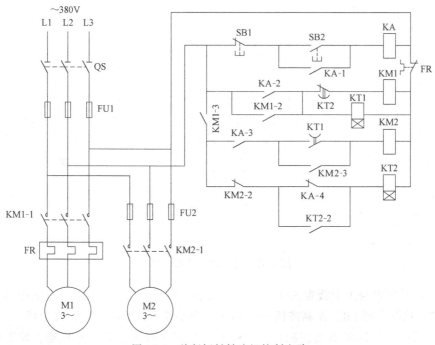

图 11-6　秸秆饲料粉碎机控制电路

粉碎饲料时，先接通 QS，然后按下起动按钮 SB2，使中间继电器 KA 通电吸合，其常开触点 KA-1～KA-3 接通，常闭触点 KA-4 断开，其中 KA-1 使中间继电器 KA 自锁；KA-2 使接触器 KM1 和时间继电器 KT1 通电吸合，KM1 的常开辅助触点 KM1-2 使 KM1 和 KT1 自锁；切料电动机 M1 起动运转，此时 KM1-3 闭合，为接触器 KM2 和时间继电器 KT2 通电做准备。延时约 30s 后，KT1 的延时闭合的常开触点接通，KM2 通电吸合并自锁，喂料电动机 M2 起动运转。

加工完饲料欲停机时，按下 SB1，KA 和 KM2 释放，M2 停止运转；同时 KT2 通电工作，延时一段时间后，其延时断开的常闭触点 KT2 断开，使 KM1 释放，M1 停止运行，整个工作过程结束。

11.4 常用供水控制电路

11.4.1 自动供水控制电路

图 11-7 是一种采用干簧管来检测和控制水位的自动供水控制电路。该控制电路由电源电路和水位检测控制电路组成。其电路结构简单、工作可靠，既可用于生活供水，也可用于农田灌溉。

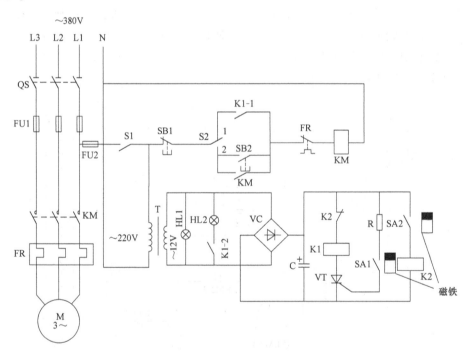

图 11-7 自动供水控制电路

水位检测控制电路由干簧管 SA1、SA2、继电器 K1、K2、晶闸管 VT、电阻器 R、交流接触器 KM、热继电器 FR、控制按钮 SB1 和 SB2 和手动/自动控制开关 S2 组成。

图 11-7 中 S2 为手动/自动控制开关，S2 位于位置 1 时为自动控制状态，位于位置 2 时为手动控制状态；HL1 和 HL2 分别为电源指示灯和自动控制状态时的上水指示灯。

接通 QS 和电源开关 S1，L1 端和 N 端之间的交流 220V 电压经电源变压器 T 降压后产生交流 12V 电压，作为 HL1 和 HL2 的工作电压，同时还经整流桥堆 VC 整流及滤波电容器 C

滤波后，为水位检测控制电路提供 12V 直流工作电压。

SA1 为低水位检测与控制用干簧管，SA2 为高水位检测与控制用干簧管。

在受控水位降至低水位时，安装在浮子上的永久磁铁靠近 SA1，SA1 的触点在永久磁铁的磁力作用下接通，使 VT 受触发导通，K1 通电吸合，其常开触点 K1-1 和 K1-2 接通，使 HL2 点亮，KM 通电吸合，水泵电动机 M 通电工作。

浮子随着水位的上升而上升，使永久磁铁离开 SA1，SA1 的触点断开，但 VT 仍维持导通状态。直到水位上升至设定的高水位，永久磁铁靠近 SA2 时，SA2 的触点接通，使 K2 通电吸合，K2 的常闭触点断开，使 K1 释放，VT 截止，K1 的常开触点 K1-1 和 K1-2 断开，HL2 熄灭，KM 释放，M 断电而停止工作。

当用户用水使水位下降、永久磁铁降至 SA2 以下时，SA2 的触点断开，使 K2 释放，K2 的常闭触点又接通，但此时 K1 和 KM 仍处于截止状态，直到水位又降至 SA1 处、SA1 的触点接通时，VT 再次导通，K1 和 KM 吸合，M 又通电工作。

以上工作过程周而复始地进行，即可使受控水位保持在高水位与低水位之间，从而实现了水位的自动控制。

11.4.2 无塔增压式供水电路

1. 无塔增压式供水电路（一）

图 11-8 是一种无塔增压式供水电路，它由隔离开关 QS1、熔断器 FU、中间继电器 KA、交流接触器 KM、热继电器 FR、报警器 HA、指示灯 HL1、HL2 和泵出口压力计 QS2 的控制触点、水罐水位检测压力计 QS3 的控制触点组成。该电路采用电接点压力表作为检测装置，电路简单，在水源不足或潜水泵出现故障时能自动切断水泵电动机的工作电源，同时还能发出声音报警。

刚接通 QS1 时，水罐内水位和压力较低，交流 220V 电压经 QS1、熔断器 FU、停止按钮 SB、水罐水位检测压力计 QS3 的动触点（中）、下限触点（低）、热继电器 FR 的常闭触点、中间继电器 KA 的常闭触点加至交流接触器 KM 的线圈上，使 KM 得电吸合，KM 的主触点闭合，接通水泵电动机 M 的电源，水泵电动机起动运行，开始向水罐内

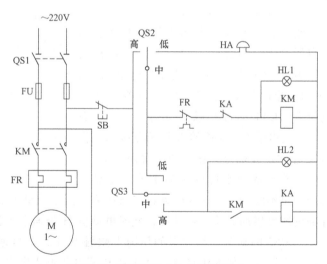

图 11-8 无塔增压式供水器电路（一）

供水，同时工作指示灯 HL1 点亮。此时，泵出水口的压力也较低，泵出水口压力计 QS2 的动触点（中）与下限触点（低）接通，报警器 HA 发出报警信号。

当水罐内水位上升至一定高度，压力达到一定值时，泵出水口压力计 QS2 的动触点与下限触点断开，当 QS2 达到设定的最大压力时，其动触点与上限触点接通，HA 停止报警。在 QS2 的动触点与上限触点接通后，水罐水位检测压力计 QS3 的动触点与下限触点断开。

当水罐内压力达到设定的最大压力时，水罐水位检测压力计 QS3 的压力上限控制触点（高）接通，中间继电器 KA 通电吸合，其常闭触点断开，使接触器 KM 的线圈失电释放，水泵电动机 M 停止运行。同时指示灯 HL2 点亮，HL1 熄灭。

当用户用水、使水罐内水位下降，压力低于设定的最大压力值时，水罐水位检测压力计 QS3 的动触点与上限触点断开，使中间继电器 KA 释放，指示灯 HL2 熄灭。

当水罐内水位继续下降、压力降至设定的最小压力值时，水罐水位检测压力计 QS3 的动触点与下限触点接通，接触器 KM 的线圈得电吸合，水泵电动机 M 又通电开始运行。

2. 无塔增压式供水电路（二）

图 11-9 也是一种无塔增压式供水电路，该电路由电源电路和压力计检测控制电路组成，其电源电路由熔断器 FU2、隔离开关 QS1、电源变压器 T、整流二极管 VD 和滤波电容器 C 组成。

其压力检测控制电路由电接点压力计 QS3、继电器 K1、K2、中间继电器 KA1、KA2、交流接触器 KM、热继电器 FR、控制按钮 SB1、SB2 和刀开关 QS2 等组成。该电路具有自动控制与手动控制两种功能。

接通 QS1 和 QS2，L3 相与 N 相之间的交流 220V 电压经电源变压器 T 降压、二极管 VD 整流及电容器 C 滤波后产生 9V 直流电压，供给继电器 K1 和 K2。

刚通电抽水时，水罐内压力较小，电接点压力计的动触点（中）与设定的压力下限触点（低）接通，使 K1 通电吸合，K1 的常开触点接通，使中间继电器 KA1 通电吸合，KA1 的常开触点接通，又使接触器 KM 通电吸合，KM 的常开触点接通，潜水泵电动机 M 通电工作，向水罐内供水。

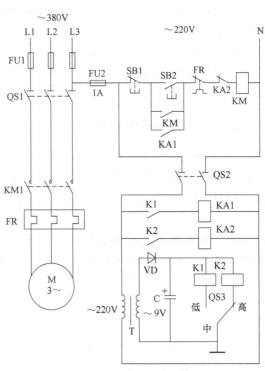

图 11-9 无塔增压式供水器电路（二）

随着水罐内水位的不断上升，水罐内的压力也不断增大，QS3 的动触点与压力下限触点断开，K1 和 KA1 释放，但由于 KM 的常开辅助触点接通后使 KM 自锁，此时电动机 M 仍通电工作。

当 QS3 的动触点与设定的压力上限触点（高）接通时，K2 和 KA2 相继吸合，KA2 的常闭触点断开，使 KM 释放，电动机 M 断电而停止供水。

随着用户不断用水，使水罐内水位和压力下降时，QS3 的动触点与压力上限触点（高）断开，K2 和 KA2 释放，但由于 KA1 的常开触点处于断开状态，KM 仍不能吸合，电动机 M 仍处于断电状态。当水罐内水位和压力继续下降，使 QS3 的动触点与压力下限触点（低）接通时，K1、KA1 和 KM 相继吸合，电动机 M 又通电起动，向水罐内供水。

以上工作过程周而复始地进行，即可实现不间断自动供水。

将 QS2 断开时，压力检测控制电路停止工作，供水系统由自动控制变为手动控制，即按一下起动按钮 SB2，水泵电动机 M 即通电工作。若要停止供水时，按一下停止按钮 SB1 即可。

11.5 液压机用油泵电动机控制电路

11.5.1 常用液压机用油泵电动机控制电路

常用液压机用油泵电动机控制电路如图 11-10 所示。该电路无失控保护电路，图中 SA 为转换开关，用于选择自动控制与手动控制；KP 为电触头压力表，用于使管路中的压力维持在高、低设定值之间。

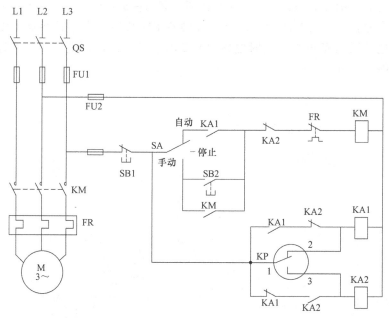

图 11-10　常用液压机用油泵电动机控制电路

将转换开关 SA 旋转到"自动"位置，开始时管路中的压力低、电触头压力表 KP 的动针与低位触头接通（即 1—2 触头闭合）。合上电源开关 QS 后，继电器 KA1 的线圈得电吸合，其常开触点闭合，使接触器 KM 的线圈得电吸合，KM 的主触点闭合，使电动机 M 起动、运行。当管路压力增加到高压设定值时，压力表 KP 的动针与高位触头接通（即 1—3 触头闭合），继电器 KA2 线圈得电，其常闭触点断开，接触器 KM 的线圈失电，KM 主触点复位，电动机 M 停转；与此同时 KA2 的常闭触点断开，使 KA1 的线圈失电，其触点复位；此时 KA2 的常开触点闭合，自锁。因此当管路压力下降后，KP 动针与高位触头断开（即 1—3 触头断开），KA2 线圈仍得电吸合。

当管路压力下降到低位设定值时，KP 的动针与低位触头再次接通（即 1—2 触头闭合），继电器 KA1 的线圈得电吸合，其常闭触点断开，使 KA2 的线圈失电，KA2 的触点复位，为 KM 得电做准备。同时，KA1 的常开触点闭合，使接触器 KM 的线圈得电吸合，KM 的主触点闭合，使电动机 M 起动、运行。重复上述过程，使管路中的压力维持在高、低设定值之间，从而实现自动控制。

欲手动控制时，将转换开关 SA 转到"手动"位置，用起动按钮 SB2 和停止按钮 SB1 控制即可。

11.5.2 带失控保护的液压机用油泵电动机控制电路

带失控保护的液压机用油泵电动机控制电路如图 11-11 所示。它是在图 11-10 的基础上增加一保护电路（如点划线框中所示）。

图 11-11 中 KP2 为保护用的电触头压力表，将其高限位调整于工艺所允许的最高压力。平时，由 KP1 随时调整工艺所需要的高、低压力，并使管路中的压力维持在高、低设定值之间，实现自动控制。一旦 KP1 损坏，管路压力超过高位设定值并继续增加，达到工艺所允许的最高压力时，KP2 的动针与高位触头接通（即 4—6 触头闭合），中间继电器 KA3 的线圈得电、吸合并自锁，其常闭触点断开，接触器 KM 线圈失电，接触器 KM 的主触点复位，及时断开电动机 M 的电源，同时电铃 HA 发出报警声，告知操作者前来处理。断开开关 SA2，电铃停止发声。

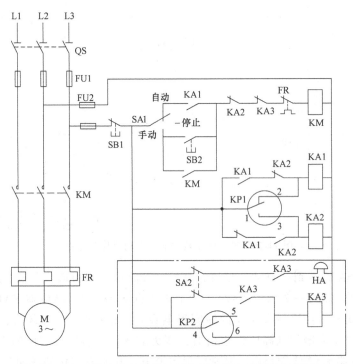

图 11-11　带失控保护的液压机用油泵电动机控制电路

11.6　常用水泵控制电路

11.6.1　排水泵控制电路

排水泵是城市中常用的电气设备，电动机容量多在 1.1~7.5kW 之间。排水泵的水位大

部分采用干簧浮子式液位计控制，其触头
容量为300W、电压为220V。虽然它可以
直接与接触器线圈连接，但其触头不能自
锁控制，一般通过接触器的常开辅助触点
使电动机保持运转。

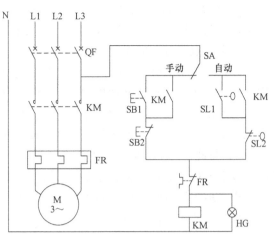

图11-12是一种排水泵控制电路。它
由主电路和控制电路组成，其主电路包括
断路器QF、交流接触器KM的主触头、热
继电器FR的热元件以及三相交流电动机
M等；其控制电路包括控制按钮SB1、
SB2，选择开关SA，水位信号开关SL1、
SL2以及交流接触器KM的线圈等。

图 11-12　排水泵控制电路

这个电路有两种工作状态可供选择，
即手动控制和自动控制。其中，手动、自动控制共用热继电器进行过载保护。

采用手动控制时，将单刀双掷开关SA置于"手动"位置，按下按钮SB1时水泵电动机
M起动，按下按钮SB2时水泵电动机M停机。图中HG为绿色信号灯，点亮时表示接触器
处于运行状态。

采用自动控制时，将单刀双掷开关SA置于"自动"位置，当集水井（池）中的水位到
达高水位时，SL1闭合，接触器KM的线圈得电吸合并自锁，KM的主触点闭合，水泵电动
机起动排水；待水位降至低水位时，SL2动作，将其常闭触点断开，接触器KM的线圈失电
复位，排水泵停止排水。

11.6.2　两地手动控制排水泵电路

图11-13是一种两地手动控制排水泵电路。该电路由主电路和控制电路组成，其主电路
包括断路器QF、交流接触器KM的主触点、热继电器FR的热元件和三相交流电动机M等；
其控制电路包括按钮SB1～SB4、交流接触器KM的线圈和辅助触点、热继电器FR的触点以
及信号指示灯HR、HG等。

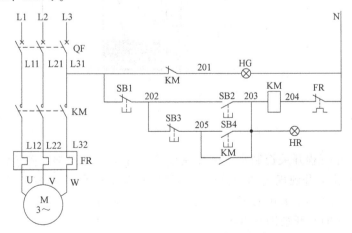

图 11-13　两地手动控制排水泵电路

合上 QF 后，绿色指示灯 HG 点亮，表示电源供电正常。

甲地控制由按钮 SB1、SB2 执行。按下按钮 SB2 后，交流接触器 KM 的线圈得电吸合并自锁，其主触点闭合，电动机 M 起动运行，红色指示灯 HR 点亮；与此同时 KM 的辅助常闭触点断开，绿色指示灯 HG 熄灭。如果要停止排水，可在甲地按下按钮 SB1，接触器 KM 的线圈失电，其主触点断开电动机 M 的电源，排水泵停止工作。

乙地控制由按钮 SB3、SB4 执行。按下按钮 SB4 后，交流接触器 KM 的线圈得电吸合，其主触点闭合，电动机起动运行。同样，KM 的辅助常开触点闭合，实现自锁，红色指示灯 HR 点亮；与此同时 KM 的辅助常闭触点断开，绿色指示灯 HG 熄灭。如果要停止排水，可在乙地按下 SB3，接触器 KM 的线圈失电，其主触点断开电动机电源，排水泵停止工作。

利用两地控制电路，可以在甲地起动排水泵，到乙地停机；也可以在乙地起动排水泵，到甲地停机，使用方便灵活。

11.6.3 采用行程开关控制的水泵控制电路

一般在处于地势较低洼的变电站附近需要挖一口几米深的井（一般称为防洪井），电缆沟与防洪井之间用铁管相通，积水通过铁管流入防洪井内。水位升到规定位置时，起动水泵，把井内的水排出去，保证变电站的安全。

图 11-14 是防洪井水泵管路的电气设备示意图。在防洪井上面固定上行程开关，通过井内的浮筒上升与下降，使行程开关动作，控制水泵的起动与停止。

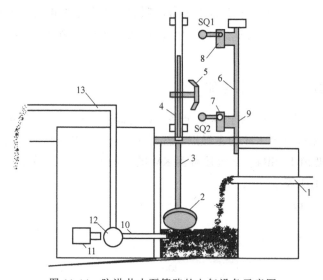

图 11-14 防洪井水泵管路的电气设备示意图

1—进水管 2—浮筒 3—浮筒滑竿 4—浮筒滑竿支架 5—浮筒撞板 6—行程开关固定支架
7、8—行程开关 9—行程开关固定支架 10—泵进水管 11—电动机 12—水泵 13—出水管

图 11-15 为采用行程开关控制水泵的控制电路。首先合上控制开关 SA，为水泵的自动控制做准备。当水位上升到规定的位置时，浮筒撞板顶上行程开关 SQ1 时，其常开触点闭合，接触器 KM 得电吸合，KM 的三个主触点闭合，电动机 M 得电起动运行，水泵投入工作。与此同时，KM 的常开辅助触点闭合自锁。

当水位下降到规定位置时，碰上行程开关 SQ2，其常闭触点断开，接触器 KM 断电释

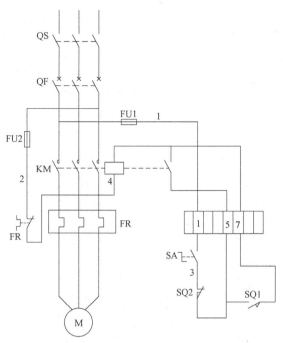

图 11-15　采用行程开关控制水泵的控制电路

放，KM 的三个主触点断开，电动机 M 脱离电源停止运转，水泵停止工作。

在水泵运转中，如果浮筒撞板在起动与停止之间的位置时，需要水泵停止，可以人工断开控制开关 SA，切断控制电路，使接触器 KM 断电释放，KM 的三个主触点断开，电动机 M 断电停止运转，水泵停止工作。

11.7　电动葫芦的控制电路

电动葫芦的控制电路如图 11-16 所示。升降电动机采用正、反转控制，其中 KM1 闭合，电动机正转，实现吊钩上升功能，而 KM2 闭合，电动机反转，实现吊钩下降功能。吊钩水平移动电动机也采用正、反转控制，其中 KM3 闭合，电动机正转，实现吊钩向前平移功能，而 KM4 闭合，电动机反转，实现吊钩向后平移功能。由于各接触器均无设置自锁触点，所以吊钩上升、下降、前移、后移均为点动控制。

按下吊钩上升按钮 SB1，接触器 KM1 线圈得电，升降电动机主回路中 KM1 常开主触点闭合，开始将吊钩提升；与接触器 KM2 线圈串联的 KM1 常闭辅助触点断开，实现互锁。按下吊钩下降按钮 SB2，接触器 KM2 线圈得电，升降电动机主回路中 KM2 常开主触点闭合，开始将吊钩下放；与接触器 KM1 线圈串联的 KM2 常闭辅助触点断开，实现互锁。

按下吊钩前移按钮 SB3，接触器 KM3 线圈得电，吊钩水平移动电动机主回路中 KM3 的常开主触点闭合，电动机正转，开始将吊钩向前平移；与接触器 KM4 线圈串联的 KM3 常闭辅助触点断开，实现互锁。按下吊钩后移按钮 SB4，接触器 KM4 线圈得电，吊钩水平移动电动机主回路中 KM4 常开主触点闭合，电动机反转，开始将吊钩向后平移；与接触器 KM3 线圈串联的 KM4 常闭辅助触点断开，实现互锁。

电源开关及保护	升降电动机及电磁制动		吊钩水平移动电动机		吊钩升降		控制平移	
	上升	下降	向前	向后	上升	下降	向前	向后

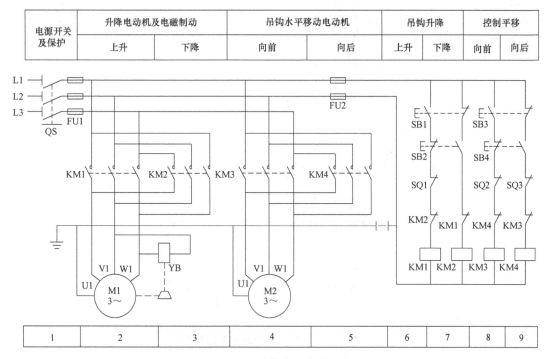

1	2	3	4	5	6	7	8	9

图 11-16　电动葫芦的控制电路

利用行程开关 SQ1 可实现吊钩上升时的行程控制。当行程开关 SQ1 动作后,吊钩上升按钮 SB1 失去作用。利用行程开关 SQ2 可实现吊钩前移时的行程控制。当行程开关 SQ2 动作后,吊钩前移按钮 SB3 失去作用。利用行程开关 SQ3 可实现吊钩后移时的行程控制。当行程开关 SQ3 动作后,吊钩后移按钮 SB4 失去作用。

第12章

PLC控制电路图的识读

12.1 PLC 控制电路识读基础

12.1.1 可编程序控制器概述

1. 可编程序控制器的定义

可编程序控制器是指可通过编程或软件配置改变控制对策的控制器，简称为 PLC。

可编程序控制器（PLC）是一种数字式运算操作的电子系统，是专为在工业环境下应用而设计的。它采用可编程序的存储器，用来在其内部存储执行逻辑运算、顺序控制、定时、计数和算术操作等面向用户的指令，并通过数字式或模拟式的输入/输出，控制各种类型的机械或生产过程。可编程序控制器及其有关外围设备，都是按易于与工业控制系统联成一个统一整体、易于扩充其功能的原则设计的，具有很强的抗干扰能力、广泛的适应能力和应用范围。

2. 可编程序控制器的特点

可编程序控制器主要功能和特点如下：

1）可靠性高，抗干扰能力强。这通常是用户选择控制装置的首要条件。PLC 生产厂商在硬件和软件上采取了一系列抗干扰措施，使它可以直接安装于工业现场而稳定可靠地工作。

2）适应性强，应用灵活。由于 PLC 产品均成系列化生产，品种齐全，多数采用模块式的硬件结构，组合和扩展方便，用户可根据自己的需要灵活选用，以满足系统大小不同及功能繁简各异的控制要求。

3）编程方便，易于使用。PLC 的编程可采用与继电器电路极为相似的梯形图语言，直观易懂，深受现场电气技术人员的欢迎。

4）控制系统设计、安装、调试方便。PLC 中含有大量的相当于中间继电器、时间继电器、计数器等的"软元件"。又用程序（软接线）代替硬接线，安装接线工作量少。设计人员只要有 PLC 就可进行控制系统设计并可在实验室进行模拟调试。

5）维修方便、维修工作量小。PLC 有完善的自诊断及监视功能。PLC 对于其内部工作状态、通信状态、异常状态和 I/O 点的状态均有显示。工作人员通过它可以查出故障原因，便于迅速处理。

6）功能完善。除基本的逻辑控制、定时、计数、算术运算等功能外，配合特殊功能模块还可以实现过程控制、数字控制等功能，为方便工厂管理还可与上位机通信，通过远程模块可以控制远方设备。

由于具有上述特点，使得 PLC 的应用范围极为广泛，可以说只要有工厂及控制要求的地方，就会有 PLC 的应用。

3. 可编程序控制器的分类

可编程序控制器的类型多，型号各异，不同的生产企业的产品规格也各不相同。一般可按 I/O 点数和结构形式来分类。

（1）按 I/O 点数分类

可编程序控制器按 I/O 总点数可分为小型、中型和大型。这个分类界限不是固定不变的，它会随 PLC 的发展而改变。一般来说，处理 I/O 的点数较多时，控制关系比较复杂，用户要求的存储器容量较大，要求 PLC 指令及其他功能也比较多，指令执行的过程也较快。

（2）按结构形式分类

可编程序控制器按结构形式可分整体式和模块式。整体式又称单元式或箱体式，它是将电源、CPU、I/O 部件等都集中装在一个机箱内，构成一个整体，具有结构紧凑、体积小、价格低等特点，一般小型 PLC 采用这种结构；模块式 PLC 是由一些标准模块单元构成，这些标准模块有 CPU 模块、输入模块、输出模块、电源模块等，将它们插在框架或基板上即可组装完成。各模块功能是独立的，外形尺寸统一，而且配置灵活、装配方便、便于扩展和维修，一般中、大型 PLC 和一些小型 PLC 多采用这种结构。

有的可编程序控制器将整体式和模块式结合起来，称为叠装式。

12.1.2 可编程序控制器与继电器控制的区别

在 PLC 的编程语言中，梯形图是最为广泛使用的语言，通过 PLC 的指令系统将梯形图变成 PLC 能接受的程序，由编程器将程序键入到 PLC 用户存储区中。而梯形图与继电器控制原理图十分相似，主要原因是 PLC 梯形图的发明大致上沿用继电器控制电路的元件符号，仅在个别处有些不同。同时，信号的输入/输出形式及控制功能也是相同的。但是，PLC 的控制与继电器的控制又有不同之处。

PLC 与继电器控制的主要区别有以下几点：

（1）组成器件不同

继电器控制电路是由许多真正的硬件继电器组成的，而 PLC 是由许多"软继电器"组成的，这些"继电器"实际上是存储器中的触发器，可以置"0"或置"1"。

（2）触点的数量不同

硬继电器的触点数有限，一般只有 4～8 对；而"软继电器"可供编程的触点数有无限对，因为触发器状态可取用任意次。

（3）控制方法不同

继电器控制是通过元件之间的硬接线来实现的，因此其控制功能就固定在电路中了，因此功能专一，不灵活；而 PLC 控制是通过软件编程来解决的，只要程序改变，功能可跟着改变，控制很灵活。又因 PLC 是通过循环扫描工作的，不存在继电器控制电路中的联锁与互锁电路，控制设计大大简化了。

（4）工作方式不同

在继电器控制电路中，当电源接通时，线路中各继电器都处于受制约状态，该合的合，该断的断。而在PLC的梯形图中，各"软继电器"都处于周期性循环扫描接通中，客观来看，每个"软继电器"受条件制约，接通时间是短暂的。也就是说继电器在控制的工作方式是并行的，而PLC的工作方式是串行的。

（5）控制速度不同

继电器控制逻辑依靠触点的机械动作实现控制，工作频率低。触点的开闭动作一般在几十毫秒级。另外，机械触点还会出现抖动问题。而PLC是由程序指令控制半导体电路来实现控制，速度极快，一般一条用户指令的执行时间在微秒数量级。PLC内部还有严格的同步，不会出现抖动问题。

（6）限时控制不同

继电器逻辑控制利用时间继电器的滞后动作进行限时控制，其定时精度不高，且有定时时间易受环境湿度和温度变化的影响、调整时间困难等问题。而PLC使用半导体集成电路作为定时器，时间脉冲由晶体振荡器产生，精度较高，且定时时间不受环境的影响。

（7）计数控制

PLC能实现计数功能，而继电器控制逻辑一般不具备计数功能。

（8）可靠性和可维护性

继电器控制逻辑使用了大量的机械触点，触点开闭时会受到电弧的损坏，并有机械磨损，寿命短，因此可靠性和可维护性差。而PLC采用微电子技术，大量的开关动作由无触点的半导体电路来完成，其体积小、寿命长、可靠性高。PLC还配有自检和监督功能，能检查出自身的故障，并随时显示给操作人员，还能动态地监视控制程序的执行情况，为现场调试和维护提供了方便。

12.1.3 PLC控制电路的识读方法

1. 识读PLC控制电路的步骤

1）首先搜集原始资料。包括梯形图程序，PLC控制电路主电路（产品操作说明书中有）和I/O外部接线图。

2）然后明确控制要求。深入了解、详细分析、认真研究控制对象（如是机械设备，生产线或者控制过程等），明确控制流程。要注意每一个动作的开启、停止、保持的条件，以及需要监测的数据，从总体到局部，逐步细化。

3）看PLC控制电路主电路，进一步了解工艺流程和对应的执行装置和元器件。

4）看PLC控制系统的I/O配置表和PLC的I/O接线图。PLC的配置表和PLC的I/O接线图是连接PLC控制电路和PLC梯形图的纽带。

5）通过PLC的配置表和PLC的I/O接线图来了解程序。先找到输入、输出的符号，在程序中找到对应输入触点和输出线圈，并在程序中标注出来。对于特别的元器件（如行程开关、压力继电器、温度继电器等触点是靠外界因素动作，且动作方式受元器件本身影响的），要找到元器件本身的说明书具体分析。

6）分析梯形图的结构。先要大概的分析梯形图属于那种逻辑，还要找出功能指令编写的程序段，例如跳转指令、循环指令、互锁指令、调用子程序指令、移位指令等程序段，分为独立的段落，再做特殊标注，明确段落之间的逻辑关系。

7）继续分解梯形图。无论多么复杂的梯形图都是由一些基本单元构成的，按主电路的构成情况，把梯形图分解成与主电路的用电器相对应的几个基本单元，即根据输出将梯形图分为若干个部分，在梯形图中找到输出线圈及其得电、失电的条件。

8）根据用电器（如电动机、电磁阀、电加热器等）主电路控制电器（接触器、继电器）主触点的文字符号，在 PLC 的 I/O 接线图中找出相应编程元件的线圈，便可得知控制该控制电器的输出继电器，然后在梯形图或语句表中找到该输出继电器的程序段，并做出标记和说明。

9）根据 PLC 的 I/O 接线图的输入设备及其相应的输入继电器，在梯形图（或语句表）中找出输入继电器的常开触点、常闭触点，并做出相应标记和说明。

2. PLC 梯形图的识读方法

识读 PLC 梯形图和语句表的过程同 PLC 扫描用户过程一样，从左到右、自上而下，按程序段的顺序逐段识图。

值得指出的是，在程序的执行过程中，同一周期内，前面的逻辑运算结果影响后面的触点，即执行的程序会用到前面的最新中间运算结果。但在同一周期内，后面的逻辑运算结果不影响前面的逻辑关系。该扫描周期内除输入继电器以外的所有内部继电器的最终状态（线圈导通与否、触点通断与否）将影响下一个扫描周期各触点的通与断。

由于许多读者对继电器-接触器控制电路比较熟悉，因此建议沿用识读继电器、接触器控制电路查线读图法，按下列步骤来识读梯形图：

1）根据 I/O 设备及 PLC 的 I/O 分配表和梯形图，找出输入、输出继电器，并给出与继电器、接触器控制电路相对应的文字代号。

2）将相应输入设备、输出设备的文字代号标注在梯形图编程元件线圈及其触点旁。

3）将梯形图分解成若干基本单元，每一个基本单元可以是梯形图的一个程序段（包含一个输出元件）或几个程序段（包含几个输出元件），而每个基本单元相当于继电器-接触器控制电路的一个分支电路。

4）可对每一梯级画出其对应的继电器-接触器控制电路。

5）某编程元件得电，其所有常开触点均闭合、常闭触点均断开。某编程元件失电，其所有已闭合的常开触点均断开（复位），所有已断开的常闭触点均闭合（复位）。因此编程元件得电、失电后，要找出其所有的常开触点、常闭触点，分析其对相应编程元件的影响。

6）一般来说，可从第一个程序段的第一自然行开始识读梯形图。第一自然行为程序启动行。按起动按钮，接通某输入继电器，该输入继电器的所有常开触点均闭合，常闭触点均断开。再找出受该输入继电器常开触点闭合、常闭触点断开影响的编程元件，并分析使这些编程元件产生什么动作，进而确定这些编程元件的功能。值得注意的是，这些编程元件有的可能立即得电动作，有的并不立即动作而只是为其得电动作做准备。

3. 识读 PLC 梯形图的注意事项

由 PLC 的工作原理可知，当输入端接常开触点，且在 PLC 工作时，若输入端的常开触点闭合，则对应于该输入端子的输入继电器线圈得电，它的常开触点闭合、常闭触点断开；当输入端接常闭触点，且在 PLC 工作时，若输入端的常闭触点未动作，则对应于该输入端的输入继电器线圈得电，它的常开触点闭合、常闭触点断开。如果该输入继电器的常闭触点与输出继电器线圈串联，则输出继电器线圈不能得电。

因此，用 PLC 控制电动机的起动、停止时，如果停止按钮用常闭触点，则与控制电动机的接触器相接的 PLC 输出继电器线圈应与（对应于该停止按钮的）输入继电器的常开触点串联。而在继电器接触器控制中，停止按钮和热继电器均用常闭触点，为了与继电器接触器控制的控制电路相一致，在 PLC 梯形图中，同样也用常闭触点，这样一来，与输入端相接的停止按钮和热继电器触点就必须用常开触点。在识读程序时必须注意这一点。

12.2 三菱 PLC 应用实例

12.2.1 PLC 控制电动机正向运转电路

PLC 控制三相异步电动机正向运转的电气控制电路图、PLC 端子接线图和梯形图如图 12-1 所示，其对应的指令表见表 12-1。若 PLC 自带 DC24V 电源，则应将外接 DC24V 电源处短接。

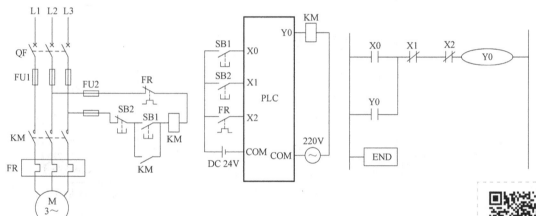

a) 电气控制电路图   b) PLC端子接线图   c) 梯形图

扫一扫看视频

图 12-1 三相异步电动机正向运转的电气控制电路图

表 12-1 与图 12-1 对应的指令表

语句号	指令	元素
0	LD	X0
1	OR	Y0
2	ANI	X1
3	ANI	X2
4	OUT	Y0
5	END	

应用 PLC 时，常开、常闭触点在外部接线可都采用常开触点。PLC 控制三相异步电动机正向运转的工作原理如下：

合上断路器 QF, 起动时, 按下起动按钮 SB1, 端子 X0 经 DC24V 电源与 COM 端连接, PLC 内的输入继电器 X0 得电吸合, 其常开触点闭合。PLC 内的输出继电器 Y0 得电吸合并自锁, 接触器 KM 得电吸合, 电动机启动运转。

停机时, 按下停止按钮 SB2, 端子 X1 经 DC24V 电源与 COM 端连接, PLC 内的输入继电器 X1 得电吸合, 其常闭触点断开, PLC 内的输出继电器 Y0 失电释放, 接触器 KM 失电释放, 电动机停止运行。

如果电动机过载, 热继电器 FR 动作, 其常开触点闭合, 端子 X2 经 DC24V 电源与 COM 端连接, PLC 内的输入继电器 X2 得电吸合, 其常闭触点断开, PLC 内的输出继电器 Y0 失电释放, 接触器 KM 失电释放, 电动机停止运行。

12.2.2　PLC 控制电动机正反转运转电路

PLC 控制三相异步电动机正反转运转的电气控制电路、PLC 端子接线图和梯形图如图 12-2 所示, 其对应的指令表见表 12-2。

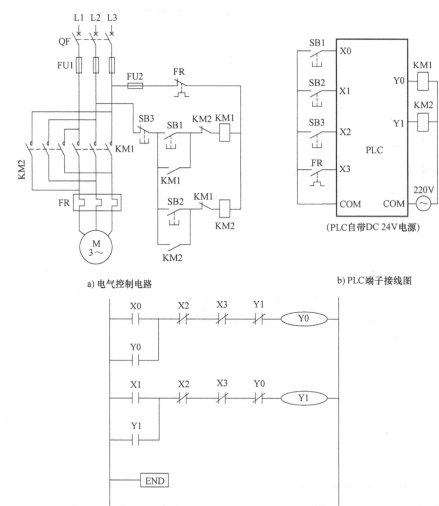

扫一扫看视频

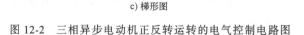

图 12-2　三相异步电动机正反转运转的电气控制电路图

表 12-2　与图 12-2 对应的指令表

语句号	指令	元素
0	LD	X0
1	OR	Y0
2	ANI	X2
3	ANI	X3
4	ANI	Y1
5	OUT	Y0
6	LD	X1
7	OR	Y1
8	ANI	X2
9	ANI	X3
10	ANI	Y0
11	OUT	Y1
12	END	

PLC 控制三相异步电动机正反转运转的工作原理如下：

合上断路器 QF，正向起动时，按下正向起动按钮 SB1，端子 X0 与 COM 端连接，PLC 内的输入继电器 X0 通过 PLC 内部的 DC24V 电源得电吸合，其常开触点闭合。PLC 内的输出继电器 Y0 得电吸合并自锁，接触器 KM1 得电吸合，电动机正向起动运转。

反转时，应当先按下停止按钮 SB3，端子 X2 经 PLC 内部的 DC24V 电源与 COM 端连接，PLC 内的输入继电器 X2 得电吸合，其常闭触点断开，PLC 内的输出继电器 Y0 失电释放，接触器 KM1 失电释放，电动机停止运行。然后再按下反向起动按钮 SB2，端子 X1 与 COM 端连接，PLC 内的输入继电器 X1 通过 PLC 内部的 DC24V 电源得电吸合，其常开触点闭合。PLC 内的输出继电器 Y1 得电吸合并自锁，接触器 KM2 得电吸合，电动机反向起动运转。

同理，电动机正在反向运转时，如果需要改为正向运转，也是应当先按下停止按钮 SB3，然后再按下正向起动按钮 SB1。

正、反向运转通过 PLC 内部输出继电器 Y0 和 Y1 的常闭触点实现电气互锁。在图 12-2a 所示的电气控制电路中，还利用接触器 KM1 和 KM2 的常闭辅助触点进行了互锁。

停机时，按下停止按钮 SB3，端子 X2 经 PLC 内部的 DC24V 电源与 COM 端连接，PLC 内的输入继电器 X2 得电吸合，其常闭触点断开，PLC 内的输出继电器 Y0 或 Y1 失电释放，接触器 KM1 或 KM2 失电释放，电动机停止运行。

如果电动机过载，热继电器 FR 动作，其常开触点闭合，端子 X3 经 PLC 内部的 DC24V 电源与 COM 端连接，PLC 内的输入继电器 X3 得电吸合，其常闭触点断开，PLC 内的输出继电器 Y0 或 Y1 失电释放，接触器 KM1 或 KM2 失电释放，电动机停止运行。

12.2.3　PLC 控制电动机双向限位电路

PLC 控制三相异步电动机双向限位的电气控制电路、PLC 端子接线图和梯形图如图 12-3 所示，其对应的指令表见表 12-3。图中，SQ1 是电动机正向运行限位开关，SQ2 是电动机反向运行限位开关。

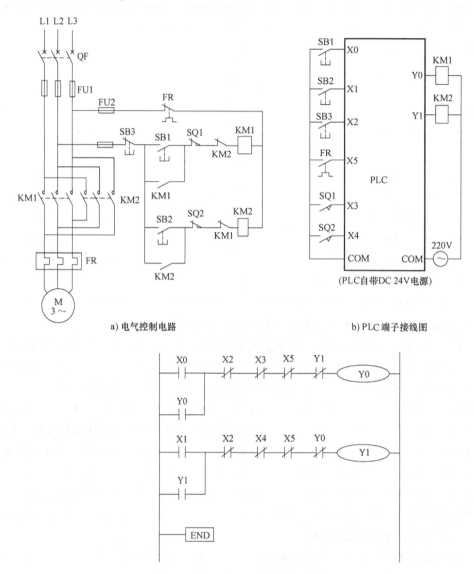

a) 电气控制电路　　　　　　　　b) PLC端子接线图

c) 梯形图

图 12-3　三相异步电动机双向限位的电气控制电路

表 12-3　与图 12-3 对应的指令表

语句号	指令	元素
0	LD	X0
1	OR	Y0
2	ANI	X2
3	ANI	X3
4	ANI	X5
5	ANI	Y1

（续）

语句号	指令	元素
6	OUT	Y0
7	LD	X1
8	OR	Y1
9	ANI	X2
10	ANI	X4
11	ANI	X5
12	ANI	Y0
13	OUT	Y1
14	END	

PLC 控制三相异步电动机双向限位的工作原理如下：

合上断路器 QF，正向起动时，按下正向起动按钮 SB1，端子 X0 与 COM 端连接，PLC 内的输入继电器 X0 通过 PLC 内部的 DC24V 电源得电吸合，其常开触点闭合。PLC 内的输出继电器 Y0 得电吸合并自锁，接触器 KM1 得电吸合，电动机正向起动运转，运动部件向前运行。当运动部件运动到预定限位时，装在运动部件上的挡块碰撞到限位开关 SQ1，其常开触点闭合，端子 X3 与 COM 端连接，PLC 内的输入继电器 X3 通过 PLC 内部的 DC24V 电源得电吸合，其常闭触点断开，PLC 内的输出继电器 Y0 失电释放，接触器 KM1 失电释放，电动机停止运转。

反向起动时，按下反向起动按钮 SB2，端子 X1 与 COM 端连接，PLC 内的输入继电器 X1 通过 PLC 内部的 DC24V 电源得电吸合，其常开触点闭合。PLC 内的输出继电器 Y1 得电吸合并自锁，接触器 KM2 得电吸合，电动机反向起动运转，运动部件向后运行。当运动部件运动到预定限位时，装在运动部件上的挡块碰撞到限位开关 SQ2，其常开触点闭合，端子 X4 与 COM 端连接，PLC 内的输入继电器 X4 通过 PLC 内部的 DC24V 电源得电吸合，其常闭触点断开，PLC 内的输出继电器 Y1 失电释放，接触器 KM2 失电释放，电动机停止运转。

正、反向运转通过 PLC 内部输出继电器 Y0 和 Y1 的常闭触点实现电气互锁。在图 12-3a 所示的电气控制电路中，还利用接触器 KM1 和 KM2 的常闭辅助触点进行了互锁。

在电动机运行过程中需要停机时，按下停止按钮 SB3，端子 X2 经 PLC 内部的 DC24V 电源与 COM 端连接，PLC 内的输入继电器 X2 得电吸合，其常闭触点断开，PLC 内的输出继电器 Y0 或 Y1 失电释放，接触器 KM1 或 KM2 失电释放，电动机停止运行。

如果电动机过载，热继电器 FR 动作，其常开触点闭合，端子 X5 经 PLC 内部的 DC24V 电源与 COM 端连接，PLC 内的输入继电器 X5 得电吸合，其常闭触点断开，PLC 内的输出继电器 Y0 或 Y1 失电释放，接触器 KM1 或 KM2 失电释放，电动机停止运行。

12.3 西门子 PLC 应用实例

12.3.1 PLC 控制电动机丫-△起动电路

1. 继电器-接触器控制原理分析

三相异步电动机丫-△减压起动的继电器-接触器控制电路如图 12-4 所示，图中 KM1 为电源接触器，KKM2 为三角形接触器，KM3 为星形接触器，KT 为时间继电器。其控制原理如下：

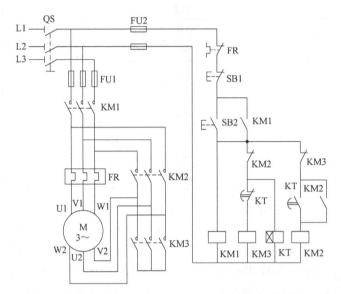

图 12-4　三相异步电动机丫-△减压起动的继电器-接触器控制电路

1）起动时，合上电源开关 QS，按下起动按钮 SB2，则 KM1、KM3 和 KT 线圈同时得电吸合，并自锁，这时电动机定子绕组接成星形起动。

2）随着电动机转速上升，电动机定子电流逐渐下降，当 KT 延时达到设定值时，其延时断开的常闭触点断开，延时闭合的常开触点闭合，从而使 KM3 线圈断电释放，然后 KM2 线圈得电吸合并自锁，这时电动机切换成三角形运行。

3）需要停止时，按下停止按钮 SB1，KM1 和 KM2 线圈同时断电，电动机停止运行。

4）为了防止电源短路，接触器 KM2 和 KM3 线圈不能同时得电，在电路中设置了电气互锁。

5）如果电动机超负荷运行，热继电器 FR 断开，电动机停止运行。

2. I/O 端口分配

根据控制要求，三相异步电动机丫-△减压起动的 PLC 端口分配见表 12-4。

表 12-4　三相异步电动机丫-△减压起动控制 I/O 分配表

输入		输出	
输入继电器	元器件	输出继电器	元器件
I0.0	起动按钮 SB2，常开触点	Q0.0	电源接触器 KM1
I0.1	停止按钮 SB1，常开触点	Q0.1	三角形接触器 KM2
I0.2	热继电器 FR，动合触点	Q0.2	星形接触器 KM3

3. 程序设计

根据控制要求，与三相异步电动机丫-△减压起动的继电器-接触器控制电路（见图 12-4）对应的梯形图如图 12-5 所示。

1）按下起动按钮 SB2，I0.0 得电，其常开触点闭合，Q0.0 得电自锁，电源接触器 KM1 得电吸合，然后 Q0.2 和 Q0.3 得电，星形接触器 KM3 得电吸合，电动机 M 星形启动。与此同时，计时器 T 37 开始计时。

2）计时时间 5s 后，T37（时基为 100ms 的定时器）的常闭触点断开，Q0.2 输出线圈失电（其常闭触点复位），星形接触器 KM3 失电，星形起动结束。与此同时，T37 常开触点闭合，Q0.1 得电自锁，三角形接触器 KM2 得电，电动机切换成三角形运行。与此同时，Q0.1 的常闭触点断开，定时器 T37 失电（定时器断电复位）。

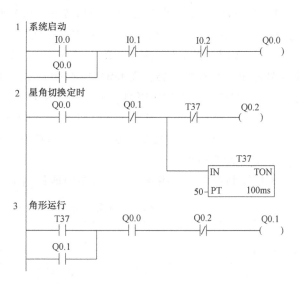

图 12-5 三相异步电动机丫-△减压起动控制梯形图

3）若要停机，按下停止按钮 SB1，I0.1 失电，其常闭触点断开，电源接触器 KM1 失电，其主触点断开，电动机停止运行。与此同时所有接触器均复位。

12.3.2 PLC 控制电动机单向能耗制动电路

1. 继电器-接触器控制原理分析

三相异步电动机单向（不可逆）能耗制动的继电器-接触器控制电路如图 12-6 所示。该控制电路由接触器 KM1、KM2、时间继电器 KT、变压器 T、桥式整流器 VC 等组成。其控制原理如下：

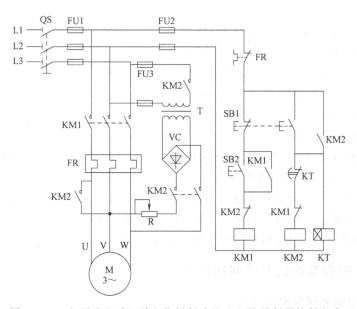

图 12-6 三相异步电动机单向能耗制动的继电器-接触器控制电路

1）起动时，先合电源开关 QS，然后按下起动按钮 SB2，使接触器 KM1 线圈得电吸合，并自锁，KM1 的主触点闭合，电动机 M 接通电源直接起动。与此同时，KM1 的常闭辅助触点断开。

2）停车时，按下停止按钮 SB1，首先 KM1 因线圈失电而释放，KM1 的主触点断开，电动机 M 断电，作惯性运转，而 KM1 的各辅助触点均复位；与此同时，接触器 KM2 与时间继电器 KT 因线圈得电而同时吸合，并自锁。KM2 的主触点闭合，在电动机绕组中通入直流电流，进入能耗制动状态。当到达延时时间后，KT 延时断开的常闭触点断开，使 KM2 和 KT 因线圈失电而释放，KM2 的主触点断开，切断电动机的直流电源，能耗制动结束。

2. I/O 端口分配

根据控制要求，三相异步电动机单向能耗制动的 PLC 端口分配见表 12-5。

表 12-5　三相异步电动机单向能耗制动控制 I/O 分配表

输　　入		输　　出	
PLC 软元件(输入继电器)	元器件	PLC 软元件(输出继电器)	元器件
I0.0	起动按钮 SB2,按下按钮时,I0.0 状态由 OFF→ON	Q0.0	接触器 KM1
I0.1	停止按钮 SB1,按下按钮时,I0.1 状态由 OFF→ON	Q0.1	制动接触器 KM2
I0.2	热继电器 FR,常开触点		

3. 程序设计

根据控制要求，与三相异步电动机单向能耗制动的继电器-接触器控制电路（见图 12-6）对应的梯形图如图 12-7 所示。

1）按下起动按钮 SB2，I0.0 得电，其常开触点闭合，Q0.0 得电并自锁，接触器 KM1 得电吸合，其主触点闭合，电动机 M 启动运转。

2）电动机正常运行后，若要快速停机，需按下停止按钮 SB1，I0.1 得电，其常闭触点断开，输出线圈 Q0.0 失电，Q0.0 的常开触点断开，自锁解除，接触器 KM1 失电释放，KM1 的主触点断开，电动机 M 断电，作惯性运转。与此同时，Q0.0 的常闭触点闭合，输出线圈 Q0.1 得电自锁，接触器 KM2

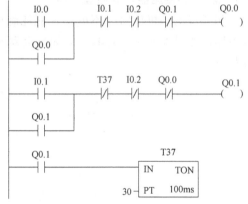

图 12-7　三相异步电动机单向能耗制动控制梯形图

得电吸合，其主触点闭合，电动机 M 通入直流电流，进行能耗制动，电动机转速迅速降低，同时，定时器 T37 开始计时，计时时间 3s 到后，T37 的延时断开的常闭触点断开，输出线圈 Q0.1 失电（自锁解除，定时器断电复位），接触器 KM2 失电，其主触点断开，能耗制动结束。

12.3.3　PLC 控制电动机反接制动电路

1. 继电器-接触器控制原理分析

三相异步电动机单向（不可逆）反接制动的继电器-接触器控制电路如图 12-8 所示。该控制电路由接触器 KM1、KM2、速度继电器 KS、限流电阻 R、热继电器 FR 等组成。其控制原理如下：

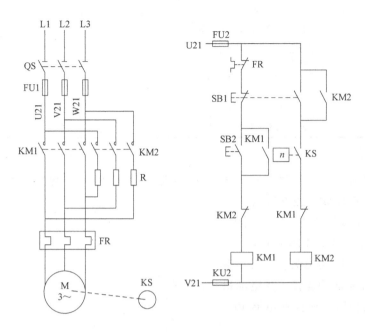

图 12-8 三相异步电动机单向反接制动的继电器-接触器控制电路

1）起动时，先合电源开关 QS，然后按下起动按钮 SB2，使接触器 KM1 线圈得电吸合，并自锁，KM1 的主触点闭合，电动机 M 接通电源直接起动。与此同时 KM1 的常闭辅助触点断开。当电动机转速升高到一定数值（此数值可调）时，速度继电器 KS 的常开触点闭合，因 KM1 的常闭辅助触点已经断开，这时接触器 KM2 线圈不通电，KS 常开触点的闭合，仅为反接制动做好了准备。

2）停车时，按下停止按钮 SB1，首先 KM1 因线圈失电而释放，KM1 的主触点断开，电动机 M 断电，作惯性运转，与此同时，KM1 的各辅助触点均复位；又由于此时电动机的惯性转速还很高，KS 的常开触点依然处于闭合状态，所以按钮 SB1 的常开触点闭合时，使接触器 KM2 线圈得电吸合，并自锁，KM2 的主触点闭合，电动机的定子绕组中串入限流电阻 R，进入反接制动状态，使电动机的转速迅速下降。当电动机的转速降至速度继电器 KS 整定值以下时，KS 的常开触点断开复位，KM2 线圈失电释放，电动机断电，反接制动结束，防止了电动机反向启动。

2. I/O 端口分配

根据控制要求，三相异步电动机单相反接制动的 PLC 端口分配见表 12-6。

表 12-6 三相异步电动机单向反接制动控制 I/O 分配表

输入		输出	
PLC 软元件(输入继电器)	元器件	PLC 软元件(输出继电器)	元器件
I0.0	起动按钮 SB2，按下按钮时，I0.0 状态由 OFF→ON	Q0.0	接触器 KM1

（续）

输入		输出	
PLC 软元件(输入继电器)	元器件	PLC 软元件(输出继电器)	元器件
I0.1	停止按钮 SB1,按下按钮时,I0.1 状态由 OFF→ON	Q0.1	制动接触器 KM2
I0.2	速度继电器 KS,当速度大于设整定值时,KS 的常开触点闭合,当速度小于设定值时 KS 的常开触点断开		
I0.3	热继电器 FR 常开触点		

3. 程序设计

根据控制要求，与三相异步电动机单向反接制动的继电器-接触器控制电路（见图 12-8）对应的梯形图如图 12-9 所示。

1）按下起动按钮 SB2，I0.0 得电，其常开触点闭合，输出线圈 Q0.0 得电并自锁，接触器 KM1 得电吸合，其主触点闭合，电动机 M 起动运转。当电动机的转速超过整定值时，速度继电器 I0.2 常开触点闭合。

2）电动机正常运行后，若要快速停机，需按下停止按钮 SB1，I0.1 得电，其常闭触点断开，输出线圈 Q0.0 失电，

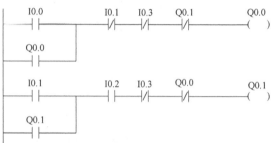

图 12-9　三相异步电动机单向反接制动控制梯形图

Q0.0 的常开触点断开，自锁解除，接触器 KM1 失电释放，KM1 的主触点断开，电动机 M 断电，作惯性运转。与此同时，I0.1 的常闭触点闭合，输出线圈 Q0.1 得电并自锁，接触器 KM2 得电吸合，其主触点闭合，电动机进行反接制动，电动机转速迅速降低，当电动机转速小于整定值时，速度继电器 I0.2 常开触点断开，输出线圈 Q0.1 失电，使接触器 KM2 失电，其主触点断开，反接制动结束。

12.3.4　PLC 控制喷泉的模拟系统

1. 任务描述

用 PLC 控制闪光灯构成喷泉的模拟系统

（1）喷泉面板图和电路图

使用喷泉模拟面板或使用价格低廉的发光二极管及限流电阻搭建喷泉模拟系统，喷泉模拟系统的工作电压为 DC24V，可采用 AC220V/DC24V 开关电源取得，喷泉面板图如图 12-10 所示，喷泉面板 LED 的电路图如图 12-11 所示。

（2）控制要求

程序运行时，当起动按钮接通后，灯 1、2、3、4、5、6、7、8 依次间隔 0.2s 点亮，全

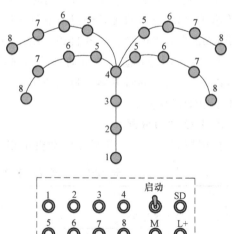

图 12-10　喷泉面板图

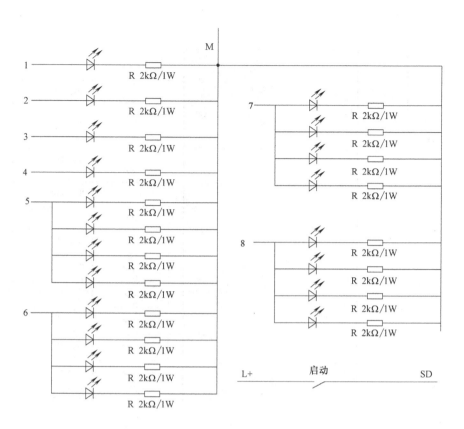

图 12-11 喷泉面板 LED 的电路图

扫一扫看视频

亮 0.2s 后重复执行。

2. PLC 的 I/O 端口分配表

根据控制要求，喷泉模拟控制的 PLC 端口分配见表 12-7。

表 12-7 喷泉模拟控制的 I/O 分配表

序号	输入			输出		
	PLC 输入地址	元器件	功能	PLC 输出地址	元器件	功能
1	I0.0	SD	启动或停止模拟喷泉	Q0.0	灯1	控制喷泉灯1
2				Q0.1	灯2	控制喷泉灯2
3				Q0.2	灯3	控制喷泉灯3
4				Q0.3	灯4	控制喷泉灯4
5				Q0.4	灯5	控制喷泉灯5
6				Q0.5	灯6	控制喷泉灯6
7				Q0.6	灯7	控制喷泉灯7
8				Q0.7	灯8	控制喷泉灯8

3. 控制原理图

用 PLC 控制闪光灯构成喷泉的模拟系统时，其控制原理图如图 12-12 所示。

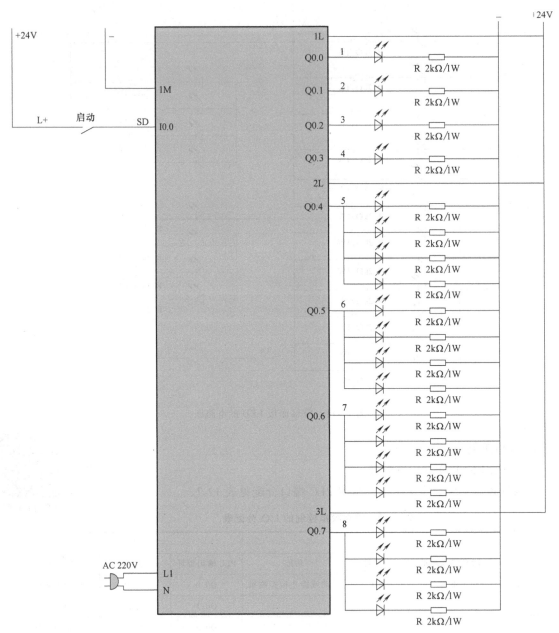

图 12-12 PLC 控制原理图

4. 程序设计-控制分析

喷泉模拟系统要求使用灯 1~灯 8，共 8 组灯，从灯 1 到灯 8 依次间隔 0.2s 点亮，全部点亮 0.2s 后，全部熄灭，重复进行。用计数器和定时器实现。

PLC 接线图如图 12-13 所示。

5. 操作步骤

1）在 PLC 断电状态下，使用 PC/PPI 将计算机与 PLC 连接。

2）按接线图 12-13 连接 PLC 及外部电路。

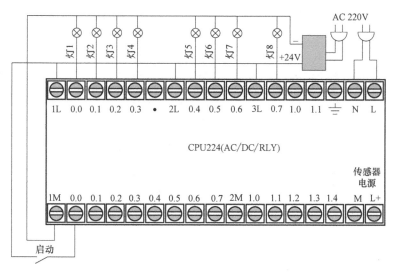

图 12-13　PLC 接线图

3）接通 PLC 电源。

4）进入编程环境，单击"PLC"菜单栏，通过"类型"选择 CPU 类型，或通信后进行读取 PLC 的 CPU 类型。

5）编制程序。

参考程序如图 12-14 中网络 1、2 和图 12-15 中网络 3 所示。

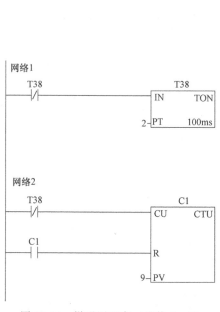

图 12-14　梯形图程序（网络 1、2）

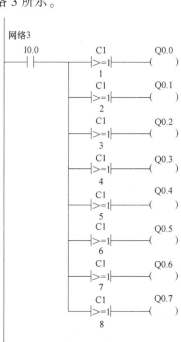

图 12-15　梯形图程序（网络 3）

6）将编译无误的程序下载到 PLC，并将 PLC 的模式选择开关置于"RUN"状态。

7）运行程序，实现功能，并进行程序监控。

第3篇

建筑电气工程图

第13章

建筑电气工程图概述

13.1　建筑电气工程图的用途与特点

13.1.1　建筑电气工程图的用途

1. 建筑电气工程的定义

电气工程的门类很多，细分起来有几十种。其中，我们常把电器装置安装工程中的变配电装置、35kV以下架空电路和电缆电路、照明、动力、桥式起重机电气线路、电梯、通信、广播电视系统、火灾自动报警及自动化消防系统、防盗保安系统、空调及冷库电气控制装置、建筑物内微机检测控制系统及自动化仪表等，与建筑物关联的新建、扩建和改造的电气工程统称为建筑电气工程。

2. 建筑电气工程图的用途

建筑电气工程图是阐述建筑电气工程的结构和功能，描述建筑电气装置的工作原理，提供安装接线和维护使用信息的施工图。由于每一项电气工程的规模不同，所以反映该项工程的电气图种类和数量也不尽相同，通常一项工程的电气工程图有许多部分组成。

13.1.2　建筑电气工程图的特点

建筑电气工程图是建筑电气工程造价和安装施工的重要依据，建筑电气工程图既有建筑图、电气图的特点，又有一定的区别。建筑电气工程中最常用的图有系统图、位置简图（如施工平面图）、电路图（如控制原理图）等。建筑电气工程图的特点如下：

（1）突出电气内容

建筑电气工程图中既有建筑物，又有电气的相关内容。通常以电气为主，建筑为辅。建筑电气工程图大多采用统一的图形符号，并加注文字符号绘制。为使图中主次分明，电气图形符号常画成粗实线，并详细标注出文字符号及型号规格，而对建筑物则用细实线绘制，只画出与电气工程安装有关的轮廓线，标注出与电气工程安装有关的主要尺寸。

（2）绘图方法不同

建筑图必须用正投影法按一定比例画出，建筑电气工程图通常不考虑电气装置实物的形状及大小，而只考虑其位置，并用图形符号或装置轮廓表示和绘制。建筑电气工程图大多采用统一的图形符号并加注文字符号绘制，属于简图。任何电路都必须构成回路。电路应包括电源、用电设备、导线和开关控制设备四个组成部分。

（3）接线方式不同

一般电气接线图所表示的是电气设备端子之间的接线关系，建筑电气工程图中的电气接线图则主要表示电气设备的相互位置，其间的连接线一般只表示设备之间的相互连接，而不注明端子间的连接。电路的电气设备和元件都是通过导线连接起来的，导线可长可短，能够比较方便地跨越较远的距离。

建筑电气工程图不像机械工程图或建筑工程图那样集中、直观。有时电气设备安装位置在 A 处，而控制设备的信号装置、操作开关则可能在很远的 B 处，两者可能不在同一张图样上，需要对照阅读。

（4）连接使用不同

在表示连接关系时，一般的电气接线图可采用连续线、中断线，也可以采用单线或多线表示；但在建筑电气工程的电气接线图中，只采用连续线，且一般都用单线表示，其导线实际根数按绘图规定方法注明。

（5）图间关系复杂

建筑电气工程施工是与主体工程及其他安装工程施工相互配合进行的，所以建筑电气工程图与建筑结构图及其他安装工程图不能发生冲突，例如，线路的走向与建筑结构的梁、柱、门、窗、楼板的位置及走向有关联，还与管道的规格、用途及走向等有关，尤其是对于一些暗敷的线路、各种电气预埋件及电气设备基础更是与土建工程密切相关。

13.2　建筑电气工程图的绘制与识读

13.2.1　建筑电气工程图的制图规则

建筑电气工程图在选用图形符号时，应遵守以下规则：

1）图形符号的大小和方位可根据图面布置确定，但不应改变其含义，而且符号中的文字和指示方向应符合读图要求。

2）在绝大多数情况下，符号的含义由其形式决定，而符号的大小和图线的宽度一般不影响符号的含义。有时为了强调某些方面，或者为了便于补充信息，允许采用不同大小的符号，改变与此有关符号的尺寸，但符号间及符号本身的比例应保持不变。

3）在满足需要的前提下，尽量采用最简单的形式。对于电路图，必须使用完整形式的图形符号来详细表示。

4）在同一张电气图样中只能选用一种图形形式，图形符号的大小和线条的粗细也应基本一致。

13.2.2　建筑电气工程图的识读方法与步骤

1. 识读方法

1）因为构成建筑电气工程的设备、元件、线路很多，结构类型不同，安装方法相异，所以建筑电气工程图是使用统一的图形符号和文字符号绘制的。阅读建筑电气工程图，就必须先明确和熟悉这些图形符号、文字符号和项目代号所代表的内容、含义以及它们之间的相互关系。

2）建筑电气工程图需将各相关的图样联系起来，对照阅读，才能实现快速读图。通常应通过系统图、电路图找联系，通过布置图、接线图找位置。

3）阅读建筑电气工程图时，需要对应阅读一些相关的土建工程图、管道工程图，以了解相互之间的配合关系。

4）在建筑电气工程图中，空间高度通常是用文字标注的，因而读图时首先要建立起空间立体概念。

5）因为在建筑电气工程图中，图形符号无法反映设备的型号、尺寸，所以设备的型号、尺寸应通过阅读设备手册或设备说明书获得的。

6）由于建筑电气工程图中的图形符号所绘制的位置并不一定是按比例给定的，它仅代表设备出线端口的位置，所以在安装设备时，要根据实际情况定位。

7）阅读电气工程图的一个主要目的是用来编制工程预算和施工方案。因此，应能看懂建筑施工图。应掌握各种电气工程图的特点，并将有关图纸对应起来阅读。而且还应了解有关电气工程图的标准，学会查阅有关电气装置标准图集。

2. 识图步骤

阅读建筑电气工程图时，可按以下步骤识读，然后再重点阅读。

1）先看标题栏及图样目录。了解工程的名称、项目内容、设计日期及图样数量和大致内容等。

2）仔细阅读图样说明，如项目内容、设计日期、工程概况、设计依据、设备材料表等。了解供电电源的来源、电压等级、线路敷设方式、设备安装高度及安装方式、补充使用的非国标图形符号、施工注意事项等。有些分项的局部问题是在分项工程图样中说明的，所以看图样时要先看设计说明。

3）看系统图和框图，了解系统的基本组成、相互关系及主要特征等。识读系统图的目的是了解系统的组成、主要电气设备、元件等连接关系及其规格、型号、参数等，以便掌握该系统的组成概况。

4）阅读平面布置图。平面布置图是建筑电气工程图样中的重要图样之一，是用来表示设备安装位置、线路敷设及所用导线型号、规格、数量、电线管的管径大小等的图样。通过阅读系统图，就可依据平面布置图编制工程预算和施工方案。阅读平面布置图时，一般可按以下步骤：进线→总配电箱→干线→分配电箱→支线→用电设备。

5）阅读电气原理图，这也是读图、识图的重点和难点。通过阅读电气原理图，可以清楚各系统中用电设备的电气控制原理，以便指导设备的安装和进行控制系统的调试工作。由于电气原理图一般是采用功能布局法绘制的，所以看图时应依据功能关系从上至下或从左至右仔细阅读。对于电路中各种电器的性能和特点要提前熟悉，这对读懂图样是非常有利的。

对于较为复杂的电路可分为多个基本电路逐个分析，最后将各个环节综合起来对整个电路进行分析。

电气原理图是按原始状态绘制的，线圈未通电、开关未闭合、按钮未按下，但看图时不能按原始状态分析，而应选择某一状态分析。

6）细查安装接线图。从了解设备或电器的布置与接线入手，与电气原理图对应阅读，进行控制系统的配线和调校工作。

7）观看安装大样图。安装大样图是用来详细表示设备安装方法的图样，是进行安装施工和编制工程材料计划时的重要参考图样。对于初学安装者更显重要，安装大样图多采用全国通用电气装置标准。

8）了解设备材料表。设备材料表提供了工程所使用的设备、材料的型号、规格和数量，是编制购置设备、计划材料的重要依据之一。

为更好地利用图样指导施工，使安装施工质量符合要求，还应阅读有关施工及验收规范、质量检验评定标准，以详细了解安装技术要求，保证施工质量。

13.3　建筑电气安装平面图的绘制与识读

13.3.1　建筑电气安装平面图的用途与分类

1. 用途

建筑电气安装平面图（简称建筑电气安装图或建筑电气平面图）是建筑电气工程图的一种，它是表示电气装置、设备、线路在建筑物中的安装位置、连接关系及其安装方法的图。

建筑电气安装平面图的用途如下：

1）建筑电气安装平面图是建筑电气装置安装的依据。例如，各电气装置、设备、线路的安装位置、接线、安装方法，及相应的设备编号、容量、型号、数量等，都是电气安装时必不可少的。

2）建筑电气安装平面图是电气设备订货及运行、维护管理的重要技术文件。

2. 分类

（1）按表示方法分

1）正投影法。用正投影法表示，即按实物的形状、大小和位置，用正投影法绘制的图。

2）简图形式。用简图形式表示，即不考虑实物的形状和大小，只考虑其安装位置，按图形符号的布局对应实物的实际位置而绘制的图。建筑电气安装图多数用简图表示。

（2）按表达内容分

1）平面图。某工厂10kV变电所平面图如图13-1所示。

2）断面图（剖面图）、立面图。建筑电气安装图大多用平面图表示，只有当用平面图表达不清时，才按需要画出断面图（剖面图）、立面图，某工厂10kV变电所立面布置图如图13-2所示。

（3）按功能分

1）供电总平面图。图中标出建筑物名称及动力、照明容量，画出架空线路的导线、走向、杆位、路灯，电缆线路的敷设方法；标出变、配电所的位置、编号和容量等。

2）变、配电所平面布置图。包括变、配电所高低压开关柜（屏）、变压器等设备的平、立（剖）面排列布置，母线布置及主要电气设备材料明细表等。

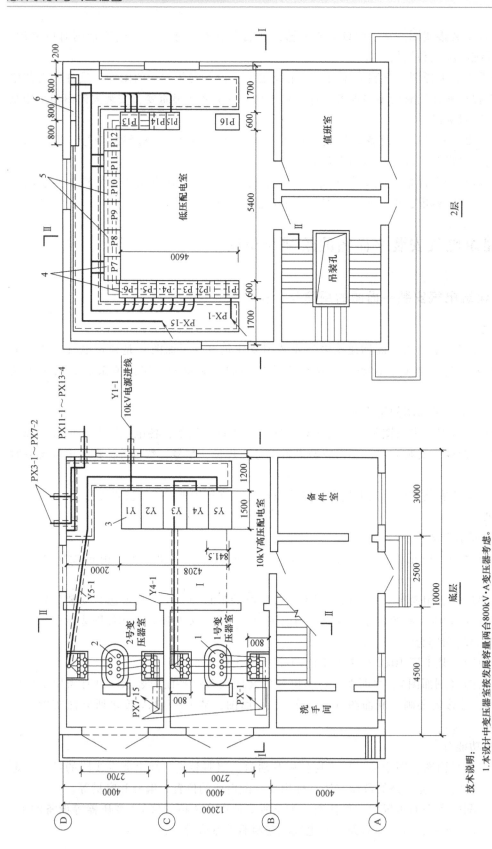

技术说明：
1. 本设计中变压器室室按发展容量两台800kV·A变压器考虑。
2. 主要设备和材料明细表详见表13-1。
3. 10kV的YJV29-10-3×35及3×70的交联塑料绝缘电力电缆的户内终端头，可采用干包，也可采用环氧树脂浇注法。

图 13-1 某工厂 10kV 变电所平面布置图 （1∶75）

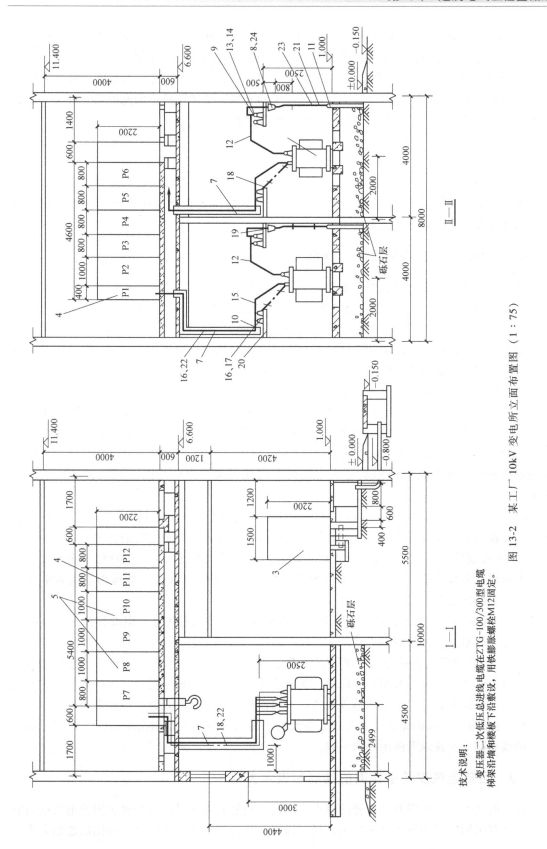

技术说明：

变压器二次低压总进线电缆在ZTG-100/300型电缆梯架沿墙和楼板下沿敷设，用铁膨胀螺栓M12固定。

图13-2 某工厂10kV变电所立面布置图（1：75）

3）动力平面图。包括配电干线、滑触线、接地干线的平面布置；导线型号、规格、敷设方式；配电箱、起动器、开关等的位置；引至用电设备的支线（用箭头示意）。

4）照明平面图。包括照明干线、配电箱、灯具、开关、插座的平面布置，并注明用户名称和照度；由照明配电箱引至各个灯具和开关的支线。系统图应注明配电箱、开关、导线的连接方式、设备编号、容量、型号、规格及负载名称。

5）电信设备安装平面图。如各种电话、电传及国际互联网通信网络，信号设备平面图等。

6）建筑物防雷接地平面图。包括顶视平面图（对于复杂形状的大型建筑物，还应绘制立面图，注出标高和主要尺寸）；避雷针、避雷带、接地线和接地体平面布置图，材料规格，相对位置尺寸；防雷接地平面图。

13.3.2 建筑电气安装平面图的特点

建筑电气安装图既有建筑图、电气图的特点，但又有一定的区别，其主要有如下特点：

1）要突出以电气为主。建筑电气图中表达的既有建筑（建筑物或构筑物），又有电气的相关内容，但以电气为主，建筑为辅。为了在图中做到主次分明，电气图形符号常画成中、粗实线，并详细标注出文字符号及型号规格，而对建筑物用细实线绘制，只画出其与电气安装的轮廓线、剖面线，标注出它与电气安装有关的主要尺寸。凡与表达电气的内容冲突时，建筑物的图线应避让。

2）图形符号用途不同。建筑电气安装平面图图形符号只用来表示电力、照明和电信设备、线路施工的平面布置图和规划图样，一般不用于概略图、电路图等功能图中。

3）绘图表示方式不同。建筑图必须用正投影法按一定比例画出，而建筑电气安装图通常是不考虑电气装置实物的形状和大小，只考虑其位置，用电气图形符号表示而绘制的简图。

4）接线方式不同。电气接线图所表示的是电气设备端子之间的接线，而建筑电气安装图则主要表示电气设备的相互位置，其间的连接线一般只表示设备之间的连接。

5）连接线的使用不同。在表示连接关系时，电气接线图可以采用连续线、中断线，可以采用单线或多线表示，但在建筑电气安装图中，只采用连续线且一般都用单线表示（导线的实际根数按绘图规定方法注明）。

6）在建筑电气安装平面图上，设备和线路通常不标注项目代号，但都标注了设备的编号、型号、规格、安装和敷设方式等。

7）为了更清晰地表示电气平面图的布置，在建筑电气平面图上往往画出某些建筑构件、构筑物、地形地貌等的图形和位置，例如墙体、材料、门窗、楼梯、房间布置、必要的采暖通风和给排水管路、建筑物轴线及道路、河流桥梁、水域、森林、山脉等。

8）建筑电气平面图是在建筑区域或建筑物平面图的基础上绘制出来的，因此图上的位置、图线等都应与建筑平面图协调一致。

13.3.3 建筑电气安装平面图的绘制和表示方法

建筑电气安装平面图有其自身的特点，因而在绘制和表示方法上与建筑图或电气图既有联系，又有区别。其中图线及其应用、尺寸标注、比例等可以参考电气工程图的绘制和表示方法。下面简介建筑电气安装平面图的特点及有关绘制和表示方法。

1. 图名

建筑电气安装平面图的图样下方应标注图名，其格式如图 13-3 所示。“比例”书写在图名单右侧，其字号比图名的字号小 1 号或 2 号。必要时可将单位注写在比例的下方（凡是采用 mm 为单位的，图样中不必再标注单位），并用分式的形式表示，也可采用图 13-3c 所示的形式，其中“M”是“比例”的代号。

××车间动力平面布置图　　1:100

a)

××车间照明平面布置图　　$\frac{1:100}{cm}$

b)

××防雷接地平面图

M　1:100　　单位:cm

c)

图 13-3　图名、比例、单位的标注格式举例

2. 安装标高

建筑物各部分的高度常用标高表示。标高有绝对标高、相对标高和敷设（安装）标高三种。为简便起见，建筑图上通常都用相对标高，即把室内首层地坪面高度设定为相对标高的零点，记作“±0.000”，高于它的为正值（但一般不用注“+”号），表示高于地坪面多少；低于它的为负值（必须注明“-”号），表示低于地坪面多少。

标高的符号及用法见图 13-4，其中小三角形为等边三角形，高 3~5mm；下面横线为某处高度的界线；标高数字注在小三角形外侧（按国标规定，标高单位为 m，精确到 mm，即小数点后面 3 位，但总平面图中标注到小数点后面 2 位即可）。

a) 高于地坪面　b) 低于地坪面　c) 总平面图上室外整平标高(室外标高)　d) 敷设标高(室内标高)

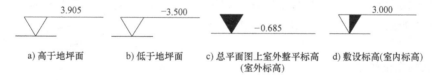

图 13-4　标高符号及示例

电气装置、设备安装时比安装地点高出的高度，称为敷设标高。敷设标高是以安装地点地面为基准零点的相对标高。它有如下三种表示方法：

1）直接标注。直接用尺寸线、尺寸界线和尺寸数字标注出安装尺寸的敷设高度，如图 13-2 所示变压器高压侧母线绝缘瓷瓶支架中心安装高度为“2500”（mm）。

2）电力设备和线路的分式标注，标注方法见本书第 1 章表 1-43。

3）用带图形符号的相对标高标注，如图 13-4d 所示。

3. 方位和风向频率

（1）方位

建筑电气安装图中的有些图，如总平面布置图、外线工程图等，要表示出建筑物、构筑

物、装置、设备的位置和朝向及线路的来去走向，一般按"上北下南，左西右东"来表示，但在很多情况下都是用方位标记（即指北针方向）来表示其朝向的，如图13-5a、b所示，其箭头方向表示正北方向，"北"通常用字母"N"表示。图13-5b中细实线圆的直径为24mm，指北针尾部的宽度为圆直径的1/8。

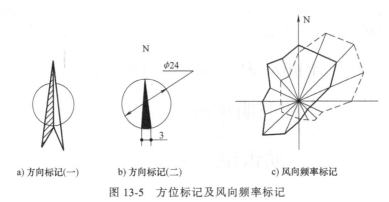

a) 方向标记(一)   b) 方向标记(二)   c) 风向频率标记

图13-5   方位标记及风向频率标记

（2）风向频率标记

在建筑总平面图上，一般根据当地实际风向情况绘制风向频率标记，它采用风玫瑰图表示，如图13-5c所示。

从图13-5c所示的风玫瑰图上可以看出，该地区的常年主导风向和夏季主导风向，这对建筑的总体规划、建筑构造方式、朝向及安装施工安排具有重要意义。

4. 等高线

等高线指的是地形图上高程相等的各点所连成的闭合曲线。把地面上海拔相同的点连成的闭合曲线，垂直投影到一个标准面上，并按比例缩小画在图样上，就得到等高线。等高线也可以看作是不同海拔的水平面与实际地面的交线，所以等高线是闭合曲线。在等高线上标注的数字为该等高线的海拔。等高线的表示方法如图13-6所示。

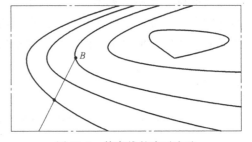

图13-6   等高线的表示方法

5. 建筑物定位轴线

动力、照明、电信工程布置通常都是在建筑平面图上进行的，在建筑平面图上一般都标有定位轴线，以作为定位、施工放线的依据。采用定位轴线还便于识别设备安装的位置。

凡由承重墙、柱、梁和屋架等主要承重构件位置所画的轴线，称为定位轴线，如图13-7所示。

定位轴线编号的基本原则是：在水平方向，从左到右用阿拉伯数字顺序表示；在垂直方向，采用拉丁字母（其中I、O、Z因容易与1、0、2混淆而不用）由下而上编注。数字和字母分别用点划线引出，注写在末端直径为8~10mm的细实线圆圈中，如图13-7所示。

6. 电力设备和线路的标注方法

在建筑电气安装图上，电力设备和线路通常不标注其项目代号，但一般要标注出设备的

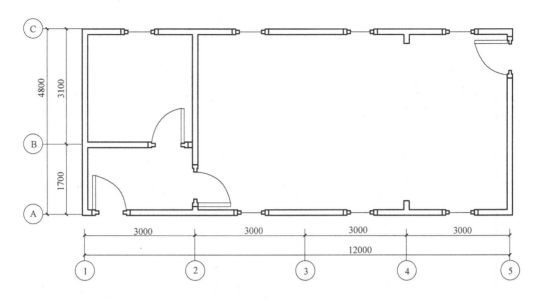

图 13-7　建筑物定位轴线标注示例

编号、型号、规格、数量、安装和敷设方式等。

电力设备和线路的标注方法见表 1-43，电信设备和线路的标注方式可以仿照。

7. 图上位置的表示方法

电气设备和线路的图形符号在图上的位置，可根据建筑图的位置确定方法分别采用下述四种方法来表示：

1）采用定位轴线标注，如©-③、Ⓐ-⑤、Ⓑ-②等。

2）采用尺寸标注，即在图上标注尺寸数字以确定设备在图上的安装位置。

3）采用坐标注法，总图的坐标注法按"上北下南"方向绘制，向左或向右偏移不宜超过 45°。总图中应绘制指北针或风玫瑰图以标明方向。在较大区域的平面图上采用坐标网格定位，坐标网格以细实线表示。

坐标标注网分测量坐标网和施工坐标网（又称建筑坐标网）两种。测量坐标网画成交叉"十"字线（细实线），坐标代号用"X"（南北向）、"Y"（东西向）表示；施工坐标网画成网格通线，坐标代号用"A"（纵向）、"B"（横向）表示。坐标值为负数时，应注"−"号，为正数时，"+"号可省略。由此建筑物或设备的位置可用（X、Y）或（A、B）确定。如图 13-8 中变电所东南角的标注为 $\dfrac{A+290.670}{B+336.130}$。

4）采用标高注法，需要在同一幅图上表示不同层次（如楼层）平面图上的符号位置时，可采用标高定位法。

8. 建筑物的表示方法

为了清晰地表示电气设备和线路的布置，在建筑电气安装图上往往需要画出某些建筑物、构筑物、地形地貌等的图形和位置，如墙体及材料、门窗、楼梯、房间布置、必要的采暖通风和给排水管道、建筑物轴线及道路、河流、林地、山丘等，但这些图形的图线不得影响电气图线的表达，也不得与电气图线相混淆或重叠。凡是与电气布置无关的图形的图线，

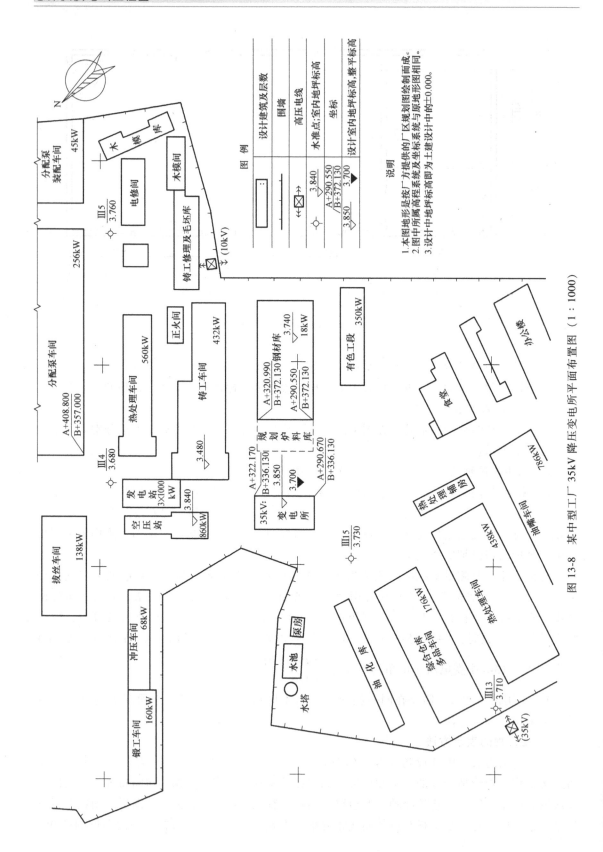

图 13-8 某中型工厂 35kV 降压变电所平面布置图 (1 : 1000)

不要在电气安装图上画出；即使有关的，一般也只画出其外形轮廓，或仅用一条线简略地表示管线。

13.3.4 建筑安装平面图的识读方法

1. 户外变电所平面布置图的识读

检查以下各条内容是否存在与设计规范不符，有无与土建、采暖通风、给排水等专业冲突矛盾之处：

1）变电所在总平面图上的位置及其占地面积的几何形状及尺寸。

2）电源进户回路个数、编号、电压等级、进线方位、进线方式及第一接线点的形式（杆、塔）、进线电缆或导线的规格型号、电缆头规格型号，进线杆塔规格、悬式绝缘子的规格片数及进线横担的规格。

3）混凝土构架及其基础的布置、间距、比例、高度、数量、规格、用途及其结构形式，电缆沟的位置、盖板结构及其沟端面布置，控制室、电容器室以及休息室、检修间、备品库等房间的位置、面积、几何尺寸及开间布置等。

4）隔离开关、避雷器、电流互感器、电压互感器及其熔断器、断路器、电力变压器、跌落式熔断器等室外主要设备的规格、型号、数量及安装位置。

5）一次母线、二次母线的规格及组数，悬式绝缘子规格片数组数，穿墙套管规格、型号、组数、安装位置及标高，二次侧母线的结构、材料规格、支柱绝缘子型号规格及数量、安装位置及间距。

6）控制室信号盘、控制盘、电源柜、模拟盘规格型号、数量、安装位置，室内电缆沟位置。

7）二次配电室进线柜、计量柜、开关柜、控制柜、避雷柜的规格、型号、台数及安装位置，室内电缆沟位置，引出线的穿墙套管规格、型号、编号、安装位置及标高，引出电缆的位置、编号。室内敷设管路的规格及导线电缆规格根数。

8）修理间电源柜、动力配电柜、电容器室电容柜或台架的规格、型号、安装位置、电缆沟位置，管路布置及其规格、导线及电缆规格。

9）避雷针的位置、个数、规格和结构。

10）接地极、接地网平面布置及其材料的规格、型号、数量、引入室内的位置及室内布置方式，以及对接地电阻的要求、与设备接地点连接要求和敷设要求。

2. 户内变电所平面布置图的识读

检查下述各条内容有无与设计规范不符，有无与土建、采暖、通风、给排水等专业冲突矛盾之处：

1）变电所在总平面图上的位置及其占地面积的几何形状及尺寸。

2）电源进户回路个数、编号、电压等级、进线方位、进线方式及第一接线点的形式、进线电缆或导线的规格型号和电缆头规格型号等。

3）变配电所的层数、开间布置及用途、楼板孔洞用途及几何尺寸。

4）各层设备平面布置情况、开关柜、计量柜、控制柜、联络柜、避雷柜、信号盘、电源柜、操作柜、模拟盘、电容柜、变压器等的规格、型号、台数及安装位置。

5）首层电缆沟位置、引出线穿墙套管规格、型号、编号、安装位置、引出电缆的位编号、母线结构型式及规格型号组数等。室内敷设管路的规格及导线、电缆的规格、型号、根数。

6）接地极、接地网平面布置及其材料的规格、型号、数量、引入室内的位置及室内布置方式、对接地电阻的要求、与设备接地点连接要求、敷设要求。

3. 变压器台平面布置图的识读

检查下述各条内容有无与设计规范不符，有无与土建、采暖、通风、给排水等专业冲突矛盾之处：

1）变压器的容量及安装位置、电源电压等级、回路编号、进户方位、进线方式、第一接线点形式、进线规格型号、电缆头规格、进线杆规格、悬式绝缘子规格、片数及进线横担规格。

2）变压器安装方式（落地、杆上）、变压器基础面积、高度、围栏形式（墙、栏杆或网）、高度及设置。

3）跌开式熔断器和避雷器规格型号安装位置、横担构件支撑规格及要求、杆头金具布置形式。

4）接地引线及接地板的布置、对接地电阻的要求。

5）悬式绝缘子及针式绝缘子数量及规格、高低压母线规格及安装方式、电杆规格及数量。

6）隔离开关规格型号及安装方式、低压侧熔断器的规格型号、低压侧总柜或总箱的位置、规格、结构以及低压出线方式、计量方式等。

13.4 常用建筑电气安装平面图识读实例

13.4.1 某中型工厂 35kV 降压变电所平面图

图 13-8 所示为某中型工厂 35kV 降压变电所平面布置图。该图的识读步骤如下：

1）先看标题栏、技术说明和图例。由此对全图的总体有所了解，为识读平面图打下基础。

2）看整体概略情况。该图采用施工坐标网标注。施工坐标网画成网格通线，坐标代号用"A"（纵向）、"B"（横向）表示。由此建筑物或设备位置可用（A，B）确定。该图采用"十"字线表示了 35kV 变电所、线路及各车间等建筑物的位置。由图可见，该总平面布置图的施工坐标网在 A100 至 A400、B200 至 B500 之间。

3）看各车间负荷。各车间的计算负荷已分别标注在图中相应位置。

4）看电源进线。从图中可以看出本厂进线电源有两个：一是 35kV 主供电源，另一个是 10kV 备供电源。另外本厂有 3×1000kV 自发电电源。

5）看变电所。35kV 降压变电所电压为 35±5%/10.5kV，供电给 12 个车间变电所。除空压站的高压动力负荷外，其余车间变电所电压均为 10/0.4kV。

13.4.2 某工厂 10kV 变电所平面布置图与立面布置图

图 13-1 和图 13-2 分别为某小型工厂变电所的平面布置图和立面布置图（又称剖面图），表 13-1 为图中主要电气设备及材料明细表，表中的编号与图中的编号对应。识读图 13-1 和图 13-2 时，应结合其电气主接线图（见图 13-9 及图 13-10）进行。该变电所为独立变电所。

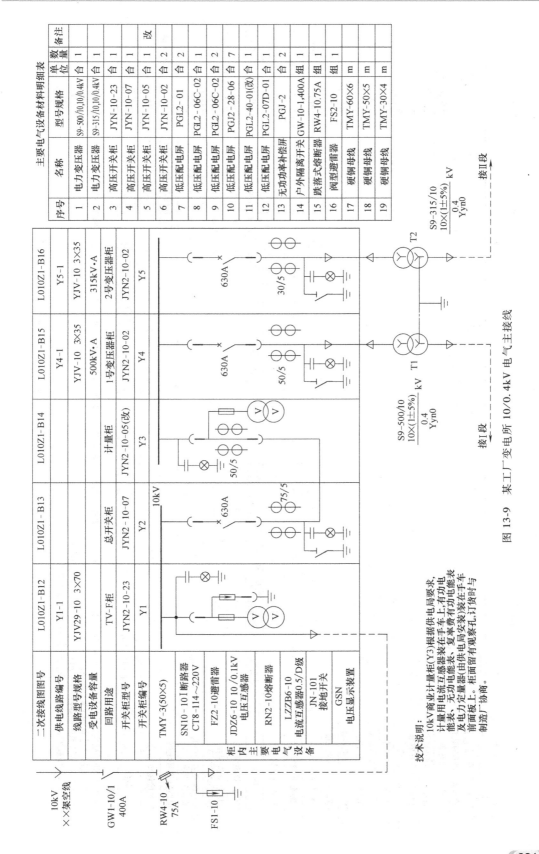

图 13-9 某工厂变电所 10/0.4kV 电气主接线

主要电气设备材料明细表

序号	名称	型号规格	单位	数量	备注
1	电力变压器	S9-500/10,10/0.4kV	台	1	
2	电力变压器	S9-315/10,10/0.4kV	台	1	
3	高压开关柜	JYN-10-23	台	1	
4	高压开关柜	JYN-10-07	台	1	
5	高压开关柜	JYN-10-05	台	1	改
6	高压开关柜	JYN-10-02	台	2	
7	低压配电屏	PGL2-01	台	2	
8	低压配电屏	PGL2-06C-02	台	1	
9	低压配电屏	PGL2-06C-02	台	2	
10	低压配电屏	PGJ2-28-06	台	7	
11	低压配电屏	PGL2-40-01(改)	台	1	
12	低压配电屏	PGJ2-07D-01	台	1	
13	无功功率补偿屏	PGJ-2	台	2	
14	户外隔离开关	GW-10-1.400A	组	1	
15	跌落式熔断器	RW4-10.75A	组	1	
16	阀型避雷器	FS2-10	台	1	
17	硬铜母线	TMY-60×6	m		
18	硬铜母线	TMY-50×5	m		
19	硬铜导线	TMY-30×4	m		

技术说明：
10kV商业计量柜(Y3)根据供电局要求，计量用电流互感器装在手车上，有功电能表、无功电能表。复费费有功电能表及电力定量器由供电局安装装在手车前面板上。柜面留有观察孔，订货时与制造厂协商。

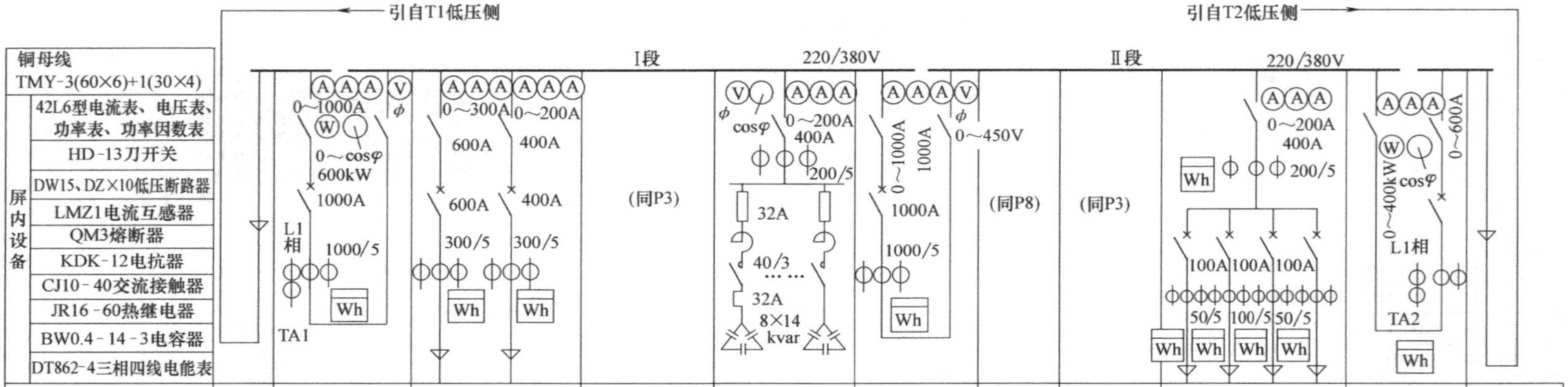

屏内设备

- 铜母线 TMY-3(60×6)+1(30×4)
- 42L6型电流表、电压表、功率因数表、功率表
- HD-13刀开关
- DW15,DZ×10低压断路器
- LMZ1电流互感器
- QM3熔断器
- KDK-12电抗器
- CJ10-40交流接触器
- JR16-60热继电器
- BW0.4-14-3电容器
- DT862-4三相四线电能表

配电屏编号	P1	P2	P3	P4~P7	P8	P9	P10	P11、P12	P13	P14	P15
配电屏型号	PGL2-01	PGL2-06C-01	PGL2-28-06	PGL2-28-06	PGJ1-2	PGL2-06C-02	PGJ1-2	PGL2-28-06	PGL2-40-01改	PGL2-07D-01	PGL2-01
配电线路编号	PX1		PX3-1　PX3-2	PX4~PX7				PX11、PX12	PX13-1　13-2　13-3　13-4		PX15
用途	电缆受电	1号变低压总开关	工装、精温车间动力／机修车间动力	锻工、金工、冲压、装配等车间动力	电容自动补偿(1)	低压联络	电容自动补偿(2)	热处理车间等及备用	办公楼生活区照明／防空调照明／照明／备用	2号变低压总开关	电缆受电
回路计算电流/A		750	300　400	200~300		750		60~400	50　100　50	600	
低压断路器脱扣器额定电流/A		1000	400　200	300~400		1000		100~600	100　80　100	800	
低压断路器瞬时脱扣器额定电流/A		3000	1200　900	900~1200		3000		500~1800	800　1000　800	2400	
配电线路型号图号	3(VV-1 1×500)	OZA.354.223	VV29-1 3×150+1×50　VV29-1 3×95+1×35　OZA.354.240	同P3	112kVar	OZA.354.224	112kVar	OZA.354.240	OZA.354.140(改)	OZA.354.223	3(VV-1 1×500)
二次接线图图号	电缆无铠装	Wh为DT862型 220/380V	Wh为DT862型 220/380V	同P3				Wh为DT862 220/380V	Wh为三相四线 屏宽改为800mm		电缆无铠装
备注	电缆无铠装	TA1为电容补偿屏(1)用								TA2为电容屏(2)用	电缆无铠装

图 13-10　某工厂变电所 380V 电气主接线

技术说明:

1. 低压P13配电屏为厂区生活用电专用屏,根据供电局要求安装计费有功电能表。在屏前上部装有加锁的封闭计量小室,屏面有观察孔。订货时与制造厂协商。
2. 柜及屏外壳均为仿果绿色烤漆。
3. TA1~TA2至各电容器屏均用BV-500(2×2.5)线。外包绝缘带。
4. 本图中除P2、P9、P14外,均选用DZX10型低压断路器。

表 13-1　图 13-1、图 13-2 中主要电气设备及材料明细表

编号	名称	型号规格	单位	数量	备注
1	电力变压器	S9-500/10，10/0.4kV，Yyn0	台	1	
2	电力变压器	S9-315/10，10/0.4kV，Yyn0	台	1	
3	手车式高压开关柜	JYN2-10，10kV	台	5	Y1~Y5
4	低压配电屏	PGL2	台	13	
5	电容自动补偿屏	PGJ1-2，112kvar	台	2	
6	电缆梯形架（一）	ZTAN-150/800	m	20	
7	电缆梯形架（二）	ZTAN-150/400、90DT-150/400	m	15	90°平弯形 2 个
8	电缆头	10kV	套	4	
9	电缆芯端接头	DT-50　$d=10\text{mm}$	个	12	
10	电缆芯端接头	DT-400　$d=28\text{mm}$	个	12	
11	电缆保护管	黑铁管 $\phi100$	m	80	
12	铜母线	TMY-30×4	m	16	高压侧
13	高压母线夹具		付	12	
14	高压支柱绝缘瓷瓶	ZA-10Y	个	12	
15	铜母线	TMY-60×6	m		低压侧
16	低压母线夹具		付	12	
17	电车线路绝缘子	WX-01	只	12	
18	铜母线	TMY-30×4	m	20	T 二次侧引至低压配电屏
19	高压母线支架	形式 15	套	2	∟ 50mm×5mm　共 5.2m
20	低压母线支架	形式 15	套	2	∟ 50mm×5mm　共 5.2m
21	高压电力电缆	YJV29-10-3×35　10kV	m	40	
22	低压电力电缆	VV-1-1×500　无铠装	m	120	也可用 VV-3×150+1×50
23	电缆支架	3 型	个	4	∟ 40mm×4mm　共 1m
24	电缆头支架		个	2	∟ 40mm×4mm　共 1m

本变电所为二层建筑，具体识图步骤如下：

1）先了解总体概况。首先看两图的标题栏、技术说明及主要电气设备材料明细表，以便对图 13-1 和图 13-2 所示的整个变电所的概况有所了解。

2）看变电所的总体布置。由图 13-2 可见，该变电所分上下两层：底层为 2 间变压器室、高压配电室、辅助用房（含备件室和洗手间等），2 层为低压配电室和值班室。

3）看供配电进出线。结合电气主接线图，把两图联系起来交替读图。由电气主接线图（见图 13-9）可知，电源为 10kV 的架空线路，进入厂区后由电缆引入该变电所 Y1 高压开关柜，然后分别经 Y4、Y5 高压开关柜到 1、2 号变压器，降压为 230/400V 后经电缆引向 2 层低压配电室相关低压配电屏（P1、P15）的母线，再向全厂各车间等负荷配电。

4）看底层。

① 看高压配电室。该厂采用 JYN2-10 型手车式高压开关柜，如图 13-9 所示。图 13-1 左图中高压开关柜 Y1~Y5 分别为电压互感器——避雷器柜、总开关柜、计量柜和 1 号、2 号变压器操作柜。图 13-1 右图表示了各屏的排列及安装位置。高压配电室高 5.4m，柜列的前后左右尺寸均符合有关规范要求。

② 看变压器室。该变电所采用 500kV·A 及 315kV·A 电力变压器各 1 台，户内安装。考虑到今后扩容，变压器的尺寸布置均按 800kV·A 设计。由于无高压动力负载，配电低压为 10/0.4kV，负载用 220/380V 电压。为有利于通风散热，除高度较高外，变压器室地坪抬高 1m，下设挡油设施，发生事故时可把油排向室外。下部有百页纱窗以利通风，并防止小

动物进入。为达到防火要求，变压器室的门采用钢材制作。

变压器室右侧是高压开关室，图中标出了高压柜的位置，10kV 电源进线位置、低压各支路电缆出线位置。PX3～PX7、PX11～PX13 为线路电缆。

5）看二层。二层为低压配电室，低压配电室高 4m，低压配电屏 P1～P15 为∏形布置，低压配电屏采用 PGL2 型，电容补偿屏为 PGJ1 型，接线如图 13-10 所示。另有一台备用配电屏 P16，各条电缆均敷设在电缆沟内。值班室在二楼，值班室与低压配电室毗邻。

在该变电所中，高、低压配电室的门都朝外开。该变电所还预留了今后发展扩容的位置。屏后与墙之间有电缆沟，相互距离为 1.7m。吊装孔是用于二层低压配电屏等设备的吊运的。

由于是独立变电所，因此在底层室内设有单独的洗手间。

图 13-2 分别表示了 Ⅰ-Ⅰ、Ⅱ-Ⅱ剖视。"剖面图"是建筑制图中的习惯称谓，严格来说这里应是剖视图。

13.4.3　某建筑工程低压配电总平面图

图 13-11 是某建筑工程低压配电总平面图，该图简要示出供电区域的地形，用等高线表示了地面高程，用风向频率标记（风玫瑰图）表示了该地区常年风向情况（常年以北风、南风为主），为线路安装提供了必要的参考依据。为了更清楚地表示线路去向，图中绘制出了各用电单位的建筑平面外形、建筑面积和用电负荷（计算负荷 P_{30}）。图中线路的长度未标注尺寸，但这个图是按比例（1∶1000）绘制的，可用比例尺直接从图中量出导线的长度。

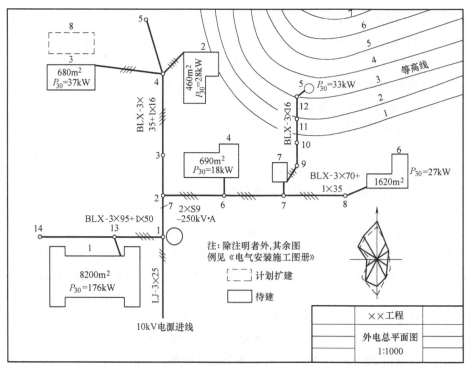

图 13-11　低压配电线路平面图

由图 13-11 可知，电源进线为 10kV，经配电变电所降压后，采用 380V 架空线路分别送至 1~6 号建筑物，其主要内容如下：

1）配电变电所的型式，图中所示为柱上式变电所，装有 2×S9-250kV·A 的变压器，即装有两台型号为 S9-250 的三相油浸式电力变压器，其设计序号为 9，额定容量为 250kV·A。

2）架空线路电杆的编号和位置，其电杆依次编号为 1~14 号；

3）导线的型号、截面积和每回路根数，例如：

① 10kV 电源进线为 LJ-3×25，表示电源进线采用的导线型号为 LJ（铝芯绞线），共有 3 根导线，截面积分别为 25mm^2。

② 去 1 号建筑物的导线为 BLX-3×95+1×50，表示去 1 号建筑物采用的导线型号为 BLX（铝芯橡皮绝缘电线），共有 4 根导线，其中 3 根截面积为 95mm^2，1 根截面积为 50mm^2。

第14章

动力与照明电气工程图的识读

动力、照明电气工程图为建筑电气工程图最基本的图样，主要包括系统图、平面图、配电箱安装接线图等。

动力、照明系统图概略地表示了建筑内动力、照明系统的基本组成、相互关系及主要特征，反映了动力及照明的安装容量、计算容量、计算电流、配电方式、导线和电缆的型号、规格、数量、敷设方式、穿管管径、敷设部位、开关及熔断器的规格型号等。

动力、照明平面图是假想沿水平方向经过门、窗将建筑物切开，移去上面的部分，从高处向下看，反映的是建筑物的平面形状及布置，结构尺寸、门窗等及建筑物内配电设备、动力和照明设备等平面布置、线路走向等。

14.1 动力与照明电气工程图的接线方式

14.1.1 动力配电系统的接线方式

低压动力配电系统的电压等级一般为 380/220V 中性点直接接地系统，线路一般从建筑物变电所向建筑物各用电设备或负荷点配电。低压动力配电系统的接线方式有三种：放射式、树干式和链式。

（1）放射式动力配电系统

放射式动力配系统主接线如图 14-1 所示。放射式动力配电系统的特点是每个负荷都由单独的线路供电，线路发生故障时影响范围小，因此这种供电方式的可靠性较高，且控制灵活，易于实现集中控制；缺点是线路多，有色金属消耗量较大。

放射式动力配电系统的适用范围是：供电给大容量设备、要求集中控制的设备或要求可靠性高的重要设备。当车间内的动力设备数量不多、容量大小差别较大、排列不整齐但设备运行状况比较稳定时，一般采用放射式配电。这种接线方式的主配电

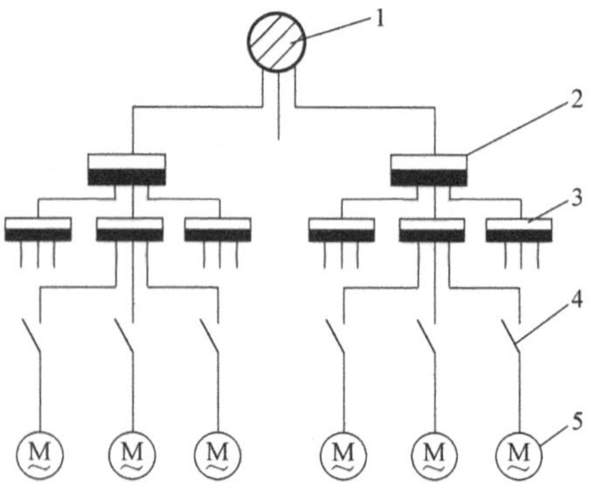

图 14-1　放射式动力配电系统主接线
1—车间变电所　2—主配电盘　3—分配电盘　4—开关　5—电动机

箱宜安装在容量较大的设备附近，分配电箱和控制开关与所控制的设备安装在一起。

（2）树干式动力配电系统

树干式动力配电系统主接线如图 14-2 所示。树干式动力配电主接线线路少，因此开关设备及有色金属消耗量小，投资省。然而一旦干线出现故障，其影响范围大，因此供电可靠性较低。当电力设备分布比较均匀、容量相差不大且相距较近、对可靠性要求不高时，可采用树干式动力配电系统。

这种供电方式的可靠性比放射式要低一些，在高层建筑的配电系统设计中，通常采用垂直母线槽和插接式配电箱组成树干式配电系统。

（3）链式动力配电系统

链式动力配电主接线如图 14-3 所示。其特点是由一条线路配电，先接至一台设备，然后再由该台设备引出线供电给后面相邻的设备，即后面设备的电源引自前面相邻设备的接线端子。其优点是线路上无分支点，适用于穿管敷设或电缆线路，节省有色金属消耗量、投资省；缺点是线路检修或发生故障时，相连设备将全部停电，因此供电可靠性较低。

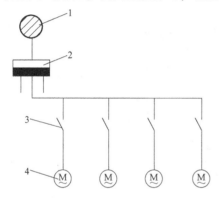

图 14-2　树干式动力配电主接线
1—车间变电所　2—主配电盘　3—开关　4—电动机

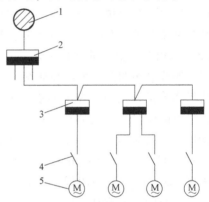

图 14-3　链式动力配电主接线
1—车间变电所　2—主配电盘　3—分配电盘
4—开关　5—电动机

当设备距离配电屏较远，设备容量比较小，且各设备之间相距比较近时，可采用链式动力配电方案。通常一条线路可以接 3~4 台设备。链式相连的设备不宜多于 5 台，总功率不得超过 10kW。

在上述动力配电系统中，主配电盘一般使用低压配电屏，分配电盘一般采用动力配电箱。

14.1.2　照明配电系统的接线方式

1. 照明配电系统的分类

照明配电系统常见分类如下：

1）按接线方式分。照明配电系统按接线方式可分为单相制 220V 电路和 220/380V 三相四线制电路两种。少数也有因接地线与接零线分开而成单相三线和三相五线的。

2）按工作方式分。照明配电系统按工作方式可分为一般照明和局部照明两大类。一般照明是指工作场所的普遍性照明；局部照明是在需要加强照度的个别工作地点安装的照明。

大多数工厂车间采用混合照明，既有一般照明，又有局部照明。

　　3）按工作性质分。照明配电系统按工作性质可分为工作照明、事故照明和生活照明三类。工作照明就是在正常工作时使用的照明；事故照明是在工作照明发生故障停电时，供暂时继续工作或人员疏散而投入使用的非常照明。在重要的变配电所及其他重要工作场所，应设事故照明。

　　4）按安装地点分。照明配电系统按安装地点可分为室内照明（如车间、办公室、变配电所各室等）和室外照明。其中室外照明有路灯（道路交通）、警卫（安全保卫）、某些原材料及半成品库料场、厂区运输码头以及室外运动场地等的照明。

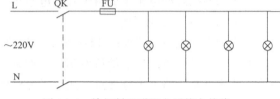

图 14-4　单相制照明配电系统主接线

2. 照明配电系统的接线方式

　　根据照明配电系统接线方式有以下几种：

　　（1）单相制照明配电系统

　　单相制照明配电主接线如图 14-4 所示。这种接线十分简单，当照明容量较小、不影响整个工厂供电系统的三相负荷平衡时，可采用此接线方式。

　　（2）三相四线制照明配电系统

　　三相四线制照明配电主接线如图 14-5 所示。当照明容量较大时，为了使供电系统三相负荷尽可能满足平衡的要求，应把照明负荷均衡地（不仅是容量分配上，还要考虑照明负荷的实际运行情况）分配到三相线路上，采用 220/380V 三相四线制供电。一般厂房、大型车间、住宅楼、影剧院等都采用这种配电方式。

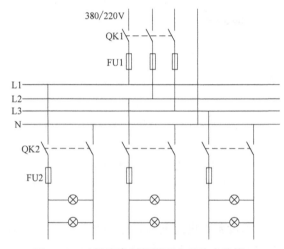

图 14-5　三相四线制照明配电系统主接线

　　（3）有备用电源照明配电系统

　　有备用电源照明配电系统主接线如图 14-6 所示，其特点是照明线路与动力线路在母线上分别供电，事故照明线路由备用电源供电。

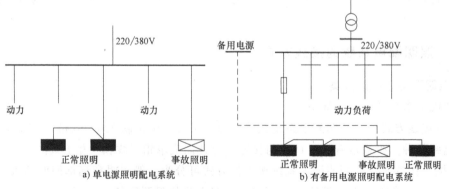

a) 单电源照明配电系统　　　　　b) 有备用电源照明配电系统

图 14-6　照明配电系统主接线

14.1.3 多层民用建筑供电电路的布线方式

从总配电箱引至分配电箱的供电电路，称为干线。总配电箱与分配电箱间的连接，在多层民用建筑中，通常有以下几种布线方式：

（1）放射式

放射式布线如图 14-7a 所示，从总配电箱至各分配电箱，均由独立的干线供电。总配电箱的位置，按进户线要求，可选择在最优层数，一般多设在地下室、1 层或 2 层。这种方式的优点是当其中一个分配电箱发生故障时，不致影响其他分配电箱的供电，提高了供电的可靠性；其缺点是耗用的管线较多，工程造价增高。它适用于要求供电可靠性高的建筑物。

（2）树干式

树干式布线如图 14-7b 所示，由总配电箱引出的干线上连接几个分配电箱，一般每组供电干线可连接 3~5 个分配电箱。总配电箱位置根据进户线的位置、高度等要求选定。这种供电的可靠性较放射式布线差，但节省了管线

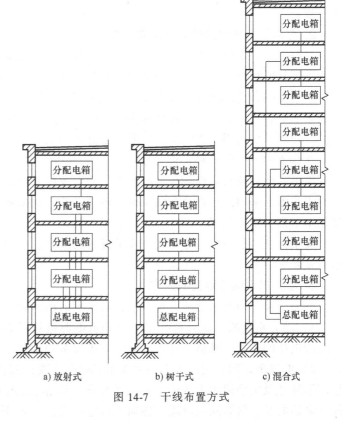

a) 放射式　　b) 树干式　　c) 混合式

图 14-7　干线布置方式

及有关设备，降低了工程造价。因此，它是目前多层建筑照明设计常用的一种布线方式。

（3）混合式

混合式布线如图 14-7c 所示。这是上述两种布线方式的混合，在目前高层建筑照明设计中，多采用此种布线方式。当层数超过十层以上时，可设置两个以上的总配电箱。

14.2　动力与照明电气工程图的绘制与识读

14.2.1　动力与照明电气工程图的绘制方法

1. 制图规则

动力与照明电气工程图在选用图形符号时，应遵守以下使用规则：

1）图形符号的大小和方位可根据图面布置确定，但不应改变其含义，而且符号中的文字和指示方向应符合读图要求。

2）在绝大多数情况下，符号的含义由其形式决定，而符号的大小和图线的宽度一般不

影响符号的含义。有时为了强调某些方面，或者为了便于补充信息，允许采用不同大小的符号，改变彼此有关的符号的尺寸，但符号间及符号本身的比例应保持不变。

3）在满足需要的前提下，尽量采用最简单的形式。对于电路图，必须使用完整形式的图形符号来详细表示。

4）在同一张电气图样中只能选用一种图形形式，图形符号的大小和线条的粗细亦应基本一致。

2. 常用动力及照明设备绘制方法与表示方法

一般，动力及照明平面图、土建平面图是严格按比例绘制的，但电气设备和导线并不按比例画出其形状和外形尺寸，而是用图形符号表示。导线和设备的空间位置、垂直距离一般不另用立面图，而标注安装标高或用施工说明来表明。为了更好地突出电气设备和线路的安装位置、安装方式，电气设备和线路一般都在简化的土建平面图上绘出，土建部分的墙体、门窗、楼梯、房间用细实线绘出，电气部分的灯具、开关、插座、配电箱等用中实线绘出，并标注必要的文字符号和安装代号。

常用的动力及照明设备，如电动机、动力及照明配电箱、灯具、开关、插座等在动力及照明工程图上采用图形符号和文字标注相结合的方式来表示。常用动力及照明设备的图形符号见本书第 1 章第 2 节。

文字标注一般遵循一定格式来表示设备的型号、个数、安装方式及额定值等信息。常用动力及照明设备的文字标注见表 1-43。

3. 动力工程图应包括的内容

动力工程图通常包括动力系统图、电缆平面图和动力平面图等。

1）动力系统图。动力系统图主要表示电源进线及各引出线的型号、规格、敷设方式，动力配电箱的型号、规格，开关、熔断器等设备的型号、规格等。

2）电缆平面图。电缆平面图主要用于标明电缆的敷设及对电缆的识别。在图上要用电缆图形符号及文字说明把各种电缆予以区分。常用电缆按构造和作用分为电力电缆、控制电缆、电话电缆、射频同轴电缆、移动式软电缆等，按电压分为 0.5kV、1kV、6kV、10kV 电缆等。

3）动力平面图。动力平面图是用来表示电动机等各类动力设备、配电箱的安装位置和供电线路敷设路径及敷设方法的平面图。它是用得最为普遍的动力工程图。

动力平面图与照明平面图一样，也是将动力设备、线路、配电设备等画在简化了的土建平面图上。但是，照明平面图上表示的管线一般是敷设在本层顶棚或墙面上，而动力平面图中表示的管线则通常是敷设在本层地板（地坪）中，少数采用沿墙暗敷或明敷的方式。

4. 照明工程图应包括的内容

照明工程图主要包括照明系统图、平面图及配电箱安装图等。

1）照明系统图上需要表达以下几项内容：

① 架空线路（或电缆线路）进线的回路数，导线或电缆的型号、规格、敷设方式及穿管管径。

② 总开关及熔断器的型号规格，出线回路数量、用途、用电负荷功率及各条照明支路的分相情况。

③ 用电参数。在照明配电系统图上，应表示出总的设备容量、需要系数、计算容量、

计算电流及配电方式等，也可以列表表示。

④ 技术说明、设备材料明细表等。

2）照明平面图及配电箱安装图上要表达的主要内容有电源进线位置，导线型号、规格、根数及敷设方式，灯具位置、型号及安装方式，各种用电设备（照明分配电箱、开关、插座、电扇等）的型号、规格、安装位置及方式等。

14.2.2 动力与照明系统图的特点

动力与照明系统图又叫配电系统图，描述建筑物内的配电系统和容量分配情况、配电装置、导线型号、导线截面积、敷设方式及穿管管径、开关与熔断器的规格型号等。主要根据干线连接方式绘制。

配电系统图的主要特点如下：

1）配电系统图所描述的对象是系统或分系统。配电系统图可用来表示大型区域电力网，也可用来描述一个较小的供电系统。

2）配电系统图所描述的是系统的基本组成和主要特征，而不是全部。

3）配电系统图对内容的描述是概略的，而不是详细的，但其概略程度则依描述对象的不同而不同。描述一个大型电力系统，只要画出发电厂、变电所、输电线路即可。描述某一设备的供电系统，则应将熔断器、开关等主要元器件表示出来。

4）在配电系统图中，表示多线系统，通常采用单线表示法；表示系统的构成，一般采用图形符号；对于某一具体的电气装置的配电系统图，也可采用框形符号。这种框形符号绘制的图又称为框图。这种形式的框图与系统图没有原则性的区别，两者都是用符号绘制的系统图，但在实际应用中，框图多用于表示一个分系统或具体设备、装置的概况。

14.2.3 动力与照明电气工程图的识读方法

1. 动力电气工程图的识读方法

阅读动力系统图（动力平面图）时，要注意并掌握以下内容：

1）电动机位置、电动机容量、电压、台数及编号、控制柜（箱）的位置及规格型号、控制柜（箱）到电动机安装位置的管路、线槽、电缆沟的规格型号及线缆规格型号、根数和安装方式。

2）电源进线位置、进线回路编号、电压等级、进线方式、第一接线点位置及引入方式、导线电缆及穿管的规格型号。

3）进线盘、柜、箱、开关、熔断器及导线规格的型号、计量方式。

4）出线盘、柜、箱、开关、熔断器及导线规格型号、回路个数、用途、编号及容量、穿管规格、起动柜或箱的规格型号。

5）电动机的起动方式，同时核对该系统动力平面图回路标号与系统图是否一致。

6）接地母线、引线、接地极的规格型号数量、敷设方式及接地电阻要求。

7）控制回路、检测回路的线缆规格型号数量及敷设方式，控制元件、检测元件规格型号及安装位置。

8）核对系统图与动力平面图的回路编号、用途名称、容量及控制方式是否相同。

9）建筑物为多层结构时，上下穿越的线缆敷设方式（管、槽、插接或封闭母线、竖井等）及其规格、型号、根数、相互联络方式。单层结构的不同标高下的上述各有关内容及平面布置图。

10）具有仪表检测的动力电路应对照仪表平面布置图核对联锁回路、调节回路的元件及线缆的布置及安装敷设方式。

11）有无自备发电设备或 UPS。

12）电容补偿装置等各类其他电气设备及管线的上述内容。

2. 照明电气工程图的识读方法

阅读照明系统图（照明平面图）时，要注意并掌握以下内容：

1）进线回路编号、进线线制（三相五线、三相四线、单相两线制）、进线方式、导线电缆及穿管的规格型号。

2）电源进户位置、方式、线缆规格型号、第一接线点位置及引入方式、总电源箱规格型号及安装位置，总电源箱与各分箱的连接形式及线缆规格型号。

3）灯具、插座、开关的位置、规格型号、数量，控制箱的安装位置及规格型号、台数，从控制箱到灯具插座、开关安装位置的管路（包括线槽、槽板、明装线路等）的规格走向及导线规格型号根数和安装方式，上述各元件的标高及安装方式和各户计量方法等。

4）各回路开关熔断器及总开关熔断器的规格型号、回路编号及相序分配、各回路容量及导线穿管规格、计量方式、电流互感器规格型号，同时核对该系统照明平面图回路标号与系统图是否一致。

5）建筑物为多层结构时，上下穿越的线缆敷设方式（管、槽、竖井等）及其规格、型号、根数、走向、连接方式（盒内、箱内等）。单层结构的不同标高下的上述各有关内容及平面布置图。

6）系统采用的接地保护方式及要求。

7）采用明装线路时，其导线或电缆的规格、绝缘子规格型号、钢索规格型号、支柱塔架结构、电源引入及安装方式、控制方式及对应设备开关元件的规格型号等。

8）箱、盘、柜有无漏电保护装置，其规格型号，保护级别及范围。

9）各类机房照明、应急照明装置等其他特殊照明装置的安装要求及布线要求、控制方式等。

10）土建工程的层高、墙厚、抹灰厚度、开关布置、梁、窗、柱、梯、井、厅的结构尺寸、装饰结构形式及其要求等土建资料。

14.3 常用动力与照明电气工程图的识读

14.3.1 某实验楼动力、照明供电系统图

图 14-8 为某实验楼动力供电系统图，图 14-9 为某实验楼照明供电系统图。该实验楼动力供电和照明分开，采用电缆直埋引入、三相四线制供电，入户后为三相五线制。

由图 14-8 可知，动力供电的进线电缆为 VV22-1kV-4×120-SC100-FC，表示采用聚氯乙烯绝缘铠装铜电力电缆、耐压等级为 1000V，有 4 条线，截面积为 120mm^2，穿管径为 φ100mm 的钢管（SC），埋地暗敷设；总开关为 NSD250 断路器，整定电流为 200A；分支线路有以下 4 条：

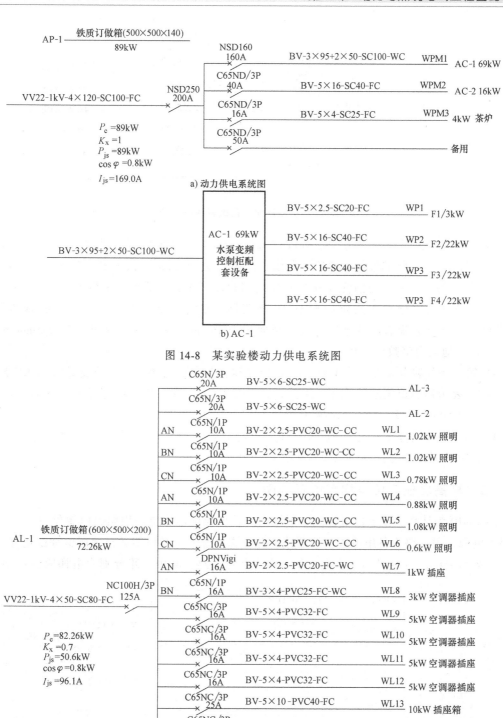

图 14-8 某实验楼动力供电系统图

图 14-9 某实验楼照明供电系统图

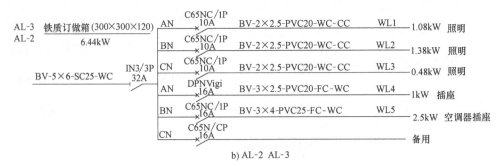

b) AL-2 AL-3

图 14-9　某实验楼照明供电系统图（续）

1）第 1 条线路分支开关为 NSD160 断路器，整定电流 160A，分支导线为 BV-3×95+2×50-SC100-WC，表示铜芯聚氯乙烯绝缘电线，截面积 95 为 mm²，共 3 根，截面积 50mm² 的 2 根，穿管径为 φ100mm 的钢管（SC）在墙内暗敷设（WC），后接水泵控制柜。

2）第 2 条线路分支开关为 C65ND/3P 断路器，整定电流 40A，分支导线为 BV-5×16-SC40-FC，表示铜芯聚氯乙烯绝缘电线，截面积为 16mm²，共 5 根，穿管径为 φ40mm 的钢管（SC）在地面内暗敷设（FC）。

3）第 3 条线路分支开关为 C65ND/3P 断路器，整定电流为 16A，分支导线为 BV-5×4-SC25-FC，表示铜芯聚氯乙烯绝缘电线，截面积为 4mm²，共 5 根，穿管径为 φ25mm 的钢管（SC）在地面内暗敷设（FC），后接 4kW 茶炉。

4）第 4 条线路分支开关为 C65ND/3P，整定电流为 50A，断路器，为备用线路。

图 14-9 为某实验楼照明供电系统图，读者可自行分析。

14.3.2　某高层住宅楼电梯配电系统图

图 14-10 为某高层住宅楼电梯配电系统图。该电梯配电系统采用两路电源供电：一路为常用主电源，另一路为备用电源。该两路电源经强电竖井电缆桥架送至顶层电梯配电箱 AP-DT1（或 AP-DT2、AP-DT3），在电梯配电箱内共分四路，其中三路分别为电梯成套控制箱、

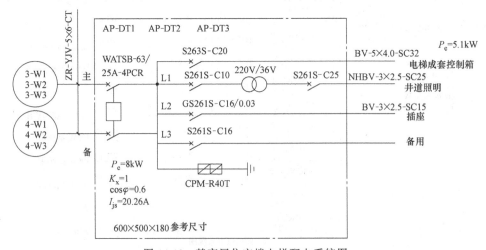

图 14-10　某高层住宅楼电梯配电系统图

井道照明、插座供电，还有一路作为备用）。

由图 14-10 可知，供电电源的进线电缆均为 ZR-YJV-5×6-CT，表示进线电缆为阻燃型（ZR）交联聚氯乙烯绝缘聚氯乙烯护套铜芯电缆（YJV），电缆规格为 5 芯、每一根线芯的截面积为 6mm² （5×6），用电缆桥架敷设（CT）。

在电梯配电箱内装设了一个 WATSB-63/25A-4PCR 型自动开关，分支线路有 4 条：

1）第 1 条线路分支开关为 S263S-C20 型断路器，分支导线为 BV-5×4.0-SC32，表示铜芯聚氯乙烯绝缘电线（BV），截面积为 4mm²，共 5 根（三根相线，一根中性线 N，一根保护线 PE），穿管径为 φ32mm 的钢管敷设（SC），送至电梯成套控制箱。

2）第 2 条线路分支开关为 S261S-C10 型断路器，经 220V/36V 双绕组隔离变压器、S261S-C25 型断路器，为井道照明供电。分支导线为 NHBV-3×2.5-SC25，表示耐火型铜芯聚氯乙烯绝缘电线（NHBV），截面积为 2.5mm² 的 3 根（一根相线，一根中性线 N，一根保护线 PE），穿管径为 φ25mm 的钢管敷设（SC）。该支路输出 36V 安全电压。

3）第 3 条线路分支开关为 GS261S-C16/0.03 型漏电断路器，分支导线为 BV-3×2.5-SC15，表示铜芯聚氯乙烯绝缘电线（BV），截面积为 2.5mm²，共 3 根，穿管径为 φ15mm 的钢管敷设（SC），引至各插座。

4）第 4 条线路分支开关为 S261S-C16 型断路器，作为备用线路。

由图 14-10 还可知，该电梯配电箱的额定功率 P_e 为 8kW，功率因数 $\cos\varphi$ 为 0.6，电流 I_{js} 为 20.26A，配电箱内设 CPM-R40T 型电涌保护器，电涌保护器与接地装置连接，起雷击电磁脉冲防护作用。

14.3.3　某住宅楼照明配电系统图

图 14-11 为某住宅楼照明配电系统图。该住宅楼为三层，一共有三个单元。其照明配电系统采用一路电源供电。在进线旁标注的 3N-50Hz（380/220V），

扫一扫看视频

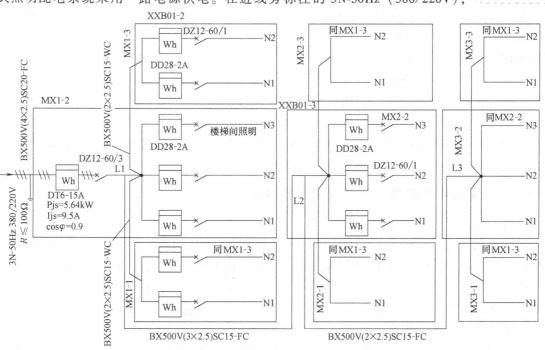

图 14-11　某住宅楼照明配电系统图

表示供电电源为三相四线制（N 代表中性线），电源频率为 50Hz，电源的线电压为 380V，相电压为 220V。进户线为 BX500V（4×2.5）SC20-FC，表示进户线采用铜芯橡胶绝缘线（BX），共 4 根，每根的截面积为 2.5mm^2，穿管径为 ϕ20mm 的钢管敷设（SC），敷设部位为沿地面暗敷（FC）。

由图 14-11 可以看出，从左至右分别为一、二、三单元，从下至上分别为 1、2、3 层，整个系统共有 9 个配电箱（每个单元每个楼层配置一个配电箱），其中一个总配电箱设在一单元的 2 层，而一单元 2 层的分配电箱在总配电箱内，另外 8 个均为分配电箱。一单元的三个配电箱，从 1 层到 3 层依次编号为 MX1-1、MX1-2、MX1-3，配电箱编号中前面的数字为单元，后面的数字为楼层。

进户线首先进入总配电箱，总配电箱的型号为 XXB01-3，总配电箱内装有一块三相四线制电能表，其型号为 DT6-15A；还装有一个三相断路器，其型号为 DZ12-60/3。供电线路的照明供电电路的功率 P_{js} 为 5.64kW，计算电流 I_{js} 为 9.5A，功率因数 $\cos\varphi^2$ 为 0.9。

一单元 2 层的分配电箱在总配电箱内，该分配电箱有三个回路，每个回路装有一块单相电能表和一个单相断路器，单相电度表的型号均为 DD28-2A，单相断路器的型号为 DZ12-60/1。

二、三单元 2 层的分配电箱型号均为 XXB01-3，每个配电箱内有三个回路，每个回路装有一块 DD28-2A 型单相电能表和一个 DZ12-60/1 型单相断路器。其中一个回路供楼梯照明，另外两个回路各供一户用电。

各单元 1、3 层的分配电箱型号均为 XXB01-2，每个配电箱内有两个回路，每个回路装有一块 DD28-2A 型单相电能表和一个 DZ12-60/1 型单相断路器。两个回路各供一户用电。

由图 14-11 还可以看出，从总配电箱中引出了三条干线。其中两条干线分别为一单元的 1、3 层供电，这两条干线标注为 BX500V（2×2.5）SC15-WC，表示采用铜芯橡胶绝缘线（BX），共 2 根，每根截面积为 2.5mm^2，穿管径为 ϕ15mm 的钢管敷设（SC），敷设部位为沿墙暗敷（WC）。另一条干线引至二单元 2 层的配电箱，供二单元使用，该干线标注为 BX500V（3×2.5）SC15-FC，表示采用铜芯橡胶绝缘线（BX），共三根，每根截面积为 2.5mm^2，穿管径为 ϕ15mm 的钢管敷设（SC），敷设部位为沿地板暗敷（FC）。

从二单元 2 层的配电箱中又引出了三条干线。其中两条干线分别供二单元的 1、3 层用电，另一条干线引至三单元 2 层的配电箱，供三单元使用，该干线标注为 BX500V（2×2.5）SC15-FC，表示采用铜芯橡胶绝缘线（BX），共 2 根，每根截面积为 2.5mm^2，穿管径为 ϕ15mm 的钢管敷设（SC），敷设部位为沿地板暗敷（FC）。

14.3.4　某房间照明电路的原理图、接线图与平面图

图 14-12 为某房间的照明电路。

从图 14-12a 可以看出，该电路采用单相电源供电，用双刀开关 QS 和熔断器 FU 控制和保护照明电路，并将 QS 和 FU 置于配电箱中。由于配电箱和灯具 H1～H3、开关 S1～S3 和插座 XS 等安装地点不同，在图 14-12a 中反映不出来，所以实际接线图如图 14-12b 所示，照明平面图用图 14-12c 来表示。照明平面图能反映照明线路的全部真实情况，电气工人可以按照图 14-12c 进行施工。

图 14-12c 左侧箭头表示进户线的方向，上面标注的"BLV2×4SC15FC"表示进户线是 2

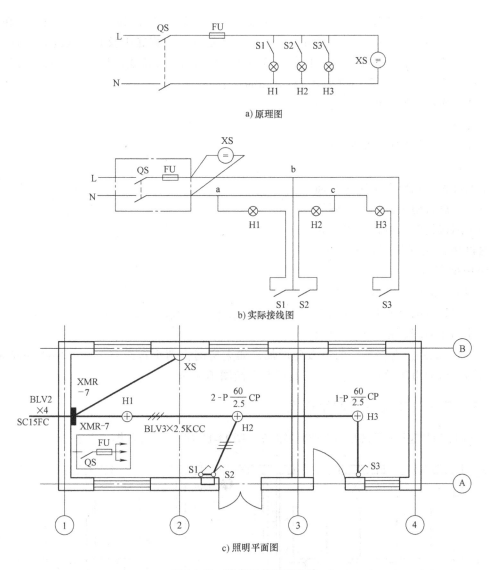

a) 原理图

b) 实际接线图

c) 照明平面图

图 14-12　某房间的照明电路

根截面积为 4mm^2 的塑料铝线，穿钢管从外部埋地暗敷设穿墙进入室内配电箱，钢管管径为 15mm。

同理可知，BLV3×2.5KCC 表示 3 根塑料铝线，单根截面积为 2.5mm^2，用瓷瓶或瓷柱沿顶棚暗敷设。没有标文字和符号的导线，其数量为两根，其型号及敷设方式等同本房间的其他导线一样。

配电箱的型号为 XMR-7，此型号配电箱的具体尺寸宽×高×厚为 270mm×290mm×120mm。因为按规定暗装配电盘底口距地 1.4m，所以图上没有标注安装高度。箱内电气系统图已画在图 14-12c 中。

灯具上标注的"$2\text{-P}\dfrac{60}{2.5}\text{CP}$"表示在本房间内有 2 盏相同的灯具，灯具类型为普通吊灯 P，每盏灯具上有 60W 白炽灯泡一个，安装高度为 2.5m，CP 表示用自在器吊于室内。

各灯采用拉线开关控制,按规定安装在进门一侧,手容易碰到的地方,安装高度在照明平面图中一般是不标注的。施工者可依据《电气装置安装工程施工及验收规范》进行安装。拉线开关一般安装在距地 2~3m,距门框为 0.15~0.20m,且拉线出口向下;其他各种开关安装一般为距地 1.3m,距门框为 0.15~0.20m。

明装插座的安装高度一般为距地 1.3m,在托儿所、小学校等不应低于 1.8m。暗插座一般距地不低于 0.3m。

由上可见,只要有了照明平面图,就可以进行施工,不用再画原理图和实际接线图。应该指出,在线路敷设中,尤其是穿管配线中,应避免中间接头或分接头。如图 14-12b 中的 a、b、c 等处,应将这些接头放在就近的灯头盒、开关盒或其他电器的接线端子上,如图

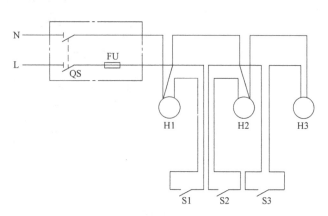

图 14-13 无中间接头的照明电路实际安装图

14-13 所示。这样,有些导线的根数要增加,如大房间去两个拉线开关处的导线变成 4 根。所以,同一房间由于敷设方式不同,其照明平面图不完全一样。

14.3.5 某建筑物电气照明平面图

图 14-14 为某建筑物第 3 层电气照明平面图,图 14-15 为其供电系统图,表 14-1 是负荷统计表。

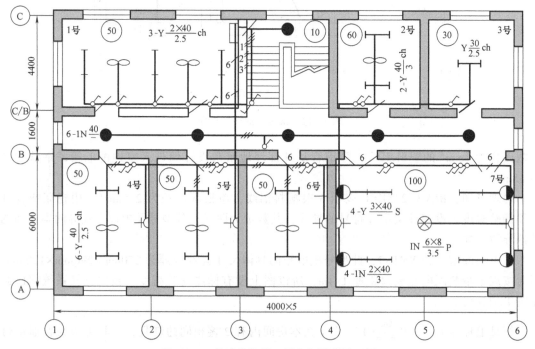

图 14-14 某建筑物第 3 层电气照明平面图

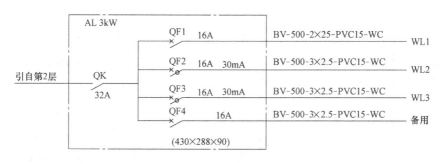

图 14-15 图 14-14 的供电系统图

表 14-1 图 14-14 和图 14-15 中的负荷统计表

线路编号	供电场所	负荷统计			
		灯具/个	电扇/只	插座/个	计算负荷/kW
1 号	1 号房间、走廊、楼道	9	2		0.41
2 号	4、5、6 号房间	6	3	3	0.42
3 号	2、3、7 号房间	12	1	2	0.48

注：1. 该层层高 4m，净高 3.88m，楼面为钢筋混凝土板。

2. 配电箱为 XM1-16 型，并按系统图接线。

由图 14-15 所示的供电系统图可知，该楼层的电源引自第 2 层，单相交流 220V，经照明配电箱 XM1-16 分成三条照明分干线，送到 1~7 号各房间。

由图 14-14 所示的照明平面图可以看出平面图表示的非电信息。这个图的基本图是建筑平面图，为了清晰地表示线路、灯具的布置，图中按比例用细实线简略地绘制了该建筑物墙体、门窗、楼梯、承重梁柱的平面结构等。用定位轴线横向 1~6 及纵向 A、B、C/B、C 和尺寸线表示了各部分之间的尺寸关系。

1）照明线路。图 14-15 中 BV-500-2×2.5-PVC15-WC，表示用的是额定电压为 500V 的塑料绝缘导线（BV），两根，每根的截面积为 $2.5mm^2$，穿直径为 15mm 的阻燃塑料管敷设（PVC15），线路敷设部位为沿墙壁暗敷设（WC）。

2）照明设备。由图 14-14 可知，电气照明平面图中的照明设备有灯具、开关、插座、风扇等。例如"3-Y $\frac{2×40}{2.5}$ Ch"表示该房间有 3 盏荧光灯（灯具代号为 Y），每盏有 2 支 40W 的灯管，安装高度（灯具下端离房间地面高）2.5m，链吊式（Ch）安装。

3）照度。各个房间的照度采用圆圈中标注的阿拉伯数字表示，单位是 lx（勒克斯），例如 6 号房间的照度是 50lx。

4）图上位置。由定位轴线和标注的有关尺寸，可以很简便地确定设备、线路管线的安装位置，并计算出线管长度。

14.3.6 某锅炉房动力系统图和动力平面图

图 14-16 所示为某锅炉房的动力系统图。

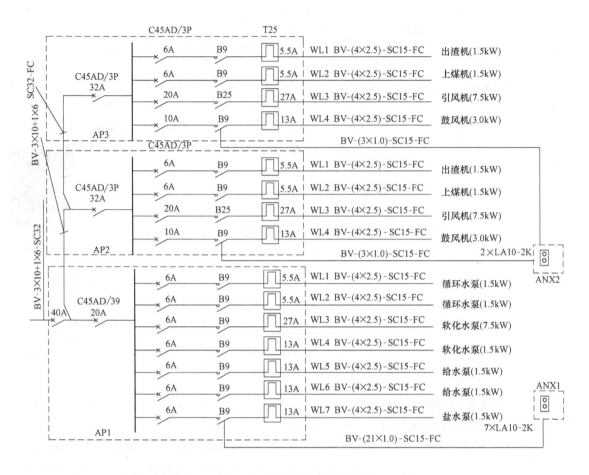

图 14-16 某锅炉房动力系统图

由图 14-16 可知，该锅炉房共有五个配电箱，其中 AP1～AP3 三个配电箱内装断路器、接触器和热继电器，也称控制配电箱；另外两个配电箱 ANX1 和 ANX2 内装控制按钮，也称按钮箱。例如图 14-16 中电源从配电箱 AP1 的左端引入，"BX-3×10+1×6-SC32" 表示，使用 3 根截面积为 $10mm^2$ 和 1 根截面积为 $6mm^2$ 的铜芯橡胶绝缘导线，穿直径为 32mm 的焊接钢管。从 PL1 配电箱到各台水泵的线路均相同；"BV-4×2.5-SC15-FC" 表示均使用 4 根截面积为 $2.5mm^2$ 的聚氯乙烯绝缘导线，穿直径为 15mm 的焊接钢管埋地暗敷设。

图 14-17 为某锅炉房动力平面图，表 14-2 为该锅炉房主要设备表。

表 14-2　某锅炉房主要设备表

序号	名称	容量/kW	序号	名称	容量/kW
1	上煤机	1.5	5	软化水泵	1.5
2	引风机	7.5	6	给水泵	1.5
3	鼓风机	3.0	7	盐水泵	1.5
4	循环水泵	1.5	8	出渣机	1.5

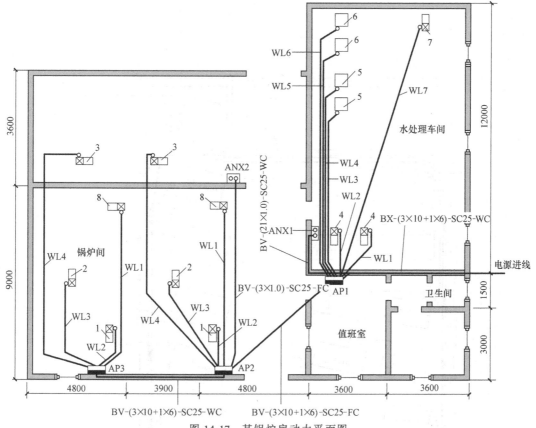

图 14-17 某锅炉房动力平面图

图 14-17 中电源进线在图的右侧，沿卫生间、值班室墙引至主配电箱 AP1。从主配电箱左侧下引至配电箱 AP2，从配电箱 AP2 经墙引至配电箱 AP3。配电箱 AP1 有 7 条引出线 WL1～WL7 分别接到水处理间的 7 台水泵，按钮箱 ANX1 安装在墙上，按钮箱控制线经墙暗敷。配电箱 AP2 和 AP3 均安装在墙上，上煤机、出渣机在锅炉右侧，引风机在锅炉左侧，鼓风机安装在锅炉房外间，按钮箱 ANX2 安装在外间墙上，按钮控制线埋地暗敷。图中标号与设备表序号相对应。

14.3.7 某车间动力配电平面图

某车间共有两层，首层动力平面图如图 14-18 所示。

由图 14-18 可知，车间内有动力设备 18 台。由于动力设备较多，因此只能按照一定的顺序依次分析。理清电源的来龙去脉是看懂本图的关键。图 14-18 中的电源涉及照明配电箱（柜）的电源和动力配电屏 BSL 的电源两大部分。此外，本图涉及的设备控制箱 11 个，线路连接情况比较复杂。在看图时，可按照看电源→控制箱、配电屏→线路→设备的顺序进行。

（1）电源电路

1）照明配电箱（柜）的电源。图 14-18 中"BX-(4×4)-TC25"是照明进户线，表示采用 4mm² 铜芯橡皮绝缘导线 4 根，穿直径为 25mm 的薄电线管引入到照明配电箱（柜）。

2）动力配电屏 BSL 的电源。图 14-18 中"BLX-(3×95)-SC70"是动力进户线，表示采用

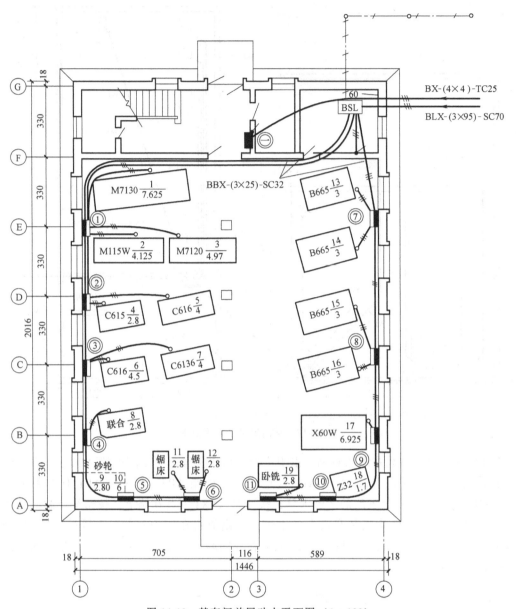

图 14-18　某车间首层动力平面图（1：100）

95mm² 铝芯橡皮绝缘导线 3 根，穿直径为 70mm 的钢管引入到动力配电屏。动力配电屏 BSL 一般由专业厂家生产，施工人员所做工作是将配电屏进行固定、接地、接入电源和引出负载线路。

（2）看控制箱、配电屏

1）本车间内共有设备控制箱（分配电箱）11 个，暗装于墙上。控制箱内的配线安装可参阅相关的系统图。

2）从动力配电屏 BSL 处引出供电电路 4 条。其中有两路送到车间左半部（动力在左半部较多）的 1~6 号分配电箱；有一路送到车间右半部的 7~11 号分配电箱；还有一路穿过立管引到楼上，供给楼上的设备使用。

（3）看设备

1号控制箱为一路，分别控制 M7130、M115W、M7120 等三台设备。图中的方框表示设备的名称、设备编号和设备上的电动机额定功率。图中机器设备符号的含义如下：分数前面的符号是设备的型号；分式中分子为设备编号，分母为设备的总功率，单位为 kW，详见本书第 1 章表 1-43。例如：

1）"M7130 $\frac{1}{7.625}$"表示设备名称为 M7130 型平面磨床、设备编号为 1 号，机床上电动机总的额定功率为 7.625W。

2）"C616 $\frac{6}{4.5}$"表示设备名称为 C616 型车床，设备编号为 6 号，机床上电动机总的功率为 4.5kW。

施工中可根据设备的功率计算其工作电流并决定选用导线的规格。车间内各种机器设备的安放位置，应查阅相关资料，本图中的符号不能确定其准确位置。另一方面不同设备的电源接线盒位置也不相同，施工中如果电源线从地面引出的位置不对，将会给施工带来很多不便。

图 14-19 为二层动力剖面图，读者可自行阅读。

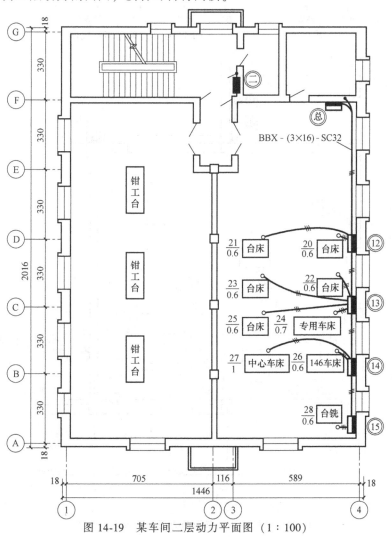

图 14-19 某车间二层动力平面图（1:100）

14.3.8 某机械加工车间动力系统图与平面图

图 14-20 所示为某机械加工车间 11 号动力配电箱系统图，图 14-21 是与图 14-20 对应的

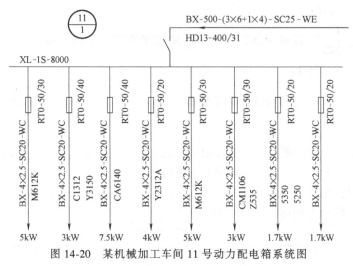

图 14-20 某机械加工车间 11 号动力配电箱系统图

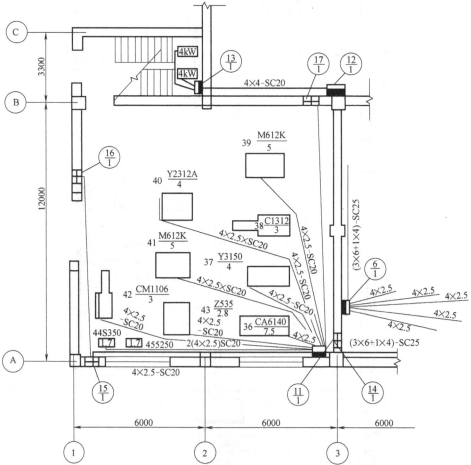

图 14-21 某机械加工车间动力平面布置图（局部）

动力平面图。

由图 14-20 和图 14-21 可见，电源进线为 BX-500-(3×6+1×4)-SC25-WE，表示用的是额定电压为 500V 的橡皮绝缘导线（BX），三根相线，每根截面积为 6mm²，一根中性线，其截面积为 4mm²，穿直径为 25mm 的钢管敷设（SC25），线路敷设部位为沿墙壁明敷设（WE）至 11 号动力配电箱。

动力配电箱的型号为 XL-1S-8000，在箱内设置了总刀开关进行控制，总刀开关的型号为 HD13-400/31，即该开关是额定电流为 400A 的三极单投刀开关。配电箱共有 8 条支路输出，每条支路用 RT0 型熔断器作为短路保护。动力配电箱至各负载的线路标志为 BX-4×2.5-SC20-WC，表示采用 4 根橡皮绝缘线（BX），每根截面积为 2.5mm²，穿直径为 20mm 的钢管敷设（SC20），暗敷设在墙内（WC）。

供电负载有 CA6140 车床（7.5kW）1 台、C1312 车床（3kW）1 台、M612K 磨床（5kW）2 台、Z535 钻床（2.8kW）1 台、Y3150 滚齿机（4kW）1 台、Y2312A 滚齿机（4kW）1 台、CM1106 车床（3kW）1 台、5250、5350 螺钉加工机床（1.7kW）各一台。

第15章

建筑物防雷与接地工程图的识读

15.1 防雷电气工程图的识读

15.1.1 建筑物防雷概述

1. 雷电的危害

（1）直击雷的危害

天空中高电压的雷云，击穿空气层，向大地及建筑物、架空电力线路等高耸物放电的现象，称为直击雷。发生直击雷时，巨大的雷电流通过被击物，使被击物燃烧，使架空导线熔化。

（2）感应雷的危害

雷云对地放电时，在雷击点放电的过程中，位于雷击点附近的导线上将产生感应过电压，它能使电力设备绝缘层发生闪烙或击穿，造成电力系统停电事故、电力设备的绝缘损坏，使高压电串入低压系统，威胁低压用电设备和人员的安全，还可能发生火灾和爆炸事故。

（3）雷电侵入波的危害

架空电力线路或金属管道等，遭受直击雷后，雷电波就沿着这些击中物传播，这种迅速传播的雷电波称为雷电侵入波。它可使设备或人遭受雷击。

2. 防雷的主要措施

防雷的重点是各高层建筑、大型公共设施、重要机构的建筑物及变电所等。应根据各部位的防雷要求、建筑物的特征及雷电危害的形式等因素，采取相应的防雷措施。

（1）防直击雷的措施

安装各种形式的接闪器是防直击雷的基本措施。如在通信枢纽、变电所等重要场所及大型建筑物上可安装避雷针，在高层建筑物上可装设避雷带、避雷网等。

（2）防雷电波侵入的措施

雷电波侵入的危害的主要部位是变电所，重点是电力变压器。基本的保护措施是在高压电源进线端装设阀式避雷器。避雷器应尽量靠近变压器安装，其接地线应与变压器低压侧中性点及变压器外壳共同连接在一起后，再与接地装置连接。

（3）防感应雷的措施

防感应雷的基本措施是将建筑物上残留的感应电荷迅速引入大地，常用的方法是将混凝土屋面的钢筋用引下线与接地装置连接。对防雷要求较高的建筑物，一般采用避雷网防雷。

15.1.2 防雷装置及其在电气工程图上的表示方法

1. 防雷电直击的装置

防雷电直击的装置是由接闪器（避雷针、避雷线、避雷带、避雷网）、引下线及接地体可靠组合的防雷装置。

（1）接闪器

接闪器是专门用来接受直接雷击的金属导体。接闪器的功能实质上是起引雷作用，将雷电引向自身，为雷云放电提供通路，并将雷电流泄入大地，从而使被保护物体免遭雷击、免受雷害的一种人工装置。根据使用环境和作用不同，接闪器有避雷针、避雷带和避雷网三种装设形式。

1）避雷针。避雷针其顶端呈针尖状，下端经接地引线与接地装置焊接在一起。避雷针通常安装于被保护物体顶端突出位置。

单支避雷针的保护范围为一近似的锥体空间，如图 15-1 所示。由图可见应根据被保护物体的高度和有效保护半径确定避雷针的高度和安装位置，以使被保护物体全部处于保护范围之内。

避雷针通常装设在被保护的建筑物顶部的凸出部位，由于高度总是高于建筑物，所以很容易把雷电流引入其尖端，再经过引下线的接地装置，将雷电流泄入大地，从而使建筑物、构筑物免遭雷击。

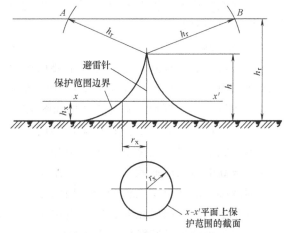

图 15-1 单支避雷针的保护范围

h—避雷针的高度　h_r—滚球半径　h_x—被保护物高度

r_x—在 x—x' 水平面上的保护半径

2）避雷线、避雷带与避雷网。避雷线、避雷带、避雷网的作用原理与避雷针相同，只是保护范围不同。

避雷线一般用截面积不小于 $35mm^2$ 的镀锌钢绞线，架设在架空线路上，以保护架空电力线路免受直击雷。由于避雷线是架空敷设而且接地，所以避雷线又称为架空地线。

避雷带是一种沿建筑物顶部突出部位的边沿敷设的接闪器，对建筑物易受雷击的部位进行保护。一般高层建筑物都装设这种形式的接闪器。

避雷网是用金属导体做成网状的接闪器。它可以看作纵横分布、彼此相连的避雷带。显然避雷网具有更好的防雷性能，多用于重要高层建筑物的防雷保护。

避雷带和避雷网一般采用镀锌圆钢制作，也可采用镀锌扁钢。避雷带和避雷网所用材料的尺寸应不小于以下数值：圆钢直径为 8mm；扁钢厚度不小于 4mm，截面积不小于 $48mm^2$。

（2）引下线

防雷引下线是连接接闪器和接地体的连接导线，它是将接闪器接到的雷电可靠地引到接地体泄放的电气通道。引下线通常采用镀锌圆钢或镀锌扁钢制成，也可利用建筑物的金属构件（金属爬梯、金属烟囱等）或建筑物钢筋混凝土内的钢筋作为防雷引下线。引下线是防雷装置极为重要的组成部分，必须可靠地按有关规范规定及设计要求装设好，以保证防雷效果。

（3）接地体

接地体是防雷、接地装置中直接埋地与大地直接接触的金属导体部分。其分为人工接地体和自然接地体两类。

人工接地体是指人为埋入地下的金属导体，一般用长 2.5m 的镀锌角钢（规格为 50mm×50mm×5mm）或镀锌钢管（直径为 50mm）制成。人工接地体分垂直安装与水平安装两种方式。

自然接地体是指兼作接地用的直接与大地接触的各种金属管道（输送易燃、易爆气体或液体的管道除外）、金属构件、钢筋混凝土基础的钢筋等。

2. 防护高压雷电波侵入的防雷装置——避雷器

避雷器主要用于保护发电厂、变电所的电气设备以及架空线路、配电装置等，是用来防护雷电产生的过电压，以免危及被保护设备的绝缘。

（1）阀型避雷器

阀型避雷器（又称阀式避雷器）主要由密封在瓷套内的多个火花间隙和一叠具有非线性电阻特性的阀片（又称阀性电阻盘）串联组成，阀型避雷器的结构如图 15-2 所示。

在正常工作电压情况下，阀型避雷器的火花间隙阻止线路工频电流流过，但在线路上出现高电压波时，火花间隙就被击穿，很高的高电压波就加到阀片电阻上，阀片电阻的阻值便立即减小，使高压雷电流通畅地向大地泄放。过电压一消失，线路上恢复工频电压时，阀片电阻又呈现很大的电阻值，火花间隙绝缘也迅速恢复，线路便恢复正常运行。

（2）管型避雷器

管型避雷器（又称管式避雷器）由产气管、内部间隙 S_1 和外部间隙 S_2 三部分组成，如图 15-3 所示。

正常运行时，间隙 S_1 和 S_2 均断开，管型避雷器不工作。当线路上遭到雷击或发生感应雷时，很高的雷电压使管型避雷器的外部间隙击穿，接着管型避雷器的内部间隙被击穿，强大的雷电流便通过管型避雷器的接地装置入地，此强大的雷电流和很大的工频续流会在内部间隙发生强烈的电弧，在电弧高温下，产气管的管壁产

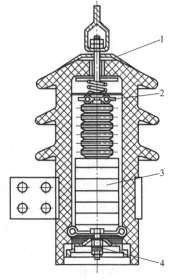

图 15-2　阀型避雷器的结构图

1—瓷套　2—火花间隙

3—阀片电阻　4—接地螺栓

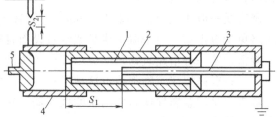

图 15-3　管型避雷器的结构图

1—产气管　2—胶木管　3—棒形电极　4—环形电极

5—动作指示器　S_1—内部间隙　S_2—外部间隙

生大量的灭弧气体，由于管子容积很小，所以在管内形成很高压力，将气体从管口喷出，强

烈吹弧，在电流经过零值时，电弧熄灭。这时外部间隙恢复绝缘，使管型避雷器与运行线路隔离，恢复正常运行。

（3）保护间隙（放电间隙）

与被保护物绝缘并联的空气火花间隙称为保护间隙（又称为放电间隙或空气间隙）。保护间隙是最简单经济的防雷装置，其结构十分简单，便于维护，但保护性能较差，灭弧能力小，容易造成接地短路故障，所以在装有保护间隙的线路上，一般都装有自动重合闸装置，以提高供电的可靠性。目前 3~35kV 线路广泛应用的是羊角形保护间隙。

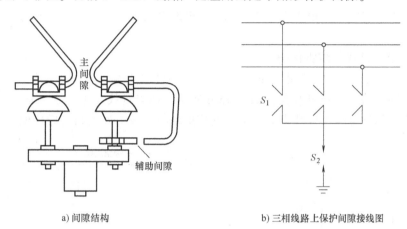

a) 间隙结构　　　　　　　　　　　　b) 三相线路上保护间隙接线图

图 15-4　羊角形保护间隙结构与接线

S_1—主间隙　S_2—辅助间隙

羊角形间隙由两根直径为 $\phi 10~12mm$ 的镀锌圆钢弯成羊角形电极并固定在瓷瓶上构成，其结构如图 15-4a 所示。其中一个电极接线路，另一个电极接地。三相线路上保护间隙的接线如图 15-4b 所示。

3. 常用防雷装置在防雷电气工程图上的表示方法

常用防雷装置在防雷电气工程图上的表示方法见表 15-1。

表 15-1　常用防雷装置的图形符号和文字符号

名称	图形符号	文字符号	说　明
避雷针	○	F	平面布置图形符号,必要时标注其高度(单位为 m)
避雷线		FW	必要时标注其长度(单位为 m)
避雷器		FV 或 F	限压保护器件
放电间隙		FV 或 F	限压保护器件

4. 避雷器的接线图

避雷器主要用于保护发电厂、变电所的电气设备以及架空线路、配电装置等，是用来防护雷电产生的过电压，以免危及被保护设备的绝缘层。

使用时，避雷器接在被保护设备的电源侧，与被保护线路或设备相并联，避雷器的接线图如图 15-5 所示。当线路上出现危及设备安全的过电压时，避雷器的火花间隙就被击穿，或由高阻变为低阻，使过电压对地放电，从而保护设备免遭破坏。

15.1.3 常用的防雷措施及接线图

1. 变电所（配电所）的防雷保护

工厂变配电所的防雷保护，一是要防止变配电所建筑物和户外配电装置遭受直击雷，二是防止过电压雷电波沿进线侵入变电所，危及变电所电气设备安全。变电所的防雷保护常采用以下措施：

（1）变配电所进线的防雷保护

6～10kV 配电线路的进线防雷保护，可以在每路进线终端装设 FZ 型或 FS 型阀型避雷器，以保护线路断路器及隔离开关，如图 15-6 所示。如果进线是电缆引入的架空线路，则在架空线路终端靠近电缆头处装设避雷器，其接地端与电缆头外壳相连后接地。

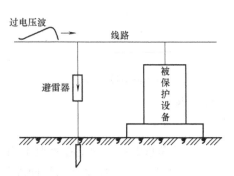

图 15-5 避雷器的接线图

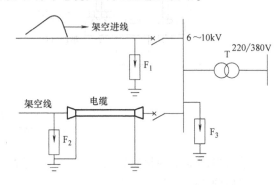

图 15-6 6～10kV 变配电所进线防雷保护接线示意图

（2）变配电所装置的防雷保护

为了防止雷电冲击波沿高压线路侵入变电所，对所内设备造成危害，特别是对于价值最高但绝缘相对薄弱的电力变压器，应重点保护。所以，在变配电所每段母线上都应装设一组阀型避雷器，并应尽量靠近变压器，距离一般不应大于 5m。避雷器的接地线应与变压器低压侧接地的中性点及金属外壳连在一起接地，如图 15-7 所示。

2. 高压电机的防雷保护

高压电动机的绝缘水平比变压器低，如果其经变压器再与架空线路连接时，一般不要求采取特殊的防雷措施，但是如果是直接和架空线路连接时（常称为直配线电动机），其防雷问题尤为重要。

对于高压电动机一般采用如下防雷措施：对于定子绕组中性点能引出的大功率高压电动机，就在中性点加装避雷器。对于定子绕组中性点不能引出的高压电动机，一般采用磁吹阀型避雷器与电容器并联的方法来保护，如图 15-8 所示。

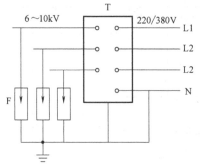

图 15-7 电力变压器的防雷保护及其接地系统

T—电力变压器　F—阀型避雷器

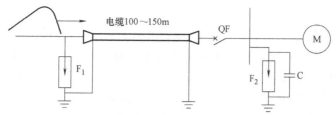

图 15-8 高压电动机防雷保护的接线示意图

F₁—排气式避雷器或普通阀型避雷器

F₂—磁吹阀型避雷器

3. 高层建筑的防雷保护

大型建筑的防雷接地系统应由内部防雷接地装置和外部防雷接地装置组成。内部防雷接地装置包括笼式避雷网、专用接地装置；外部防雷装置包括接地网（自然接地体）引下线、避雷带等。

（1）避雷带的设置

避雷带是水平敷设在建筑物的屋脊、屋檐、女儿墙、水箱间顶、梯间屋顶等位置的带状金属线，对建筑物易受雷击部位进行保护。避雷带的做法如图 15-9 所示。

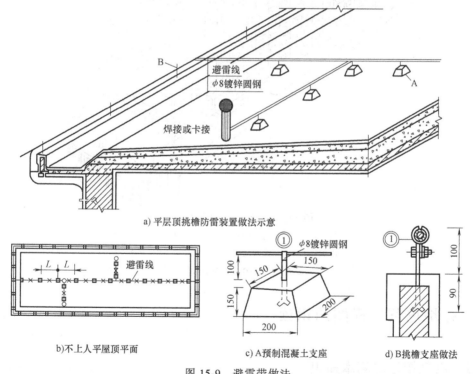

a) 平层顶挑檐防雷装置做法示意

b) 不上人平屋顶平面

c) A预制混凝土支座

d) B挑檐支座做法

图 15-9 避雷带做法

避雷带一般采用镀锌圆钢或扁钢制成，圆钢直径应不小于 8mm；扁钢的截面积应不小于 50mm²，厚度应不小于 4mm，在要求较高的场所也可以采用直径 20mm 的镀锌钢管。

安装避雷带时，若装于屋顶四周，则应每隔 1m 用支架固定在墙上，转弯处的支架间隔为 0.5m，并应高出屋顶 100～150mm。若装设于平面屋顶，则需现浇混凝土支座，并预埋支持卡子，混凝土支座间隔 1.5～2m。

（2）避雷网的设置

避雷网适用于较重要的建筑物，是用金属导体做成的网格式的接闪器，将建筑物屋面的避雷带（网）、引下线、接地体连接成一个整体的钢铁大网笼。避雷网有全明装、部分明装、全暗装、部分暗装等几种。

工程上常用的是暗装与明装相结合起来的笼式避雷网，将整个建筑物的梁、板、柱、墙内的结构钢筋全部连接起来，再接到接地装置上，就成为一个安全、可靠的笼式避雷系统，如图 15-10 所示。它既经济又节约材料，也不影响建筑物的美观。

避雷网采用截面积应不小于 $50mm^2$ 的圆钢和扁钢，交叉点必须焊接，距屋面的高度一般应不大于 20mm。在框架结构的高层建筑中较多采用避雷网。

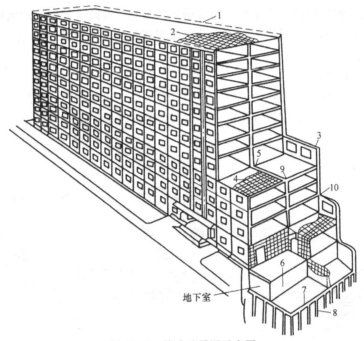

图 15-10　笼式避雷网示意图

1—周圈式避雷带　2—屋面板钢筋　3—外墙板　4—各层楼板
5—内纵墙板　6—内横墙板　7—承台梁　8—基桩
9—内墙板连接点　10—内外墙板钢筋连接点

15.2　接地电气工程图的识读

15.2.1　电气接地的基本知识

1．接地与接零

接地与接零是保证电气设备和人身安全用电的重要保护措施。

所谓接地，就是把电气设备的某部分通过接地装置与大地连接起来。

接零是指在中性点直接接地的三相四线制供电系统中，将电气设备的金属外壳、金属构架等与零线连接起来。

2. 工作接地、保护接地和重复接地

（1）工作接地

为了保证电气设备的安全运行，将电路中的某一点（例如变压器的中性点）通过接地装置与大地可靠地连接起来，称为工作接地，工作接地（又称系统接地）如图 15-11a 所示。

（2）保护接地

为了保障人身安全，防止间接触电事故，将电气设备外露可导电部分如金属外壳、金属构架等，通过接地装置与大地可靠连接起来，称为保护接地，如图 15-11b 所示。

对电气设备采取保护接地措施后，如果这些设备因受潮或绝缘损坏而使金属外壳带电，那么电流会通过接地装置流入大地，只要控制好接地电阻的大小，金属外壳的对地电压就可限制在安全数值以内。

（3）重复接地

将中性线上的一点或多点，通过接地装置与大地再次可靠地连接称为重复接地，如图 15-11a 所示。当系统中发生碰壳或接地短路时，能降低中性线的对地电压，并减轻故障程度。重复接地可以从零线上重复接地，也可以从接零设备的金属外壳上重复接地。

（4）保护接零

在中性点直接接地的低压电力网中，将电气设备的金属外壳与零线连接，称为保护接零（简称接零）。

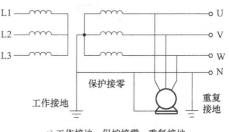

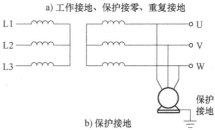

a）工作接地、保护接零、重复接地

b）保护接地

图 15-11　常用接地方式示意图

3. 接地装置

电气设备的接地体及接地线的总和称为接地装置。

接地体为埋入地中并直接与大地接触的金属导体。接地体分为自然接地体和人工接地体。人工接地体又可分为垂直接地体和水平接地体两种。

接地线为电气设备金属外壳与接地体相连接的导体。接地线又可分为接地干线和接地支线。接地装置的组成如图 15-12 所示。

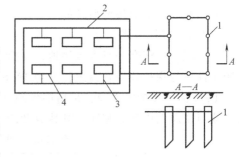

图 15-12　接地装置示意图

1—接地体　2—接地干线　3—接地支线　4—电气设备

15.2.2　电气接地的图示方法

一般接地装置的图形符号和文字符号见表15-2。其中有的用于接地系统图，有的用于接地平面布置图，也有的用于一些技术文件中。使用时，应注意区别。

表 15-2　一般接地装置的图形符号和文字符号

名称	图形符号	文字符号	说　　　明
接地	⏚	E	一般符号,用于电气接地系统图

（续）

名称	图形符号	文字符号	说　明
接机壳	 或	MM	
无噪声接地	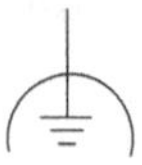	TE	抗干扰接地
保护接地	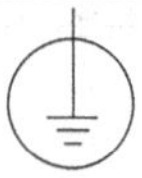	PE	表示具有保护作用，例如在故障情况下防止触电的接地
接地装置	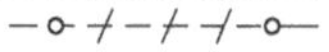 —○—⊢—⊢—⊢—○—（1） 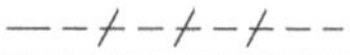 ——⊢—⊢—⊢——（2）		图（1）有接地极（体），"O"表示接地极 图（2）无接地极，用于平面布置图中
中性线		N	用于平面图中
保护线		PE	用于平面图中
保护和中性共用线		PEN	用于平面图中

15.2.3　电气接地系统图的识读

　　电气接地系统图是概略表示某一电气装置中各种电气设备接地系统基本构成的图，图面上仅表示电气设备哪些部位应接地，应采用哪种接地型式及其接地的功能，它是采用图形符号表示的一种简图。下面介绍不同接地型式的电气接地系统图。

　　低压配电系统的接地型式如下：

　　（1）TN 接地型式

　　低压配电系统有一点直接接地，受电设备的外露可导电部分通过保护线与接地点连接、按照中性线与保护线组合情况，分为 TN-S、TN-C、TN-C-S 三种接地型式，如图 15-13 所示。图中 PEN 称为保护中性线，是指中性线 N 和保护线 PE（又称保护地线或保护线）合用一根导线与变压器中性点相连。其特点和应用见表 15-3。

表 15-3　TN 接地型式的特点及应用

序号	接地型式	特　点	应　用
1	TN-S（五线制）	用电设备金属外壳接到 PE 线上，金属外壳对地不呈现高电位，事故时易切断电源，比较安全，但费用高	环境条件差的场所，电子设备供电系统
2	TN-C（四线制）	N 与 PE 合并成 PEN 一线。三相不平衡时，PEN 上有较大的电流，其截面积应足够大。这种方式比较安全，费用较低	一般场所，应用较广
3	TN-C-S（四线半制）	在系统末端，将 PEN 线分为 PE 和 N 线，兼有 TN-S 和 TN-C 的某些特点	线路末端环境条件较差的场所

　　（2）TT 接地型式（直接接地）

　　TT 接地型式如图 15-14 所示。

　　其特点为用电设备的外露可导电部分采用各自的 PE 接地线；故障电流较小，往往不足

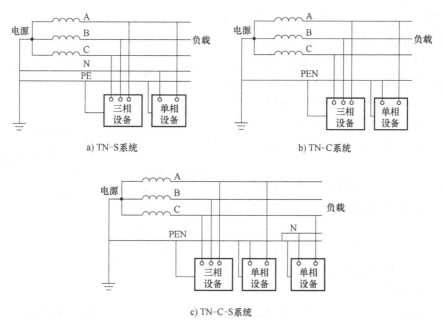

a) TN-S系统　　　　　　　　　b) TN-C系统

c) TN-C-S系统

图 15-13　TN 接地型式

以使保护装置自动跳闸，安全性较差。

其主要应用在小负荷供电系统中。

（3）IT 接地型式（经高阻接地方式）

IT 接地型式如图 15-15 所示。

其特点为带电金属部分与大地间无直接连接（或有一点经足够大的阻抗 Z 接地），因此，当发生单相接地故障后，系统还可短时继续运行。其主要应用在：煤矿及厂用电等希望尽量少停电的系统中。

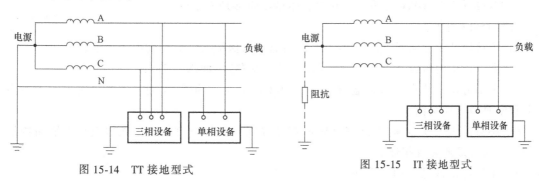

图 15-14　TT 接地型式　　　　　　　　图 15-15　IT 接地型式

15.3　常用建筑物防雷与接地工程图的识读

15.3.1　某计算机机房的接地系统图

　　室内通信系统工程接地包括直流接地、工作接地、保护接地、屏蔽接地、防静电接地。为了保证计算机系统安全、可靠、稳定的运行，保证设备人身的安全，针对不同的计算机系统要求，应设计适当形式的接地系统。图 15-16 所示为某机房的接地系统。

机房接地定义，即把电路中的某一点或某一金属壳体用导线与大地连在一起，形成电气通路。目的是让电流易于流到大地，因此接地电阻是越小越好。一般接地电阻值应满足如下要求：

1）交流工作接地电阻 R 不大于 $4\,\Omega$。

2）安全保护接地电阻 R 不大于 4Ω。

3）防雷保护接地电阻 R 不大于 10Ω。

4）计算机直流接地电阻的大小，应依据不同的计算机系统而定，一般要求接地电阻不大于 4Ω。

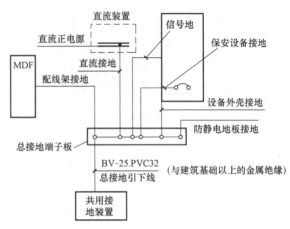

图 15-16　某机房的接地系统

机房接地系统的具体做法是：交流供电电源（即电源供电箱）采用 TN-S 系统；用电设备外壳接地、直流接地、屏蔽接地、防静电接地都在机房内引向总接地板。在机房内的所有接地线可以用绝缘铜芯线在活动地板下明敷，但每一种接地相连后直接引向总接地板，再由此接地板用导线引向室外的接地装置。但此接地装置距离防雷接地装置不应小于 20m。

15.3.2　某 10kV 降压变电所防雷接地平面图

用图形符号绘制的以表示防雷设备的安装平面位置及其保护范围的图，称为防雷平面图。防雷平面图表示了避雷针、避雷带、引下线等装置的平面位置及材料，注明了施工时的特殊做法。有时也把接地装置表示在防雷平面图中。

图 15-17 为某厂 10kV 变电所采用避雷带的防雷接地平面图。

由图 15-17 可见：

1）该接地装置是防雷接地（属于工作接地）与保护接地共用的综合接地装置。

2）室外接地网敷设在变电所地基周围（3m 左右），埋深 0.7m 以上。

3）采用避雷带防直击雷，避雷带材料为 25mm×4mm 镀锌扁钢，暗敷在屋顶天沟边沿顶上和屋面隔热预制板上。

4）避雷带引下线 Q 采用 25mm×4mm 镀锌扁钢，屋顶四角各有一条敷设在外墙粉刷层内的引下线与接地装置相连。

5）屋顶避雷带呈"田"字形。

6）垂直接地体采用 16 根 50mm×5mm 镀锌等边角钢，每根长为 2.5m，间距为 5m，采用 40mm×4mm 镀锌扁钢相焊接组成接地网。

7）变电所由避雷带所覆盖，故均在防护直击雷的保护范围内。

15.3.3　某建筑物防雷接地平面图

图 15-18 是某建筑物的防雷平面图，在屋面的四周女儿墙上、屋顶水箱顶、梯间顶和平屋面上设有 φ10mm 镀锌圆钢避雷带，女儿墙上的避雷带沿墙板采用支架安装，平屋顶上的

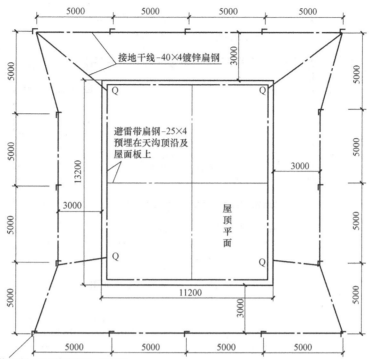

接地体∟50×5镀锌角钢，共16根

技术说明：

1. 室外接地网埋深h≥0.7m，接地体采用∟50×5镀锌角钢，每根长2.5m，共16根。室外采用接地线－40×4镀锌扁钢，所有接头均为焊接。《安装参见电气装置标准图集》接地装置安装图(D563)。
2. 屋顶避雷带采用－25×4镀锌扁钢暗敷在天沟边沿顶上和屋面隔热预制板上。避雷带引下线Q采用－25×4镀锌扁钢敷设在外墙粉层内。
3. 本接地装置采用综合接地网，其接地电阻应小于1Ω。
4. 本图材料表中包括了室内外所有避雷及接地装置的材料数量。
5. 所有焊接处应刷两道防腐漆。
6. 竣工后实测接地电阻达不到要求时，应再加接地体。

设计材料表

序号	名称	规格	单位	数量	国际图号	备注
1	镀锌扁钢	－25×4	mm	400		
2	镀锌扁钢	－40×4	mm	150		
3	镀锌扁钢	－50×5	mm	50	D563-3	16×2.5m以上
4	临时接地接线柱	M10×30螺栓	副	10	D563-11	配M10蝶形螺母

图 15-17　某 10kV 降压变电所防雷接地平面图

避雷带沿混凝土块安装，利用构造柱内钢筋作引下线，共6处。

接地平面图应表示出接地极、接地线及引下线的平面位置、尺寸及材料等，图 15-19 是与图 15-18 所示的防雷平面图对应的防雷接地平面图。接地极采用为 40mm×4mm 镀锌扁钢，距建筑物外墙 3m，其上端距室外地表面 0.8m。

15.3.4　某住宅楼屋顶防雷平面图

图 15-20 所示为某住宅楼屋顶防雷平面图，屋顶避雷带用 φ12mm 镀锌圆钢沿屋顶边缘

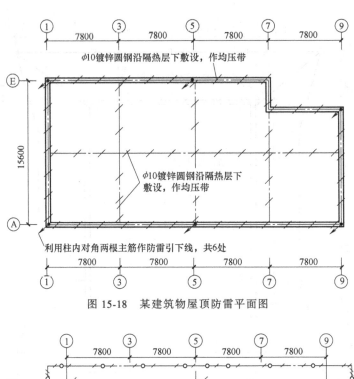

图 15-18 某建筑物屋顶防雷平面图

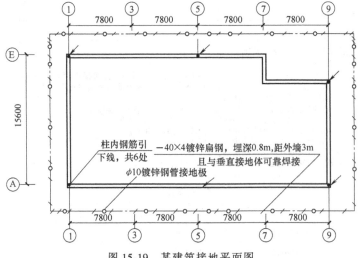

图 15-19 某建筑接地平面图

或女儿墙安装，其支持件间距一般是 600~800mm（图中为标出），该避雷带是与结构柱子中主钢筋可靠焊接的，作为引下线，共有六处（↙）。屋顶其他凸出物（如烟囱、抽气筒、水箱间或其他金属物等）均应用 φ8mm 镀锌圆钢与其可靠连接，接地电阻值不大于 4Ω。利用柱内主筋或 φ12mm 镀锌圆钢做引下线并与接地极连接。接地极采用 40mm×4m 镀锌扁钢，接地极引出散水外 1.0m，其上端距室外地表面 0.9m。

15.3.5 某住宅楼接地平面图

图 15-21 所示为某住宅楼接地平面图。图中有 13 个避雷引下线，该避雷引下线是利用了柱内的两根主筋（引上）。在建筑物的两个转角处，各有 1 个距地 1.8m 的断接卡子，用于接地电阻的测量。在建筑物的两端距地 0.8m 处设置有接地端子板，用于外接人工接地体。

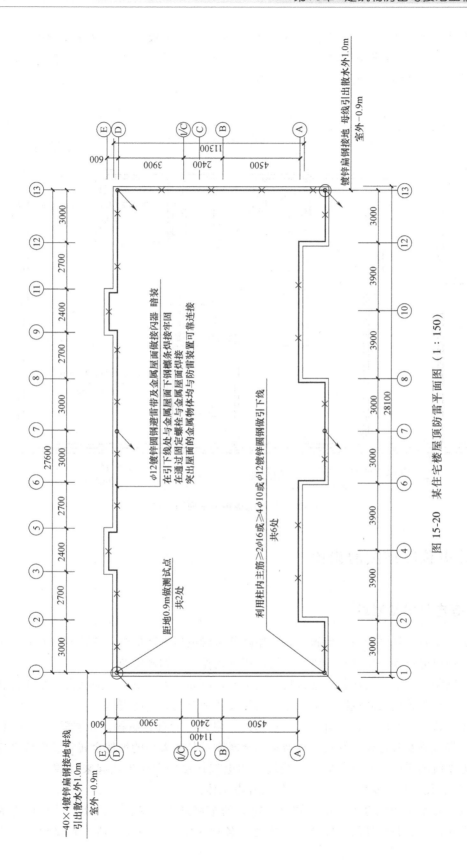

图15-20 某住宅楼屋顶防雷平面图 (1:150)

在配电间距地 0.3m 处，设置有总等电位联结（MEB）端子板，用于对进线配电箱的 PE（保护接地）母排及其他设备接地。在住宅楼的卫生间，设置有局部等电位联结（LEB）端子板，用于家用热水器及其他设备的可靠接地。

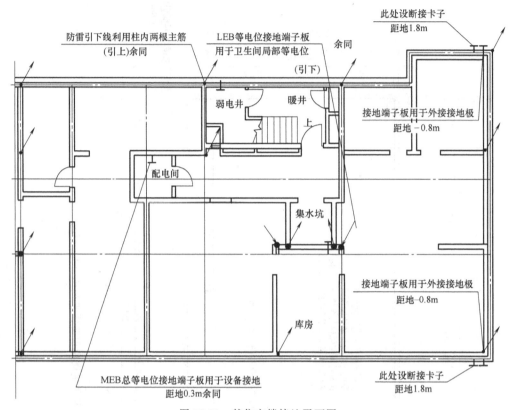

图 15-21　某住宅楼接地平面图

15.4　等电位联结图的识读

15.4.1　等电位联结概述

等电位联结是一种电击防护措施，它是靠降低接触电压来降低电击危险性。同时，还可造成短路，使过电流保护电器在短路电流的作用下动作，来切断电源。

等电位联结的目的就是使整个建筑物的正常非带电导体处于电气连通状态，防止设备与设备之间、系统与系统之间危险的电位差，确保设备和有关人员的安全。

在具体实践中，等电位联结就是把建筑物内、附近的所有金属物，如混凝土内的钢筋、自来水管、煤气管及其他金属管道、机器基础金属物及其他大型的埋地金属物、电缆金属屏蔽层、电力系统的零线、建筑物的接地线统一用电气连接的方法连接起来（焊接或者可靠的导电连接），使整座建筑物成为一个良好的等电位体。

配置有信息系统的机房内的电气和电子设备的金属外壳、机柜、机架、计算机直流接地、防静电接地、屏蔽线外层、安全保护接地及各种 SPD（浪涌保护器等）接地端均应以最短的距离就近与等电位网络可靠连接。

等电位联结技术对用电安全、防雷以及电子信息设备的正常工作和安全使用都是十分必要的。

15.4.2 等电位联结的分类

在建筑电气工程中,常见的等电位联结措施有三种,即总等电位联结、辅助等电位联结和局部等电位联结。局部等电位联结是辅助等电位联结的一种扩展。这三者在原理上都是相同的,不同之处在于其作用的范围和工程做法。

1. 总等电位联结 (MEB)

总等电位联结作用于全建筑物,它在一定程度上可以降低建筑物内间接接触电压和不同金属部件间的电位差,并消除自建筑外经电气线路和各种金属管道引入的危险故障电压的危害。它应通过进线配电箱近旁的总等电位联结端子板(接地母排)将下列部分互相连通:

1)进线配电箱的 PE(保护接地)母排。

2)公用设施的上水、下水、热力、煤气等金属管道。

3)建筑物金属结构。

4)如果有人工接地,包括其接地极引线。

若建筑物有多处电源进线,则每一电源进线处都应做总等电位联结,各个总等电位联结端子板应互相连通。图 15-22 所示为在建筑物中将各个要保护的设备连接到接地母排上形成总等电位联结的示意图。

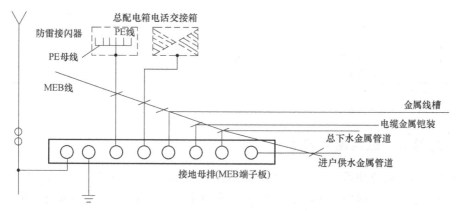

图 15-22 总等电位联结示意图

2. 局部等电位联结 (LEB)

局部等电位联结是在某一局部场所范围内通过局部等电位联结端子板把各可导电部分连通。一般是在浴室、游泳池、医院手术室、农牧业等特别危险场所,发生电击事故的危险性较大,要求更低的接触电压,或为满足信息系统抗干扰的要求时,应做局部等电位联结。一般局部等电位联结也都有一个等电位端子板,或者连成环形。简单地说,局部等电位联结可以看成是在这个局部范围内的总等电位联结。

随着生活水平的提高,家用热水器被广泛应用,浴室内触电事故时有发生,主要因为人在洗澡时皮肤湿透且赤足,其阻抗急剧下降,低于接触电压限值的接触电压即可产生过量的通过人体的电流而致人死亡。为避免此类事故的发生,应进行局部等电位联结。

3. 辅助等电位联结（SEB）

将两个可能带不同电位的设备外露可导电部分用导线直接作等电位联结，使故障接触电压大幅降低至接触电压限值以下，称作辅助等电位联结。

在建筑物做了总等电位联结之后，在伸臂范围内的某些外露可导电部分与装置外可导电部分之间，再用导线附加联结，可以使其间的电位相等或更接近。

局部等电位联结可看作在一局部场所范围内的多个辅助等电位联结。

15.4.3 等电位联结线的选择

等电位联结线的截面积可参考表 15-4。

表 15-4 等电位联结线的截面面积

类别 取值	总等电位联结线	局部等电位联结线	辅助等电位联结线	
一般值	不小于 0.5×进线 PE(PEN)线截面积	不小于 0.5× PE 线截面积[1]	两电气设备外露 导电部分间	1×较小 PE 线 截面积
			电气设备与装置 外可导电部分间	0.5×较小 PE 线 截面积
最小值	6mm² 铜线或相同 电导值导线[2]	同右	有机械保护时	2.5mm² 铜线
			无机械保护时	4mm² 铜线
	热镀锌钢 ϕ10 圆钢 扁钢 25mm×4mm		热镀锌钢 ϕ8 圆钢 扁钢 20mm×4mm	
最大值	25mm² 铜线或相 同电导值导线[2]	同右	—	

[1] 局部场所内最大 PE 线截面积。

[2] 不允许采用无机械保护的铝线。

15.4.4 总等电位联结图的识读

总等电位联结是将建筑物每一电源进线及进出建筑物的金属管道、金属结构构件连成一体，一般采用总等电位联结（MEB）端子板。由等电位端子板放射连接或链接而成。总等电位联结系统如图 15-23 所示。图中箭头方向表示水、气流方向，当进、回水管相距较远时，也可由 MEB 端子板分别用一根 MEB 线连接。

从图 15-23 中可知，在进行等电位联结时，应注意在与煤气管道做等电位联结时，应采取措施将管道处于建筑物内、外的部分隔开，以防止将煤气管道作为电流的散流通道（即接地极），并且为防止雷电流在煤气管道内产生火花，在此隔离两端应跨接火花放电间隙。另外，图中保护接地与防雷接地采用的是各自独立的接地体，若采用共同接地，应将 MEB 板以短捷的路径与接地体连接。

若建筑物有多处电源进线，则每一电源进线处都应做总等电位联结，各个总等电位联结端子板应互相连通。

总等电位联结系统施工时应注意：

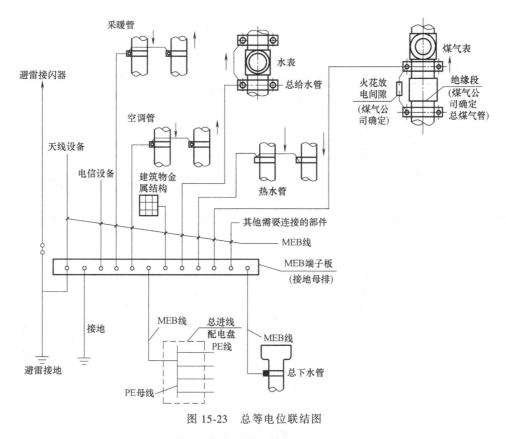

图 15-23　总等电位联结图

1）MEB 端子板宜设置在电源进线或进线配电盘处，并应加罩，以免无关人员触动。

2）对于相邻近管道及金属结构允许用一根 MEB 线连接。

3）经过实测，当总等电位联结内的水管、基础钢筋等自然接地体的接地电阻阻值满足电气装置的接地要求时，不需另打人工接地极。

图 15-24 所示为某办公楼的总等电位联结示例，图中预埋件为通过柱主筋从接地体上引出的连接板。

15.4.5　局部等电位联结图的识读

在远离总配电箱、非常潮湿、触电危险高的局部区域（如卫生间、浴室、游泳池、喷水池、医院手术室等），还要设置局部等电位联结（LEB），并与该区域的结构内钢筋、金属构件等外露可导电体相接成一体。

图 15-25 所示为卫生间局部等电位联结系统示意图。

具体做法就是在卫生间（浴室）内便于检测位置设置局部等电位端子板，端子板与等电位联结干线连接。地面内钢筋网宜与等电位联结线连通，当墙为混凝土墙时，墙内钢筋网也宜与等电位联结线连通。卫生间（浴室）内金属地漏、下水管等设备通过等电位联结线与局部等电位端子板连接。连接时抱箍与管道接触的接触表面须刮干净，安装完毕后刷防护漆。抱箍内径等于管道外径，抱箍的大小依管道的大小而定。等电位联结线采用 BV-1×4mm^2 铜导线穿塑料管沿墙或地面暗敷设。

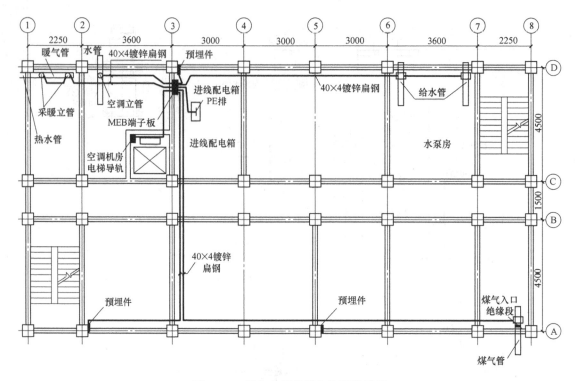

图 15-24　某办公楼总等电位联结示例

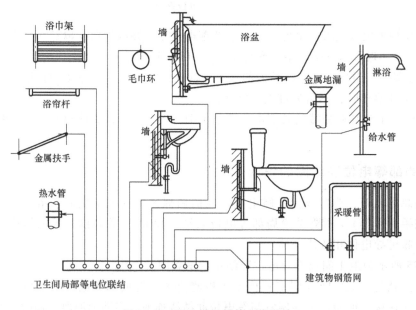

图 15-25　卫生间局部等电位联结

　　应该指出，如果浴室内无 PE 线，浴室内的局部等电位联结不得与浴室外的 PE 相连，因 PE 线有可能因其他位置的故障而带电。如果浴室内有 PE 线，浴室内的局部等电位联结必须与该 PE 线连接。

15.4.6　辅助等电位联结图的识读

如果建筑物距电源较远或大型建筑物内线路过长，除设置总等电位联结外，在各楼层还要设置辅助等电位联结。下面以图 15-26 为例，分析辅助等电位联结的作用。

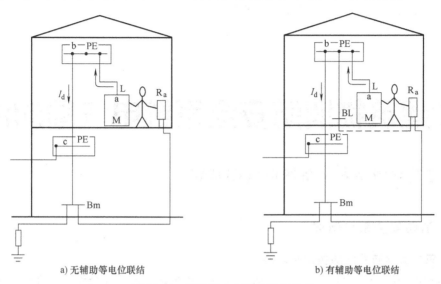

a) 无辅助等电位联结　　　　　　　　　b) 有辅助等电位联结

图 15-26　辅助等电位联结作用分析

图 15-26 中的 M 是电气设备、R_a 是暖气片。在没有设置辅助等电位联结的情况下，如图 15-26a 所示，当电气设备 M 发生相（火）线碰壳事故时，如果人体同时触及电气设备 M 和暖气片 R_a，人体双手将承受的接触电压 U_c 为电气设备 M 和暖气片 R_a 之间的电压，其值为故障电流 I_d 在 PE 线 a-b-c 段上产生的电压降。由于此段线路较长，此电压降的数值可能超过安全电压极限值 50V，这将对人身安全形成威胁。

若此时将电气设备 M 通过 PE 线与暖气片 R_a 作辅助等电位联结，如图 15-26b 所示（图中的"BL"为辅助等电位联结的端子板），则如果人体同时触及电气设备 M 和暖气片 R_a，人体双手将承受的接触电压 U_c 为电气设备 M 和暖气片 R_a 之间的电压，其值为故障电流 I_d 在 PE 线 a-b 段上产生的电压降，其值会大幅降低，从而使人身安全得到保障。

由此可见，辅助等电位联结既可直接用于降低接触电压，又可作为总等电位联结的补充，进一步降低接触电压。

第16章

智能建筑物消防安全系统电气图的识读

16.1　建筑物消防安全系统电气图基础

16.1.1　消防安全系统概述

1. 火灾报警消防系统的类型与功能

在公用建筑中，火灾自动报警与自动灭火控制系统是必备的安全设施，在较高级的住宅建筑中，一般也设置该系统。

火灾报警消防系统和消防方式可分为以下两种：

1）自动报警、人工灭火。当发生火灾时，自动报警系统发出报警信号，同时在总服务台或消防中心显示出发生火灾的楼层或区域代码，消防人员根据火警具体情况，操纵灭火器械进行灭火。

2）自动报警、自动灭火。这种系统除上述功能外，还能在火灾报警控制器的作用下，自动联动有关灭火设备，在发生火灾处自动喷洒，进行灭火。并且启动减灾装置，如防火门、防火卷帘、排烟设备、火灾事故广播网、应急照明设备、消防电梯等，迅速隔离火灾现场，防止火灾蔓延；紧急疏散人员与重要物品，尽量减少火灾损失。

2. 火灾自动报警与自动灭火系统的组成

火灾自动报警与自动灭火系统主要由两大部分组成：一部分为火灾自动报警系统；另一部分为灭火及联动控制系统。前者是系统的感应机构，后者是系统的执行机构。火灾自动报警与自动灭火系统联动示意图如图16-1所示。

3. 火灾自动报警系统的基本形式

（1）区域报警系统

区域报警系统是由区域火灾报警控制器和火灾探测器组成的火灾自动报警系统，其系统框图如图16-2所示。

（2）集中报警系统

集中报警系统是由集中火灾报警控制器、区域报警控制器（或区域显示器）以及火灾探测器等组成的火灾自动报警系统，其系统框图如图16-3所示。

（3）控制中心报警系统

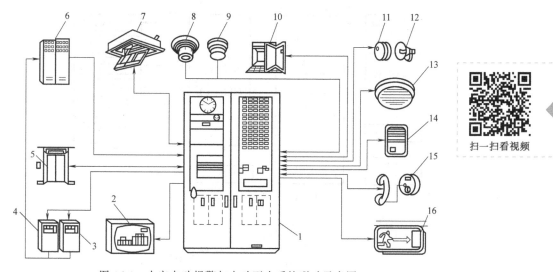

图 16-1　火灾自动报警与自动灭火系统联动示意图

1—消防中心　2—火灾区域显示　3—水泵控制盘　4—排烟控制盘　5—消防电梯　6—电力控制柜
7—排烟口　8—感烟探测器　9—感温探测器　10—防火门　11—警铃　12—报警器
13—扬声器　14—对讲机　15—联络电话　16—诱导灯

扫一扫看视频

　　控制中心报警系统是由消防控制设备、集中火灾报警控制器、区域报警控制器（或区域显示器）以及火灾探测器等组成的火灾自动报警系统，其系统框图如图16-4所示。

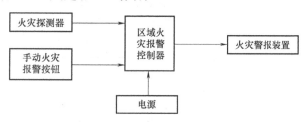

图 16-2　区域报警系统

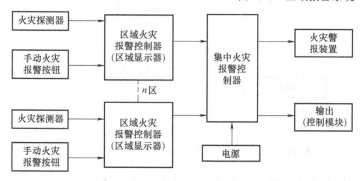

图 16-3　集中报警系统

4. 以微型计算机为基础的现代消防系统

　　以微型计算机为基础的现代消防系统的基本结构及原理如图16-5所示。火灾探测器和消防控制设备与微处理器间的连接必须通过输入输出接口来实现。

　　数据采集器（DGP）一般多安装于现场，它一方面接收探测器来的信息，经转换后，通过传输系统送进微处理器（CPU）进行运算处理；另一方面，它又接收 CPU 发来的指令信号，经转换后向现场有关监控点的控制装置传送。显然，DGP 是 CPU 与现场监控点进行信息交换的重要设备，是系统输入输出接口电路的部件。

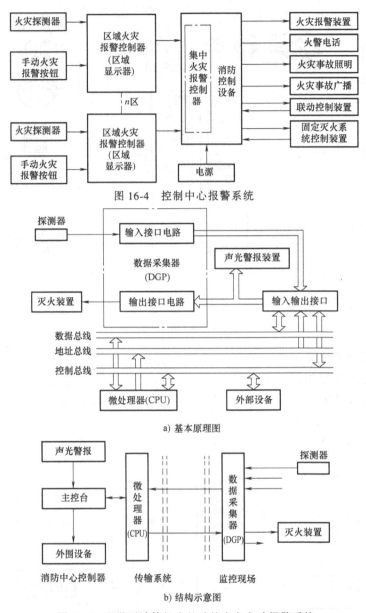

图 16-4　控制中心报警系统

a) 基本原理图

b) 结构示意图

图 16-5　以微型计算机为基础的火灾自动报警系统

　　传输系统的功用是传递现场（探测器、灭火装置）与 CPU 之间的所有信息，一般由两条专用电缆线构成数字传输通道，从而可以方便地加长传输距离，扩大监控范围。

　　对于不同型号的微机报警系统，其主控台和外围设备的数量、种类也是不同的。通过主控台可校正（整定）各监控现场正常状态值（即给定值），并对各监控现场控制装置进行远距离操作，显示设备各种参数和状态。主控台一般安装在中央控制室或各监控区域的控制室内。

　　外围设备一般应设有打印机、记录器、控制接口、警报装置等。有的还具有闭路电视监控装置，对被监视现场火情进行直接的图像监控。

5. 自动喷水灭火系统的类型与特点

　　自动喷水灭火系统主要用来扑灭初期的火灾并防止火灾蔓延。其主要由自动喷头、管路、报警阀和压力水源四部分组成。按照喷头形式，可分为封闭式和开放式两种喷水灭火系统；按照管路形式，可分为湿式和干式两种喷水灭火系统。

用于高层建筑中的喷头多为封闭型，其平时处于密封状态，启动喷水由感温部件控制。常用的喷头有易熔合金式、玻璃球式和双金属片式等。

湿式管路系统中平时充满具有一定压力的水，当封闭型喷头启动后，水就立即喷出灭火。其喷水迅速，控制火势效果好，但在某些情况下可能会漏水而污损内装修。它适用于冬季室温高于 0℃ 的房间或部位。

干式管路系统中平时充满压缩空气，使压力水源处的水不能流入。发生火灾时，当喷头启动后，首先喷出空气，随着管网中的压力下降，水即顶开空气阀流入管路，并由喷头喷出灭火。它适用于寒冷地区无采暖的房间或部位，还不会因水的渗漏而污染、损坏装修。但空气阀较为复杂且需要空气压缩机等附属设备，同时喷水也相应较迟缓。

此外，还有充水和空气交替的管路系统，它在夏季充水而冬季充气，兼有以上两者的特点。

常用自动喷水灭火系统如图 16-6 所示。当进行灭火时，由于火场环境温度的升高、封闭型喷头上的低熔点合金（薄铅皮）熔化或玻璃球炸裂，喷头打开，即开始自动喷水灭火。由于自来水压力低

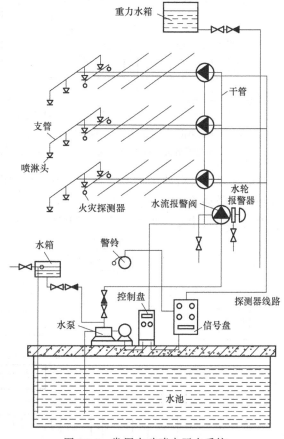

图 16-6 常用自动喷水灭火系统

不能用来灭火，建筑物内必须有另一路消防供水系统用水泵加压供水，当喷头开始供水时，加压水泵自动开机供水。

二氧化碳气体自动灭火系统有全淹没系统和局部喷射系统之分。全淹没系统喷射的二氧化碳能够淹没整个被防护空间；局部喷射系统只能保护个别设备或局部空间。

二氧化碳气体自动灭火系统原理图如图 16-7 所示。当火灾发生时，通过现场的火灾探测器发出信号至火灾报警控制器，从而打开二氧化碳气体瓶的阀门，放出二氧化碳气体，使室内缺氧而达到灭火的目的。

16.1.2 智能建筑消防自动化系统的基本组成

智能建筑消防自动化系统通过消防自动控制网络（一般为现场总线）实现火灾信息的自动探测报警，通过消防联动网络和设施实现自动灭火，并由内部消防控制网络与 Internet 等广域网连接形成开放的火灾管理指挥系统，实现现代化的防火、灭火指挥管理和疏散。

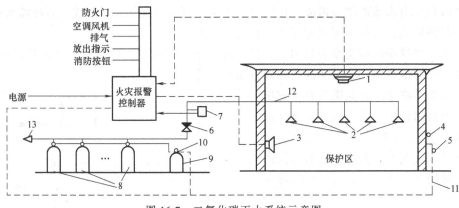

图 16-7 二氧化碳灭火系统示意图

1—火灾探测器 2—喷头 3—警报器 4—指示灯 5—手动起动按钮 6—选择阀 7—压力开关

8—二氧化碳钢瓶 9—启动气瓶 10—电磁阀 11—控制电缆 12—二氧化碳管线 13—安全阀

智能建筑消防自动化系统的基本组成原理如图 16-8 所示。该系统一般分为火灾报警子系统和消防联动子系统。火灾报警子系统和消防联动子系统之间的通信通过控制总线完成。与外界（如指挥中心）的通信由专用电话、Internet、GPS 的通信网络实现。

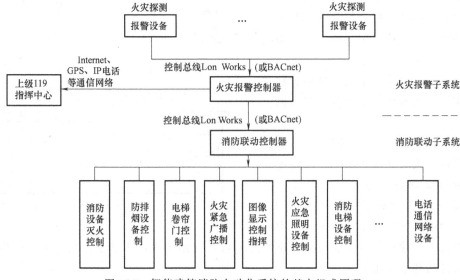

图 16-8 智能建筑消防自动化系统的基本组成原理

火灾自动报警子系统由各种火灾探测器和火灾报警控制器组成。火灾探测器是对火灾现场进行有效探测的基础与核心，应根据不同的安装场合选择相应的火灾探测器，并且还要与火灾报警控制器有机结合。火灾报警控制器是火灾信息数据处理、火灾识别、报警判断和设备控制的核心。

消防联动子系统由消防联动控制器和各种灭火装置等组成。消防联动子系统根据控制指令实施对消防设备的联动控制和灭火操作。

16.1.3 消防安全系统电气图的特点

消防安全系统电气图的种类与特点如下：

（1）消防安全系统图或框图

这种图主要从整体上说明某一建筑物内火灾探测、报警、消防设施等的构成与相互关系。由于这一系统的构成大多涉及电气方面，所以这一系统图或框图是构成消防系统电气工程图的重要组成部分。其主要包括火灾探测系统、火灾判断系统、通报与疏散诱导系统、灭火装置及监控系统、排烟装置及监控系统等。

（2）火灾探测器平面布置图

在建筑物各个场所安装的火灾探测器及其连接线是很多的，因此，必须要有一份关于火灾探测器、导线、分接线盒等的布局的平面布置图。这种图类似于电气照明平面布置图。

火灾探测器平面布置图通常是将建筑物某一平面划分为若干探测区域后，而按此区域布置的平面图。所谓"探测区域"，是指在有热气流或烟雾能充满的区域。

16.1.4 消防安全系统电气图的识读方法

1. 消防安全系统图的识读方法

1）由于现代高级消防安全系统都采用微机控制，所以消防安全微机控制系统与其他微机控制系统的工作过程一样，将火灾探测器接入微机检测通道的输入接口端，微机按用户程序对检测量进行处理，当检测到危险或着火信号时，就给显示通道和控制通道发出信号，使其显示火灾区域，并启动声光报警装置和自动灭火装置。因此，看这种图时，要抓住微机控制系统的基本环节。

2）阅读消防安全系统成套电气图，首先必须读懂安全系统组成系统图或框图。

3）由于消防安全系统的电气部分广泛使用了电子元器件、装置和线路，因此将安全系统电气图归类于弱电电气工程图，对于其中的强电部分则可分别归类于电力电气图和控制电气图，阅读时可以分类进行。

2. 火灾自动报警及自动消防平面图的识读方法

1）先看机房平面布置及机房（消防中心）位置。了解集中报警控制柜、电源柜及UPS柜、火灾报警柜、消防控制柜、消防通信总机、火灾事故广播系统柜、信号盘、操作柜等机柜在室内安装排列位置、台数、规格型号、安装要求及方式，交流电源引入方式、相数及其线缆规格型号、敷设方法，各类信号线、负荷线、控制线的引出方式、根数、线缆规格型号、敷设方法，电缆沟、桥架及竖井位置、线缆敷设要求。

2）再看火灾报警及消防区域的划分。了解区域报警器、探测器、手动报警按钮安装位置、标高、安装方式，引入引出线缆规格型号、根数及敷设方式、管路及线槽安装方式、要求及走向。

3）然后看消防系统中喷洒头、水流报警阀、卤代烷喷头、二氧化碳喷头等的安装位置标高、房号，管路布置走向，电气管线布置走向，导线根数，卤代烷及二氧化碳等储罐或管路的安装位置标高、房号等。

4）最后看防火阀、送风机、排风机、排烟机、消防泵及设施、消火栓等设施安装位置标高、安装方式及管线布置走向、导线规格、根数、台数、控制方式。

5）了解疏散指示灯、防火门、防火卷帘、消防电梯安装位置、标高、安装方式及管线布置走向、导线规格、根数、台数及控制方式。

6）核对系统图与平面图的回路编号、用途、名称、房间号、管线槽井是否相同。

16.2 常用建筑物消防安全系统电气图的识读

16.2.1 某建筑物消防安全系统图

如图 16-9 所示是某一建筑物消防安全系统图。由图 16-9 可见，该建筑物的消防安全系统主要由火灾探测系统、火灾判断系统、通报与疏散诱导系统、灭火设施、排烟装置及监控系统组成。

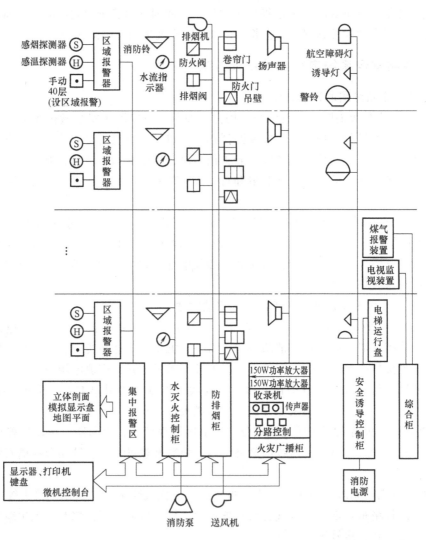

扫一扫看视频

图 16-9 某建筑物安全消防系统图

由图 16-9 可知，火灾探测系统主要由分布在 1~40 层各个区域的多个探测器网络构成。其探测器网络由感烟探测器、感温探测器等组成。手动装置主要供调试和平时检查试验用；火灾判断系统主要由各楼层区域报警器和大楼集中报警器组成；通报与疏散诱导系统由消防紧急广播、事故照明、避难诱导灯、专用电话等组成。当建筑物中人员听到火灾报警之后，可根据诱导灯的指示方向撤离现场。当火灾广播之后，延时一段时间，总监控台就使消防泵起动，建立水压，并打开着火区域消防水管的电磁阀，使消防水进入喷淋管路进行喷淋灭火；排烟装置及监控系统由排烟阀门、抽排烟机及其电气控制系统组成。

图 16-10 是火灾探测器平面布置图。由图 16-10 可见，该建筑物一层平面有 4 个探测区域。

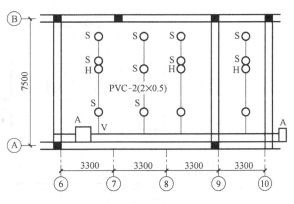

图 16-10　火灾探测器平面布置图

16.2.2　水喷淋自动灭火报警系统图

水喷淋自动报警系统示意图如图 16-11 所示。水喷淋自动报警系统是建筑消防监控系统中的重要分支系统。当发生火情时，安装在该区域内的闭式喷头的热敏元件因受热气流的作用而动作，并脱离喷头本体使管网中压力水经喷头自动喷出灭火；同时，安装在配水管网支路上的水流继电器（即水流指示器）的常开触点因水流动压力而闭合，发出开启信号，由喷淋报警箱接收，经延时 10s 判别其信号后，则由报警箱发出声、光报警信号，并显示失火回路及地点；报警箱输出一对联控触点，供起动喷淋加压泵或喷淋水泵，使管网中供水增压，实现迅速扑灭火源所需水量和水压；消防控制室得到报警信号后，立即采取相应的消防措施。

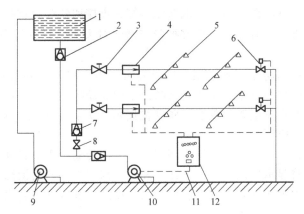

图 16-11　水喷淋自动灭火报警系统示意图

1—屋顶水箱　2—逆止阀　3—截止阀　4—水流继电器　5—水喷淋头　6—放水试验电磁阀
7—报警阀　8—闸阀　9—生活水泵　10—消防水泵　11—控制电路　12—报警箱

该水喷淋自动灭火报警系统的接线图如图 16-12 所示，图中 ZN910 水喷淋控制柜是专用监测设备，它把所有水流指示器和压力开关等信号经输入模块 ZN917 传送到 ZN905 通用报警控制器，由 ZN905 按照事先编好的联动程序根据情况发出指令，再由 ZN917 通用联动控制器通过联动控制总线和 ZN906C（延时断开）输入输出模块驱动喷淋泵，该系统可做到根据工程需要起动不同的喷淋泵。

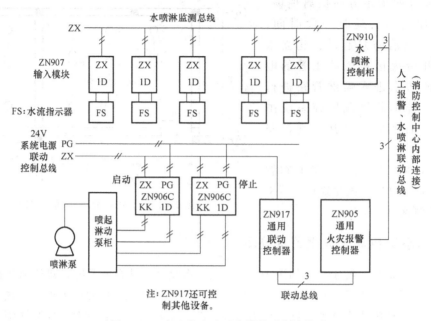

图 16-12 水喷淋自动灭火报警系统接线图

16.2.3 某建筑火灾自动报警及联动控制系统图

图 16-13 所示为某建筑火灾自动报警及联动控制系统图，该系统由火灾报警子系统和消防联动子系统组成。

火灾报警子系统由感温探测器、感烟探测器等火灾探测器和火灾报警控制器等组成。火灾探测器对火灾现场进行有效探测，火灾报警控制器对火灾信息进行数据处理、火灾识别、报警判断和设备控制。

消防联动子系统由消防泵、喷淋泵、防火卷帘、声光报警器和各种风机等消防设备组成。消防联动子系统根据控制指令实施对消防设备的联动控制和灭火操作。

消防控制中心设有火灾报警控制器、联动控制器、火灾显示器、消防广播及消防电话，并配有主机电源和备用电源。

当某楼层发生火灾，被火灾探测器检测到后，立即传输给火灾自动报警器，经消防中心确认后，火灾显示盘将显示出发生火灾的楼层和对应部位，并开启消防广播、动员疏散、指挥灭火。与此同时，火灾联动装置将控制消防泵、喷淋泵等各种消防设备进行灭火。

16.2.4 某大厦火灾自动报警平面图

图 16-14 所示为某大厦 22 层火灾自动报警平面图。从图中可以看出，在消防电梯前装设有火灾区域报警器（或楼层显示器）ARL，用于报警和显示火灾区域。整个楼面装有 27 只带地址编码底座的感烟探测器（y2201～y2227），采用二总线制，电缆为 RVVP-2×1.0-TC20-CC，表示采用塑料护套屏蔽电缆（RVVP），两根芯线，每根芯线截面积为 $1.0mm^2$，穿管径为 $\phi20mm$ 的薄电线管敷设（TC），暗敷在屋面或顶板内（CC），接线时注意正负极。在走廊平顶设置有 6 个消防扬声器（B221～B226），用于通知、背景音乐和紧急广播，其导线为 RV-2×1.5-TC20-CC，表示采用铜芯塑料软线（RV），两根芯线，每根芯线截面积为

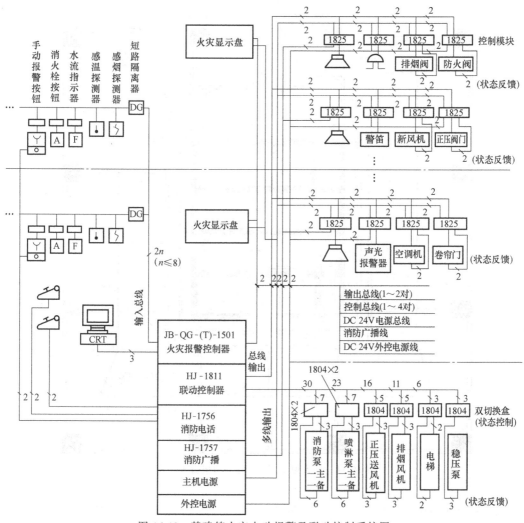

图 16-13 某建筑火灾自动报警及联动控制系统图

$1.5mm^2$，穿管径为 $\phi20mm$ 的薄电线管敷设（TC），暗敷在屋面或顶板内（CC）。在走廊内设置有 3 个带指示灯的报警按钮（SB221~SB223），含有输入模块。走廊内还设置有 4 个消火栓箱（FB221~FB224），箱内装有带指示灯的报警按钮，发生火警时，只要敲碎按钮箱的玻璃，即可报警。消火栓按钮线为 BV-4×2.5-TC25-WC，表示采用铜芯塑料线（BV），4 根芯线，每根芯线截面积为 $2.5mm^2$，穿管径为 $\phi25mm$ 的薄电线管敷设（TC），暗敷在墙内（WC）。图中 D222 为电梯厅排烟阀的控制模块，由弱电竖井接线箱接线，其导线为 BV-4×1.5-TC20-CC，表示采用铜芯塑料线（BV），4 根芯线，每根芯线截面积为 $1.5mm^2$，穿管径为 $\phi20mm$ 的薄电线管敷设（TC），暗敷在屋面或顶板内（CC）。

图 16-15 所示为火灾自动报警设备安装高度示意图。

16.2.5 智能消防自动报警系统图

智能消防自动报警系统就是一种及时发现和通报火情并采用措施控制扑灭火灾的自动消防设施。

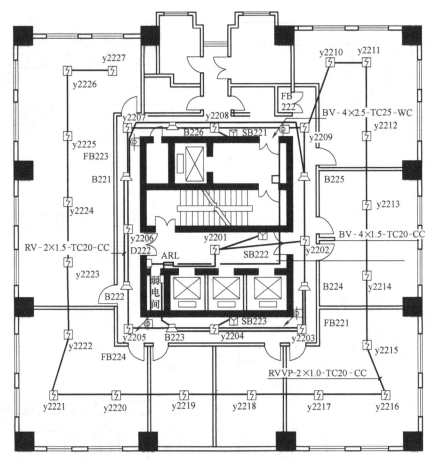

图 16-14　某大厦 22 层火灾自动报警平面图

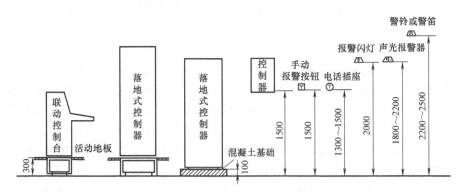

图 16-15　火灾自动报警设备安装高度示意图

综合性智能化大厦作为一座现代化建筑，应具备一套满足其功能要求的智能化建筑系统。智能消防自动报警系统正是为了保证大楼的安全运行，充分发挥综合性大厦的智能化作用而设计的。智能消防自动报警系统属于智能大厦系统的一个子系统，但其又能在完全脱离其他系统或网络的情况下独立地正常运行和操作，完成自身所具有的防灾和灭火的功能，具有绝对的优先权。

智能消防自动报警系统如图 16-16 所示。

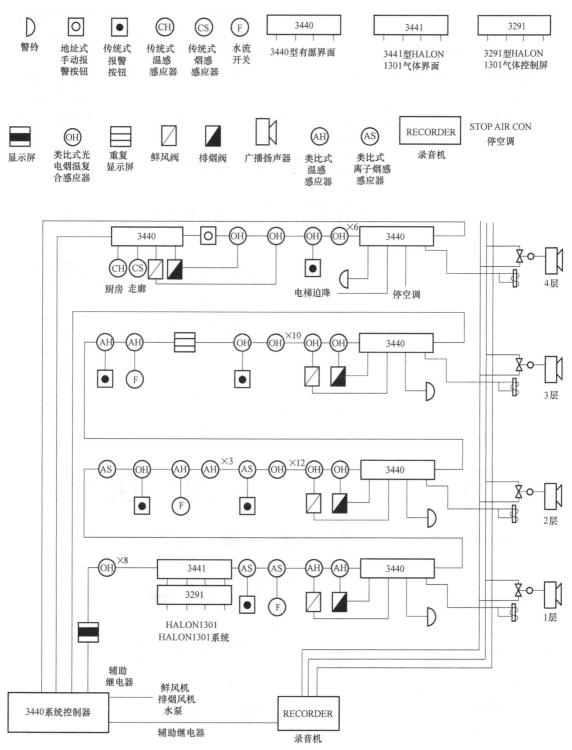

图 16-16 智能消防自动报警系统图

由图 16-16 可以看出，智能消防自动报警系统是由火灾探测器、火灾警报控制器以及具有其他辅助功能的装置组成的。它具有能在火灾初期，将燃烧产生的烟雾、热量、火焰等物理量，通过火灾探测器变成电信号，传输到火灾报警控制器，并同时显示出火灾发生的部位、时间等，使人们能够及时发现火灾，并及时采取有效措施，扑灭初期火灾，最大限度地减少因火灾造成的生命和财产的损失。

火灾报警设备图形符号适用于科研、设计、教学出版、建筑、施工等部门。然而，实际消防系统工程图样中还存在习惯用非标准图形符号（见图 16-16）的情况，作为施工部门应将这些习惯用非标准图形符号绘制成标准图形符号。为了便于施工识图，现将常见的习惯用非标准图形符号汇集见表 16-1，仅供读者参考。

表 16-1　习惯用火灾与自动灭火系统非标准图形符号

名　　称	图　形　符　号
感烟探测器	
感温探测器	
线型双束感烟探测器	
火焰探测器	
气体探测器	
手动报警按钮	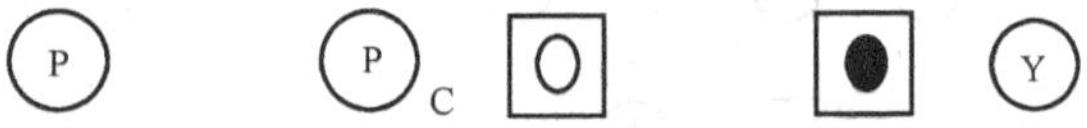
水流指示器	
消火栓报警按钮	
火警电铃	
排烟阀	
防火阀	

（续）

名　　称	图 形 符 号
防火卷帘	 (ER) SS　　(SS)　　[FJ]
防火门	 (ER)D
报警电话	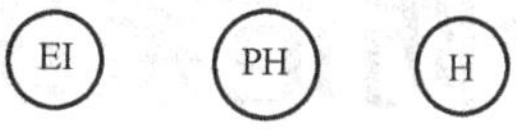 (EI)　　(PH)　　(H)
消防泵	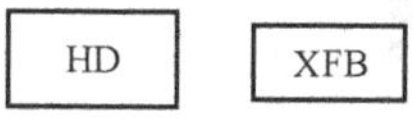 [HD]　　[XFB]
送风阀	 (SF)
楼层显示器	[R]
联动设备	

第17章

安全防范系统电气图的识读

17.1 安全防范系统

17.1.1 安全防范系统概述

安全防范是公安保卫部门的专门术语，是指以维护社会公共安全为目的的防入侵、防被盗、防破坏、防火、防爆和安全检查等措施。安全防范系统的基本任务之一就是通过采用安全技术防范产品和防护设施保证建筑内部人身、财产的安全。

随着现代建筑的高层化、大型化和功能的多样化，安全防范系统已经成为现代化建筑，尤其是智能建筑非常重要的系统之一。在许多重要场所和要害部门，不仅要对外部人员进行防范，而且要对内部人员加强管理。对重要的部位、物品还需要特殊的保护。从防止入侵的过程上讲，安全防范系统应提供以下三个层次的保护：

1）外部侵入保护。外部侵入是指罪犯从建筑物的外部侵入楼内，如楼宇的门、窗及通风道口、烟道口、下水道口等。在上述部位设置相应的报警装置，就可以及时发现并报警，从而在第一时间内采取处理措施。外部侵入保护是保安系统的第一级保护。

2）区域保护。区域保护是指对大楼内某些重要区域进行保护。如陈列展厅、多功能展厅等。区域保护是保安系统的第二级保护。

3）目标保护。目标保护是指对重点目标进行保护，如保险柜、重要文件等。目标保护是保安系统的第三级保护。

不同建筑物的安全防范系统的组成内容不尽相同，但其子系统一般有：视频安防（闭路电视、电视）监控系统、入侵（防盗）报警系统、出入口控制（门禁）系统、安保人员巡更管理系统、停车场（库）管理系统、安全检查系统等。

17.1.2 安全防范系统的功能

一个完整的安全防范系统应具备以下功能：

1. 图像监控功能

1）视像监控。采用各类摄像机、切换控制主机、多屏幕显示、模拟或数字记录装置、照明装置，对内部与外界进行有效的监控，监控部位包括要害部门、重要设施和公共活动场所。

2）影像验证。在出现报警时，显示器上显示出报警现场的实况，以便直观地确认报警，并做出有效的报警处理。

3）图像识别系统。在读卡机读卡或以人体生物特征作凭证识别时，可调出所存储的员工照片加以确认，并通过图像扫描比对鉴定来访者。

2. 探测报警功能

1）内部防卫探测。所配置的传感器包括双鉴移动探测器、被动红外探测器、玻璃破碎探测器、声音探测器、光纤回路、门接触点及门锁状态指示等。

2）周界防卫探测。采用光纤、惯性传感器、地下电缆、电容型感应器、微波和主动红外探测器等探测技术，对围墙、高墙及无人区域进行保安探测。

3）危急情况监控。工作人员可通过按动紧急报警按钮或在读卡机输入特定的序列密码发出警报。通过内部通信系统和闭路电视系统的联动控制，自动地在发生报警时产生声响或打出电话，显示和记录报警图像。

4）图形鉴定。监视控制中心自动地显示出楼层平面图上处于报警状态的信息点，使值班操作员及时获知报警信息，并迅速、有效、正确地进行接警处理。

3. 控制功能

1）对于图像系统的控制，最主要的是图像切换显示控制和操作控制。控制系统结构包括

① 中央控制设备对摄像前端一一对应的直接控制。

② 中央控制设备通过解码器完成的集中控制。

③ 新型分布式控制。

2）识别控制。

① 门禁控制可通过使用 IC 卡、感应卡、磁性卡等类型的卡片对出入口进行有效控制。除卡片之外还可采用密码和人体生物特征，并对出入事件自动登录存储。

② 车辆出入控制。采用停车场监控与收费管理系统，对出入停车场的车辆通过出入口栅栏和防撞挡板进行控制。

③ 专用电梯出入控制。安装在电梯外的读卡机限定只有具备一定身份者方可进入，而安装在电梯内部的装置，则限定只有授权者方可抵达指定的楼层。

3）响应报警的联动控制。这种联动逻辑控制，可设定在发生紧急事故时关闭控制室、主门及通道等关键出入口，提供完备的安保控制功能。

4. 自动化辅助功能

1）内部通信。内部通信系统提供中央控制室与员工之间的通信功能。这些功能包括召开会议、与所有工作站保持通信、选择接听的副机、防干扰子站及数字记录等功能，它与无线通信、电话及闭路电视系统综合在一起，能更好地行使鉴定功能。

2）双向无线通信。双向无线通信为中央控制室与动态情况下的员工提供了灵活而实用的通信功能，无线通信机也配备了防袭报警设备。

3）有线广播。矩阵式切换设计，提供在一定区域内灵活地播放音乐、传送指令、广播紧急信息的功能。

4）电话拨打。在发生紧急情况下，提供向外界传送信息的功能。当手提电话系统有冗

余时，与内部通信系统的主控制台综合在一起，提供更有效的操作功能。

5）巡更管理。巡更点可以是门锁或读卡机，巡更管理系统与闭路电视系统结合在一起，检查巡更员是否到位，以确保安全。

6）员工考勤。读卡机能方便地用于员工上下班考勤，该系统还可与工资管理系统联网。

7）资源共享与设施预订。综合安保管理系统与楼宇管理系统和办公室自动化管理系统联网，可提供进出口、灯光和登记调度的综合控制，以及有效地共享会议室等公共设施。

17.1.3 安全防范系统的组成

根据安全防范系统应具备的功能，智能建筑的公共安全防范系统通常由入侵报警系统、闭路电视监控系统、出入口控制系统、巡更系统和停车场管理系统组成。图 17-1 所示为安全防范系统的基本组成。

安全防范系统以维护社会公共安全为目的，运用安全防范产品和其他相关产品构成入侵报警系统（防盗报警系统）、视频安防监控系统（闭路电视监控系统）、出入口控制系统、防爆安全检查系统等；或由这

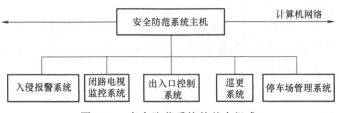

图 17-1 安全防范系统的基本组成

些系统为子系统组合或集成的电子系统或网络。图 17-2 所示为网络结构的安全防范系统。

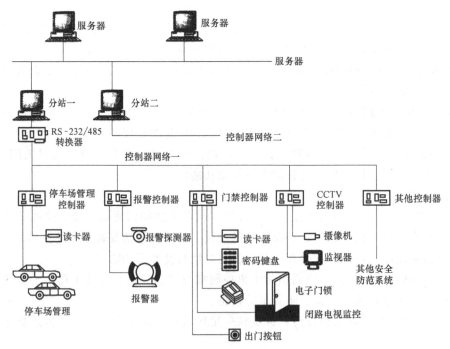

图 17-2 网络结构的安全防范系统

图 17-2 中的所有的子系统或设备均可联网运行，并通过网络完成信息的传送和交互，此时监控装置完成基本监视与报警功能，网络通信实现命令传递与信息交换，计算机则统一整个安保管理系统的运行。

17.2 防盗报警系统

17.2.1 防盗报警系统的组成

防盗报警系统负责建筑物内重要场所的探测任务，包括点、线、面和空间的安全保护。

防盗报警系统一般由探测器、区域报警控制器和报警控制中心等部分组成，其基本结构如图 17-3 所示。系统设备分三个层次，最低层是现场探测器和执行设备，它们负责探测非法人员的入侵，向区域报警控制器发送信息。区域报警控制器负责下层设备的管理，同时向报警控制中心传送报警信息。报警控制中心管理整个系统的工作设备，通过通信网络总线与各区域报警控制器连接。

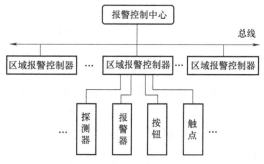

图 17-3 防盗报警系统框图

较小规模的系统由于监控点少，也可采用一级控制方案，即由一个报警控制中心和各种探测器组成。此时，无区域控制和集中控制器之分。

图 17-4 所示为防盗报警系统示意图，图 17-5 所示为用户端防盗报警设备安装部位示意图。

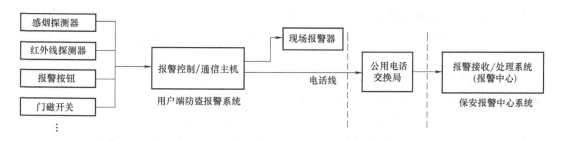

图 17-4 防盗报警系统示意图

17.2.2 防盗报警系统的类型与功能

1. 防盗报警控制器的类型

防盗报警控制器是系统的核心，负责接收报警信号，控制延迟时间，驱动报警输出等工作。它将某区域内的所有防盗、防侵入传感器组合在一起，形成一个防盗管区。一旦发生报警，则在防盗主机上可以一目了然地反映出区域所在，还可借助电信网络向外拨打多组预先设置的报警电话。

防盗报警控制器按照防区数量的多少，可分为小型防盗报警控制器、中型防盗报警

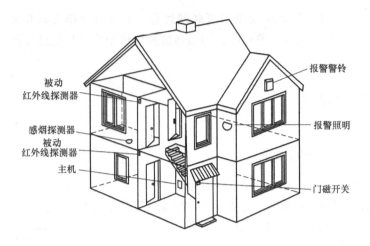

图 17-5　用户端防盗报警设备安装部位示意图

控制器和大型防盗报警控制器；按照设备内部组成器件的不同，可分为晶体管式防盗报警控制器、单片机防盗报警控制器以及利用微处理器控制的智能式防盗报警控制器；按照安装方式不同，可分为台式防盗报警控制器、柜式防盗报警控制器和壁挂式防盗报警控制器；按照信号传输方式的不同，可分为有线防盗报警控制器和无线防盗报警控制器。

2. 防盗报警器的功能

现代的防盗报警控制器都采用微处理器进行控制，普遍能够编程并有较强的功能，主要表现在以下几个方面：

1）能够以声光方式报警，并可以通过人工方式或延时方式解除报警状态。

2）可根据需要将所连接的防盗报警探测器设置成布防或撤防状态。

3）可以连接多组密码键盘，设置多个用户密码。

4）当系统发出警报时，报警信号经过通信线路，可以通过自动或人工干预方式将报警信号转发。

5）可以用程序设置报警联动动作，即当系统发出警报时，防盗报警控制主机的编程输出端可通过继电器触点的闭合执行相应的动作。

6）可通过电话拨号器把事先录好的声音信息经电话线传输给预设的单位或个人。

高档防盗报警控制器有与视频监控系统的联动装置，一旦防盗报警系统发出警报，在该警报区域内的图像将能立即显示在中央控制室内，并且能将报警时刻、报警图像、摄像机号码等信息实时地加以记录。与计算机联机的系统，还可以将报警信号以数据库的形式存储，以便快速地检索与分析。

17.2.3　防盗报警系统电气图的特点

防盗报警系统是指为了防止坏人非法侵入建筑物，以及对人员和设施安全防护的系统。它主要由防盗报警器、电磁门锁、摄像机、监视器等部分组成。

防盗报警系统电气图的特点如下：

1）电路图通常采用整体式布置，且运用了公用小母线的表达方式，因此不易看清楚。

阅读时一般将图划分为几个部分阅读。

2）为了表达清楚各接线箱、按钮箱等的具体位置以及电缆的走向，通常还应有一张平面布置图，才能进行安装接线。由于这一布置图所要表达的内容不多，一般将此合并到其他图样中去，例如合并到电气照明平面布置图中。

17.2.4 防盗报警系统电气图的识读方法

阅读防盗报警平面图时，应注意并掌握以下内容：

1）机房平面布置及机房（保安中心）位置、监视器、电源柜及 UPS 柜、模拟信号盘、通信总柜、操作柜等机柜室内安装排列位置、台数、规格型号、安装要求及方式，交流电源引入方式、相数及其线缆规格型号、敷设方法，各类信号线、控制线的引入引出方式、根数、线缆规格型号、敷设方法，电缆沟、桥架及竖井位置、线缆敷设要求。

2）各监控点摄像头或探测器、手动报警按钮的安装位置标高、安装及隐蔽方式、线缆规格型号、根数、敷设方法要求，管路或线槽的安装方式及走向。

3）电门锁系统中控制盘、摄像头、电门锁安装位置标高、安装方式及要求，管线敷设方法及要求、走向，终端监视器及电话的安装位置及方法。

4）对照系统图核对回路编号、数量、元件编号。

17.2.5 某小区防盗报警系统图的识读

某小区防盗报警系统图如图 17-6 所示。图中住宅管理值班室内有微机控制管理系统，经通信控制器连接报警装置。每栋建筑装有一台区域控制器，每户装一台报警控制器。报警控制器连接户内的多种报警探测器（包括门磁开关、玻璃破碎探测器、紧急按钮、火灾探测器、煤气探测器等）以及电锁、密码键盘、室内报警器等。此外，小区周边的围墙上还安装了拉力开关，作为周界报警器。

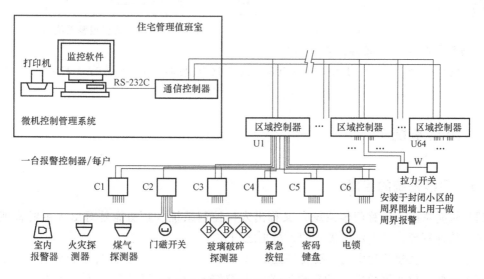

图 17-6 某小区防盗报警系统图

17.2.6 某大厦防盗报警系统图的识读

图17-7所示为某大厦防盗报警图。该大厦是一栋9层商务办公大楼，为了保证大楼安全，要求建立一套现代化的电视监控和防盗报警系统。

由图17-7可知，该防盗报警系统构成如下：

1）IR/M探测器（被动红外/微波双技术探测器）共20个。其中1层有两个出入口，每个出入口内侧左右各一个，共配置4个；2~9层的走廊两头各装1个，共16个。

2）紧急按钮共32个，即2~9层每层配置4个紧急按钮。紧急按钮安装位置视办公室具体情况而定。

3）保安中心设在2层，配线为总线制。施工中敷线注意隐蔽。

4）防盗报警系统主机4140XMPT2为ADEMCO大型多功能主机。该主机有9个基本接线防区，可采用总线制结构，扩充防区十分方便，并配备多重密码、布防时间设定、自动拨号以及"黑匣子"记录功能。

扫一扫看视频

5）"4208"为总线式8区（提供8个地址）扩展器，除主机层外，每层设置一个。其中，1层的"4208"为4区扩展器，3~9层的"4208"为2区扩展器。

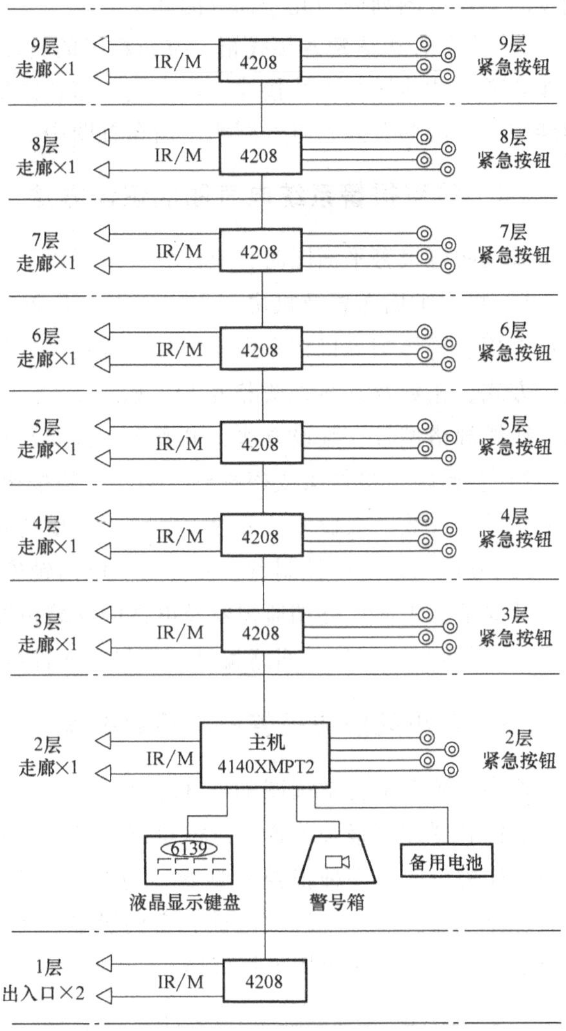

图 17-7　某大厦防盗报警系统图

17.3　门禁系统

17.3.1　门禁系统的组成

门禁管制系统（简称门禁系统）又称出入口控制系统，其功能是对出入主要管理区的人员进行认证管理，将不应该进入的人员拒之门外。

门禁系统是在建筑物内的主要管理区的出入口、电梯厅、主要设备控制机房、贵重物品的库房等重要部位通道口安装的门磁开关、电控锁或读卡机等控制装置，由中心控制室监控。系统采用多重任务的处理，能够对各通道口的位置、通行对象及时间等进行实时监控或设定程序控制。

门禁系统的基本结构框图如图17-8所示。其主要包括以下三个层次的设备：

1）低层设备。低层设备是指设在出入口处，直接与通行人员打交道的设备，包括读卡机、电子门锁、出口按钮、报警传感器和报警扬声器等。它们用来接收通行人员输入的信息，将这些信息转换成电信号送到控制器中，同时根据来自控制器的反馈信号，完成开锁、关锁等工作。

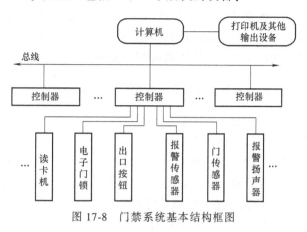

图17-8 门禁系统基本结构框图

2）控制器。控制器接收到低层设备发来得有关人员的信息后，同已存储的信息进行比较并做出判断，然后再对低层设备发出处理的信息。单个控制器可以组成一个简单的门禁系统，用来管理一个或几个门。多个控制器通过网络同计算机连接起来就组成了整个建筑物的门禁系统。

3）计算机。计算机装有门禁系统的管理软件，管理着系统中所有的控制器，向它们发送控制命令，对它们进行设置，接收其发来的信息，完成系统中所有信息记录、存档、分析、打印等处理工作。

图17-9所示为门禁控制系统组成示意图。其主要由识读、执行、传输和管理/控制四部分组成。

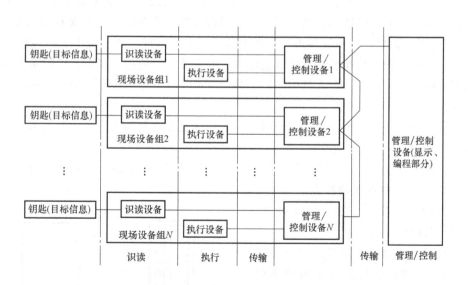

图17-9 门禁控制系统组成示意图

图17-9中，身份识读是门禁系统的重要组成部分，起到对通行人员的身份进行识别和确认的作用。实现身份识别的方式和种类很多，主要有卡类、密码类、生物识别类及复合类

身份识别方式；电锁与执行部分包括各种电子锁具、三辊闸、挡车器等控制设备；传输是门禁控制系统设备间传感信号的通路，它负责把身份识读、电锁执行和管理/控制有机地串接起来；管理/控制通常是指门禁控制系统的处理与控制部分，它是门禁控制系统的中枢，存储了大量相关人员的信息、密码等资料。另外，管理/控制设备还担负着运行和处理的任务，对各种各样的出入请求做出判断和响应。

17.3.2 门禁及对讲系统的类型及特点

门禁及对讲系统适用于高级住宅区、办公大楼、大型公寓、停车场以及重要建筑的入口处、金库门、档案室等处。进入室内的用户必须先经过磁卡识别、输入密码，或通过指纹、掌纹等生物辨识系统来识别身份，方可入内。采用这一系统，可以在楼宇控制中心掌握整个大楼内外所有出入口处的人流情况，从而提高了安保效果和工作效率。

1. 门禁系统的辨识装置的种类

门禁系统的辨识装置有以下几种：

1）磁卡及读卡机。磁卡及读卡机是目前最常用的卡片系统，它利用磁感应对磁卡中磁性材料形成的密码进行辨识。磁卡的优点是成本低、可随时改变密码，使用相当方便；缺点是易被消磁和磨损。

2）智能卡及读卡机。卡片内装有集成电路（IC）和感应线圈，读卡机产生一种特殊的振荡频率，当卡片进入读卡机振荡能量范围时，卡片上感应线圈的感应电动势使 IC 所确定的信号发射到读卡机，读卡机将接收到的信号转换成卡片资料，送到控制器加以识别。当卡片上的 IC 为 CPU 时，卡片就有了"智能"，此时的 IC 卡也称智能卡。它的制造工艺复杂，但具有不用在刷卡槽上刷卡、不用换电池、不易被复制、寿命长和使用方便等突出优点。

3）指纹机。每个人的指纹均不相同，因而利用指纹机把进入人员的指纹与原来预存的指纹加以对比辨识，可以达到很高的安全性，但指纹机的造价要比磁卡或 IC 卡系统高。

4）视网膜辨识机。视网膜辨识机利用光学摄像对比原理，比较每个人的视网膜血管分布的差异。这种辨识系统几乎是不可能复制的，安全性高，但技术复杂。同时也存在着辨识时对人眼不同程度的伤害，在人员生病时，视网膜血管的分布也有一定变化，从而影响辨识的准确度。

此外，还有声音辨识机、掌纹辨识机等，它们或是存在某些不足，或是技术复杂、成本高，故不常用。

图 17-10 所示为用户磁卡门禁系统示意图；图 17-11 所示为指纹识别门禁系统示意图。

2. 对讲自动门锁装置的种类

对讲自动门锁装置分为不可视对讲、可视对讲和智能对讲等。

不可视对讲自动门锁装置的组成如图 17-12 所示。来访者在门外按下被访者房号的按钮，对应被访者的话机就有铃响，即访者摘下话机，即可与来访者对话。若被访者认识来访者，就按下开门按钮，防盗门的电磁锁开启，来访者可进入。

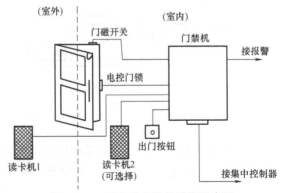

图 17-10 用户磁卡门禁系统示意图

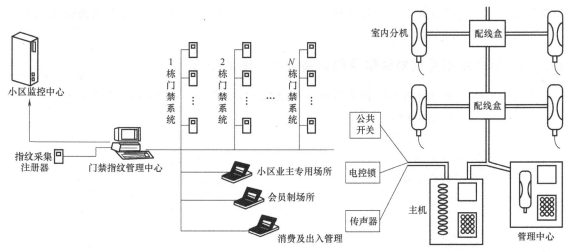

图 17-11 指纹识别门禁系统示意图

图 17-12 某住宅楼不可视对讲系统图

可视对讲自动门锁装置的组成如图 17-13 所示。它增加了一个可视回路,在入口处装有

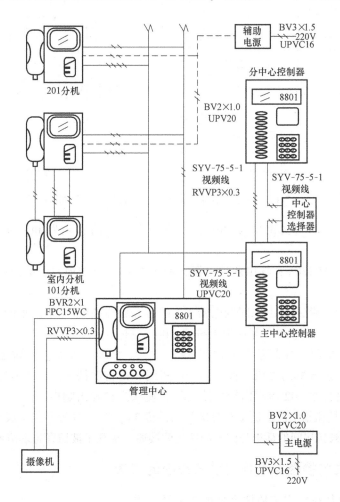

图 17-13 某住宅楼可视对讲系统图

一个摄像机，获得的视频信号经传输线送入被访者的监视器，经放大后可看出来访者的容貌，确认后方可开门。

17.3.3 某楼宇不可视对讲防盗门锁装置电气图的识读

某楼宇的不可视对讲防盗门锁装置电气图如图 17-14 所示。图 17-14a 是该装置的系统图，图 17-14b 是该装置的电路图。

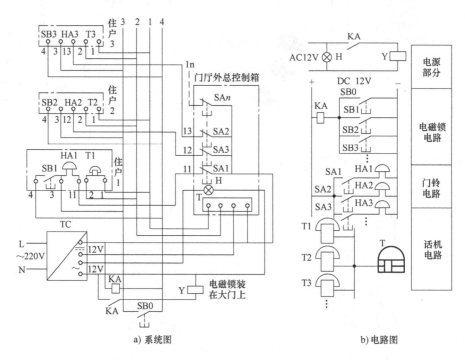

图 17-14 某楼宇不可视对讲防盗门锁装置电气图

由图 17-14 可见，该系统由电源部分、电磁锁电路、门铃电路和话机电路 4 个部分组成。

电源部分输入为 AC220V；输出两种电源，AC12V 供给电磁锁和电源指示灯，DC12V 供给声响门铃和对讲机。

电磁锁电路中的电磁锁 Y 由中间继电器 KA 的常开触点控制，而中间继电器的线圈由各单元门户的按钮 SB1、SB2、SB3 等和锁上按钮 SB0 控制。

各户的门铃 HA 由门外控制箱上的按钮 SA1、SA2、SA3 等控制。若防盗门采用单片机控制，就要在键盘上按入房门号码。如访问 302 房间，得依次按 3、0、2 号键，单片机输出接口就输出一个高电位给 302 房间门铃电路信号，使该门铃发出响声。

门外的控制箱或按钮箱上的话机 T 与各房间的话机 T1、T2、T3 等相互构成回路，按下被访房间号码按钮之后，被访房间的话机与门外的话机就接通，实现了被访者与来访者的对话。

17.3.4 某高层住宅楼楼宇可视对讲系统图的识读

图 17-15 所示为某高层住宅楼楼宇可视对讲系统图。

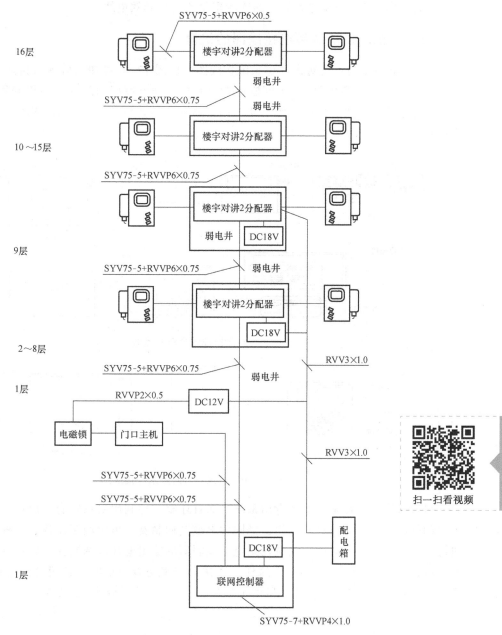

图 17-15 某高层住宅楼楼宇可视对讲系统图

由图 17-15 可知，每个用户室内设置一台可视电话分机，单元楼梯口设一台带门禁编码式可视门口主机，住户可以通过智能卡和密码打开单元门，来客可通过门口主机实现与住户的呼叫对讲。楼梯间设备采用就近供电方式，由单元配电箱引一路 220V 电源至梯间箱，实现对每楼层楼宇对讲 2 分配器及室内可视分机供电。

视频信号线型号分别为 SYV75-5+RVVP6×0.75 和 SYV75-5+RVVP6×0.5，楼梯间电源线型号分别为 RVV3×1.0 和 RVVP2×0.5。其中"SYV75-5"表示实心聚乙烯绝缘射频同轴电缆、阻抗为 75Ω、绝缘外径近似值为 5mm；"RVVP"为铜芯聚氯乙烯绝缘屏蔽聚氯乙烯护套软电缆；"RVV"为铜芯聚氯乙烯绝缘聚氯乙烯护套软电缆。

17.3.5 可视对讲防盗系统接线图的识读

图 17-16 所示为可视对讲防盗系统接线图。由图 17-16 可知，可视对讲防盗系统由主机（室外机）、分机（室内机）、不间断电源（UPS）和电控门锁组成。主机利用超薄型结构，上面带有摄像机、数位显示、传声器、扬声器和门铃按键，而且配有 LED 灯，使夜间的视线良好。

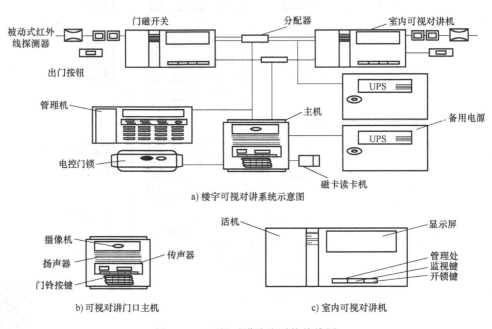

图 17-16 可视对讲防盗系统接线图

可视对讲系统都是独立的专用系统，而且还有一种利用 CATV 的可视对讲系统，其通过入口门外的摄像机视频信号输出，经同轴电缆到调制器，再由调制器输出的视频电视信号通过混合器送入大楼的共用天线电视系统。调制器的输出电视应调制在 CATV 系统的空闲频道上，并将调定的频道通知用户。这样，在住户与来访者通话时，还可开启电视机相应的频道，观看来访者及门外情况。利用 CATV 的可视对讲系统及其安装接线实例如图 17-17 所示。

17.3.6 某综合楼出入口控制系统设备布置图的识读

某综合楼出入口控制系统的标准组成如图 17-18 所示。在实际设计中可根据情况增减门禁控制器的数量。某综合楼出入口控制系统设备平面布置图如图 17-19 所示。

从图 17-19 可以看出，该出入口控制系统由读卡机、摄像机、红外探测器、电子锁、开门驱动装置、控制装置、显示装置等组成。想要进入计算机室，必须拿出自己的磁卡或输入正确的密码，或两者兼备。只有持有有效卡片或密码的人员才允许通过，进入前室以后，需用摄像机来确认来访者身份，再决定是否打开第二道门，达到安全方便管理的目的。

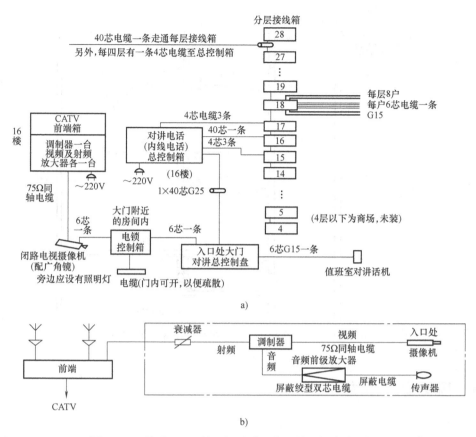

图 17-17 利用 CATV 的可视对讲系统及其安装接线实例

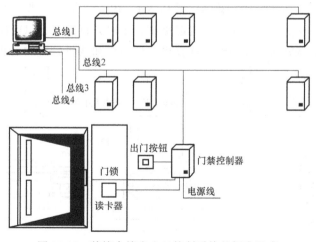

图 17-18 某综合楼出入口控制系统的标准组成

红外探测器分为主动式和被动式两种。主动式红外探测器由红外发射器、接收器和信息处理器组成；被动式红外探测器由红外探头和报警器组成。本系统采用的是被动式红外探测器，它本身不发出红外线，依靠接收物体发出的红外线进行报警。探测器有一定的探测角度，安装时需特别注意，安装位置尽量隐蔽且不应被遮挡。探测器不应正对热源，以防误报。

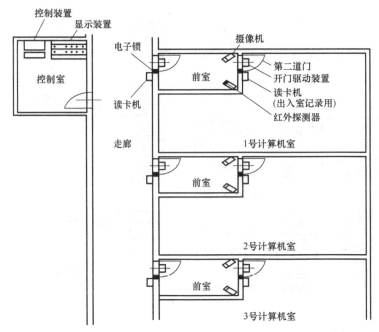

图 17-19 某综合楼出入口控制系统设备平面布置图

17.4 巡更安保系统

17.4.1 巡更安保系统的组成

现代大型楼宇中（如办公楼、宾馆、酒店等），出入口很多，来往人员复杂，需经常有安保人员值勤巡逻，较重要的场所还设有巡更站，定时进行巡逻，以确保安全。

巡更安保系统由巡更站、控制器、计算机通信网络和微机管理中心组成，如图 17-20 所

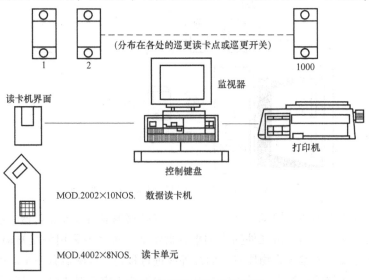

图 17-20 巡更安保系统示意图

示。巡更站的数量和位置由楼宇的具体情况决定，一般在几十个点以上，巡更站可以是密码台，也可以是电锁。

17.4.2 巡更安保系统的功能及要求

1. 巡更安保系统的功能

电子巡更安保系统是按设定程序路径上的巡视开关或读卡器，使安保人员能够按照预定的顺序在安全防范区域内的巡视点（巡更点）进行巡逻，可同时保障安保人员及大楼的安全。巡更安保系统是门禁系统和周界防越报警系统功能的重要补充。通过对小区内各区域及重要部位的安全巡视和巡视点确认，可以实现不留任何死角的小区巡视网络。

2. 巡更安保系统的要求

1）巡更安保管理系统可以指定安保人员巡视小区各区域及重要部位的巡视路线，并安装巡视点。

2）在所需巡视点上，设置具有独立地址的巡更点模块；在工作室设有读写器并连接到计算机终端，通过终端读取巡更手柄信息。

3）安保人员手执巡更手柄，按照指定的路线和时间到达巡视点．在所经过的巡视点上读取地址信息并记录时间。

4）安保人员回到工作室，将巡更手柄插到读写器上。

管理人员可从计算机终端，通过专用软件，读取检查巡更点的位置和时间。打印各安保人员的工作情况，加强对安保人员的管理，从而实现人防和技防结合。如果安保人员在规定的时间内没到达指定巡视点时，系统便认为有异常情况发生，将提醒物业管理中心及时核实处理。当安保人员巡视过程中发现异常情况时，应通过对讲机报告物业管理监控中心，也可通过就近的巡视仪与物业管理监控中心联络。

17.4.3 巡更安保系统图的识读

巡更安保系统分为有线式和无线式两种，其特点如下：

（1）有线巡更系统

有线巡更系统由计算机、网络收发器、前端控制器、巡更点等设备组成。安保人员到达巡更点并触发巡更点开关 PT，巡更点将信号通过前端控制器及网络收发器送到计算机。巡更点主要设置在各主要出入口、主要通道、各紧急出入口、主要部门等处。该系统图及巡更点设置示意图如图 17-21 所示。

（2）无线巡更系统

无线巡更系统由计算机、传送单元、手持读取器、编码片等设备组成。编码片安装在巡更点处代替巡更点，安保人员巡更时手持读取器读取巡更点上的编码片资料，巡更结束后将手持读取器插入传送单元，使其存储的所有信息输入到计算机，记录各种巡更信息并可打印各种巡更记录。

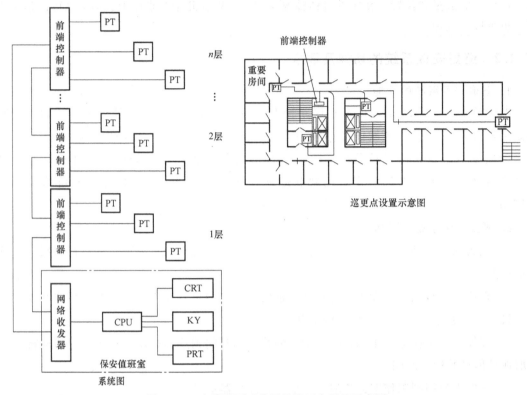

图 17-21　有线巡更系统图及巡更点设置示意图

17.5　停车场管理系统

17.5.1　停车场管理系统概述

1. 停车场（库）管理系统的功能

根据建筑设计规范，大型建筑物必须设置汽车停车场，以方便公众使用，保障车辆安全。为保证提供规定数量的停车位，同时使地面有足够的绿化面积，多数大型建筑的停车位都建于地下室。一般停车场车位超过 50 个时，则需要考虑建立停车场（库）管理系统，以提高停车场（库）的管理水平、效益和安全性。

停车场（库）管理系统的主要功能是方便快捷地提供停车空间、防盗和收费。具体包括：

1）检测和控制车辆的进出。

2）指引驾驶人驾驶，以便迅速找到适当的停车位置。

3）统计进出车辆的种类和数量。

4）计费、收费并统计日进额或月进额、开账单等。

2. 停车场（库）管理系统的组成

停车场管理系统主要由以下几部分组成：

1）车辆出入的检测与控制。通常采用环形感应线圈方式或光电检测方式。

2）车位和车满的显示与管理。可采用车辆计数方式和有无车位检测方式等。

3）计时收费管理。根据停车场特点，有无人自动收费和人工收费等。

停车场管理系统的组成如图 17-22 所示。

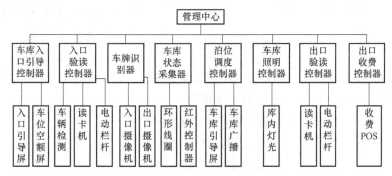

图 17-22　停车场管理系统的组成

3. 停车场管理系统示意图

典型的停车场管理系统示意图如图 17-23 所示。

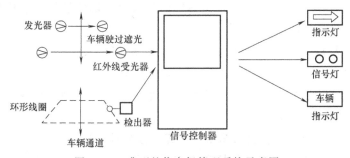

图 17-23　典型的停车场管理系统示意图

17.5.2　智能化停车场管理系统的功能

智能化停车场综合管理系统将计算机管理技术、自动控制技术、图像识别技术以及非接触式智能感应卡技术有机地结合起来，通过计算机管理，可实现车辆出入管理、自动存储数据、图像对比等功能，保证场内车辆的安全和便于随时了解场内车辆的动态，做到准确、高效的动态管理，灵活、多功能的动态查询和安全、严格的保卫功能，同时可简化对临时停放车辆的管理程序。

智能化停车场管理系统具有以下功能：

1）为内部车辆预置车牌号，通过图像采集和车牌识别技术，对权限车辆进行放行，完全可以实现车辆不停顿快速出入场；也可为内部车辆发放 RFID/IC/ID 远距离卡，进行双保险。

2）临时车辆由安保人员进行手动放行，或按键取卡读卡，或进行临时车牌识别操作进行管控。

3）具有脱机计费功能。为解决因停车场计费计算机故障带来的不良影响，停车场控制设备应具有脱机计费功能，能有效地提升停车场管理水平。

4）可管制指定用户类型的车辆在指定的时间段内禁止从该通道通行。

5）配合车辆的进出，可输出语音提示和 LED 文字显示，使管理者和用户一目了然。

6）图像对比功能。临时车辆进出场时，自动启动摄像功能，自动切换视频，监控人员对比两次的图片，判断进出车辆是否为同一辆车，并将其图像保存在计算机硬盘中。

7）防砸车功能。当车辆处于道闸的正下方时，地感线圈检测到车辆存在，道闸不会落杆直到车辆驶离正下方；同时具备红外防砸、压力波检测，起到三重防砸功能。

8）计算机死机等通信故障发生时仍能保证车辆的正常进出，发生异常情况系统能自动报警，并在脱机的情况下不影响车辆的正常进出。

9）出入口的自行放行，在紧急情况下可实现手动抬杆。

10）系统能自动维护，数据自动更新，自动检测复位。

11）用户管理。显示、浏览、巡检智能卡发放情况、设备运行状态；对各类用户进行设置，包括卡号、部门、使用期限、用户类型等。

12）可对用户权限、用户档案、操作密码、系统日志、记录保留时间等进行管理和更改。

13）能自动记录操作员操作日志，包括操作员编号、操作员姓名、操作类型、操作时间、操作对象、操作内容、操作结果。

14）可设置参数包括停车场的车位数量、停车场名称、地址、出入口数量、收费规则等。进出口数量可多达 128 个，同时支持 2 级以上嵌套。

15）可登记固定用户信息，包括车主姓名、车主证件、车型、车牌、联系电话、联系地址、卡片发放日期、有效期等。

16）可登记临时用户信息，包括车型、车牌、停车时间等。

17）记录车辆进出相关信息，包括车主卡号、卡类型、读卡位置、进出通道、进出时间、进出场车辆图像、车辆车型、车牌号码、泊车时间等。

18）具有长期卡、月租卡、临时卡、管理卡等管理方式。

19）具有报表打印及查询功能，包括交接班记录及值班流水记录查询；进出记录查询，如在场车的入场时间与该车的入场图像、车牌；出场车的进出日期时间、停留时间与出入图像等。

20）系统具备长期运行的性能保障机制，自动定时处理、备份各种数据，可有效避免因长期运行产生的大容量数据对系统性能造成影响。

17.5.3　停车场管理系统的检测方式

（1）红外光电检测方式

检测器由一个投光器和一个受光器组成。投光器产生红外不可见光，经聚焦后成束型发射出去，并由受光器拾取红外信号。当车辆进出时，光束被遮断，车辆的"出"或"入"信号送入控制器，如图 17-24a 所示。图中一组检测器使用两套收发装置，是为了区分通过的是人还是汽车；而采用两组检测器是利用两组的遮光顺序来同时检测车辆的行进方向。

（2）环形线圈检测方式

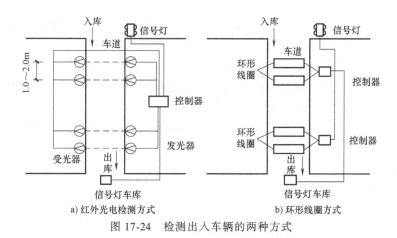

图 17-24　检测出入车辆的两种方式

环形线圈检测方式如图 17-24b 所示。使用电缆或绝缘导线制成环形，埋在车路地下，当车辆（金属）驶过时，其金属车体使线圈发生短路效应而形成检测信号。而两组检测器是为了同时检测车辆的行进方向。

17.5.4　信号灯控制系统

停车库管理系统的一个重要用途是检测车辆的进出。但是车库有各种各样的进出方式，有的进出为同一口同车道，有的为同一口不同车道，有的为不同出口。信号灯控制系统，根据车辆检测方式和不同进出口形式，有下列几种组合方式。

1．环形线圈信号灯控制系统

环形线圈信号灯控制系统如图 17-25 所示。

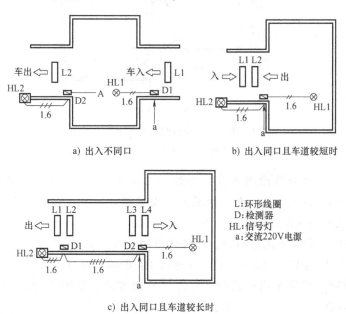

图 17-25　环形线圈信号灯控制系统

1）出入口不同时环形线圈检测方式，如图 17-25a 所示。当车辆通过环形线圈 L1 时，使灯 HL1 点亮，表示有车辆驶入；当车辆通过环形线圈 L2 时，使灯 HL2 点亮，表示有车辆驶出。

2）出入口相同，但是车道较短时，环形线圈检测方式，如图 17-25b 所示。当车辆通过环形线圈 L1，先于 HL2 时，使灯 HL1 点亮，表示有车辆驶入；当车辆通过环形线圈 L2，先于 HL1 时，使灯 HL2 点亮，表示有车辆驶出。

3）出入口相同，但是车道较长时，环形线圈检测方式，如图 17-25c 所示。车道上设置 4 个环形线圈 L1～L4。当环形线圈 L1 先于 HL2 动作时，检测控制器 D1 动作，并使灯 HL1 点亮，表示有车辆驶入；当环形线圈 L4 先于 L3 动作时，检测器 D2 动作，并使灯 HL2 点亮，表示有车辆驶出。

2. 红外线检测信号灯控制系统

红外线检测信号灯控制系统如图 17-26 所示。

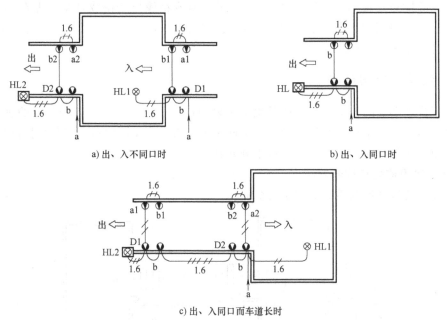

a）出、入不同口时　　　　　b）出、入同口时

c）出、入同口而车道长时

图 17-26　红外线检测信号灯控制系统

a—交流 220V 电源　b—φ1.2mm、φ1.6mm 导线 2 条

1）出入口不同时红外线检测方式，如图 17-26a 所示。当车辆驶入时，红外线检测器 D1 动作，并使灯 HL1 点亮，表示有车辆驶入；当车辆驶出时，红外线检测器 D2 动作，并使灯 HL2 点亮，表示有车辆驶出。

2）出入口相同，但是车道较短时，红外线检测方式，如图 17-26b 所示。当车辆通过红外线检测器时，核对"出"方向无误时，才使灯 HL 点亮，并显示"出车"。

3）出入口相同，但是车道较长时，红外线检测方式，如图 17-26c 所示。当车辆驶入时，红外线检测器 D1 确认方向无误时，使灯 HL1 点亮，并显示"进车"，表示有车辆驶入；当车辆驶出时，红外线检测器 D2 确认方向无误时，使灯 HL2 点亮，并显示"出车"，表示有车辆驶出。

停车库管理系统信号灯、指示灯的安装高度如图 17-27 所示。

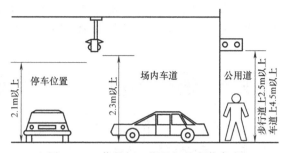

图 17-27 信号灯、指示灯的安装高度

17.5.5 停车场管理系统布置图的识读

停车场车道设备布置图如图 17-28 所示。该停车场为两进两出车道，其检测方式为环形线圈检测方式，由环形线圈、读卡器、闸门机、出票机、收费亭等组成。图中每个环形线圈的沟槽的宽×深为 40mm×40mm，供给出入口每个安装岛的电源容量为 AC220V/20A，每个收费亭要提供两只 220V/15A 三孔插座。所有线路不得与环形感应线圈相关，并与环形线圈距离至少 60mm。

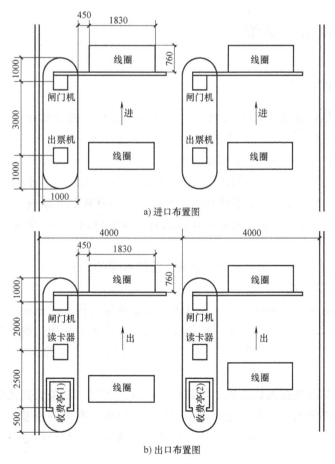

图 17-28 停车场车道设备布置图

停车场管理系统对进入停车场的各种车辆进行有序管理，并对车辆出入情况进行记录，完成停车收费管理。智能化系统还具有防盗报警功能及倒车限位功能。图 17-29 所示为停车场管理系统设备布置图。

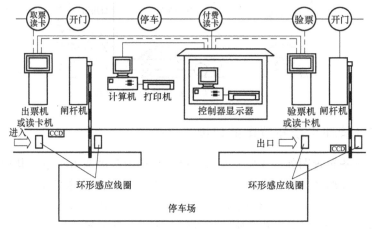

图 17-29　停车场管理系统设备布置图

17.6　闭路电视监控系统

17.6.1　闭路电视监控系统的功能

电视监控系统是在需要防范的区域和地点安装摄像机，把所监视的图像传送到监控中心，中心进行实时监控和记录。它的主要功能有以下几个方面：

1）对视频信号进行时序、定点切换、编程。

2）查看和记录图像，应有字符区分并进行时间（年、月、日、小时、分）的显示。

3）接收安全防范系统中各子系统信号，根据需要实现控制联动或系统集成。

4）电视监控系统与安全防范报警系统联动时，应能自动切换、显示、记录报警部位的图像信号及报警时间。

5）输出各种遥控信号，如对云台、镜头、防护罩等的控制信号。

6）系统内外的通信联系。

其中，系统的集成和控制联动需要认真考虑才能做好。因为在电视监控系统中，设备很多，技术指标又不完全相同，如何把它们集成起来发挥最大的作用，就需要综合考虑。控制联动是把各子系统充分协调，形成统一的安全防范体系，要求控制可靠，不出现漏报和误报。

闭路电视监控系统能在人们无法直接观察的场合，实时、形象、真实地反映被监视控制对象的画面，并已成为人们在现代化管理中监控的一种极为有效的观察工具。由于它具有只需一人在控制中心操作就可观察许多区域，甚至远距离区域的独特功能，被认为是安保工作所必需的手段。

闭路电视（又称 CCTV）监控系统是安防领域中的重要组成部分，系统通过摄像机及其辅助设备（镜头、云台等），直接观察被监视场所的情况，同时可以把监视场所的情况进行同步录像。另外，电视监控系统还可以与防盗报警系统等其他安全技术防范体系联动，使用户安全防范能力得到整体的提高。

17.6.2 闭路电视监控系统的基本组成与形式

1. 闭路电视系统的基本构成

闭路电视系统是指用线缆或光缆在闭合的通路内传输电视信号，是从摄像到显像完全独立齐备的电视系统。

闭路电视系统广泛应用于各行各业，它有多种多样的形式，但主要组成是以下三个部分：

1）对被摄体进行摄像，并将所摄图像变换为电信号的摄像部分（一般为摄像机，称它为头）。

2）把电信号送到其他地方的传送部分（一般为电缆或光缆）。

3）将电信号还原重现的显像部分（一般为监视器，称它为尾）。

摄像机安装在需要监控和观察的场所，通过摄像器件把"光像"变为电信号，由传输线路把信号传送给安装在观察地点的监视器，再由监视器将电信号变为"光像"。

将以上三个组成部分连接起来便构成了一个基本的单头单尾的闭路电视系统，如图17-30所示。

2. 闭路电视监控系统的组成形式

为了某些特定目的，闭路电视监控系统还可由以上三个组成部分构成以下几种形式。

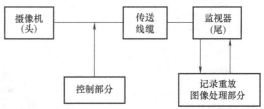

图17-30 闭路电视系统基本构成

1）单头单尾式。单头单尾式如图17-31a所示。这种方式适用于一处连接监视一个固定目标的场所。图17-31b为增加了功能的单头单尾式。因为多了控制器，使得摄像头焦距的长短、光圈的大小均可调整，还可以遥控电动云台的左右、上下运动和接通摄像机的电源。摄像机加上外罩便可以在特殊环境下工作。

2）单头多尾式。单头多尾式如图17-31c所示。这是一台摄像机经过分配器向许多监视点输送图像信号，由各个点上的监视器同时观看图像，适用于在多处监视同一个目标的场合。

3）多头单尾式。多头单尾式如图17-31d所示。这是多台摄像机经过控制器向一个监视点输送图像信号，适用于在一处集中监视多个目标的场合。它除了控制功能外，还具有切换信号的功能。

4）多头多尾式。多头多尾式如图17-31e所示。这是多头多尾任意切换方式的系统。它适用于在多处监视多个目标的场合。此时宜结合对摄像机功能遥控的要求，设置多个视频分配切换装置或矩阵网络。每个监视器都可以选择各自需要的图像。

17.6.3 闭路电视监控系统结构图的识读

电视监控系统一般由摄像、传输、控制、显示与记录四部分组成。典型的电视监控系统结构组成如图17-32所示。

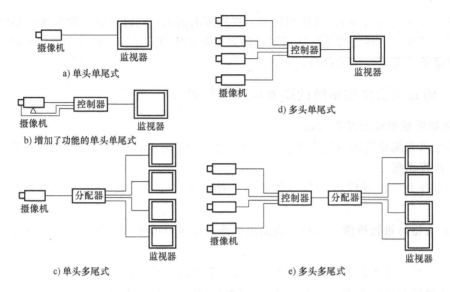

图 17-31 闭路电视监控系统基本构成

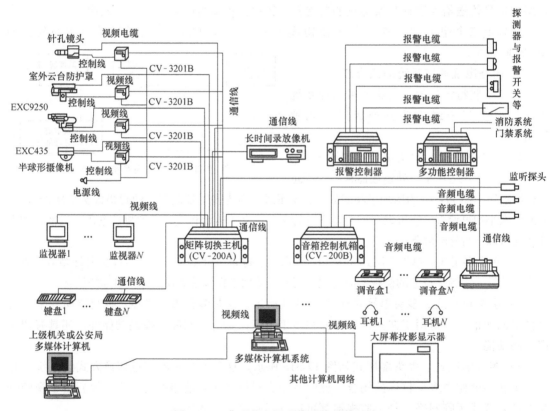

图 17-32 典型的电视监控系统结构组成

（1）摄像部分

摄像部分是安装在现场的设备，它的作用是对所监视区域的目标进行摄像，把目标的光、声信号变成电信号，然后送到系统的传输部分。

摄像部分包括摄像机、镜头、防护罩、云台（承载摄像机可进行水平和垂直两个方向转动的装置）及支架。摄像机是摄像部分的核心设备，它是光电信号转换的主体设备。

摄像部分是电视监控系统的"眼睛"，一般布置在监视现场的某一部位，使其视角能覆盖被监视的范围。假如加装可遥控的电动变焦距镜头和可遥控的电动云台，则摄像机能覆盖的角度就更大，观察的距离更远，图像也更清晰。

（2）传输部分

传输部分的任务是把现场摄像机发出的电信号传送到控制中心，它一般包括线缆、线路驱动设备等。传输的方式有两种：一是利用同轴电缆、光纤等有线介质进行传输；二是利用无线电波等无线介质进行传输。

电视监控系统的监视现场和控制中心之间有两种信号传输：一种信号是将摄像机得到的图像信号传到控制中心；另一种信号是将控制中心发出的控制信号传输到监控现场。

（3）显示与记录部分

显示与记录部分是把从现场传送来的电信号转换成图像在监视设备上显示并记录，其设备主要有监视器、录像机、视频切换器、画面分割器等。

（4）控制部分

电视监控系统需要控制的内容有电源控制（包括摄像机电源、灯光电源及其他设备电源）、云台控制（包括云台的上下、左右及自动控制）、镜头控制（包括变焦控制、聚焦控制及光圈控制）、切换控制、录像控制、防护罩控制（防护罩的雨刷、除霜、加热、风扇降温等）。

控制部分一般安放在控制中心机房，通过有关的设备对系统的摄像、传输、显示与记录部分的设备进行控制与图像信号的处理，其中对系统的摄像、传输部分进行的是远距离的遥控。被控制的主要设备有电动云台、云台控制器和多功能控制器等。

17.6.4　多媒体监控系统图的识读

多媒体监控系统（又称多媒体安保系统）是以多媒体计算机为核心，利用最新多媒体技术和通信技术，融合电视技术、传感技术、自动控制技术等，实现了多方位、多功能、综合性的监视报警系统。

多媒体监控系统在监控系统主机的基础上增加了计算机控制与管理功能。它可以在传统监控系统主机上外接一台多媒体计算机，使系统的控制与管理由计算机来完成，还可以将具有多种特定监控功能的板卡（如视/音频矩阵切换卡、视/音频采集卡、视/音频压缩卡、通信控制卡、报警接口卡等）直接插入多媒体计算机的扩充槽内而形成一体化结构，即标准多媒体监控系统。

多媒体技术的引入，使安保监控系统在原有功能的基础上扩充了图像处理、语音报警、信息存储与查询以及其他的辅助功能，从而使多媒体安保监控系统形成了四大功能：报警处理、图像处理、编辑查询和监视控制。

图17-33所示为简单的多媒体监控系统构成示意图。由图17-33可见，该系统的基本结构与传统监控系统结构类似，但增加了外挂于系统主机的多媒体计算机，该计算机不仅可以对整个监控系统进行控制管理，还可以通过其内置的网卡接入网络。

多媒体电视监控系统的音频、视频输出状态可显示；报警时能弹出报警菜单和报警区域

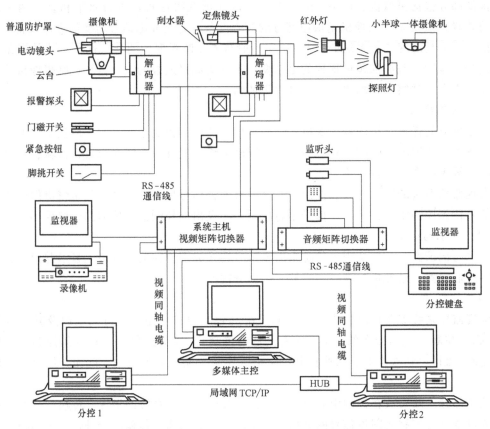

普通防护罩　摄像机　刮水器　定焦镜头　红外灯　小半球一体摄像机

电动镜头

云台

解码器

报警探头

门磁开关

紧急按钮

脚挑开关

探照灯

RS-485
通信线

监听头

监视器

系统主机
视频矩阵切换器

音频矩阵切换器

监视器

录像机

视频同轴电缆

RS-485通信线

分控键盘

视频同轴电缆

多媒体主控

HUB

局域网 TCP/IP

分控1

分控2

图 17-33　简单的多媒体监控系统构成示意图

地图,并在此地图上产生闪烁图像,以提示报警区域,同时还能产生相应的语音提示;可以自动记录报警信息,开机、关机信息及值班信息等,并可输出到打印机上进行打印。

17.6.5　某工厂闭路电视监控系统图的识读

工厂闭路电视监控系统一般包括厂区门口闭路监控、厂房厂区闭路监控、周界围墙闭路监控、生产车间管理闭路监控、仓库闭路监控、办公楼财务室闭路监控、宿舍防盗闭路监控等。

图 17-34 所示为某工厂办公科研及车间仓库闭路电视监控系统图。该系统采用数字监控方式,共计有 42 个摄像点、85 个双鉴探测器 (IR/M) 探测点。

工厂闭路电视监控系统对厂内各主要通道和生产场地进行监控,行政部门可以了解员工的工作情况,加强员工考勤管理,提高工作效率;对生产和办公场所进行视频监控,生产管理部门可以及时了解各车间的工作情况和流水线的生产情况。如果某些车间因工作环境有害人体健康,需要实现无人作业时,更应远程监控生产过程。如果某些设备因安装位置不易接近,人工巡视作业危险性较大,则应用摄像机进行远程监控。

工厂闭路电视监控系统的功能特点如下:

1) 红外夜视功能:日夜两用,在光线不足或完全黑暗的情况下依然可以监控摄像,实现 24h 全天候闭路监控。

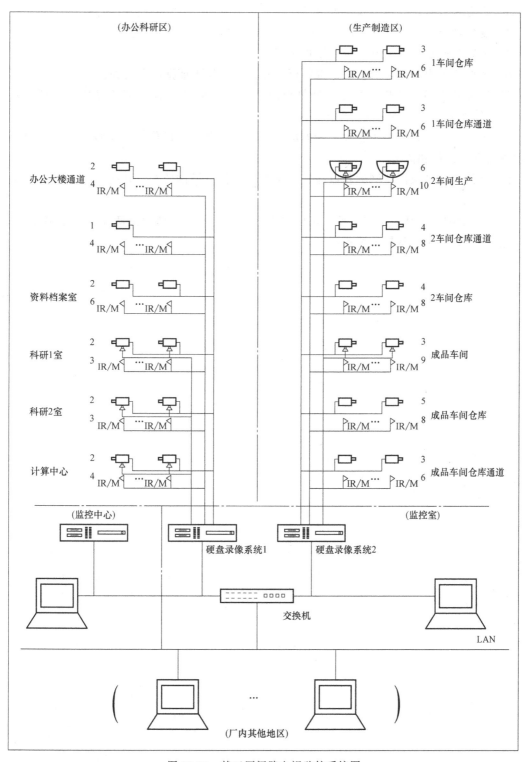

图 17-34　某工厂闭路电视监控系统图

2）摄像机防水防尘：室内及室外均可使用。

3）全方位云台：摆脱摄像机视角局限性，更加全面、全方位地进行监控。

4）变焦功能：光学变焦+电子变焦，可以将远处的景物拉近清晰显示。

5）大容量硬盘录像：支持全天候长时间硬盘录像。

6）影像资料可复制备份：录像资料可以复制出来作为证据或备份查询。

7）监控软件易学易懂：操作员经简单培训后即可熟练操作，可通过控制面板、遥控器、鼠标等多种方式对系统进行操作使用。

8）监控软件分权限多级管理：管理员可以根据情况给予操作员不同权限，操作员只能在权限范围内操作和监控。

9）支持局域网及因特网远程监控：系统不仅支持局域网监控，还可以利用因特网远程监控和回放录像。

10）系统配置灵活、扩展方便：可以根据用户要求及现场情形灵活配置（如多处分控、集中监控等），还可以根据需要扩展升级。

第18章

有线电视系统图的识读

18.1 有线电视系统

18.1.1 有线电视系统的特点

1）收视节目多，图像质量好。在有线电视系统中可以收视当地电视台开路发送的电视节目，它们包括 VHF 和 UHF 各个频段的节目。有线电视采用高质量的信号源，保证信号源的高水平，既可改善弱信号地区的接收效果，减少雪花干扰，又可因用电缆或光缆传送，避免开路发射的重影和空间杂波干扰，使电视图像更加清晰，还能消除重影故障。

2）收视卫星发送的节目。

3）收视当地有线电视台发送的节目。有线电视系统可以收视当地有线电视台（或企、事业有线电视台）发送的闭路电视。闭路电视可以播放优秀的影视片，也可以是自制的电视节目。

4）有线电视系统传送的距离远，传送的节目多。当采用先进的邻频前端及数字压缩等新技术后，频道数目还可大为增加。

5）节省费用、美化城市。采用有线电视系统可以只在电视中心架设一组天线，电缆线路沿地下和市内穿管布线，有利市容的美化。

6）发展有线电视双向传送功能，扩大有线电视的服务范围。发展有线电视双向传输功能，利用多媒体技术把图像、语言、数字、计算机技术综合成一个整体进行信息交流。

7）建网可以循序渐进、逐步发展。有线电视可以分区、分阶段进行建设，在现有财力许可范围内先选择一种适合当地居民区或企、事业单位的中小型前端设备，待邻近地区整体发展到一定规模后，即可迅速升级为县城乡镇联网。如此，既有大型有线电视网的优点，又可保持各自的独立区台特色。

18.1.2 有线电视系统的构成

有线电视系统由接收集号源装置、前端设备、干线传输设备和用户分配网络等四个主要部分组成。图 18-1 所示为有线电视系统的构成。

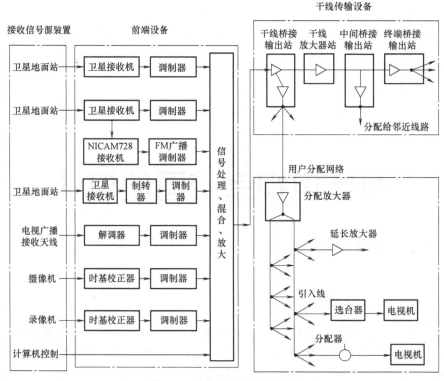

图 18-1 有线电视系统的构成

1. 接收信号源

信号的来源通常包括:

1) 卫星地面站接收到的各个卫星发送的卫星电视信号,有线电视台通常从卫星电视频道接收信号纳入系统送到千家万户。

2) 由当地电视台的电视塔发送的电视信号称为"开路信号"。

3) 城市有线电视台用微波传送的电视信号源。MMDS(多路微波分配系统)电视信号的接收须经一个降频器将 2.5~2.69GHz 信号降至 UHF 频段之后,即可等同"开路信号"直接输入前端系统。

4) 自办电视节目信号源。这种信号源可以是来自录像机输出的音/视频(A/V)信号;由演播室的摄像机输出的音/视频信号;或者是由采访车的摄像机输出的音/视频信号等。

2. 前端设备

前端设备是整套有线电视系统的"心脏"。由各种不同信号源接收的电磁信号须经再处理为高品质、无干扰杂讯的电视节目,混合以后再馈入传输电缆。

3. 干线传输系统

干线传输系统把来自前端的电视信号传送到分配网络,这种传输线路分为传输干线和支线。干线可以用电缆、光缆和微波三种传输方式,在干线上相应地使用干线放大器、光缆放大器和微波发送接收设备。支线以用电缆和线路放大器为主。微波传输适用于地形特殊的地区、如穿越河流或禁止挖掘路面埋设电缆的特殊状况以及远郊区域与分散的居民区。

4．用户分配网络

从传输系统传来的电视信号通过干线和支线到达用户区，需用一个性能良好的分配网使各用户的信号达到标准。分配网有大有小，因用户分布情况而定，在分配网中有分支放大器、分配器、分支器和用户终端。

18.1.3　有线电视系统图的识读方法

阅读有线电视系统平面布置图时，应注意并掌握以下有关内容：

1）机房位置及平面布置、前端设备规格型号、台数、电源柜和操作台规格型号和安装位置及要求。

2）交流电源进户方式、要求、线缆规格型号，天线引入位置、方式、天线数量。

3）信号引出回路数、线缆规格型号、电缆敷设方式及要求、走向。

4）各房间电视插座安装位置标高、安装方式、规格型号、数量、线缆规格型号及走向、敷设方式；多层结构时，上下穿越电缆敷设方式及线缆规格型号；有无中间放大器，其规格型号、数量、安装方式及电源位置等。

5）有自办节目时，机房、演播厅平面布置及其摄像设备的规格型号、电缆及电源位置等。

6）屋顶天线布置、天线规格型号、数量、安装方式、信号电缆引下及引入方式、引入位置、电缆规格型号，天线安装要求（方向、仰角、电平等）。

18.2　常用有线电视系统电气工程图

18.2.1　某住宅楼有线电视系统图的识读

图18-2所示为某住宅楼有线电视系统图。有线电视信号埋地引入，埋地深1.2m，在下房层中由SYWV-75-9型同轴电缆穿管径40mm保护钢管沿墙暗敷设引上，至一层后则穿管径为40mm的UPVC管引上至三层有线电视设备箱，经分配器由SYWV-75-5型同轴电缆穿管径为20mm的保护管沿柱和墙敷设引至各层各户分支器，再引至电视插座。

18.2.2　某多层住宅楼有线电视系统图的识读

图18-3所示为某多层住宅楼有线电视系统图。有线电视系统电缆从室外埋地敷设引入，穿直径为32mm的焊接钢管（TV-SC32-FC），三个单元首层各有一只电视设备箱（TV-1-1、TV-1-2、3），设备箱的尺寸为400mm×500mm×160mm，安装高度距地0.5m。每只设备箱内装一只主放大器及电源和一只二分器，电视信号在每个单元放大，并向后传输（如需要TV-1-3箱中的信号还可继续向后面传输）。单元间的电缆是穿直径为25mm的焊接管埋地敷设（TV-SC25-FC）。每个单元为6层，每层两户，每个楼层使用一只二分支器，二分支器装在接线箱内，接线箱的尺寸为180mm×180mm×120mm，安装高度距地0.5m。楼层间的电缆穿直径为20mm的焊接管沿墙敷设（TV-SC20-WC）。每户内有两个房间有用户出线口，第一个房间内串接一只一分支单元盒，对电视信号进行分配，另一个房间内使用一只电视终端盒。

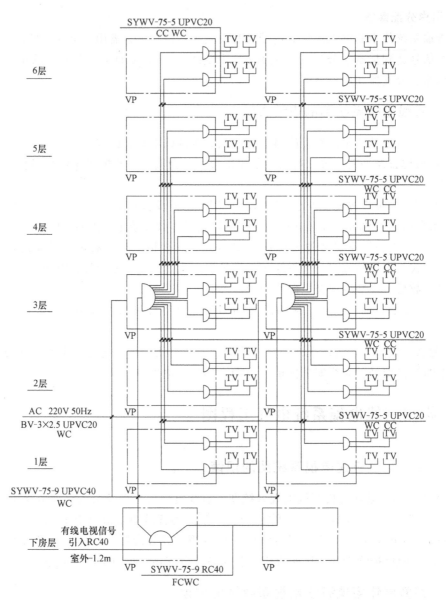

图 18-2 某住宅楼有线电视系统图

18.2.3 某单元电视系统图的识读

图 18-4 所示为某单元有线电视系统图。

由图 18-4 可知，本单元为 7 层，每个楼层使用一只二分支器，二分支器装在分支分配箱内。放大器箱设在 1 层，引入放大器箱的电缆（型号 SYWV 为铜芯物理发泡聚乙烯绝缘聚氯乙烯护套同轴电缆），穿直径为 20mm 的焊接钢管，埋地暗敷设（SYWV-75-9-SC20-FC）；引入放大器箱的电源线（BV 为铜芯聚氯乙烯绝缘电线），穿直径为 20mm 的硬质塑料管，埋地暗敷设（BV-3×2.5-PC20-FC）；从放大器箱引出的电缆（型号为 SYWV）穿直径为 20mm 的硬质塑料管，沿墙暗敷设（SYWV-75-9-PC20-WC）。

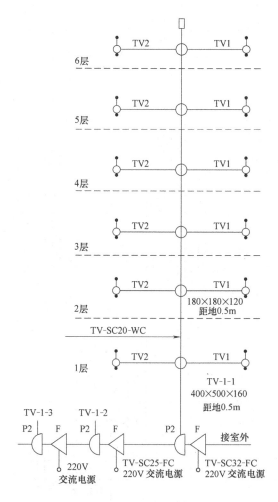

图 18-3 某多层住宅楼有线电视系统图

18.2.4 有线电视平面图的识读

图 18-5 所示为某酒店标准层有线电视平面图。

由图 18-5 可知，总服务台和每间客房均有一个有线电视插座（TV），采用 SYWV-75-5 型同轴电缆，穿直径为 20mm 的焊接钢管，在墙内暗敷设（SYWV-75-5-SC20-WC）。除此之外，总服务台和每间客房均有一个电话插座（TP）、一个双孔信息插座（2TO）。网络机柜设置在楼层的端部的总服务台旁，楼层内有两个电视接线箱，分别设置在楼层的两端。从每个电视接线箱引出一条回路接到各房间的有线电视插座。

图 18-6 所示为某住宅楼标准层弱电平面图，读者可根据上述方法自行分析。

扫一扫看视频

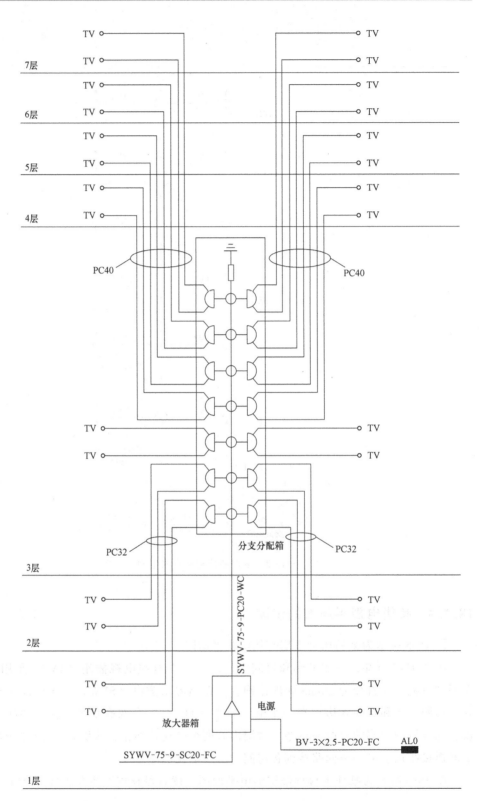

图 18-4　某单元有线电视系统图

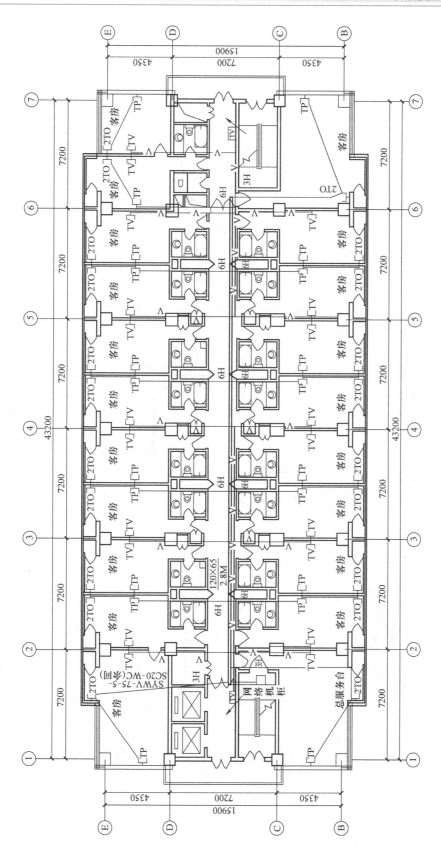

图 18-5 某酒店标准层有线电视平面图

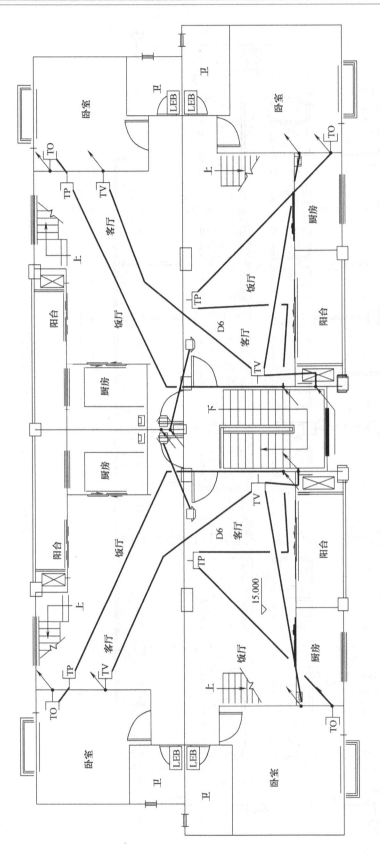

图 18-6 某住宅楼标准层弱电平面图

通信与广播系统图的识读

19.1 电话通信系统图

19.1.1 电话通信系统的组成

电话通信系统的基本目标是实现某一地区内任意两个终端用户之间相互通话，因此电话通信系统必须具备三个基本要素：①发送和接收语音信号；②传输语音信号；③语音信号的交换。

这三个要素分别由用户终端设备、传输设备和电话交换设备来实现。一个完整的电话通信系统是由终端设备、传输设备和交换设备三大部分组成的，如图 19-1 所示。

图 19-1 电话通信系统示意图

19.1.2 电话通信、广播音响平面图的识读

阅读电话通信、广播音响平面图时，应注意并掌握以下内容：

1）机房位置及平面布置、总机柜、配线架、电源柜、操作台的规格型号及安装位置要求，交流电源进户方式、要求、线缆规格型号，天线引入位置及方式。

2）市局外线对数、引入方式、敷设要求、规格型号，内部电话引出线对数、引出方式（管、槽、桥架、竖井等）、规格型号、线缆走向。

3）广播线路引出对数、引出方式及线缆的规格型号、线缆走向、敷设方式及要求。

4）各房间话机插座、音箱及元器件安装位置标高、安装方式、规格型号及数量、线缆管路规格型号及走向。多层结构时，还应掌握上下穿越线缆敷设方式、规格型号根数、走向、连接方式。

5）核对系统图与平面图的信号回路编号、用途名称等。

19.1.3 单元网络、电话系统图的识读

图 19-2 所示为某单元网络、电话系统图。

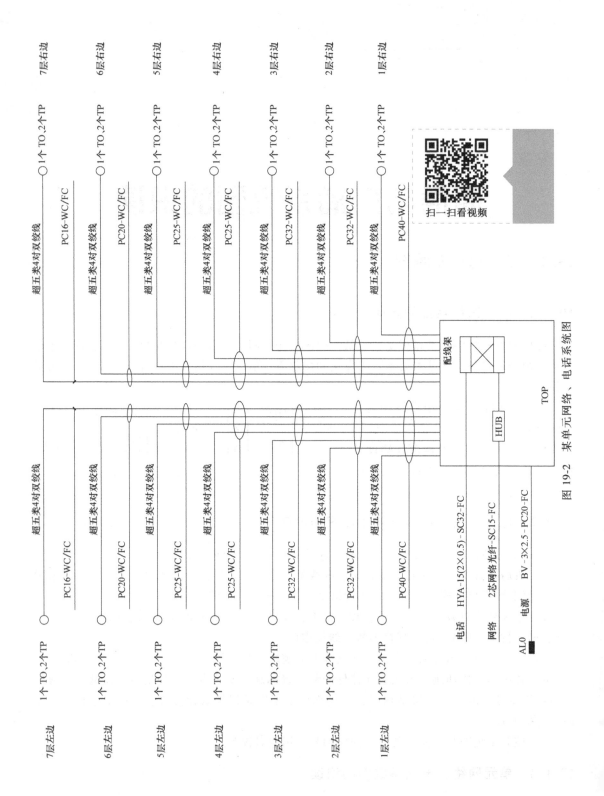

图 19-2 某单元网络、电话系统图

扫一扫看视频

在图 19-2 中，"HYA-15（2×0.5）-SC32-FC"表示使用 HYA-15（2×0.5）型电话电缆，电缆为 15 对，每根线芯的直径为 0.5mm，穿直径为 32mm 的焊接钢管，埋地敷设。"2 芯网络光纤-SC15-FC"表示使用 2 芯网络光纤，穿直径为 15mm 的焊接钢管埋地敷设。"BV-3×2.5-PC20-FC"表示电源采用铜芯聚氯乙烯绝缘电线，每根线芯截面积为 2.5mm^2，共 3 根穿直径为 20mm 的硬质塑料管埋地敷设。"PC40-WC/FC""PC32-WC/FC""PC25-WC/FC""PC20-WC/FC""PC16-WC/FC"表示连接到 1～7 层的电缆分别穿直径为 40mm、32mm、25mm、20mm、16mm 的硬质塑料管，墙内/埋地暗敷设。每一层左右两侧各有一户，每户分别设置 2 个电话插座（TP）和 1 个信息插座（TO）。

19.1.4　某建筑物电话系统图的识读

图 19-3 所示为某建筑物电话系统图。

由图 19-3 可知，电话交接箱设在 1、4 层，电话干线设在 1 层底板，每层设置 8 个电话插座。"HYA-50（2×0.5）-SC40-FC/WC"表示使用 HYA-50（2×0.5）型电话电缆，电缆为 50 对，每根线芯的直径为 0.5mm，穿直径为 40mm 的焊接钢管，埋地/墙内暗敷设，其电话干线室外埋深 1.1m。"HYA-20（2×0.5）-PC32-FC/WC"表示使用 HYA-20（2×0.5）型电话电缆，电缆为 20 对，每根线芯的直径为 0.5mm，穿直径为 32mm 的硬质塑料管，埋地/墙内暗敷设。"HYA-10（2×0.5）-PC25-WC"表示使用 HYA-10（2×0.5）型电话电缆，电缆为 10 对，每根线芯的直径为 0.5mm，穿直径为 25mm 的硬质塑料管，墙内暗敷设。"RVS-1（2×0.5）-PC16-WC"表示各用户线使用 RVS 型双绞线，每根线芯的截面积为 0.5mm^2，穿直径为 16mm 的硬质塑料管，沿墙暗敷设。

19.1.5　某住宅楼电话工程图的识读

某住宅楼电话工程图如图 19-4 所示。

在图 19-4 中，"HYA-50（2×0.5）-SC50-FC"表示进户使用 HYA-50（2×0.5）型电话电缆，电缆为 50 对，每根线芯的直径为 0.5mm，穿直径为 50mm 的焊接钢管埋地敷设。电话分接线箱 TP-1-1 为一只 50 对线电话分接线箱，型号为 STO-50。箱体尺寸为 400mm×650mm×160mm，安装高度距地 0.5m。进线电缆在箱内与本单元分户线、分户电缆及到下一单元的干线电缆连接。下一单元的干线电缆为 HYV-30（2×0.5）

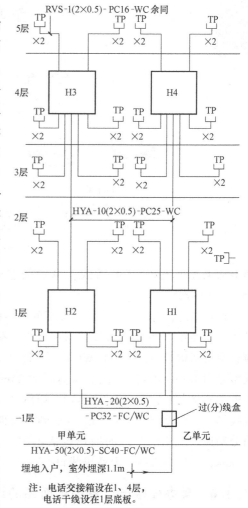

图 19-3　某建筑物电话系统图

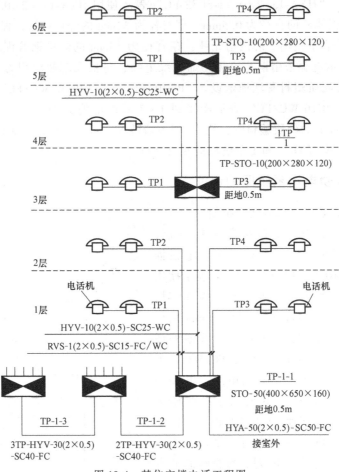

扫一扫看视频

图 19-4 某住宅楼电话工程图

型电话电缆，电缆为 30 对线，每根线芯的直径为 0.5mm，穿直径为 30mm 的焊接钢管（SC）埋地敷设（FC）。

1 层和 2 层用户线从电话分接线箱 TP-1-1 引出。"RVS-1（2×0.5）-SC15-FC-WC"表示各用户线使用 RVS 型双绞线，每根线芯的截面积为 0.5mm²，穿直径为 15mm 的焊接钢管埋地、沿墙暗敷设（SC15-FC-WC）。从 TP-1-1 到 3 层电话分接线箱用一根 10 对线电缆，电缆线型号为 HYV-10（2×0.5），穿直径为 25mm 的焊接钢管沿墙暗敷设。在 3 层和 5 层各设一只电话分接线箱，型号为 STO-10，箱体尺寸为 200mm×280mm×120mm，均为 10 对线电话分接线箱。安装高度距地 0.5m。3 层到 5 层也使用一根 10 对线电缆。3 层和 5 层电话分接线箱分别连接上下层四户的用户电话出线口，均使用 RVS 型双绞线，每根线芯的截面积为 0.5mm。每户内有两个电话出线口。

19.1.6 某办公楼电话系统平面图的识读

图 19-5 为某办公楼电话系统图，该办公楼第 5 层的电话平面图如图 19-6 所示。

由图 19-5 和图 19-6 可知，第 5 层电话分接线箱信号通过 HYA-10（2×0.5mm）型电缆由 4 层分接线箱引入。每个办公室有电话出线盒 2 只，共 12 只电话出线盒。各路电话线均

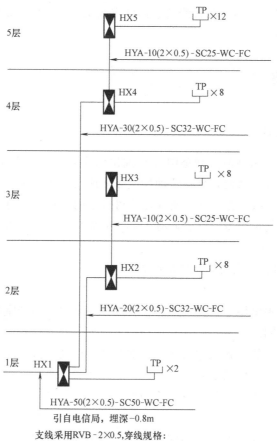

支线采用RVB−2×0.5,穿线规格:
1～2根穿PC16，3～4根穿PC20，
电话分线箱HX1尺寸：380×260×120
其余电话分线箱尺寸:280×200×120

图 19-5　某办公楼电话系统图

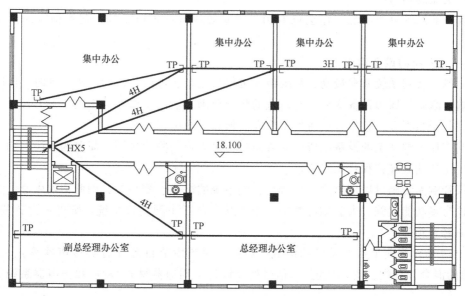

图 19-6　某办公楼第 5 层的电话平面图

单独从电话分接线箱 HX5 分出，分接线箱引出的支线采用 RVB-2×0.5 型双绞线。出线盒暗敷在墙内，离地 0.3m。

19.2 广播系统图

19.2.1 扩声系统概述

自然声源（如演讲、乐器演奏和演唱等）发出的声音能量是很有限的，其声压级随传播距离的增大而迅速衰减，因此在公众活动场所必须使用电声技术进行扩声，将声源的信号放大，提高听众区的声压级，保证每位听众能获得适当的声压级。近年来，随着电子技术和电声技术的快速发展，使扩声系统的音质有了极大的提高，满足了人们对系统音质越来越高的要求。

1. 会议、公共广播、舞台音响系统的区别

（1）适用的场合

演出舞台音响系统主要用于演出扩声，又可以分为室内演出与室外演出，针对上述不同的场合，其要求有所不同。

公共广播音响系统一般是在大型建筑中，如商场、机场、火车站、展览中心、综合办公区等，用于播放背景音响、广播通知等。

会议音响系统，主要用于会议、讲座等的扩声。

（2）基本要求

演出舞台音响系统，要针对各种不同的演出（如戏曲、演唱会、音乐会、话剧等），突出其特点，进行系统配置、布置等。

公共广播音响系统一般只要考虑语言或背景音乐，在音箱（扬声器）的布置方面，要考虑声音覆盖的均匀度。

会议音响系统只要考虑采用会议专用扩声系统或常规扩声系统，配置相应的会议传声器等。

2. 扩声系统的设备组成

演出舞台音响系统要求最高，系统组成也较为复杂、灵活，比如均衡、延时、压限、分频、混响、激励等周边设备均要具有较宽的频响范围，输出功率在几千瓦至上万瓦，音箱在十几只到几十只不等，且所有设备均工作在高保真模式中。

公共广播音响系统的设备组成则非常简单，仅配置一些信号源，简单的程序控制功能及相应的定压或功放等，程式相对固定。

会议音响系统则可以理解为演出舞台音响系统的简化、缩小版，因此会议中心、大型会议室往往与多功能剧院、大会堂等共用一个系统。至于小型会议系统，则可只配置调音台、功放及一对音箱等。

图 19-7 所示为典型扩声系统的组成。该扩声系统由节目源（各类传声器等）、调音台（各声源的混合、分配、调音润色）、信号处理设备（周边器材）、功放和扬声器系统等设备组成。

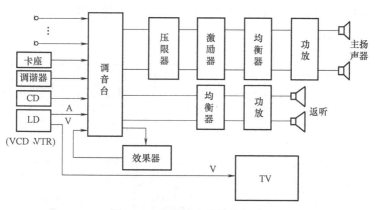

图 19-7 典型扩声系统的组成

19.2.2 立体声扩声系统的组成

立体声就是指具有立体感的声音。双声道立体声是在空间放置两个互成一定角度的扬声器，每个扬声器单独由一个声道提供信号。每个声道的信号在录制时就经过了处理：处理的原则就是模仿人耳在自然界听到声音时的生物学原理，表现在电路上基本也就是两个声道信号在相位上有所差别，这样当站到两个扬声器的轴心线相交点上听声音时就可感受到立体声的效果。

所谓环绕立体声，通常是与双声道立体声相比，指声音好像把听者包围起来的一种重放方式。这种方式所产生的重放声场，除了保留着原信号的声源方向感外，还伴随产生围绕感和扩展感（声音离开听者扩散或有混响的感觉）的音响效果。

图 19-8 所示为典型的立体声扩声系统组成框图。其将声源的信号分别用左、右两个声道放大还原，音色效果更为丰满。音色调节的核心设备为调音台，效果器采用负反馈进一步改善音质。

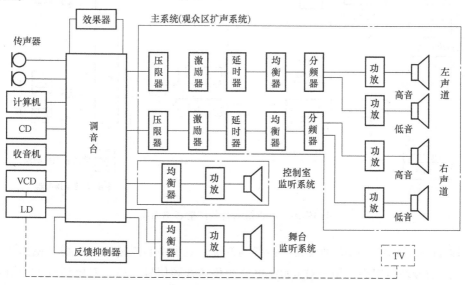

图 19-8 典型的立体声扩声系统的组成

图 19-9 所示为卡拉 OK 厅音响系统结构图，它是在上述立体声系统中增加了用户自娱自乐的功能和选择伴音曲目的点歌功能。

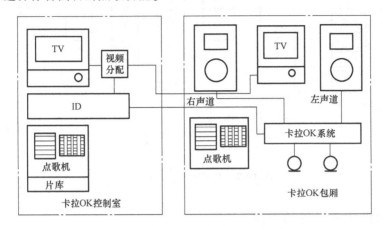

图 19-9　卡拉 OK 厅音响系统的组成

19.2.3　常用公共广播音响系统图的识读

图 19-10 所示为某宾馆公共广播音响系统。图中的 VP-1120 功放的输入端具有优选权功能。VR-1012 是一个带有控制功能的专用遥控传声器，它具有选区和强切功能（通过 ZDS-027 控制器）。

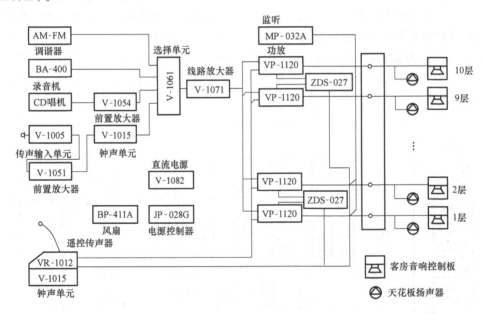

图 19-10　某宾馆的公共广播音响系统

图 19-11 是某钢铁厂的大型公共广播音响系统。它由中心广播站和广播分站组成两级广播系统。广播分站与中心站用一对 600Ω 电话线传送音频信号，另一对电话线作为分站返送信号线，因此各分站通过中心站转接后可向全厂或某几个分站进行广播。

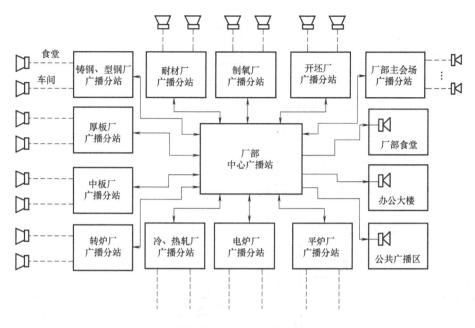

图 19-11　某钢铁厂的大型公共广播音响系统

19.2.4　公共广播及应急广播音响系统图的识读

广播音响系统是一种通信和宣传工具，其设备简单、维护使用方便，已广泛应用于各类公共建筑。广播音响系统主要分为业务性广播系统（满足业务和行政管理等要求为主的广播音响系统，设置于办公楼、教学楼、商场、车站等）、服务性广播音响系统（以背景音乐为主的广播音响系统，设置于大型公共活动场所和宾馆饭店等）和火灾事故广播音响系统（当发生火灾或其他紧急情况时，指挥人员安全疏散的广播系统）。一般来说，一个广播音响系统常常兼有几方面的功能，如业务广播音响系统也可作为服务性广播使用，在火灾或其他紧急情况下，还可转换成火灾事故广播。

消防应急广播音响系统是火灾疏散和灭火指挥的重要设备，在整个消防控制管理系统中起着极其重要的作用。消防应急广播音响系统利用公共广播音响系统的扬声器和馈电线路，但扩声机等装置是分别专用的。当火灾发生时，由消防控制室切换输出线路，使公共广播音响系统按照规定的疏散广播顺序的相应层次播送消防应急广播。消防应急广播音响系统全部利用公共广播音响系统的扩声机、馈电线路和扬声器等装置，在消防控制室只设紧急播送装置，当发生火灾时可遥控公共广播音响系统紧急开启，强制投入消防应急广播。

图 19-12 所示为公共广播及应急广播音响系统图。

一般场所的火灾警报信号和应急广播的范围都是在消防控制室手动操作。在自动化程度比较高的场所是按程序自动进行的，在火灾报警后，按设定的控制程序自动启动火灾应急广播。播音区域应正确、音质应清晰，在环境噪声大于 60dB 的场所，应急广播应高于背景噪声 15dB。

图 19-13 是含火灾应急广播的典型公共广播音响系统结构。

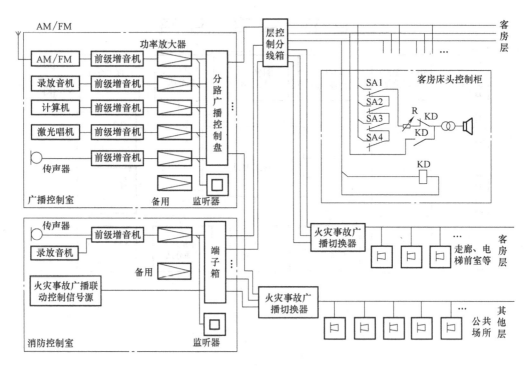

图 19-12 公共广播及应急广播音响系统图

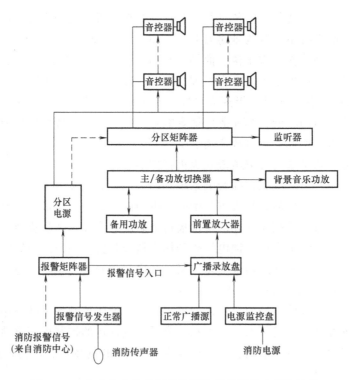

图 19-13 含火灾应急广播的典型公共广播音响系统结构

　　由图 19-14 可知，在含火灾应急广播的典型公共广播音响系统中，包括了广播录放盘、报警矩阵器、备用功放和消防电源等。广播录放盘是公共广播音响系统的配套产品之一，它是火警事故广播系统的音源。发生火灾时，它与定压输出音频功率放大器、音箱、广播设备控制组成事故广播音响系统，完成电子语音、外线输入、传声器、录音机四种播音方式下的事故广播，并能自动将传声器和外线输入的播音信号进行录音。消防广播功放盘是应急广播音响系统中的前置声源及系统启动的中心控制设备。报警矩阵器是消防应急广播与消防控制中心的接口，当发生火灾时，报警控制器发出着火分区的火警信号，报警矩阵器能根据预编程序，自动强行使报警区及其相邻区的公共广播音响系统进入火灾应急广播的工作状态。

　　当发生火灾时或主功率放大器有故障时，该系统能自动切换至备用功率放大器，提高系统的可靠性。另外，当发生火灾时或主电源发生故障时，报警系统能自动切换到备用电源供电。

第20章

《《《《《

综合布线系统工程图的识读

20.1 综合布线系统概述

20.1.1 综合布线系统的定义及特点

1. 综合布线系统的定义

对综合布线系统的定义为：通信电缆、光缆、各种软电缆及有关连接硬件构成的通用布线系统，能支持多种应用系统。即使用户尚未确定具体的应用系统，也可进行布线系统的设计和安装。综合布线系统中不包括应用的各种设备。

目前所说的建筑物与建筑群综合布线系统（简称综合布线系统），是指一幢建筑物内（或综合性建筑物）或建筑群体中的信息传输媒质系统。它将相同或相似的缆线（如对绞线、同轴电缆或光缆）、连接硬件组合成一套标准的、通用的、按一定秩序和内部关系而集成的整体，因此，目前它是以 CA 为主的综合布线系统。今后随着科学技术的发展，会逐步提高和完善，充分满足智能化建筑的需求。

2. 综合布线系统的特点

综合布线系统具有以下特点：

（1）综合性、兼容性好

综合布线系统具有综合所有系统和互相兼容的特点，采用光缆或高质量的布线部件和连接硬件，能满足不同生产厂商终端设备传输信号的需要。

（2）灵活性、适应性强

综合布线系统对其服务的设备有一定的独立性，能够满足多种应用的要求。在综合布线系统中任何信息点都能连接不同类型的终端设备，当设备数量和位置发生变化时，只需采用简单的插接工序，实用方便，其灵活性和适应性都较强，且节省工程投资。

（3）便于今后扩建和维护管理

综合布线系统的所有布线部件采用积木式的标准件和模块化设计。因此，部件容易更换，便于排除障碍，且采用集中管理方式，有利于分析、检查、测试和维修，节约维护费用和提高工作效率。

（4）技术经济合理

采用综合布线系统虽然初次投资较多，但从总体上看是符合技术先进、经济合理的要求的。

20.1.2 综合布线系统的组成

建筑与建筑群综合布线系统是一种建筑物或建筑群内的传输网络，它将语音和数据通信设施、交换设备和其他信息管理系统相互连接，同时又将这些设备与外部通信网相连接，包括建筑物到外部网络或电话局线路上的连接点与工作区的语音或数据终端之间的所有电缆及相关联的布线部件。

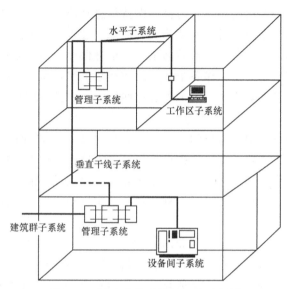

图 20-1　综合布线系统的组成示意图

图 20-1 所示为综合布线系统的组成示意图。由图 20-1 可知，综合布线系统一般由工作区子系统、水平子系统、管理子系统、垂直干线子系统、设备间子系统、建筑群子系统等六个独立的子系统组成。

一个独立的需要装置设备终端的区域应划分为一个工作区。工作区子系统由布线子系统的信息插座延伸至工作站终端设备处的连接电缆及适配器组成。每个工作区至少应设置一个电话机或计算机终端设备。工作区的每一个插座均应支持电话机、数据终端、计算机、电视机及监视器等终端设备。

水平子系统由工作区的信息插座、每层配线设备至信息插座的配线电缆、楼层配线设备和跳线等组成。

管理子系统设置在楼层配线间内，是干线子系统和配线子系统之间的桥梁，由双绞线配线架、跳线设备等组成。当终端设备位置或局域网的结构有变化时，只要改变跳线方式即可，不需重新布线，所以管理子系统的作用是管理各层的水平布线，连接相应网络设备。

垂直干线子系统由设备间的配线设备和跳线以及设备间至各楼层配线间的连接电缆或光缆组成。

设备间是在每一幢大楼的适当地点设置进线设备，进线网络管理以及管理人员值班的场所。设备间子系统由综合布线系统的建筑物进线设备，电话、数据、计算机等各种主机设备及其保安配线设备等组成。

建筑群子系统由两个及以上建筑物的综合布线系统组成，它连接各建筑物之间的缆线和配线设备。

20.1.3 综合布线系统在智能大厦中的应用

智能建筑通常由楼宇自动化系统（BAS）、通信自动化系统（CAS）和办公自动化系统（OAS）三部分组成。楼宇自动化系统包括采暖通风、空调、给排水、照明动力设备的自控和消防安保等系统。通信自动化系统为保证建筑物内语音、数据、图像的传输提供了基础，与此同时还保持着与外部通信网相连，与世界保持信息互通。办公自动化系统指人们利用现代科学技术的最新成果与办公设备，实现公文、通知、公告、请示的上传下达，实现基层数据的采集与汇总，从而形成的一个涵盖数据采集、信息保存、信息处理、传输控制的信息系统。以往智能大厦的实现基本上依靠各个独立的布线系统组合而成，硬件设备重复，投资费用增加，维修成本高，管理效率低。为了克服这些缺点，现已将综合布线系统应用于智能大厦中。

综合布线系统是由许多部件组成的，主要有传输介质、线路管理硬件、连接器、插座、插头、适配器、传输电子线路、电气保护设施等，并由这些部件来构造各种子系统。理想的布线系统表现为支持语音应用、数据传输、影像影视，而且最终能支持综合型的应用。综合布线系统应该说是跨学科跨行业的系统工程，包括楼宇自动化系统、通信自动化系统、办公室自动化系统。

综合布线系统在智能大厦中的应用如图 20-2 所示。综合布线系统在进行智能化设计时，以系统集成设计为基础，将楼宇自动化系统、通信自动化系统和办公自动化系统，通过综合布线有机地结合在一起，构成了一个智能化的、综合的系统。利用系统软件构成软件平台，将实时信息、管理信息、决策信息、视频语音信息以及各种其他信息在网络中流动，实现信息共享。这样不仅提供了安全、舒适和便捷的工作环境，而且还提高了工作效率，节约了能源和管理费用。

20.1.4 综合布线工程系统图的标注方式

综合布线工程系统图有两种标注方式。

综合布线工程系统图的第一种标准方式如图 20-3 所示。

由图 20-3 可知，该综合布线系统由程控交换机引入外网电话，由集线器（Switch HUB）引入计算机数据信息。电话语音信息使用 10 条 3 类 50 对非屏蔽双绞线电缆（1010050UTP×10），1010 是电缆型号。计算机数据信息使用 5 条 5 类 4 对非屏蔽双绞线电缆（1061004UTP×5），1061 是电缆型号。主电缆引入各楼层配线架，每层 1 条 5 类 4 对电缆、2 条 3 类 50 对电缆。配线架型号 110PB2-300FT，是 300 对线 110P 型配线架，3EA 表示 3 个配线架。188D3 是 300 对配线架背板，用来安装配线架。从配线架输出到各信息插座，使用 6 类 4 对非屏蔽双绞线电缆，按信息插座数量确定电缆条数，1 层（F1）有 69 个信息插座，所以有 69 条电缆；2 层有 56 个信息插座，所以有 56 条电缆。M100BH-246 是模块信息插座型号，M12A-246 是模块信息插座面板型号，面板为双插座型。

综合布线系统图第二种标注方式如图 20-4 所示。

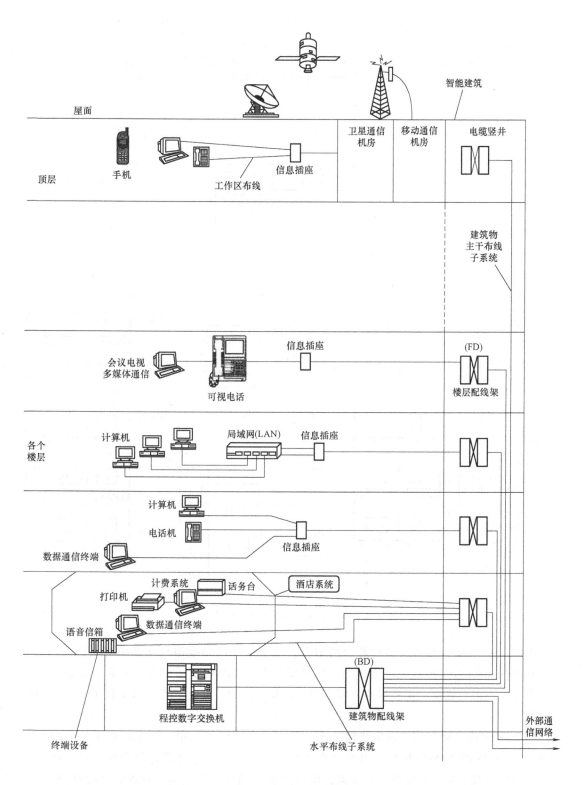

图 20-2 综合布线系统在智能大厦中的应用框图

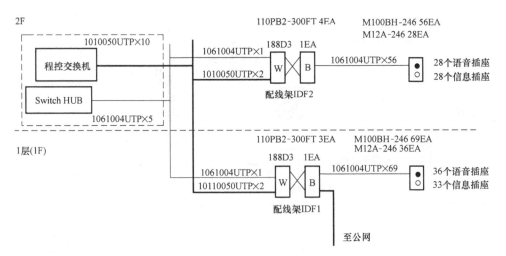

图 20-3　综合布线工程系统图标注方式一

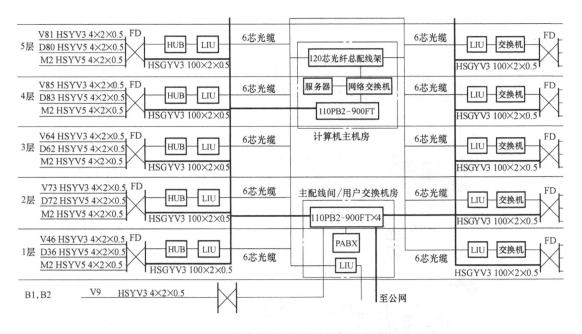

图 20-4　综合布线工程系统图标注方式二

由图 20-4 可知，电话线由户外公网引入，接至主配线间或用户交换机房，机房内有 4
台 110PB2-900FT 型 900 线配线架和 1 台用户交换机（PABX）。图中所示的其他信息由主机
房中的计算机进行处理，主机房中有服务器、网络交换机、1 台配线架和 1 台 120 芯光纤总
配线架。

图 20-4 中的电话与信息输出线的分布如下：每个楼层各使用一根 100 对干线 3 类大对
数电缆（HSGYV3 100×2×0.5），此外每个楼层还使用一根 6 芯光缆。每个楼层设置楼层配
线架（FD），大对数电缆要接入配线架，用户使用 3、5 类 8 芯电缆（HSYV5 4×2×0.5）。光
缆先接入光纤配线架（LIU），转换成电信号后，再经集线器（HUB）或交换机分路，接入

楼层配线架（FD）。

在图 20-4 中，2 层的左侧标注的文字代号含义如下："V73"表示本层有 73 个语音出线口，"D72"表示本层有 72 个数据出线口，"M2"表示本层有 2 个视像监控口。

20.2 常用综合布线系统图的识读

20.2.1 综合布线系统图的识读

1. 综合布线系统图的识读方法

阅读综合布线系统图的方法步骤如下：

1）了解该工程的总体方案。了解的内容主要包括通信网络的总体结构、各个布线子系统的组成、系统工作的主要技术指标、通信设备器材和布线部件的选型及配置等。

2）了解系统的传输介质。先了解双绞线、同轴电缆、光纤等的规格、型号、数量和敷设方式，再进一步了解介质的连接设备，如信息插座、适配器等的规格、型号、参数、总体数量及连接关系。

3）了解各种交接部件的功能、型号、数量、规格等。

4）了解系统的传输电子设备和电气保护设备的规格、型号、数量及敷设位置。

通过反复阅读综合布线系统图，掌握工程综合布线系统的总体配线情况和组成概况。

2. 综合布线平面图的识读方法

阅读综合布线平面图的方法步骤如下：

1）了解该综合布线各子系统中各种缆线和设备的规格、容量、结构、路由。

2）了解综合布线各子系统中各种缆线和设备的具体安装位置、长度以及连接方式等，还包括

① 了解相互连接的工作站之间的关系；

② 了解布线系统各种设备间需要的空间及具体布置方案；

③ 了解计算机终端以及电话线的插座数量和型号。

3）了解各种线缆的敷设方法、保护措施以及其他要求。

20.2.2 某办公楼综合布线系统图的识读

某办公楼综合布线系统图如图 20-5 和图 20-6 所示。该办公楼综合布线系统图（2 层设备间部分）有网络控制室和电话机房两部分。网络控制室设置有网管工作站、Web 服务器、数据库服务器、远程访问服务器、路由器、网络交换机总光纤配线架（ODF）等；电话机房设置有程控用户交换机（PABX）和总配线架（MDF）等。

由图 20-5 可知，市话中继电缆由交接设备引来，所采用的电缆为"HYA-400×2×0.5"，表示 HYA 型电话电缆为 400 对，每根线芯的直径为 0.5mm。市话直通电话电缆由交接设备引来，所采用的电缆为"HYA-500×2×0.5"，表示 HYA 型电话电缆为 500 对，每根线芯的直径为 0.5mm。

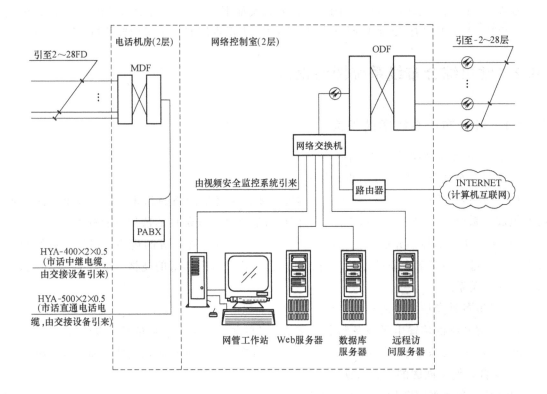

说明：

1.由ODF至各HUB光缆上标注的数字为光纤的芯数,光缆采用多模或单模光缆。

2.MDF至-1~28FD的电缆采用3类25对的大对数电缆,电缆上标注的数字为电缆的根数。

3.FD至CP的电缆采用超6类4对双绞电缆支持语音和数据,电缆上标注的数字为4对双绞电缆的根数。

4.FD采用超6类RJ45模块配线架用于支持数据,采用超5类IDC配线架用于支持语音。

5.CP采用超6类RJ45配线架用于支持数据和语音。

6.BD的MDF采用3类IDC配线架用于支持语音。

7.交换机的端口数为24。

图 20-5　某办公楼综合布线系统图（2 层设备间部分）

由图 20-5 和图 20-6 可知，该办公楼地下为两层，地上为 28 层。每层设置有一定数量的信息插座，分别支持语音、数据、网络摄像机等。由总配线架（MDF）至−1~28 层配线架（FD）的电缆采用 3 类 25 对的大对数电缆，电缆上标注的数字为电缆的对数；楼层配线架（FD）采用超 6 类 RJ45 模块配线架用于支持数据，采用超 5 类 IDC 配线架用于支持语音。

20.2.3　某办公楼综合布线平面图的识读

图 20-7 所示为某办公楼 1 层综合布线平面图。该办公楼 1 层设有大堂、电梯厅、商店、茶座、餐厅、厨房、大厦管理室、总服务台和服务台等。

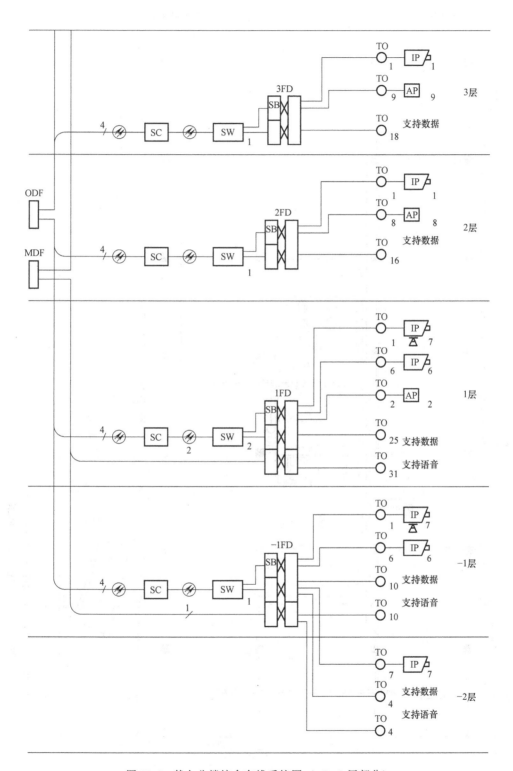

图 20-6 某办公楼综合布线系统图（-2~3 层部分）

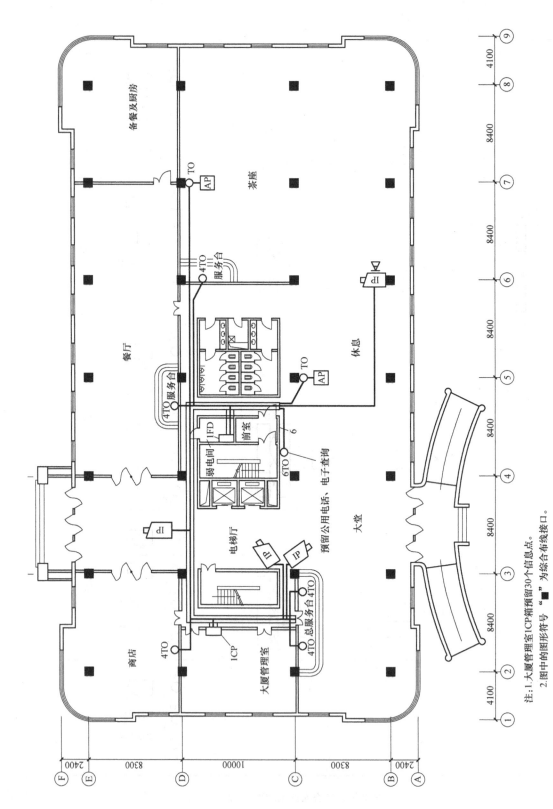

注:1.大厦管理室ICP箱预留30个信息点。
2.图中的图形符号"■"为综合布线接口。

图 20-7 某办公楼 1 层综合布线平面图

由图 20-7 可知，在大堂、茶座、电梯厅和后门分别设置了一台网络摄像机。在大厦管理室和弱电间分别设置有一个配线架。在总服务台设置有两个 4 孔信息插座；在大堂设置有一个 6 孔信息插座；在商店和服务台分别设置了一个 4 孔信息插座；在茶座和休息室分别设置了一个信息插座和一个无线接入点。在大厦管理室 1CP 箱还预留了 30 个信息点。

20.2.4 某公寓楼综合布线系统图的识读

图 20-8 所示为某公寓楼综合布线系统图。该综合布线系统由设备间子系统、垂直干线子系统、管理子系统、水平子系统、工作区子系统五部分组成。

设备间子系统由主配线架以及跳线组成，它将中心计算机和网络设备或弱电主控设备的输出线与垂直干线子系统相连接，构成系统计算机网络的重要环节；同时通过配线架的跳线控制总配线架（MDF）的路由。设备间是整个配线系统的中心单元。

垂直干线子系统是提供设备间的主配线架与各配线间的分配线架连接的路由。垂直干线子系统是由主设备间（如计算机房、程控交换机房）提供建筑中最重要的铜线或光纤线主干线路，是整个大楼的信息交通枢纽。

管理子系统主要是指语音系统的电话总机房和数据系统的网络设备室（或称网络中心）。该子系统主要由配线架和连接配线架与设备的电缆组成。

水平布线子系统是指从工作区子系统的信息点出发，连接管理子系统的通信中间交叉配线设备的线缆部分。水平布线子系统分布于智能大厦的各个角落，绝大部分通信电缆包括在这个子系统中。

工作区子系统由信息插座及连接到用户设备的连线组成，目的是实现工作区终端设备与水平子系统之间的连接。其包括信息插座、插座盒、连接跳线和适配器等。

从图 20-8 可知，由总光纤配线架（ODF）至各集线器（HUB）采用的是 4 芯光纤；由总配线架（MDF）至各楼层配线架（FD）采用的是 25 对的大对数电缆；水平子系统的信息插座采用模块化产品，并为用户提供标准的 RJ45（计算机终端设备和语音终端设备）非屏蔽式的墙面双孔信息插座。集线器（HUB）或交换机的端口数为 24。

20.2.5 某公寓楼综合布线平面图的识读

图 20-9 所示为某公寓楼综合布线平面图。该层有 23 个房间和 1 个会客厅。图中 1TO 表示一个信息点，2TO 表示两个信息点。

由图 20-9 可知，该综合布线系统为每间公寓设置了 1 个电话插座、3 个计算机插座。每层信息点的数量见图 20-8 和表 20-1。图 20-9 中线上标注的数字 2 代表 2-UTP-SC15，表示采用两根 4 对非屏蔽双绞线，穿直径为 15mm 的镀锌钢管。同理，线上标注 1 和 4 分别代表 1-UTP-SC15 和 4-UTP-SC20，解释同上。

表 20-1 信息点数量

楼层	语音点数/个	数据点数/个	合计/个
1 层	47	135	182
2 层	48	144	192
3 层	48	144	192
4 层	40	120	160
5 层	40	120	160
6 层	40	120	160
合计	263	783	1046

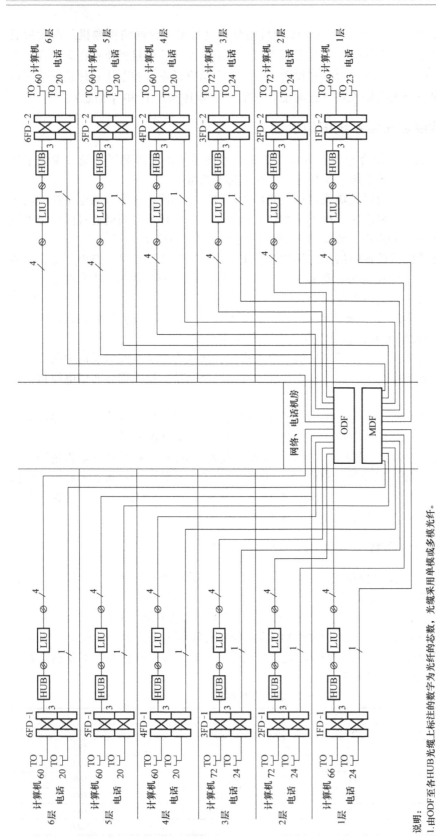

图 20-8 某公寓楼综合布线系统图

说明:
1. 由ODF至各HUB光缆上标注的数字为光纤的芯数,光缆采用单模或多模光纤。
2. MDF至各FD的电缆采用25对大对数电缆,电缆上标注的数字为电缆的根数。
3. FD采用RJ45模块配线架用于支持数据。
4. FD采用IDC配线架用于支持电话。
5. 集线器HUB(或交换机)的端口数为24。
6. 图中的图形符号" LIU "为光缆配线设备。

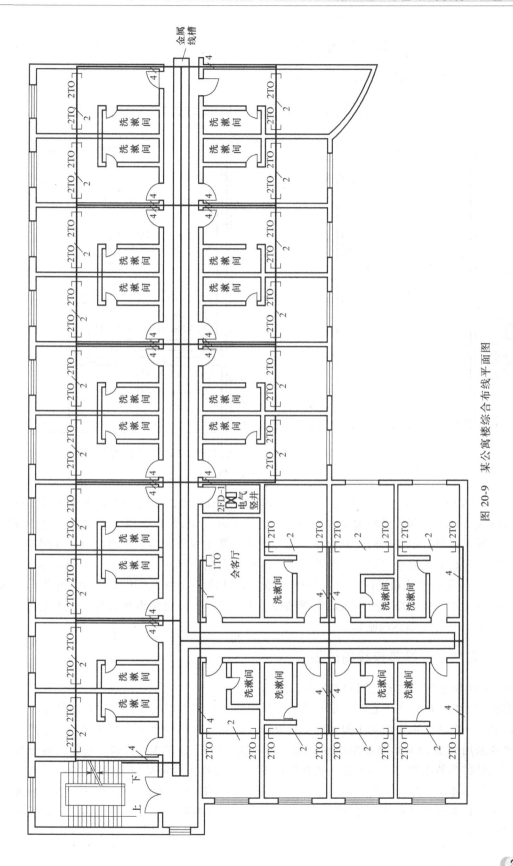

图 20-9 某公寓楼综合布线平面图

20.2.6 某住宅综合布线平面图的识读

某住宅综合布线平面图如图 20-10 所示。

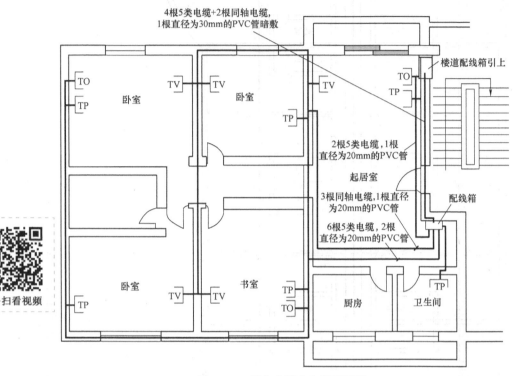

图 20-10 某住宅综合布线平面图

由图 20-10 可知，该住宅的信息线由楼道内配电箱引入室内，使用 4 根 5 类 4 对非屏蔽双绞线电缆（UTP）和 2 根同轴电缆，穿直径为 30mm 的 PVC 管在墙体内暗敷。每户室内有一只家居配线箱，配线箱内有双绞线电缆分接端子和电视分配器，本用户为 3 分配器。户内每个房间都有电话插座（TP），起居室和书房有数据信息插座（TO），每个插座用 1 根 5 类 UTP 电缆与家居配线箱连接。户内各居室都有电视插座（TV），用 3 根同轴电缆与家居配线箱内分配器连接，墙两侧安装的电视插座，用二分支配器分配电视信号，户内电缆穿直径为 20mm PVC 管在墙体内暗敷。

20.2.7 某住宅配线箱接线图的识读

图 20-11 所示为某住宅配线箱接线图。

由图 20-11 可知，该住宅配线箱电话线、数据线、有线电视线和控制线均由楼层配线架（FD）引入，电话线采用的是 1 根 4 对双绞电缆；数据线采用的也是 1 根 4 对双绞电缆；有线电视线采用的是 SYWV-75-5 型同轴电缆；控制线采用的是 RVVP 型铜芯聚氯乙烯绝缘屏蔽聚氯乙烯护套软电缆（RVVP 是一种软导体 PVC 绝缘线外加屏蔽层和 PVC 护套的电缆）。住户配线箱（DD）内设置有配线架、三分配器、端子排等。主卧室、卧室、书房、起居室、卫生间设置的插座种类和数量如图 20-11 所示。家庭控制器连接各种表具、探测器和紧急救护报警装置。

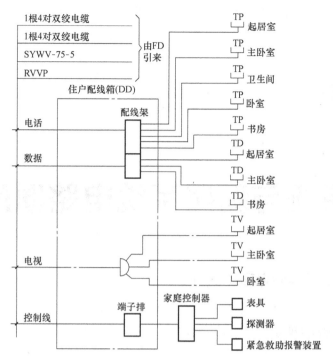

图 20-11 某住宅配线箱接线图

第21章

制冷系统与新风系统电路图的识读

21.1 制冷系统与新风系统概述

21.1.1 空调系统的种类

1. 按照使用目的分类

1) 舒适空调：要求温度适宜，环境舒适，对温湿度的调节精度无严格要求。舒适性空调通常应用于家庭或公共场所。

2) 工艺空调：对温度有一定的调节精度要求，对空气的洁净度也要有较高的要求。工艺性空调通常应用于工厂，实验室等对空气有特殊要求的场合。

2. 按照空气处理方式分类

1) 集中式（中央）空调系统：集中式空调系统是将各种空气处理设备和风机集中设置在一个专用的机房里，对空气进行集中处理，然后由送风系统将处理好的空气通过风管送至各个空调房间中去。这种系统适用于面积大、房间集中、各房间热湿负荷比较接近的场所选用，如宾馆、办公楼、船舶、工厂等。系统维修管理方便，且设备的消声隔振比较容易解决。

2) 半集中式空调系统：除有集中的空气处理室外，在各空调房间内还设有二次处理设备，对来自集中处理室的空气进一步补充处理。半集中式空调系统是既有中央空调又有处理空气末端装置的空调系统。这种系统比较复杂，可以达到较高的调节精度，适用于对空气精度有较高要求的车间和实验室等。

3) 分散式（又称为局部式或独立式）空调系统：分散式空调系统的特点是将空气处理设备等直接放在空调房间内就地处理空气的一种局部空调方式。每个房间都有各自空调器。空调器可直接装在房间里或装在邻近房间里，就地处理空气。这种系统适用于面积小、房间分散、热湿负荷相差大的场合，如办公室、机房、家庭等。其设备可以是单台独立式空调机组，如窗式，分体式空调器等。

扫一扫看视频

3. 按冷、热介质的到达位置分类

这里所提到的冷、热源介质，是指为空气处理所提供冷、热源的种类而不包括被处理的空气本身。

1）全空气系统：空调房间内的热、湿负荷全部由经过处理的空气来承担的空调系统，即冷、热介质不进入被空调房间，而只进入空调机房，被空气调节房间的冷、热量全部由经过处理的冷、热空气负担，且被空气调节房间内只有风道存在。

2）全水系统：空调房间内热、湿负荷全靠水作为冷、热介质来承担的空调系统。

3）空气-水系统：空调房间的热、湿负荷由经过处理的空气和水共同承担的空调系统，即空气与作为冷、热介质的水同时送进被空气调节房间，空气解决房间的通风换气或提供满足房间最小卫生要求的新风量，水则通过房间内的小型空气处理设备承担房间的冷、热量及湿负荷。

4）制冷剂直接蒸发系统：这是一种制冷系统的蒸发器直接放在室内来吸收房间热、湿负荷的空调系统，即利用冷媒直接与空气进行一次热交换，将使得在输送同样冷（热）量至同一地点时所用的能耗更少一些。其作用范围比中央空调系统小得多。

4. 按新风量的多少分类

1）直流式系统：空调器处理的空气为全新风，送到各房间进行热湿交换后全部排放到室外，没有回风管。这种系统卫生条件好、能耗大、经济性差，用于有有害气体产生的车间、实验室等。

2）闭式系统：空调系统处理的空气全部再循环，不补充新风的系统。系统能耗小、卫生条件差，需要具有对空气中氧气再生和二氧化碳吸收装置，用于地下建筑及潜艇的空调等。

3）混合式系统：空调器处理的空气由回风和新风混合而成。它兼有直流式和闭式的优点，应用比较普遍，如宾馆、剧场等场所的空调系统。

5. 按送风速度分类

1）高速系统——主风道风速 20~30m/s。

2）低速系统——主风道风速 12m/s 以下

中央空调的分类方式还有很多，例如按冷凝方式分类有风冷和水冷二大类，其中风冷又分涡旋式、螺杆式、活塞式等，水冷又分螺杆式、往复式、活塞式和离心式等。水冷比较常用的是螺杆式和离心式。

21.1.2 中央空调系统的组成

集中式空调系统通常包括空气处理设备，冷源和热源，空调风系统，空调水系统，控制、检测和保护系统等部分，各部分的作用及主要部件见表21-1。

表21-1 中央空调系统的组成

序号	组成部分	作 用	主要部件
1	空气处理设备	空气处理设备是完成对空气进行降温（加热）、加湿（除湿）以及过滤等处理所用设备的组合，即将空气处理到一定的状态	集中处理空气的空调机组、集中处理新风的新风机组和设置在空调机房内处理空气的末端设备（如风机盘管机组等）
2	冷源和热源	冷源是为空气处理设备集中提供一定温度的冷媒水，冷源有自然冷源和人工冷源两种。自然冷源指深水井；人工冷源有空气膨胀制冷和液体气化制冷 热源是为空气处理设备集中提供一定温度的热媒水，热源有自然热源和人工热源两种。自然热源指地热和太阳能；人工热源是指用煤、石油、煤气作燃料的锅炉所产生的蒸气和热水，目前应用得最广泛	工程中常见的空调用冷源是冷水机组 工程中常见的空调热源有锅炉房、城市热网和热交换站、燃油或燃气的中央热水机组或直燃式溴化锂吸收式冷热水机组等

（续）

序号	组成部分	作　用	主要部件
3	空调风系统	风管系统是以空气为输送介质，将来自空气处理设备的空气通过送风风管系统送入空调房间内，同时从房间内抽回一定量的空气（即回风）。经过回风风管系统送至空气处理设备前，其中少量的空气被排至室外，而大部分被重复利用	空调送风系统包括通风机、送回风风管、风量调节阀、防火阀、消声器、风机减振器和空调房间内的送风散流器、回风口等
4	空调水系统	包括冷媒水系统和冷却水系统两部分，另外还有热媒水系统 冷媒水系统是将冷水机组制出的冷冻水通过水泵输送到空气处理设备，将冷量经过热交换后返回到冷水机组进行第二次循环，该系统通常采用闭式循环系统 冷却水系统是将冷水机组冷凝器的出水送到冷却塔，在冷却塔内散热后经水过滤器过滤杂质后进入冷却水泵，送入冷凝器对冷凝器进行降温散热，形成冷却回路	冷媒水系统的主要设备有冷冻水水泵、膨胀水箱、分水器、集水器、自动排气阀、水过滤器、水量调节阀和排污阀、控制仪表等，对于冷媒水要求高的冷水机组还要有相应的软化水设备、补水水箱和补水水泵等 冷却水系统主要由冷却泵、冷却水管道、冷却水塔及冷凝器等组成 在冬季运行时，冷源机组和热源机组要经过切换
5	控制、检测和保护系统	为了保证空调制冷系统和空气调节系统正常运行，在室外环境温度发生变化时，自动或人工调节运行参数，确保空调房间的热湿负荷。当系统内发生故障时，保护系统动作，停机保护，确保安全	主要由电子电路和微处理器组成

　　在智能楼宇中，一般采用集中式空调系统（通常称为中央空调系统）。典型的集中式空调系统示意图如图 21-1 所示。该系统的所有空气处理设备（包括风机、冷却器、加热器、加湿器、过滤器等）都设在一个集中的空调机房内，其特点是经集中设备处理后的空气，用风道分别送到各空调房间内，因而系统便于集中管理、维护。此外，某些空气经处理后，其品质如温度、湿度洁净度等也达到了较高水平。

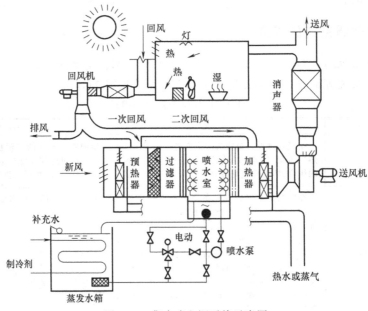

图 21-1　集中式空调系统示意图

按照所处理的空气的来源，集中式空调系统可分为封闭式系统、直流式系统和混合式系统。封闭式系统的新风量为零，全部使用回风，其冷、热消耗量最节省。直流式系统的回风量为零，全部采用新风，其冷、热量消耗最大，但空气品质好。由于封闭式系统和直流式系统的上述特点，两者都只在特定情况下使用。对于绝大多数场合采用适当比例的新风和回风混合，这种混合系统既能满足空气品质要求，经济上有比较合理。

21.1.3 集中式空调系统的结构与原理

集中式空调系统主要由冷源装置、热源装置和空气处理与输配送装置等组成。单风道空调系统、双风道空调系统以及变风量空调系统等均属于这一类。图21-2所示为集中式空调系统的结构原理示意图。

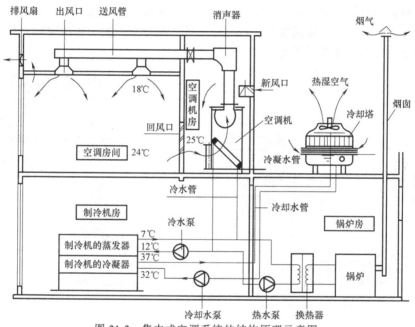

图 21-2 集中式空调系统的结构原理示意图

其工作原理为：室外新鲜空气经新风口进入空调机房，经过过滤器清除掉空气中的灰尘，再经过空气热湿处理系统的处理，使空气达到设计要求的温度和湿度后，由送风机经风量控制系统送入风管系统送入消声装置降低噪声后，经过各房间风量调节装置，由出风口送到各空调房间，吸收了房间里的余热、余湿后，自回风口经风道排出室外。

21.1.4 螺杆式制冷压缩机机组制冷系统的工作原理

螺杆式压缩机气缸内装有一对互相啮合的螺旋形阴转子和阳转子，两转子都有几个凹形齿，两者互相反向旋转。转子之间和机壳与转子之间的间隙仅为5~10扣，主转子（又称阳转子或凸转子），通过由发动机或电动机驱动（多数为电动机驱动），另一转子（又称阴转子或凹转子）是由主转子通过喷油形成的油膜进行驱动，或由主转子端和凹转子端的同步齿轮驱动。所以驱动中没有金属接触（理论上）。

转子的长度和直径决定压缩机排气量（流量）和排气压力，转子越长，压力越高；转子直径越大，流量越大。

螺旋转子凹槽经过吸气口时充满气体。当转子旋转时，转子凹槽被机壳壁封闭，形成压缩腔室，当转子凹槽封闭后，润滑油被喷入压缩腔室，起密封、冷却和润滑作用。当转子旋转压缩润滑油和气体（简称油气混合物）时，压缩腔室容积减小，向排气口压缩油气混合物。当压缩腔室经过排气口时，油气混合物从压缩机排出，完成一个吸气—压缩—排气过程。

螺杆式制冷压缩机在实际运行中，为保证其安全运行，均组成机组形式，如图 21-3 所示。螺杆式制冷压缩机机组制冷系统除制冷压缩机本身外，还包括油分离器、油过滤器、油冷却器、油泵、油分配管、能量调节装置等。螺杆式制冷压缩机机组系统包括制冷系统和润滑系统两部分。该系统中吸气单向阀的作用是防止制冷压缩机因停机时转子倒转而使转子产生齿轮损坏；排气单向阀的作用是防止制冷压缩机停机后，因高压气体倒流引起机组内的高压状态；旁通管路的作用是当制冷压缩机停机后，电磁阀打开，使存在于机腔内压力较高的蒸气通过旁通管路泄放至蒸发系统，让机组处于低压状态下，便于再次起动；压力控制器的作用是控制系统的高压及低压压力。

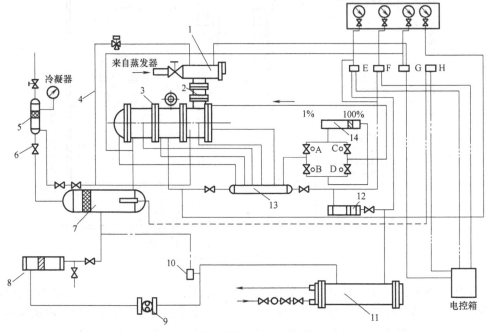

图 21-3　螺杆式制冷压缩机机组制冷系统

——表示油路　——表示气路　——表示电路　— — —表示温度控制线路

1—过滤器　2—吸气单向阀　3—螺杆式制冷压缩机　4—旁通管路　5—二次油分离器　6—排气单向阀　7—油分离器
8—油粗过滤器　9—油泵　10—油压调节阀　11—油冷却器　12—油精过滤器　13—油分配管　14—油缸
A、B、C、D—电磁阀　E、G—压差控制器　F—压力控制器　H—温度控制器

螺杆式制冷压缩机机组制冷系统的工作过程如下：来自蒸发器的制冷剂蒸气，经过滤器、吸气单向阀进入吸气口。制冷压缩机的一对转子由电动机带动旋转，润滑油由电磁阀在适当位置喷入，油与气在气缸中混合。油气混合物被压缩后经排气口排出，进入油分离器。由于油气混合物在油分离器中的流速突然下降，以及油与气的密度差等作用，使一部分润滑油滞留在油分离器底部，另一部分油气混合物，通过排气单向阀进入二次油分离器中，进行

二次分离，再将制冷剂蒸气送入冷凝器中。

21.1.5 溴化锂吸收式制冷机组的结构与原理

吸收式制冷与压缩式制冷一样，都是利用低压冷媒蒸发产生的汽化潜热进行制冷的。两者的区别在于：压缩式制冷以电为能源，吸收式制冷则以热（热水或蒸气）为能源。吸收式制冷所采用的工质通常是溴化锂水溶液，其中水为制冷循环用冷媒，溴化锂为吸收剂。蒸气型溴化锂吸收式制冷机的结构原理图如图21-4所示。

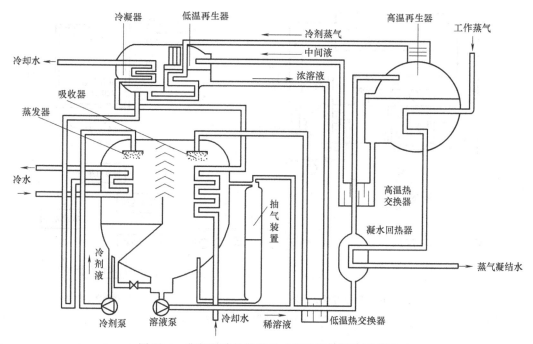

图 21-4 蒸气型溴化锂吸收式制冷机的结构原理图

溴化锂吸收式冷水机组的类型，按使用能源可分为蒸气型、热水型、直燃（燃油、燃气）型和太阳能型；按能源被利用的程度可分为单效型、双效型；按换热器分布情况可分为单筒型、双筒型和三筒型；按其应用范围可分为冷水型机组、和冷温水型机组。目前应用较多的是将以上的分类加以综合，常用的有蒸气单效型、蒸气双效型、直燃型冷温水机组等。

双效溴化锂吸收式制冷机组工作时，在高压发生器（又称高温再生器）中的稀释溶液被热源加热，在较高的压力下产生制冷剂蒸气，因为该蒸气具有较高的饱和温度，蒸气冷凝过程中放出的潜热还可以被利用，所以制冷剂蒸气又被通入低压发生器（又称低温再生器）中，作为热源来加热低压发生器中的溶液。散出大量潜热后与低压发生器中产生的制冷剂蒸气一起送入到冷凝器中，向冷却水散出热量后，凝结成制冷剂水。制冷剂水经节流装置节流后进入蒸发器中蒸发制冷。吸收冷媒热量后变为制冷剂蒸气在吸收器中被从高、低压发生器中回来的溴化锂浓溶液吸收，变为溴化锂稀溶液。然后再由泵通过高、低温溶液热交换器和凝水器分别送入高、低压发生器中，从而完成工作循环过程。由于在循环过程中热源的热能在高压发生器和低压发生器中得到了两次利用，因此称为双效溴化锂吸收式制冷机。

21.1.6 空调自动控制系统的工作原理

空调自动控制系统主要由监控各种参数的传感器、控制器、执行器等组成。为了使空调房间内的被控参数（主要是温度、湿度）维持在设计指标允许的范围内，应根据不同的情况，设置不同的控制环节，如温度控制、湿度控制、风量控制、水量控制、压力或压差控制等，组成一个性能完善的自动控制系统。在诸多的控制环节中，温度控制和湿度控制是两个最重要最基本的环节。图 21-5 所示为空调自动控制系统原理图。

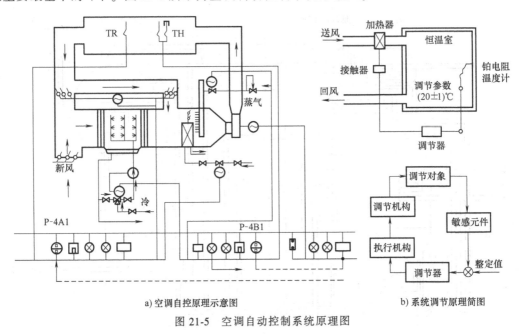

a) 空调自控原理示意图　　　　　b) 系统调节原理简图

图 21-5　空调自动控制系统原理图

图 21-5 中，测量温度的敏感元件 TR（如铂电阻温度计）接在 P-4A1 型温度调节器上，测量相对湿度的敏感元件 TH 型温差变送器接在 P-4B1 型温差调节器上。TR 和 TH 将测得室内温度和相对湿度转换成相应的电信号，分别送至温度调节器 P-4A1 和相对湿度调节器 P-4B1。由图 21-5b 可知，调节器根据测得的实际值与设定值进行比较，得出偏差信号，送给控制器，控制器经运算后，发出相应的控制信号。按一定的调节规律（通常为简单的比例调节规律）去控制执行机构，驱动调节机构，以改变送风温度，使室温维持在允许范围内。

21.1.7 新风机组的组成与工作原理

新风机组是提供新鲜空气的一种空气调节设备。功能上按使用环境的要求可以达到恒温恒湿或者单纯提供新鲜空气。其工作原理是在室外抽取新鲜的空气经过除尘、除湿（或加湿）、降温（或升温）等处理后通过风机送到室内，在进入室内空间时替换室内原有的空气。

1）新风机组温度控制系统由比例积分温度控制器、安装在送风管内的温度传感器和电动调节阀组成。控制器的作用是把置于送风风道的温度传感器所检测到的送风温度传送至温控器，与控制器设定的温度进行比较，并根据 PI 运算的结果，温控器给电动调节阀一个开/关阀的信号，从而使送风温度保持在所需要的范围。

2）电动调节阀与风机连锁，以保证切断风机电源时风阀也同时关闭。电动调节阀也可实现与风机的联动，当风机切断电源时关闭电动调节阀。

3）在需要制冷时，温控器置于制冷模式，当传感器测量的温度达到或低于设定温度时，温控器给电动阀一个关阀信号，电动阀的关阀接点接通，使阀门关闭。如果测量温度没达到设定温度，温控器给电动阀一个开阀信号，电动阀开阀接点接通，使阀门打开。在需要制热时，温控器置于制热模式，当传感器测量的温度达到或高于设定温度时，温控器给电动阀一个关阀信号，电动阀的关阀接点接通，使阀门关闭。如果测量温度没达到设定温度，温控器给电动阀一个开阀信号，电动阀开阀接点接通，使阀门打开。

4）当过滤网堵塞时或当其超过规定值时，压差开关给出的开关信号。

5）当盘管温度过低时，低温防冻开关给出开关信号，风机停止运行，防止盘管冻裂。

21.1.8 机械排烟系统的组成

机械排烟就是使用排烟风机进行强制排烟。机械排烟系统主要由挡烟壁（活动式或固定式挡烟壁）、排烟口（或带有排烟阀的排烟口）、排烟防火阀、排烟管道、排烟风机、排烟出口及防排烟控制器等组成，如图21-6所示。

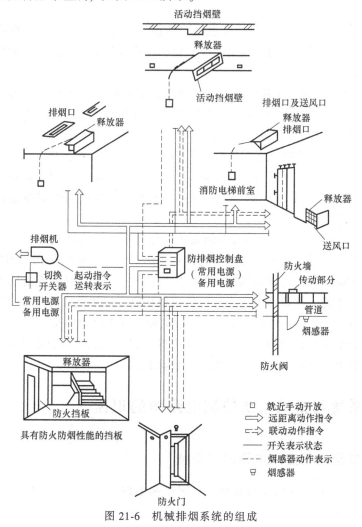

图 21-6　机械排烟系统的组成

当建筑物内发生火灾时，由火场人员手动控制或由感烟探测器将火灾信号传递给防排烟控制器，开启活动的挡烟垂壁将烟气控制在发生火灾的防烟分区内，并打开排烟口以及与排烟口联动的排烟防火阀，同时关闭空调系统和送风管道内的防火调节阀，防止烟气从空调、通风系统蔓延到其他非着火房间，最后由设置在屋顶的排烟机将烟气通过排烟管道排至室外。

机械排烟系统的系统各个组成部分的功能如下：

1）排烟口。排烟口也可作为送风口。板式排烟口由电磁铁、阀门、微动开关、叶片等组成，板式排烟口的工作原理如下：

① 自动开启：发生火灾时，自动开启装置接收感烟（温）探测器通过控制盘或远距离操纵系统输入的电气信号（DC 24V）后，电磁铁线圈通电，动铁心吸合，通过杠杆作用使棘轮、棘爪脱开，依靠阀体上的弹簧力，棘轮逆时针旋转，卷绕在滚筒上的钢丝绳释放，于是叶片被打开，同时微动开关动作，切断电磁铁电源，并将阀门开启动作显示线接点接通，将信号返回控制盘，使排烟风机联动等。

② 远距离手动开启：当火灾发生时，由人工拨开操作装置上的荧光塑料板，按下红色按钮，将阀门开启。

③ 手动复位：按下操作装置上的蓝色复位按钮，使棘爪复位，将摇柄插入卷绕滚筒的插入口，按顺时针方向摇动摇柄，钢丝绳即被拉回卷绕在滚筒上，直至排烟口关闭为止，同时微动开关动作复位。

2）排烟阀。排烟阀应用于排烟系统的风管上，平时处于关闭状态，火灾发生时，烟感探测器发出火警信号，控制中心输出 DC 24V 电源，使排烟阀开启，通过排烟口进行排烟。

3）排烟防火阀。排烟防火阀安装在排烟系统管道上或风机吸入口处，兼有排烟阀和防火阀的功能，在一定时间内能满足耐火稳定性和耐火完整性要求，并起到阻火、隔烟作用。

排烟防火阀平时处于关闭状态，需要排烟时，其动作和功能与排烟阀相同，可自动开启排烟。当管道气流温度达到280℃时，阀门依靠装有易熔金属的温度熔断器自动关闭，切断气流，防止火灾蔓延。

4）排烟风机。排烟风机有离心式和轴流式两种类型。在排烟系统中一般采用离心式风机。排烟风机在构造性能上具有一定的耐燃性和隔热性，以保证输送烟气温度在280℃时能够正常连续运行30min以上。排烟风机装置的位置一般设于该风机所在的防火分区的排烟系统中最高排烟口的上部，并设在该防火分区的风机房内。风机外缘与风机房墙壁或其他设备的间距应保持在0.6m以上。排烟风机设有备用电源，且能自动切换。

排烟风机的起动采用自动控制方式，起动装置与排烟系统中每个排风口连锁，即在该排烟系统任何一个排烟口开启时，排烟风机都能自动起动。

21.2 制冷系统与新风系统控制电路图的识读

21.2.1 空调机组电气控制电路图的识读

图21-7所示为空调机电气控制电路图，该控制电路分为主电路、控制电路和信号灯与电磁阀控制电路三部分。

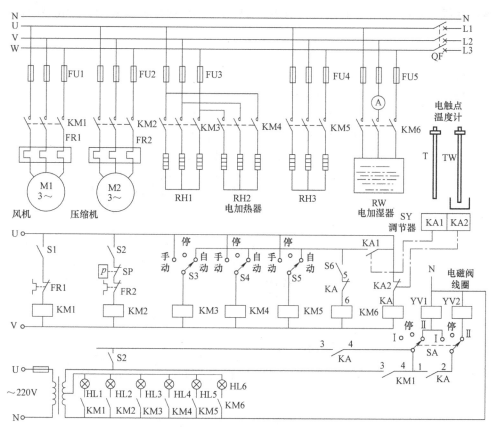

图 21-7 空调机组电气控制原理图

由图 21-7 可知，该空调机组的冷源是由制冷压缩机供给的。开关 S2 控制压缩机电动机 M2 的起动，通过控制电磁阀 YV1、YV2 来调节蒸发器的蒸发面积，从而控制其制冷量。用转换开关 SA 可以控制电磁阀投入使用的数量。YV1 控制 2/3 的蒸发器蒸发面积，YV2 控制 1/3 的蒸发器蒸发面积。机组的热源电加热器供给。电加热器分为三组，分别由 S3、S4、S5 控制。S3、S4、S5 都有"手动"、"停止"、"自动"三个位置。当扳到"自动"位置时，可以实现自动调节。

当空调机组需要投入运行时，合上电源总开关 QF，然后合上开关 S1，接触器 KM1 线圈得电吸合，其主触点闭合，使通风机电动机 M1 起动运行，与此同时 KM1 的两副常开辅助触点闭合，其中一副常开辅助触点闭合，使风机指示灯 HL1 亮；另一幅常开辅助触点闭合，为温度、湿度自动调节做好准备，即通风机未起动前，电加热器、电加湿器等都不能投入运行，起到安全保护作用，避免发生事故。

21.2.2 恒温恒湿中央空调系统电气控制电路的识读

图 21-8 所示为恒温恒湿中央空调系统电路原理图。其控制系统由两部分组成，主电路电源为 380V，控制电路为单相 220V。压缩机用一个选择开关 SA1 来控制，有运行、调整和停止三档。电加热器和电加湿器的工作方式分别由设在操作面板上的两个选择开关 SA2、SA3 来选择，分为手动和自动两档。KM1 为风机接触器，KM2 压缩机接触器，KM3 为一级

加热器接触器，KM4 为二级加热器接触器，KM5 为三级加热器接触器，KM6 为加湿器接触器。

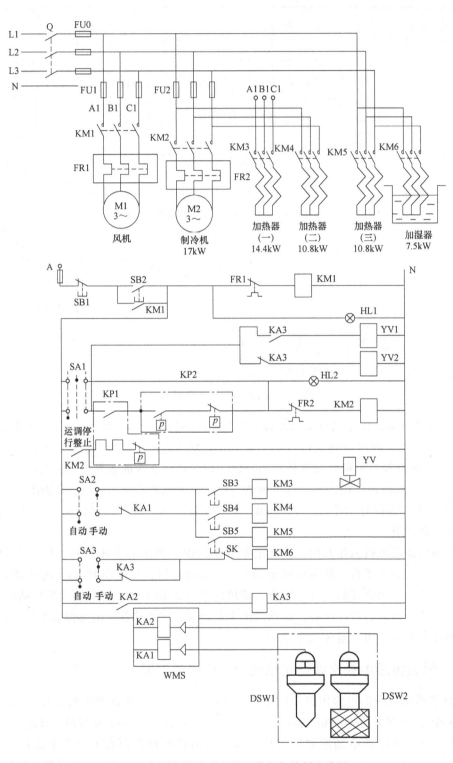

图 21-8　恒温恒湿中央空调系统电气控制电路图

（1）风机运行

接通电源，按下起动按钮 SB2，使接触器 KM1 得电吸合并自锁，其主触点接通风机电动机的电源，风机起动，同时 KM1 自锁触点还接通选择开关 SA1、SA2、SA3 和温湿度指示控制仪 WMS 电源，风机指示灯 HL1 亮，表示风机已运行。

（2）压缩机起动

当控制开关 SA1 扳到"调整"位置时，将压力继电器 KP1 和 KP2 短接，接触器 KM2 得电吸合，主触点闭合，此时压缩机处于无压力保护的抽真空、充灌制冷剂运转状态。与此同时，KM2 的辅助触点闭合，制冷系统的供液电磁阀 YV 打开，进行充液操作。

当控制开关 SA1 扳到"运行"位置时，如果高低压继电器 KP2 正常就使 KM2 得电，压缩机起动运转，同时打开供液电磁阀 YV，供液制冷。若此时回风口的湿球温度高于给定值，则温湿度指示控制仪 WMS 中的中间微型继电器 KA2 动作，其常开触点 KA2 闭合，使 KA3 得电吸合。KA3 的常开触点闭合，使旁路供液电磁阀 YV1 得电，增加一路供液给蒸发器，加大了制冷量。同时，KA3 的常闭触点打开，使 YV2 断电，关闭了压缩机卸载装置的电磁阀，使压缩机满负载运转。当回风处的湿球温度低于一定值时，KA2 的常开触点断开，使 KA3 断电，电磁阀 YV1 关闭，停止一路供液，而 YV2 动作，使制冷压缩机卸载运行。

在压缩机接触器 KM2 回路中串入压差继电器 KP1 和压力继电器 KP2。KP2 是高低压继电器对压缩机的高、低压保护，而 KP1 对滑油压力进行监视保护。当压缩机刚起动时，滑油压力比较低，压差触点接通加热元件，使双金属片加热而弯曲，但需加热 60s 左右才能使双金属片弯曲并顶开常闭的控制触点。压缩机若运行正常，滑油压力在起动后 2s 左右就达到额定压力，将压差触点顶开，使加热元件断电，保证了接触器 KM2 回路接通。若滑油压力在启动过程中建立不起来，则 60s 左右压差触点不能断开，双金属片弯曲，使 KM2 回路断开，保护了压缩机。若在运行过程中滑油压力降低，同样压差触点也会闭合，使加热元件通电，延时 60s 左右将控制触点顶开，切断了 KM2 回路，压缩机停车。

（3）加热（取暖）运行

当控制开关 SA2 扳"手动"位置时，按下按钮 SB3～SB5 来选择电加热器，接触器 KM3、KM4、KM5 就按所选择的加热器接通电源进行加热，送出暖风。

当控制开关 SA2 扳到"自动"位置时，加热的接触器 KM3、KM4、KM5 受干球温度仪中 KA1 控制。当回风处的温度低时，KA1 释放，其常闭触点闭合，接触器继电器 KM3、KM4、KM5 将按预先选择的顺序接通电加热器进行加热、送暖风。当回风处的温度高于整定值时，KA1 动作，其常闭触点断开，使加热器停止加热。

（4）加湿器工作过程

将控制开关 SA3 扳至"手动"位置，当加湿器注满水后，浮球阀顶杆将顶动微动开关 SK，使其闭合，接触器 KM6 得电吸合，其主触点接通加湿器，使加湿器中的水加热生成气体，随风送入房间。若加湿器水箱出现断水或供水量不足时，浮球阀下落，使 SK 断开，接触器 KM6 断电，切断加湿器电源，保护加湿器。

将控制开关 SA3 扳至"自动"位置，加湿器的接触器 KM6 受到中间继电器 KA3 的常闭触点的控制。当回路风口的温度低于湿球温度的给定值时，WMS 中微型继电器 KA2 释放，其常闭触点闭合，使 KM6 得电吸合，进行加湿工作。当湿球温度高于给定值时，KA2 动作，使 KA3 得电吸合，其常闭触点断开，使 KM6 断电释放，加湿器停止工作。

21.2.3　水冷式中央空调系统电气控制电路的识读

水冷式中央空调系统是用水作为载冷工质，它将房间中的热量带到冷却水塔进行冷却，而冷媒水喷射到蒸发器内进行热交换并产生冷却水，再被抽到各房间的风冷机后吹出冷风，从而达到使房间制冷降温的目的。这种系统可用于多层建筑物，在每层中安装一台风冷机，然后通过风道送往各个房间。也就是说，水冷式空调系统具有三个循环：冷凝器中冷却水循环、制冷剂循环和冷媒水循环。冷媒水通过蒸发器进行冷却（在热交换器中完成），然后被抽送到风冷机，通过风冷机吹出冷风，吸收房间的热量。

图 21-9 所示为水冷式中央空调系统电气控制电路。冷却水由 M1 进行循环，冷媒水由 M2 进行循环，M3 为压缩机。

合上电源开关 Q，主电路和控制电路电源接通，这时控制板上绿色指示灯 HL1 亮，表示电源正常。按下冷却泵起动按钮 SB2，KM1 得电吸合并自锁，使冷却水进入循环，冷却水塔上的风机运转。按下冷媒水泵起动按钮 SB4，使冷媒水泵起动运行，冷媒水循环，这时接触器 KM1 和 KM2 动作，它们的常开辅助触点均闭合。若将控制 SA 扳到"手动"位置，则接触器 KM3 得电吸合，压缩机起动运行，与此同时，电磁阀 YV 也得电，电磁阀 YV 打开，供液制冷。若此时冷媒水的回风口处温度不低于 8℃，且温度继电器 KT1 闭合。温度高于给定值，则 KT2 的常开触点闭合，同时旁路供液电磁阀 YV1 得电，打开旁路供液电磁阀，增加制冷量，使冷媒水温度更低，房间制冷量增加。当冷媒水温度低于 8℃ 时，温度继电器 KT1 动作，其常闭触点断开，关闭旁路供液电磁阀 YV1。当冷媒水温度达到给定值时，KT2 释放，关闭旁路供液电磁阀 YV1，减少制冷量，但在"手动"位置时，不会使压缩机停止，若将控制开关 SA 扳到"自动"位置，压缩机的起动、停止还要受温度调节器 KT2 控制。当冷却水泵、冷媒水泵起动运行之后，若温度高于给定值，KT2 的常开触点闭合，使 KM3 得电，压缩机起动运行；若温度低于给定值时，则 KT2 常开触点断开，使 KM3 和 YV 断电，压缩机停止运行，其他两个循环不停机。当温度上升至高于给定值时，KT2 常开触点闭合，压缩机自动投入工作制冷。

图 21-9 中的压差继电器 KP1 和高低压继电器 KP2 的作用与在风冷式空调系统中的相同。

在水冷式中央空调控制系统中，有的设备还设有压力和流量保护，只要冷却水或冷媒水出现压力低或流量小的情况都会停止泵的工作，同时压缩机也停止工作。而对于大容量压缩机，往往采用卸载起动、减压起动等措施。所谓卸载就是将某一个或多个缸的高、低端接通，使该缸失去压缩作用。一些中央空调压缩机投入的工作缸数是由温度调节器来控制的，当外界温度高时，空调制冷量不够，投入工作的缸数就多（或全部投入）；当外界温度较低时，回风或回水温度比较低，就可减少几个缸工作（即卸载几个缸），以维持恒温的空调效果，又不至于因频繁起动大功率的压缩机组而冲击电网。

21.2.4　某住宅楼家用中央空调平面图的识读

家用中央空调（又称为户式中央空调或户用中央空调）是一个小型化的独立空调系统，适用于大空间家庭、办公楼等。

区别于传统的大型楼宇空调以及家用分体机，家用中央空调将室内空调负荷集中处理，

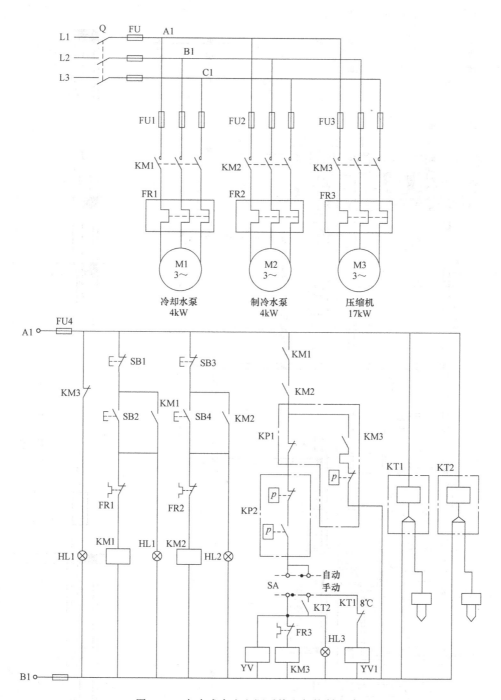

图 21-9　水冷式中央空调系统电气控制电路图

产生的冷（热）量是通过一定的介质输送到空调房间的，从而实现室内空气调节的目的。根据家用中央空调冷（热）负荷输送介质的不同可将家用中央空调分为风管系统、冷（热）水系统、冷媒系统三种类型。

图 21-10 所示为某住宅楼家用中央空调平面图。该系统采用风冷管道式分体空调机组，

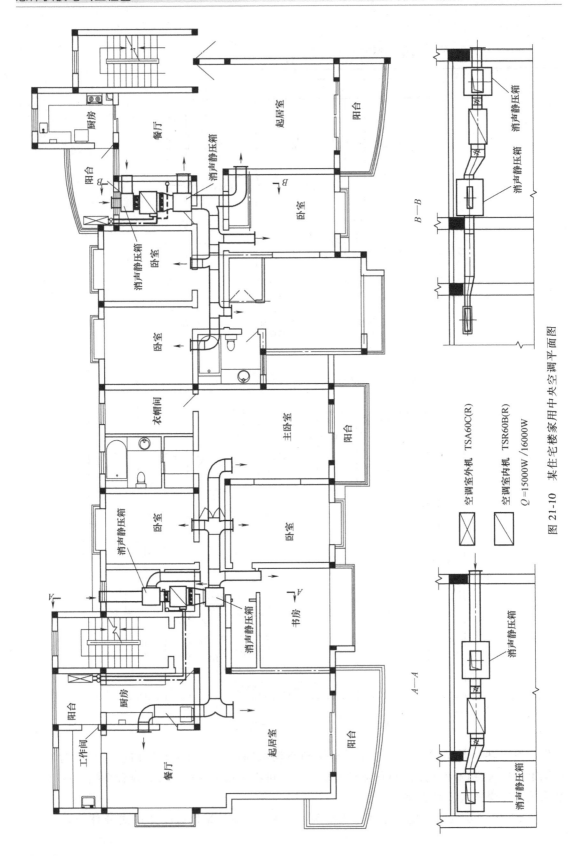

图 21-10 某住宅楼家用中央空调平面图

一台室外机、一台室内机。室外机设置于阳台或专用空调隔板，室内机设置于卫生间吊顶内，有专用的回风管，由走廊内引入回风，由室外引入新风，在回风静压箱中混合，空调机组处理过的冷（热）风经消声静压箱后送入各房间。客厅、起居室面积大，设置了两个风口，可实现均匀送风。

21.2.5　新风机组自动控制电路图的识读

新风机组控制包括：送风温度控制、送风相对湿度控制、防冻控制、CO_2 浓度控制以及各种联锁内容。如果新风机组要考虑承担室内负荷（如直流式机组），则还要控制室内温度（或室内相对湿度）。

送风温度控制是指定出风温度控制，其适用条件通常是该新风机组是以满足室内卫生要求而不是负担室内负荷来使用的。因此，在整个控制时间内，其送风温度以保持恒定值为原则。由于冬季、夏季对室内要求不同，因此冬季、夏季送风温度应有不同的要求。

新风机组由新风阀，过滤器，冷、热盘管，送风机等组成，有的新风机组还设有加湿装置。图 21-11 所示为新风机组控制系统线路图。这种图表示了具体接线，接近实际，便于阅读、施工。

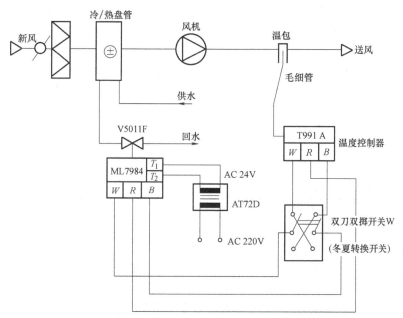

图 21-11　新风机组自动控制系统线路图

由图 21-11 可知，该自动控制系统采用温度传感器（温包）感测温度的变化，并将其变成压力信号，通过毛细管传送到温度控制器 T991A 上，由温度控制器控制执行机构 ML7984，进而控制调节阀 V5001F，控制进入冷、热盘管的冷、热水量，从而维持送风温度恒定。双刀双投开关 W 是用于冬、夏季节转换的，由手动操作。

21.2.6　送风机、排烟机电气控制电路的识读

图 21-12 所示为送风机、排烟机电气控制电路图。该电气控制系统由变极调速电动机 M

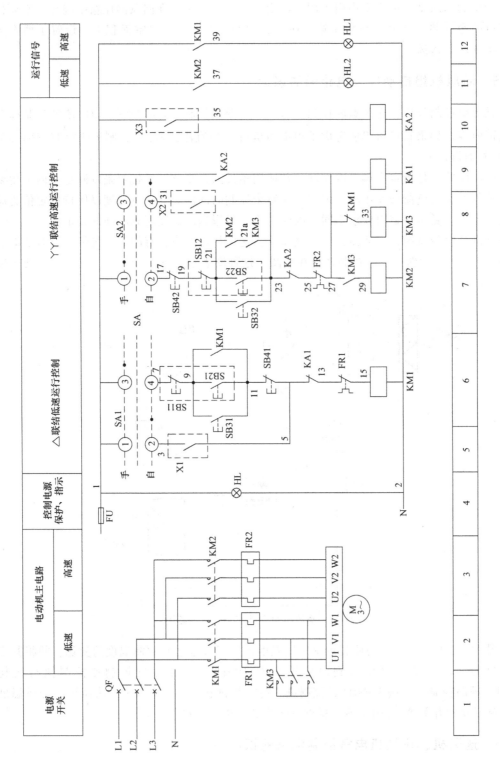

图 21-12 送风机、排烟机电气控制电路图

拖动双速排风（排烟）机，其平时为低速运行，作为排风机用；当发生火灾时，可由手动、消防控制系统或楼宇自动化系统（BAS系统）自动切换至高速运行，作为排烟机用。

在图21-12中，M为双速变极调速电动机；KM1为三角形（△）联结低速运行接触器；KM2和KM3为两路星形（2Y）联结高速运行接触器；X1、X2为大楼BAS系统动作触点；X3为消防联动系统动作触点；SA1为低速运行时的手动、自动转换开关；SA2为高速运行时的手动、自动转换开关。

下面分析该控制系统的手动控制。

（1）低速运行

起动时，按下低速起动按钮SB31，低速接触器KM1线圈得电吸合并自锁，KM1的主触点闭合，电动机M低速运行，与此同时低速接触器的常闭辅助触点断开，与高速接触器KM2和KM3实现互锁。

停机时，按下停止按钮SB11，低速接触器KM1的线圈失电释放，KM1的主触点断开，电动机M停止运行。与此同时，KM1的辅助触点复位，解除与高速接触器KM2和KM3的互锁。

（2）高速运行

起动时，按下高速起动按钮SB32，高速接触器KM3和KM2（因为串接在KM2线圈回路中的KM3的常开辅助触点已闭合）线圈得电吸合并自锁，KM3和KM2的主触点闭合，电动机高速运行。与此同时，中间继电器KA1线圈得电吸合，使其串接在接触器KM1线圈回路中的常闭触点KA1断开，实现与低速接触器KM1的互锁。

停机时，按下停止按钮SB12或SB42，高速接触器KM2和KM3线圈失电释放，其主触点断开，电动机M停止运行。与此同时，中间继电器KA1线圈失电释放，使其串接在接触器KM1线圈回路中的常闭触点KA1复位，解除与低速接触器KM1的互锁。

以上分析的是该控制系统的手动控制。读者可参考上述分析方法，自行分析该控制系统的自动控制。

第22章

电梯控制电路图的识读

22.1 电梯控制系统概述

22.1.1 电梯的基本结构

　　电梯是伴随现代高层建筑物发展起来的重要垂直运输工具，它既有完备的机械专用设备，又有较复杂的驱动装置和电气控制系统。住宅电梯是供居民住宅楼使用的电梯，主要运送乘客，也可运送家用物件或生活用品。曳引式电梯是目前应用最普遍的一种电梯。电梯的基本结构如图22-1所示。

22.1.2 电梯的组成

　　一部电梯总体的组成有机房、井道、轿厢和层站四个部分，也可看成一部电梯占有了四大空间。图22-2为电梯各机构的组成。

22.1.3 电梯的主要系统及其功能

　　电梯的基本结构包括曳引系统、导向系统、轿厢、门系统、重量平衡系统、电力拖动系统、电气控制系统和安全保护系统。各个系统的功能以及组成的主要构件与装置见表22-1。

22.1.4 电梯的工作原理

　　曳引式电梯靠曳引力实现相对运动，它的曳引传动关系如图22-3所示。

　　安装在机房内的电动机通过减速器、制动器等组成

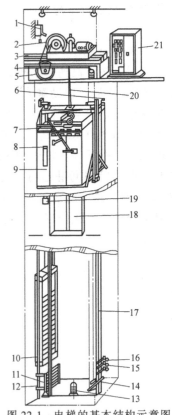

图22-1　电梯的基本结构示意图

1—极限开关　2—曳引机　3—承重梁
4—限速器　5—导向轮　6—换速平层感应器
7—开门机　8—操纵箱　9—轿厢
10—对重装置　11—防护栅栏　12—对重导轨
13—缓冲器　14—限速器涨紧装置
15—基站厅外开关门开关　16—限位开关
17—轿厢导轨　18—厅门　19—招呼按钮箱
20—曳引绳　21—控制柜

的曳引机，使曳引钢丝绳通过曳引轮，一端连接轿厢，另一端连接对重装置，轿厢与对重装置的重力使曳引钢丝绳压紧在曳引轮绳槽内产生摩擦力，这样电动机一转动就能带动曳引轮转动，驱动钢丝绳，拖动轿厢和对重做相对运动，即轿厢上升，对重下降；轿厢下降，对重上升。于是，轿厢就在井道中沿导轨上、下往复运动，电梯就能执行垂直升降的任务。

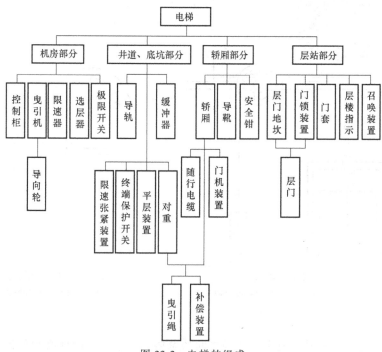

图 22-2　电梯的组成

表 22-1　电梯 8 个系统的功能及其构件与装置

8个系统	功能	组成的主要构件与装置
曳引系统	输出与传递动力,驱动电梯运行	曳引机、曳引钢丝绳、导向轮、反绳轮
导向系统	限制轿厢和对重的活动自由度,使轿厢和对重只能沿着导轨作上、下运动	轿厢的导轨、对重的导轨及其导轨架
轿厢	用以运送乘客或货物的组件,是电梯的工作部分	轿厢架和轿厢体
门系统	乘客或货物的进出口,运行时层、轿门必须封闭,到站时才能打开	轿厢门、层门、开门机、联动机构、门锁等
重量平衡系统	相对平衡轿厢重量以及补偿高层电梯中曳引绳长度的影响	对重和重量补偿装置等
电力拖动系统	提供动力,对电梯实行速度控制	曳引电动机、供电系统、速度反馈装置、电动机调速装置等
电气控制系统	对电梯的运行实行操纵和控制	操纵装置、位置显示装置、控制屏(柜)、平层装置、选层器等
安全保护系统	保护电梯安全使用,防止一切危及人身安全的事故发生	机械方面有限速器、安全钳、缓冲器、端站保护装置等 电气方面有超速保护装置、供电系统断相和错相保护装置、超越上限或下极限工作位置的保护装置、层门锁与轿门电气联锁装置等

轿厢与对重能做相对运动是靠钢丝绳与曳引轮间的摩擦力来实现的，这种力就称为曳引力。要使电梯运行，曳引力必须不小于曳引钢丝绳中较大载荷力 P_1 与较小载荷力 P_2 之差，即 $T \geqslant P_1 - P_2$（见图22-4）。

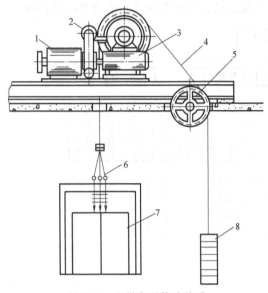
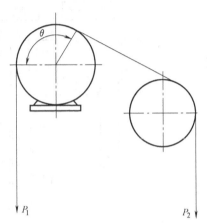

图 22-3　电梯曳引传动关系
　1—电动机　2—制动器　3—减速器　4—曳引钢丝绳
　5—导向轮　6—绳头组合　7—轿厢　8—对重

图 22-4　曳引力与载荷力的关系
θ—曳引绳与曳引轮的包角

由于曳引力是靠曳引绳与曳引轮绳槽之间的摩擦力产生的，因此必须保证曳引绳不在曳引轮绳槽中打滑。要增大曳引力的方法如下：

1）选择合适形状的曳引轮绳槽。

2）增大曳引绳在曳引轮上的包角 θ。

3）选择耐磨且摩擦系数大的材料制造曳引轮。

4）曳引绳不能过度润滑。

5）使平衡系数为 0.4~0.5，电梯不超过额定载荷。

此外，曳引驱动电梯还必须满足当对重落在缓冲器上时，曳引力不能再提升轿厢的工作条件。

22.1.5　电梯控制系统的功能

不同的电梯，不论采用何种控制方式，总是按轿厢内指令，层站召唤信号要求，向上或向下起动、运行、减速、制动、停站。电梯的控制主要是指对电梯曳引电动机及开门机的起动、减速、停止、运行方向、楼层显示、层站召唤、轿厢内指令、安全保护等指令信号进行管理。操纵是实行每个控制环节的方式和手段。

目前用于电梯的拖动系统主要有单、双速交流电动机拖动系统，交流电动机定子调压调速拖动系统，直流发电机-电动机晶闸管励磁拖动系统，晶闸管直接供电拖动系统，VVVF变频变压调速拖动系统。

电梯控制系统硬件由轿厢操纵盘、厅门信号、PLC、变频器、调速系统构成，变频器只完成调速功能，而逻辑控制部分是由 PLC 完成的。PLC 负责处理各种信号的逻辑关系，从而向变频器发出起动、停止信号，同时变频器也将本身的工作状态输送给 PLC，形成双向联络关系。系统还配置了与电动机同轴连接旋转编码器及 PG 卡，完成速度检测及反馈，形成速度闭环和位置闭环。此外，系统还必须配置制动电阻，当电梯减速运行时，电动机处于再生发电状态，向变频器回馈电能，抑制直流电压升高。

22.1.6　微机控制变频变压调速电梯控制系统的工作原理

变频变压（VVVF）系统控制的电梯采用交流电动机驱动，却可以达到直流电动机的水平。它具有体积小、重量轻、效率高、节省能源等特点，几乎包括了以往电梯的所有优点，已成为通用的电梯拖动系统。

采用微机控制变频变压（VVVF）调速的电气控制系统结构框图如图 22-5 所示。

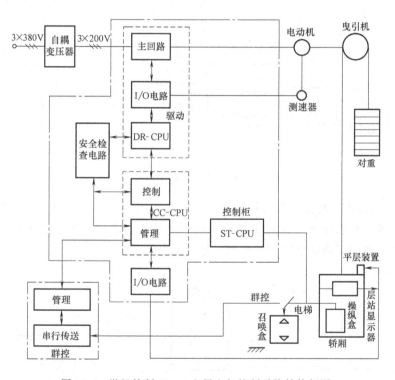

图 22-5　微机控制 VVVF 电梯电气控制系统结构框图

该电梯电气控制系统结构主要由管理、控制、拖动、串行传输和接口等部分组成。图中群控部分与电梯管理部分之间的信息传递采用光纤通信。群控时，层站召唤信号由群控部分接收和处理。

驱动电路是 VVVF 电梯的最重要部分，主回路由三相整流器和逆变器组成"交-直-交"变频器，由微机（ST-CPU）控制，提供三相频率、电压可调整的可控制电源，驱动曳引电动机实现变频变压调速。微机（CC-CPU）为管理和控制两部分共用，按照不同的运算周期分别进行运算。控制电路由微机（CC-CPU）进行控制，其控制的主要功能是实现数字选层、形成速度曲线，以及对安全保护电路进行控制。管理电路由微机（ST-CPU）进行控制，该微机负责处理电梯的各种运行，完成各种控制功能。

当运行接触器接通后，三相交流电源经由整流器变成直流电，再经逆变器中三对大功率晶体管逆变成频率、电压可调的三相交流电，给异步电动机供电，电动机按指令运转，通过曳引机驱动电梯上下运行，实现变频变压调速驱动。

图 22-6 所示为再生能量损耗 VVVF 电梯，它是将当电动机处于再生发电制动状态（空载轿厢朝上或满载轿厢往下，及减速制动）时产生的电能消耗在直流环路中大功率制动晶体管的负载电阻上。该制动调控方法多用于中、低层建筑中的低、中速电梯上。

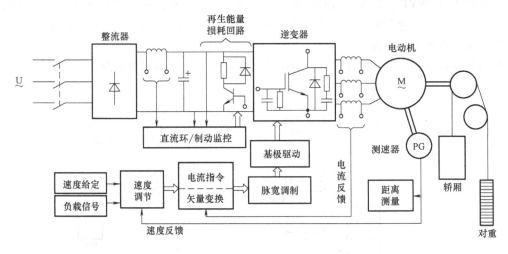

图 22-6　再生能量损耗 VVVF 电梯

图 22-7 所示为再生能量回馈 VVVF 电梯，它是将当电动机处于再生发电制动状态（空载轿厢朝上或满载轿厢往下，及减速制动）时产生的电能通过逆变装置回馈到电网中。该制动调控方法主要用于高层楼宇中的高速、超高速电梯上。

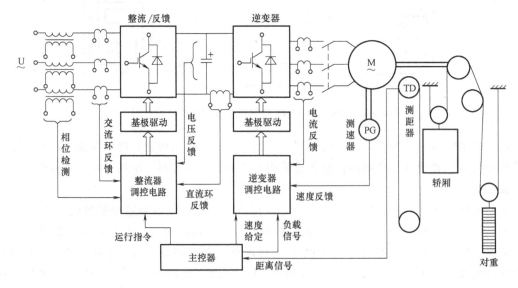

图 22-7　再生能量回馈 VVVF 电梯

22.1.7 识读电梯控制系统电气图的方法及步骤

1. 识读方法

1）阅读电梯控制系统电气图前，首先应对电梯有一个基本的认识，即应掌握必备的基本知识。

2）阅读电梯控制电路图的一般方法是先看主电路，再看辅助电路，并用辅助电路的回路去研究主电路的控制程序。

3）主电路的作用是保证电梯运行要求的实现。从主电路的构成可分析出曳引电动机的类型、工作方式，以及对电梯起动、停止、制动、减速、加速、正反转等的控制要求与保护要求等内容。

4）主电路的各控制要求是由控制电路来实现的，运用"化整为零"、"顺藤摸瓜"的原则，将控制电路按功能划分为若干个局部控制电路，从电源和主令信号开始，经过逻辑判断，写出控制流程，以简单明了的方式表达出电路的工作过程。

5）紧密围绕主电路进行分析，详细了解主电路中接触器的工作线圈回路是在什么情况下、具备什么条件才能接通或断开的。

6）由于电梯运行对安全性和可靠性有严格的要求，因此应务必了解电路中各个元器件的作用。对照元件明细表，了解各元件的符号、名称和用途等。

7）根据电梯控制电路的特点，大致将电路划分为电源控制、起动控制、加速控制、减速控制、上行控制、下行控制、平层控制、制动控制、安全保护等基本环节，以利于进行分析。

2. 阅读主电路的步骤

（1）看电源

要了解电源电压等级，是380V还是220V，是从母线汇流排供电还是配电屏供电的。

（2）看清主电路中的用电设备

用电设备指消耗电能的用电器具或电气设备，看图首先要看清楚有几个用电器，以及它们的类别、用途、接线方式及一些不同的要求等。

（3）要弄清楚用电设备是用什么电器元件控制的

控制电气设备的方法很多，有的直接用开关控制，有的用各种起动器控制，有的用接触器控制。

（4）了解主电路中所用的控制电器及保护电器

控制电器是指除常规接触器以外的其他控制元件，如电源开关（转换开关及空气断路器等）。保护电器是指短路保护器件及过载保护器件，如空气断路器中电磁脱扣器及热过载脱扣器的规格、熔断器、热继电器及过电流继电器等的用途及规格。

一般来说，对主电路进行如上内容的分析以后，即可分析辅助电路。

3. 分析辅助电路的方法

辅助电路包括执行元件的工作状态显示、电源显示、参数测定、照明和故障报警等。这部分电路具有相对独立性，起辅助作用但又不影响主要功能。辅助电路中很多部分是受控制电路中的元件来控制的。

（1）分析联锁与保护环节

电梯对于安全性、可靠性有很高的要求，实现这些要求，除了合理地选择拖动、控制方案外，在控制电路中还设置了一系列电气保护和必要的电气联锁。在电气控制原理图的分析过程中，电气联锁与电气保护环节是一个重要内容，不能遗漏。

（2）进行总体检查

经过"化整为零"，逐步分析了每一局部电路的工作原理以及各部分之间的控制关系之后，还必须用"集零为整"的方法检查整个控制电路，看是否有遗漏。特别要从整体角度去进一步检查和理解各控制环节之间的联系，以达到正确理解原理图中每一个电气元器件的作用。

22.2 常用电梯控制电路的识读

22.2.1 交流调压调速电梯主电路的识读

三相异步电动机定子调压原理：当改变电动机定子电压时可以得到一组不同的机械特性曲线从而获得不同转速。由于电动机的转矩与电压二次方成正比，因此最大转矩下降很多，其调速范围较小。为了扩大调速范围，调压调速应采用转子电阻值大的笼型电动机或双速电动机。调压调速的主要装置是一个能提供电压变化的电源，目前常用的调压方式有串联饱和电抗器、自耦变压器以及晶闸管调压等几种。其中，以晶闸管调压方式为最佳。

图 22-8 所示为交流调压调速电梯主电路图，其采用双速三相异步电动机作为电梯的曳

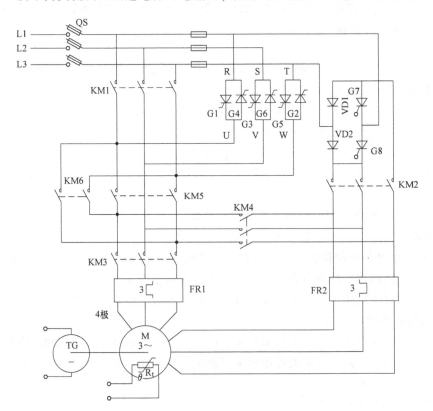

图 22-8 调压-能耗制动拖动方式的主电路

引电动机。因为异步电动机的工作电压不允许超过额定值，所以调节电压只能在额定电压以下的有限范围内进行，因此调压调速的实质是降压调速，并要在电梯减速时配以某种类型的制动。图 22-8 是调压-能耗制动拖动方式的主电路。

由图 22-8 可知，电动机的高速绕组接成星形调压方式，每一相接有一对反向并联的晶闸管，接触器 KM6 和 KM5 是改变电动机转向的上行接触器和下行接触器，晶闸管 G7、G8 和二极管 VD1、VD2 构成单相半控全波整流电路，给低速绕组提供能耗制动时的励磁电流。与曳引电动机同轴（或经皮带轮传递）装有测速发电机 TG，由 TG 产生的转速信号送到电梯的控制电路，作为速度反馈信号与给定速度进行比较，可以实现预定速度曲线的闭环控制。

在电梯正常运行时，接触器 KM1、KM4 应断开，接触器 KM5（或 KM6）、KM3、KM2 则应接通。当检修电梯时，不使用晶闸管调压电路和励磁电路，只需给低速绕组提供三相交流电，使电梯低速运行。这时，应断开接触器 KM3 和 KM2，而通过接通接触器 KM1 和 KM5（或 KM6）来实现电梯低速上升、下降运行。

22.2.2 交流双速电梯主电路的识读

集选控制是指轿厢在做上升或下降运行时，对于与运行方向相同的层站召唤或轿厢召唤能顺次应答并停层的一种控制。一般向任一方向（上升或下降）运行时都具有这种功能。具体分为有全集选控制、下集选控制等。图 22-9 所示为交流双速集选 PLC 控制电梯电力拖动主电路图，该系统所用电动机的极数多为 4/6 极或 6/24 极。高速绕组用于起动、运行，低速绕组用于平层。

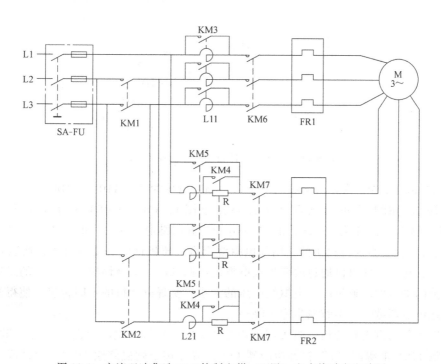

图 22-9 交流双速集选 PLC 控制电梯（5层）电力拖动主电路图

由图 22-9 可知，M 为交流双速异步电动机，KM1 为上升接触器，KM2 为下降接触器，用以控制电动机 M 的正反转，实现轿厢的上升与下降。KM6 为快速接触器，KM7 为慢速继电器，KM3 为快加速接触器，KM4、KM5 为慢速一级、二级减速接触器。

电梯起动时，由接触器 KM6 主触头接通电动机 M 快速绕组，串入电抗器 L11 进行减压起动，然后接触器 KM3 主触头闭合，短接电抗器 L11，使电动机 M 在全压下加速起动，直至以快速稳定运行。

在停层时，接触器 KM7 主触头闭合，接通慢速绕组，经串接的电抗器 L21 和电阻 R 进行再生发电制动，然后由接触器 KM4、KM5 的主触头分级将阻抗短路，电动机实现慢速运行。

22.2.3 某电梯的自动门开关控制电路的识读

自动门机是安装在轿厢顶上，它在带动轿门开关时，还需通过机械联动机构带动层门与轿门同步开关。为使电梯门在开关过程中达到快、稳的要求，必须对自动门机系统进行速度调节。当用小型直流伺服电动机时，可用电阻串并联方法。直流电机调速方法简单，低速时发热较少。有些电梯厂家采用直流伺服电动机作为自动开关门机构的驱动，其电气控制电路如图 22-10 所示。

扫一扫看视频

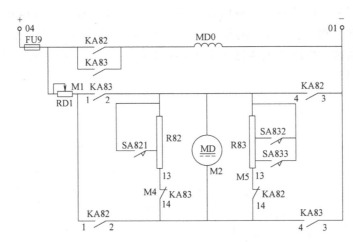

图 22-10 某电梯的自动开关门控制电路

在图 22-10 中，MD 为直流伺服电动机，其额定电压为直流 110V；MD0 为直流伺服电动机的励磁绕组；RD1 为可调电阻（又称限流电阻）；R82 和 R83 为分流电阻；SA821、SA832、SA833 为限位开关；KA82 和 KA83 分别为开门继电器和关门继电器（继电器的线圈图中未绘出）。由于直流电动机的转向随电枢绕组端电压极性的改变而改变，所以转速与电枢端电压成正比。因此可以通过改变加在电枢绕组两端电压的极性实现电动机的正反转，达到开门与关门的目的。通过改变电枢端电压的大小，实现电动机的不同转速，使得开、关门过程中，速度逐渐减小，不致发生撞击噪声。

下面以关门为例进行分析。当关门继电器 KA83 的线圈得电吸合后，其常开触点 KA83 闭合，直流 110V 电源的"+"极经熔断器 FU9，首先接通励磁绕组 MD0，为直流电动机励磁。与此同时，直流电源的"+"极经可调电阻 RD1→KA83 的常开触点 KA83（1-2）→直流电动机 MD 的电枢绕组→KA83 的常开触点 KA83（3-4）至电源的"–"极，为直流电动机的电枢绕组供电；另一方面，电源还经开门继电器 KA82 的常闭触点 KA82（13-14）和电阻 R83 进行"电枢分流"。此时，使门电动机 MD 向关门方向转动，电梯开始关门。

当电梯门关至门宽的 $\frac{2}{3}$ 时，限位开关 SA832 动作，使得分流电阻 R83 的一部分被短接，此时流经电阻 R83 中的电流增大，则总电流增大，从而使限流电阻 RD1 上的电压降增大，也就是使电动机 MD 的电枢端电压下降，致使电动机的转速随其端电压的降低而下降，可以使关门速度自动减慢。当门继续关闭至尚有 100~150mm 的距离时，限位开关 SA833 动作，使得分流电阻 R83 的很大一部分被短接，此时流经电阻 R83 中的电流进一步增大，则总电流也进一步增大，从而使限流电阻 RD1 上的电压降更大，也就是使电动机 MD 的电枢端电压进一步下降，致使电动机的转速更低，可以使关门速度更慢，直至平稳地完全关闭为止，与此同时，关门限位开关 SA831 动作（图中未绘出），其常闭触点断开，使关门继电器 KA83 线圈失电而释放，KA83 的触点复位，至此关门过程结束。

对于开门过程，读者可以自行分析。

22.2.4　某电梯的内、外呼梯控制电路的识读

电梯的运行目的是把乘客运送至目的层站，其过程是通过轿厢内操纵箱上的选层按钮来实现的，通常称这样的选层按钮信号为"轿内呼梯"信号或"轿内指令"信号。同样，各个层站的乘客为使电梯能够到达所呼叫的层站，必须通过该层站电梯厅门旁的呼梯按钮发出呼叫电梯的信号，通常称为"外呼梯"信号。内、外呼梯信号的作用是使电梯按要求来运行。同时，这两个信号也是位置信号，其在控制系统中的作用是与电梯位置信号进行比较，从而决定电梯的运行方向（上升或下降），因此必须对它们进行登记、记忆和清除（又称消号）。

1. 轿内指令信号登记、记忆与消除控制电路

轿内指令的实现是通过设置在操纵箱上的内选按钮达到的。在轿厢内操纵箱上对应每一层楼设一个带灯的按钮，也称指令按钮。乘客进入轿厢后，按下要去的目的层站按钮时，按钮灯便亮，即轿内指令被登记。当电梯运行到目的层站停靠后，该层内选指令被消除，按钮灯熄灭，表明被登记的轿内指令信号被消除。图 22-11 所示为有机械选层器的轿内指令信号登记、记忆与清除控制电路。

在图 22-11 中，SBi（i 为楼层号）为各层的内选指令按钮；KAi（i 为楼层号）为相应的内选指令继电器；S 为选层器上的活动碰铁，Si（i 为楼层号）为各层的消号微动开关。

当乘客进入轿厢后，按动欲前往楼层的内选指令按钮 SBi 时，与之相对应的内选指令继电器 KAi 线圈得电吸合并

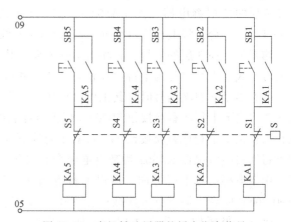

图 22-11　有机械选层器的轿内指令信号
登记、记忆与清除控制电路

自锁，即相当于把该内选信号"登记"并"记忆"，与此同时，内选指令继电器 KAi 的另一常开触点（图中为绘出）闭合，接通相应的指示灯电路，使与之对应的指示灯亮，表示该内选指令被登记和记忆。当轿厢运行到所选的楼层时，选层器上的活动磁铁触碰该层的消号微动开关 Si，使消号微动开关 Si 的常闭触点断开，从而使内选指令继电器 KAi 线圈失电而释放，使与之对应的内选信号指示灯灭，实现消号。

如果乘客在轿厢内按动轿厢所在楼层的轿内指令按钮 SBi 后，由于该层的消号微动开关的常闭触点已被撞断开，相应的内选指令继电器线圈 KAi 不能得电吸合，因此不予登记。

2. 厅召唤信号登记、记忆与消除控制电路

厅召唤是指使用电梯的人员在厅门召唤电梯来到该楼层并停靠开门。要求厅召唤电路能实现厅召唤指令登记、记忆，当电梯到达该呼唤楼层时，能够使登记指令消号。电梯的厅召唤信号（又称层站召唤信号）是通过各个楼层厅门口旁的呼梯按钮来实现的。信号控制或集选控制的电梯，除顶层只有下呼按钮，底层只有上呼按钮外，其余每层都有上、下行召唤按钮。对控制电路要求能实现顺向截停。

实际的控制电路有不同的组成形式，图 22-12 所示为一种比较典型的厅召唤信号登记、记忆与清除控制电路。该图以五层为例，其中 SB201～SB204 为上行厅召唤按钮；SB302～SB305 为下行厅召唤按钮；对应各层的每个上行厅召唤指令均控制一个上行厅召唤继电器 KA201～KA204；对应各层的每个下行厅召唤指令均控制一个下行厅召唤继电器 KA302～KA305；R201～R204 为上行消号电阻；R302～R305 为下行消号电阻；KA501～KA505 为楼层控制继电器；KA72 为直驶继电器。为了实现顺向截梯，使得电梯在下（或上）行时只响应下行（或上行）厅召唤指令信号，而保留与电梯运动方向相反的厅召唤指令信号，在电路中连接了上、下行方向接触器 KM1、KM2 的常开触点 KM1（190-206）和 KM2（205-206）。

其运行过程：设电梯由 1 层上行，由于上行方向接触器 KM1 吸线圈（图中未绘出）得电吸合，其常开触点 KM1（190-206）闭合，而下行方向接触器 KM2 线圈（图中未绘出）失电断开，其常开触点 KM2（205-206）断开。这时若按动设置于 3 层的上行厅召唤指令按钮 SB203，则将使上行厅召唤继电器 KA203 得电吸合，其常开触点 KA203（184-195）闭合，使 KA203 自锁，则 3 层上行厅召唤指令信号被登记和记忆，与此同时 KA203 的另一常开触点闭合（图中未绘出），使 3 层的上行厅召唤指示灯亮。当电梯轿厢上行到达 3 层停靠时，则使 3 层的楼层继电器线圈 KA503 得电吸合（其线圈图中未画出），其常开触点 KA503（196-190）闭合，将上行厅召唤继电器 KA203 的线圈短接，使 KA203 失电释放，KA203 的触点均复位，使 3 层的上行厅召唤指示灯熄灭，其登记指令被消号。显然，该电路采用了并联消号方式。下行过程与上行过程相同，请读者自行分析。

当有多个厅召唤信号时，其工作过程如下：设电梯在 1 层，当在 3 层有上呼信号，即有人在 3 层按下上行厅召唤按钮 SB203，使上行厅召唤继电器 KA203 得电吸合并自锁时，又有人在二楼按下上行厅召唤按钮 SB202 和下行厅召唤按钮 SB302，使上行厅召唤继电器 KA202 和下行厅召唤继电器 KA302 均都得电吸合并自锁，即 2 层的上呼、下呼信号也被登记和记忆。由于电梯已选上行方向，所以上行方向接触器 KM1 已经得电吸合，其常开触点 KM1（190-206）闭合，而下行方向接触器 KM2 线圈失电，其常开触点 KM2（205-206）是断开的，因此，当轿厢上升到 2 层时，使楼层继电器线圈 KA502 得电吸合时，其常开触点 KA502（202-205）闭合，并不能短接下行厅召唤继电器 KA302 的线圈，也就不能消号。由

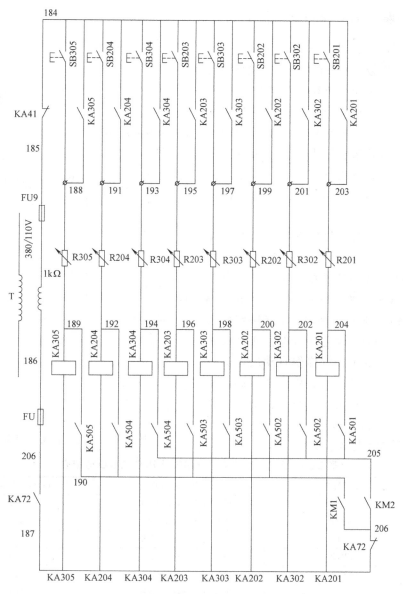

图 22-12　厅召唤信号登记、记忆与清除控制电路

此可知，电梯上行时只响应上呼信号，保留下呼信号，下呼信号只在下行时才被一一响应，反之亦然。这种在多个厅召唤信号情况下，先执行与现行运行方向一致的所有呼梯指令之后，再执行反向的所有呼梯指令的功能称为"厅召唤指令方向优先"功能，也可称为"顺向截梯"功能。

　　在该电路中接有直驶继电器触点 KA72，当电梯为有驾驶员操作时，若欲暂时不响应厅召唤截停信号时，则只需按下操作箱上的"直驶"按钮，则直驶继电器线圈 KA72 得电吸合（直驶继电器的线圈在图中未绘出），其常闭触点 KA72（187-206）断开，使得所有被登记的厅召唤指令均不能被响应消号，而是均被保留下来，电梯也就不会在有厅召唤信号的楼层停靠。

22.2.5 轿厢内选层控制梯形图的识读

在集选控制电梯中,电梯的执行方式是先响应向上的信号,然后再响应向下的信号,如此反复。也就是说,电梯的方向控制就是根据电梯轿厢内乘客的目的层站指令和各层楼召唤信号与电梯所处层楼位置信号进行比较,凡是在电梯位置信号上方的轿厢内指令和层站召唤信号,令电梯定上行,反之定下行。上行时应保留下行信号,下行时应保留上行信号。

图 22-13 所示为根据集选控制的要求设计的轿内选层控制梯形图。图 22-13 中元器件明细及 PLC 的 I/O 点分配见表 22-2。其工作原理为:当乘客进入轿厢后,如果按下 3 层的选层按钮,则 X34 接通,3 层轿厢内指令中间继电器 M112 接通并自保,便完成了运行指令的预先登记,电梯便自动决定运行方向;当电梯到达 3 层时,由于 3 层感应中间继电器 M102 的常闭触点断开,则 3 层轿内指令中间继电器 M112 便断开,使与之对应的内选信号指示灯灭,实现消号。

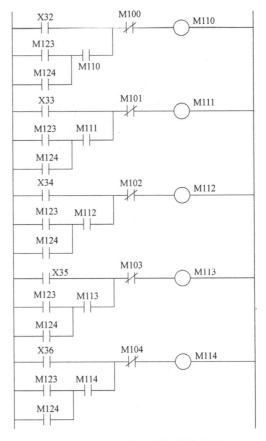

图 22-13 轿厢内选层控制梯形图

表 22-2 图 22-13 中元器件明细及 PLC 的 I/O 分配表

序号	元件符号	名称、作用或功能	与 PLC 性对应的 I/O 点
1	SB9	轿厢内 5 层选层按钮	X32
2	SB10	轿厢内 4 层选层按钮	X33
3	SB11	轿厢内 3 层选层按钮	X34
4	SB12	轿厢内 2 层选层按钮	X35
5	SB13	轿厢内 1 层选层按钮	X36
6		5 层感应中间继电器	M100
7		4 层感应中间继电器	M101
8		3 层感应中间继电器	M102
9		2 层感应中间继电器	M103
10		2 层感应中间继电器	M104
11		5 层轿厢内指令中间继电器	M110
12		4 层轿厢内指令中间继电器	M111
13		3 层轿厢内指令中间继电器	M112
14		2 层轿厢内指令中间继电器	M113
15		1 层轿厢内指令中间继电器	M114
16		上行中间继电器	M123
17		下行中间继电器	M124

22.2.6 厅召唤控制梯形图的识读

电梯的厅召唤（又称层站召唤）信号是通过各个楼层门口旁的按钮来实现的。信号控制或集选控制的电梯，除顶层只有下呼按钮，底层只有上呼按钮外，其余每层都有上下召唤按钮。

图 22-14 所示为根据集选控制的要求设计的厅召唤控制梯形图。图 22-14 中元器件明细

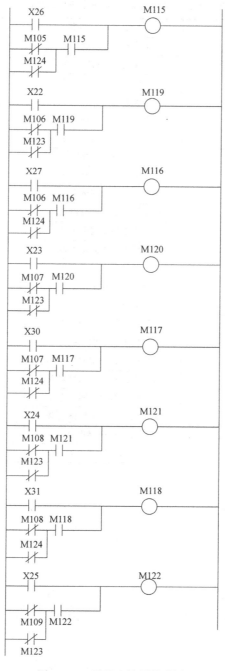

图 22-14 厅召唤控制梯形图

及 PLC 的 I/O 点分配见表 22-3。其工作原理为：当电梯位于 1 层时，如果有乘客在 3 层按上行厅召唤按钮，则 X23 接通，若此时 2 层有向上召唤信号 X24 和 2 层向下召唤信号 X31，则 3 层向上召唤中间继电器 M120、2 层向上召唤中间继电器 M121、2 层向下召唤中间继电器 M118 被接通，并分别自保；当电梯到达 2 层时，2 层的指层中间继电器 M108 接通、2 层向上召唤中间继电器 M121 自保断开，2 层的上行厅召唤信号消号，而向下召唤中间继电器 M118 仍然保持，即 2 层向下召唤信号得到保留。

表 22-3　图 22-14 中元器件明细及 PLC 的 I/O 分配表

序号	元件符号	名称、作用或功能	与 PLC 对应的 I/O 点
1	SB1	4 层上行厅召唤按钮	X22
2	SB2	3 层上行厅召唤按钮	X23
3	SB3	2 层上行厅召唤按钮	X24
4	SB4	1 层上行厅召唤按钮	X25
5	SB5	5 层下行厅召唤按钮	X26
6		4 层下行厅召唤按钮	X27
7		3 层下行厅召唤按钮	X30
8		2 层下行厅召唤按钮	X31
9		5 层指层中间继电器	M105
10		4 层指层中间继电器	M106
11		3 层指层中间继电器	M107
12		2 层指层中间继电器	M108
13		1 层指层中间继电器	M109
14		5 层向下召唤中间继电器	M115
15		4 层向下召唤中间继电器	M116
16		3 层向下召唤中间继电器	M117
17		2 层向下召唤中间继电器	M118
18		4 层向上召唤中间继电器	M119
19		3 层向上召唤中间继电器	M120
20		2 层向上召唤中间继电器	M121
21		1 层向上召唤中间继电器	M122
22		上行中间继电器	M123
23		下行中间继电器	M124

第23章

变配电工程图的识读

变配电工程图主要包括一次系统图、二次回路电路图和接线图、变配电所设备安装平、剖面图、变配电所照明系统图和平面布置图、变配电所接地系统平面图等。

23.1 电力系统基本知识

23.1.1 电力系统的组成与特点

1. 电力系统的基本组成

由发电厂、电力网及电能用户组成的发电、输电、变电、配电和用电的整体称为电力系统，即电力系统系指通过电力网连接在一起的发电厂、变电所及用户的电气设备的总体。

在整个动力系统中，除发电厂的锅炉、汽轮机等动力设备外的所有电气设备都属于电力系统的范畴。电力系统主要包括发电机、变压器、架空线路、电缆线路、配电装置、各类电力、电热设备以及照明等用电设备，如图23-1所示。

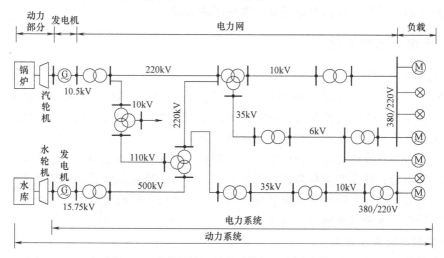

图 23-1 动力系统、电力系统与电力网的构成

电力网是电力系统的一部分，它包括变电所、配电所及各种电压等级的电力线路。电能用户（又称电力用户或电力负荷）是指一切消耗电能的设备。

2. 一次系统与二次系统

电力系统中，电作为能源通过的部分称为一次系统，对一次系统进行测量、保护、监控的部分称为二次系统。从控制系统的角度看，一次系统相当于受控对象，二次系统相当于控制环节，受控量主要有开关电器的开、闭等数字量和电压、功率、频率、发电机功率角等模拟量。

3. 联网运行的电力系统

图23-2是从发电厂经变电所通过电力线路至电能用户的送电过程示意图。

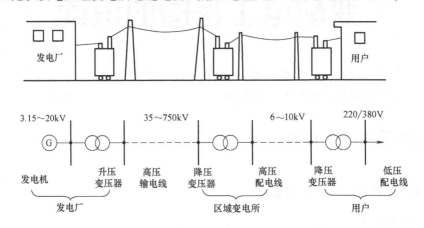

图 23-2　从发电厂到电能用户的送电过程示意图

如果各发电厂都是彼此独立地向用户供电，则当某个发电厂发生故障或停机检修时，由该厂供电的地区将被迫停电。为了确保对用户供电不中断，每个发电厂都必须配备一套备用发电机组，但这就增加了投资，而且设备的利用率较低。因此，有必要将各种类型发电厂的发电机、变电所的变压器、输电线路、配电设备以及电能用户等联系起来，组成一个整体，称为电力系统的联网运行。这样，就可以减少备用发电设备的容量、提高发电设备的利用率、提高供电的可靠性、提高电能质量、实现经济运行。

23.1.2　变电所与电力网

1. 变电所的类型

变电所（站）是变换电能电压和接收分配电能的场所，是联系发电厂和电能用户的中间枢纽。如果仅用以接受电能和分配电能，则称为配电所（站）或开闭所（站）；如果仅用以把交流电能变换成直流电能，则称为变流所（站）。

变电所有升压和降压之分。升压变电所一般和大型发电厂结合在一起，把电压升高后，再进行长距离输送；降压变电所多设在用电区域，将高压适当降低后，对某地区或某用户供电。根据其所处的位置，降压变电所又可分为枢纽变电所、区域变电所、终端变电所以及工业企业的总降压变电所和车间变电所等。变电所类型如图23-3所示。

2. 电力网的特点与分类

在电力系统中，连接各种电压等级的输电线路，各种类型的变、配电所及用户的电缆和

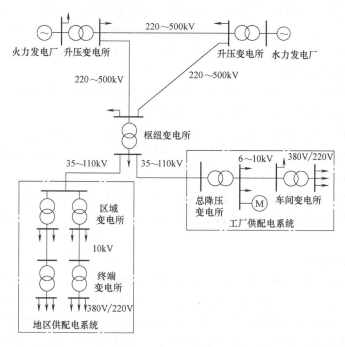

图 23-3　电力系统变电所类型示意图

架空线路构成的输、配电网络称为电力网。电力网是输送电能和分配电能的通道，是联系发电厂、变电所和电能用户的纽带。

电力网按其在电力系统中的作用不同，分为输电网（供电网）和配电网。

输电网又称为供电网，是由输送大型发电厂巨大电力的输电线路和与其线路连接的变电站组成，是电力系统中的主要网络，简称主网，也是电力系统中的最高级电网，又称网架。

配电网是由配电线路、配电所及用户组成。它的作用是把电力分配给配电所或用户。

配电网按其额定电压又分为一次配网和二次配网，如图 23-4 所示。

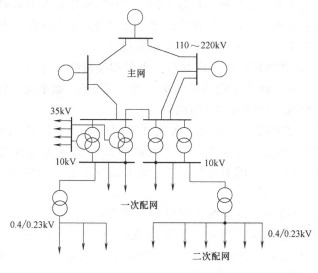

图 23-4　电力网示意图

一次配网是指高压配电线路组成的电力网，是由配电所、开闭站及 10kV 高压用户组成。二次配网担负某地区的电力分配任务，主要向该地区的用户供电。供电半径不大，负荷也较小，例如系统中以低压三相 380V、单相 220V 供电的配电网就是二次配网。

3. 输电线路与配电线路

从发电厂将生产的电能经过升压变压器输送到电力系统中的降压变压器及电能用户的 35kV 及以上的高压、超高压电力线路称为输电线路。

从发电厂将生产的电能直接配送给电能用户或或由电力系统中的降压变压器供给电能用户的 10kV 以下的电力线路称为配电线路（又称为供电线路）。3~10kV 线路称为高压配电线路，1kV 及以下线路称为低压配电线路。

配电线路分为厂区高压配电线路和车间低压配电线路。厂区高压配电线路将总降压变电所、车间变电所和高压用电设备连接起来。车间低压配电线路主要用以向低压用电设备供应电能。

4. 配电系统的组成

配电系统主要由供电电源、配电网、用电设备等组成。配电系统的电源可以取自电力系统的电力网或企业、用户的自备发电机。配电系统的配电网由企业或用户的总降压变电所（或高压配电所）、高压输电线路、降压变电所（或配电所）、低压配电线路组成。

实际上配电系统的基本结构与电力系统的基本结构是极其相似的，所不同的是配电系统的电源是电力系统的电力网，电力系统的用户实际上就是配电系统。

配电系统中的用电设备根据额定电压分为高压用电设备和低压用电设备。

23.1.3 电力网中的额定电压

额定电压又称标称电压，是指电气设备的正常工作电压，是在保证电气设备规定的使用寿命，能达到额定出力的长期安全、经济运行的工作电压。

变压器、发电机、电动机等电气设备均有规定的额定电压，而且在额定电压下运行，其经济效果最佳。

根据电气设备在电力系统中所处的位置不同，其额定电压也有不同的规定。例如在系统中运行的电力变压器有升压变压器、降压变压器，有主变压器也有配电变压器，由于所处在系统中的位置和作用的不同，额定电压的规定也不同。

1）电力变压器一次侧的额定电压直接与发电机相连接时（即升压变压器），其额定电压与发电机额定电压相同，即高于同级线路额定电压的 5%。如果变压器直接与线路连接，则一次侧额定电压与同级线路的额定电压相同。

2）变压器二次侧的额定电压是指二次侧开路时的电压，即空载电压，如果变压器二次侧供电线路较长（即主变压器），则变压器的二次侧额定电压比线路额定电压高 10%；如果二次侧线路不长（配电变压器），变压器额定电压只需高于同级线路额定电压的 5%。

我国三相交流电力网电力设备的额定电压见表 23-1。

我国对用户供电的额定电压规定，低压供电的为 380V，照明为 220V，高压供电为 10kV、35（63）kV、110kV、220kV、330kV、500kV，除发电厂直配供电可采用 3kV、6kV 外，其他等级电压应逐步过渡到上列额定电压。

表 23-1　我国三相交流电力网电力设备的额定电压

分类	电网和用电设备的额定电压/kV	发电机的额定电压/kV	电力变压器的额定电压/kV	
			一次绕组	二次绕组
低压	0.38	0.4	0.38	0.4
	0.66	0.69	0.66	0.66
高压	3	3.15	3,3.15	3.15,3.3
	6	6.3	6,6.3	6.3,6.6
	10	10.5	10,10.5	10.5,11
	—	13.8,15.75,18, 20,22,24,26	13.8,15.75,18, 20,22,24,26	—
	35	—	35	38.5
	60	—	60	66
	110	—	110	121
	220	—	220	242
	330	—	330	363
	500	—	500	550
	750	—	750	825

例 23-1　已知图 23-5 所示电力系统中电网的额定电压 U_{LN}，试确定发电机和变压器的额定电压。

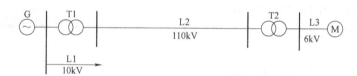

图 23-5　例 23-1 图

解：发电机 G 的额定电压 U_N 为

$$U_N = 1.05 U_{LN} = 1.05 \times 10\,kV = 10.5\,kV$$

变压器 T1 的额定电压 U'_{1N} 和 U'_{2N}：由于变压器 T1 的一次绕组与发电机直接相连，所以其一次绕组的额定电压取发电机的额定电压，即

$$U'_{1N} = U_N = 10.5\,kV$$

$$U'_{2N} = 1.1 U_N = 1.1 \times 110\,kV = 121\,kV$$

变压器 T1 的电压比为 10.5kV/121kV

变压器 T2 的额定电压：

$$U''_{1N} = U_N = 110\,kV$$

$$U''_{2N} = 1.05 U_{LN} = 1.05 \times 6\,kV = 6.3\,kV$$

变压器 T2 的变比为 110kV/6.3kV

23.1.4　电力网中性点的接地方式

在电力网中，运行的发电机为星形联结时以及在电网中作为供电电源的电力变压器三相绕组为星形联结时，我们把三相绕组尾端连接在一起的公共连接点称为中性点。电力网的中

性点就是指这些设备中性点的总称。

电力网中性点的接地方式有以下几种：

（1）中性点直接接地系统

中性点直接接地系统（又称为大电流接地系统）如图 23-6 所示。中性点直接接地系统的主要优点是：单相接地时，其中性点电位不变，非故障相的对地电压接近于相电压（可能略有增大），因此降低了电力网绝缘的投资，而且电压越高，其经济效益也越大。

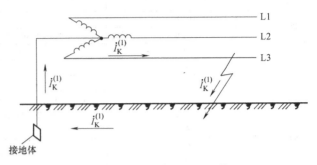

图 23-6　中性点直接接地系统

（2）中性点经消弧线圈（消弧电抗器）接地系统

消弧线圈是一个有铁心的电感线圈，其铁心柱有许多间隙，以避免磁饱和，使消弧线圈有一个稳定的电抗值。中性点经消弧线圈接地系统如图 23-7 所示，图中将相线与大地之间存在的分布电容用一个集中电容 C 来表示。

中性点经消弧线圈接地的电力系统，在单相接地时，其他两相对地电

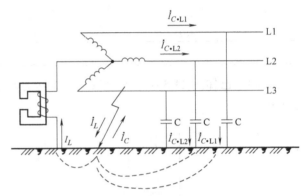

图 23-7　中性点经消弧线圈接地系统发生单相接地的情况

压将升高到线电压，即升高到原对地电压的 $\sqrt{3}$ 倍。中性点经消弧线圈接地系统属于小电流接地系统，它与中性点不接地系统的特点相同。凡单相接地电流过大，不满足中性点不接地条件的电力网，均可采用中性点经消弧线圈接地系统。

（3）中性点经小电阻（低电阻）接地系统

中性点经小电阻接地系统如图 23-8 所示。中性点经小电阻接地系统具有大电流接地系统的优点。

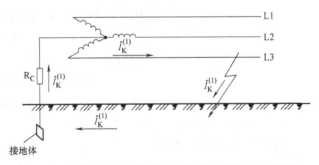

图 23-8　中性点经小电阻接地系统发生单相接地的情况

23.1.5　中性点不接地的电力网的特点

中性点不接地系统如图 23-9 所示。

中性点不接地的供电方式，长期以来在 10kV 三相三线制供电系统中得以广泛应用是因为其具有下述优点：

1）采用中性点不直接接地的供电系统，相对于中性点直接接地的供电系统来说，供电可靠性较高，断路器跳闸的次数较少。特别是在发生单相瞬间对地短路时，由于该供电系统

的故障电流是线路的对地电容电流，故障电流不大，瞬间接地故障比较容易消除，因而减小了设备的损害程度。

2）10kV 电力网其线路对地面的距离较低，容易发生树枝误碰高压线路的瞬间接地故障，采用中性点不接地的供电系统，当发生单相接地时，三相的电压对称性不会被破坏，短时间继续运行也不会造成大面积的停电事故。

对于供电范围不大，且电缆线路较短的 10kV 电力网，采用中性点不直接

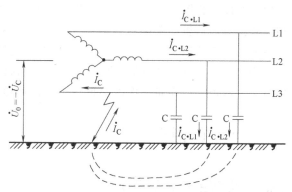

图 23-9　中性点不接地系统发生单相接地的情况

接地的供电方式，明显地减少了断路器跳闸的次数，缩小了停电范围，因而事故造成的损失也减少了。

中性点不直接接地的电力网还有以下缺点：

1）当发生单相接地故障时，非故障相的对地电压可能达到相电压的$\sqrt{3}$倍。对于线路绝缘水平不高的供电系统，如不及时处理接地故障将会由于非故障相的绝缘损坏而导致大面积的停电，因此必须在 2h 以内清除故障才能保证可靠地供电。

2）在中性点不直接接地的供电系统中，采用了易饱和的小铁心电压互感器，当运行参数耦合时将会产生铁磁谐振过电压，因此也必须采取适当措施来避免这种过电压的产生。

23.1.6　电气接线及设备的分类

电气接线是指电气设备在电路中相互连接的先后顺序。按照电气设备的功能及电压不同，电气接线可分为电气主接线（一次接线）和二次接线。同理电力系统电气图可分为一次电路图（也称一次系统图、一次接线图或主接线图等）和辅助电路图（也称二次系统图、二次电路图等）。

电气一次接线泛指发电、输电、变电、配电、供电电路的接线。

变配电所中承担受电、变压、输送和分配电能任务的电路，称为一次电路，或一次接线、主接线。一次电路中的所有电气设备，如发电机、变压器，各种高、低压开关设备，母线、导线和电缆，及作为负载的照明灯和电动机等，称为电气一次设备或一次元器件。

为保证一次电路正常、安全、经济运行而装设的控制、保护、测量监察、指示及自动装置电路称为二次电路。二次电路中的设备，如控制开关、按钮、脱扣器、继电器、各种电测量仪表、信号灯、光字牌及警告音响设备、自动装置等，称为二次设备或二次元器件。

电流互感器 TA 及电压互感器 TV 的一次侧装接在一次电路，二次侧接继电器和电气测量仪表，因此，它仍属于一次设备，但在电路图中应分别画出一、二次侧接线；熔断器 FU 在一、二次电路中都有应用，按其所装设的电路不同，分别归属于一、二次设备；避雷器 FA 虽然是保护（防雷）设备，但并联在主电路中，因此它属于一次设备。

表达一次电路接线的电气图通常有供配电系统图、电气主接线图、自备电源电气接线

图、电力线路工程图、动力与照明工程图、电气设备或成套配电装置订货和安装图、防雷与接地工程图等。这里需要说明的是，"电路"是泛指由电源、用电器、导线和开关等电器元件连接而成的电流通路，而"回路"是电流通过器件或其他导电介质后流回电源的通路，通常指闭合电路。本书中根据通俗习惯并为区别起见，将发电、输电、变电、配电、用电的电路称为一次电路，而将二次电路称作"二次回路"。

23.2 一次电路图

23.2.1 电气主接线的分类

电气主接线是指一次电路中各电气设备按顺序的相互连接。

用国家统一规定的电气符号按制图规则表示一次电路中各电气设备相互连接顺序的图形就是电气主接线图。

电气主接线图一般都用单线图表示，即一根线就代表三相接线。但在三相接线不相同的局部位置要用三线图表示，例如最为常见的接有电流互感器 TA 和电压互感器 TV、热继电器 FR 的部位（因为 TA、TV、FR 的接线方案有一相式、两相式和三相式）。

一幅完整的电气主接线图包括电路图（含电气设备接线图及其型号规格）、主要电气设备（元器件）材料明细表、技术说明及标题栏、会签表。

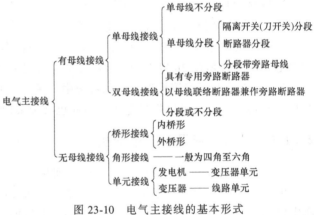

图 23-10 电气主接线的基本形式

电气主接线的基本形式，如图 23-10 所示。由图 23-10 可见，有无母线及母线的结构形式是区分不同电气主接线的关键。

23.2.2 电气主接线图的特点

1）电气主接线图一般用系统图（又称概略图）来描述。

2）在电气主接线图中，通常仅用符号表示各项设备，而对设备的技术参数、详细的电气接线、电气原理等都不作详细表示。详细描述这些内容则要参看分系统电气图、接线图、电路图等。

3）为了简化作图，对于相同的项目，其内部构成只描述其中的一个，其余项目在功能框内注以"电路同××"，避免了对项目的重复描述，使得图面更清晰，更便于阅读。

4）对于较小系统的电气系统图，除特殊情况外，几乎无一例外地画成单线图，并以母线为核心将各个项目（如电源、负载、开关电器、电线电缆等）联系在一起。

5）一般在母线的上方为电源进线，电源的进线如果以出线的形式送到母线，则将此电源进线引至图的下方，然后用转折线接到开关柜，再接到母线上。

6）通常母线的下方为出线，一般都是经过配电屏中的开关设备和电线电缆送至负载的。

7）为了突出系统图的功能，供使用维修参考，图中一般还标注了相关的设计参数，如系统的设备容量、计算容量、计算电流以及各路出线的安装功率、计算功率、计算电流、电压损失等。

23.2.3 对供电系统主接线的基本要求

1. 对工厂变配电所主接线的基本要求

（1）安全

主接线的设计方案应符合有关国家标准和技术规范的要求，应保证在任何可能的运行方式以及检修方式下，能充分保证人身和设备的安全。架空线路之间尽量避免交叉。

（2）可靠

应满足电力负荷特别是其中一、二级负荷对供电可靠性的要求。要保证断路器检修时，不影响供电；母线或电气设备检修时，要尽可能地减少停电线路的数目和停电时间，要保证对一、二次负荷的供电不受影响。

（3）灵活

主接线的设计应能适应必要的各种运行方式，主接线应力求简单、明显，没有多余的电气设备，应尽量便于人员对线路或设备进行操作和检修，且适应负荷的发展。

（4）经济

在满足上述要求的前提下，尽量使主接线简单，投资少，运行费用低，并节约电能和有色金属消耗量，使主接线的初始投资与运行费用达到经济合理。

2. 主接线图有两种绘制形式

（1）系统式主接线图

这是按照电力输送的顺序依次安排其中的设备和线路相互连接关系而绘制的一种简图。它全面系统地反映了主接线中电力的传输过程，但是它并不反映其中各成套配电装置之间相互排列的位置。这种主接线图多用于变配电所的运行中。

（2）装置式主接线图

这是按照主接线中高压或低压成套配电装置之间相互连接关系和排列位置而绘制的一种简图，通常按不同电压等级分别绘制。从这种主接线上可以一目了然地看出某一电压等级的成套配电装置的内部设备连接关系及装置之间相互排列位置。这种主接线图多在变配电所施工图中使用。

23.2.4 供电系统主接线的基本形式

1. 单母线不分段接线

单母线不分段接线是最简单的主接线形式，它的每条引入线和引出线中都安装有隔离开关（低压线路为负荷开关）及断路器。单电源单母线不分段接线如图23-11所示；双电源单母线不分段接线如图23-12所示，单母线不分段接线的特点是母线 WB 是不分段的，图23-12中的变压器 T1、T2 及其线路 WL1、WL2 互为备用。

在单母线不分段接线中，断路器 QF 的作用是正常情况下接通负荷电流，事故情况下切断故障电流（短路电流及超过规定动作值的过负荷电流）。

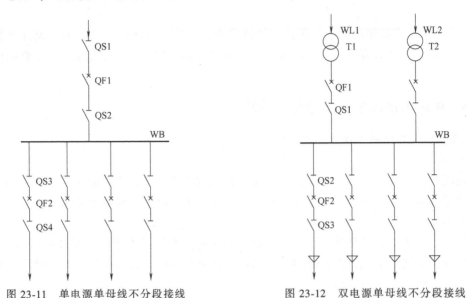

图 23-11　单电源单母线不分段接线　　　　图 23-12　双电源单母线不分段接线

　　靠近母线侧的隔离开关（或低压负荷开关）称为母线隔离开关，如图 23-11 中的 QS2、QS3，图 23-12 中的 QS1、QS2 所示，它们的作用是隔离电源，以便检修断路器和母线。靠近线路侧的隔离开关，如图 23-11 中的 QS1、QS4 所示，称为线路隔离开关，其作用是防止在检修线路断路器时从用户（负荷）侧反向供电，或防止雷电过电压侵入线路负荷，以保证设备和人员的安全。按设计规范，对 6～10kV 的引出线，有电压反馈可能的出线回路及架空出线回路，都应装设隔离开关。

　　单母线不分段接线简单、投资经济、操作方便、引起误操作的机会少、安全性较好，而且使用设备少，便于扩建和使用成套装置。但其可靠性和灵活性较差，因为当母线或任何一组母线隔离开关发生故障时，都将会因检修而造成全部负荷停电。因此，它只适用于出线回路较少，有备用电源的二级负荷或小容量的三级负荷，即出线回路数不超过 5 个及用电量不大的场合。

2. 单母线不分段带旁路母线接线

　　为了解决单母线不分段接线方式，在某出线回路断路器检修时该线路必须停运的缺点，可以采用单母线不分段带旁路母线接线的方式，如图 23-13 所示。该接线方式设置了一个旁路母线，每个出线回路安装一个旁路隔离开关，用于隔离或连接旁路母线（正常运行时将线路与旁路母线断开），所有出线回路共用一个旁路断路器。

　　例如，当 1 号出线的断路器 QF2 需要检修时，可以先闭合旁路断路器 QFP 两端的旁路隔离开关，再闭合旁路断路器 QFP，给旁路母线送电。然后闭合 1 号出线与旁路母线之间的旁路隔离开关 QS5，再断开 1 号出线的断路器 QF2，最后再断开该断路器 QF2 两端的隔离开关。则可安全检修 1 号出线的断路器 QF2。此时 1 号出线经旁路母线，从主母线获取电能。

　　这种接线方式运行较为灵活，当出线回路断路器检修时不需要停电，适用于出线回路较多，给重要负荷供电的变电所采用。但是，当主母线或主母线隔离开关发生故障和检修时，仍需要全部停电。

3. 单母线分段不带旁路母线接线

为了改善不分段接线方式在母线发生故障时引起全部设备停运的缺陷，可以采用单母线分段不带旁路母线接线方式，如图 23-14 所示。在该接线方式中，可利用分段断路器 QFD 将母线适当分为多段。

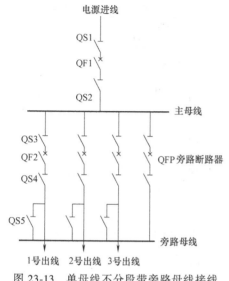

图 23-13　单母线不分段带旁路母线接线

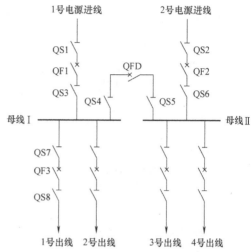

图 23-14　单母线分段不带旁路母线接线方式

这种接线方式的分段数目取决于电源数目，一般分为 2~3 段比较合适。应尽量将电源、出线回路与负荷均衡分配于各段母线上。单母线分段不带旁路母线接线方式可采取分段单独运行和并列运行方式。

单母线分段不带旁路母线接线方式供电可靠性高、运行灵活，操作简单，但是需要多投资一套断路器和隔离开关设备，而且在某一母线故障或检修时，仍有部分出线回路停电。

4. 单母线分段带旁路母线接线

单母线分段带旁路母线接线方式如图 23-15 所示，分段断路器 QFD 兼做旁路断路器 QFP。以图 23-15a 为例，正常运行时，隔离开关 QS7、QS8 和分段断路器 QFD 合闸，系统处于单母线分段并列运行方式，而 QS10、QS11 和 QS4 分闸，使得旁路母线不带电。这种接线方式可以在任意一出线回路断路器检修时，不停止对该回路的供电。

单母线分段带旁路母线的接线方式的可靠性比单母线分段不带旁路母线接线方式更高，运行更为灵活。这种方式适用于出线回路不多，给一、二级负荷供电的变电所。

5. 双母线不分段接线

双母线的接线方式有两条母线，分别为正常运行时使用的主母线和备用的副母线，主、副母线间通过母线联络断路器（简称母联断路器）QFL 相连。正常运行时，母线联络断路器 QFL 及其两端的隔离开关处于分闸状态，所有负荷回路都接在主母线上。在主母线检修或发生故障时，主、副母线之间通过倒闸操作，可以由副母线承担所有的供电任务。

双母线不分段接线方式如图 23-16 所示。其优点是检修任意母线时不会中断供电，检修任意回路的母线隔离开关时，只需要对该回路断电。

双母线不分段接线方式的可靠性高、运行灵活、扩建方便。但是需要大量的母线隔离开

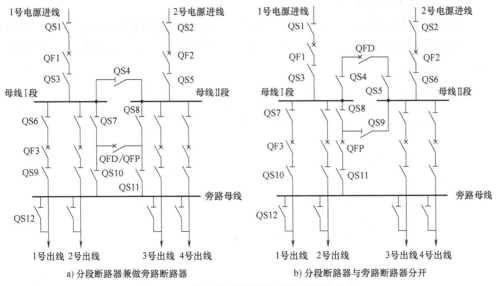

a) 分段断路器兼做旁路断路器   b) 分段断路器与旁路断路器分开

图 23-15   单母线分段带旁路母线接线方式

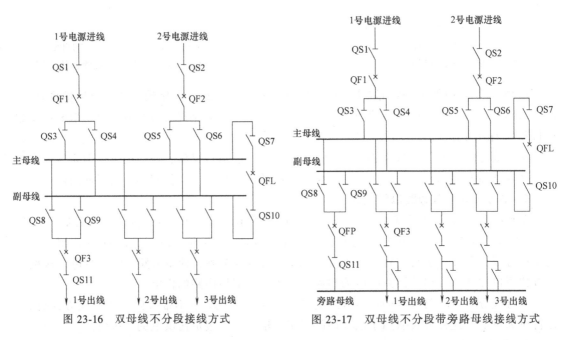

图 23-16   双母线不分段接线方式   图 23-17   双母线不分段带旁路母线接线方式

关，投资较大，进行倒母线操作时步骤也较为烦琐，容易造成误操作，而且检修任一条回路的断路器时，该回路仍需要停电（虽然可以用母联断路器替代线路断路器工作，但是仍要短时停电）。

6. 双母线不分段带旁路母线接线

为了克服了双母线不分段接线方式在检修线路的断路器时将造成该线路停电的缺点，可采用双母线不分段带旁路母线接线方式，如图 23-17 所示。该接线方式正常工作时，旁路断路器 QFP 及其两端的隔离开关都断开，旁路母线不带电，所有电源和出线回路都连接在主、副母线上。当任意一条线路的断路器检修时，只需接通旁路母线，然后将该线路挂接在旁路母线上即可，不需要让该线路停电。

双母线不分段带旁路母线接线方式大大提高了系统的可靠性，在检修母线或线路断路器时都不用停电。

7. 双母线分段接线

（1）双母线分段不带旁路母线接线

双母线分段不带旁路母线接线又分为双母线单分段和双母线双分段两种，如图23-18所示。双母线分段不带旁路母线接线方式主要适用于进出线较多、容量较大的系统。

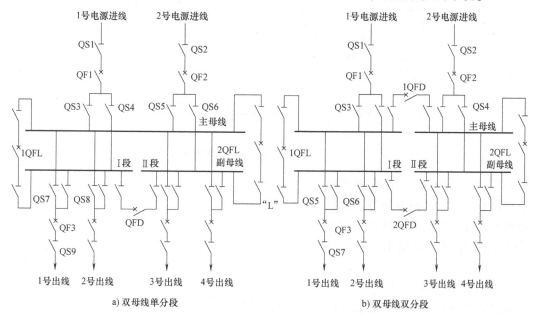

图 23-18　双母线分段不带旁路母线接线方式

（2）双母线分段带旁路母线接线

为了提高运行可靠性，使得在任意一条线路断路器检修时继续保持该线路的运行，除主、副母线外，还可以设置旁路母线。其接线方式可分为双母线单分段带旁路母线接线方式和双母线双分段带旁路母线接线方式两种。图23-19为双母线单分段带旁路母线接线方式。

双母线分段带旁路母线接线的优点是运行调度灵活、检修时操作方便，当一组母线停电时，回路不需要切换；当任意一台断路器检修时，各回路仍按原接线方式运行，不需切换。其缺点是设备投资大、倒闸操作烦琐。

8. 桥式接线

桥式接线属于无母线接线方式，仅适用于只有两条电源进线和两台变压器的系统，所谓桥式接线，是指两条电源进线之间跨接一个联络断路器 QFL，犹如一座桥，所以称为桥式接线（或桥形接线）。根据联络断路器 QFL 的位置，桥式接线通常又分为内桥式和外桥式两种。

（1）内桥式接线

内桥式接线是将联络断路器 QFL 跨接在线路断路器的内侧，即跨接在线路断路器与变压器之间，如图23-20a所示。当任一条线路发生故障或检修时，将其线路断路器断开，然后将联络断路器 QFL 闭合，则该线路变压器由另一电源经联络断路器供电。

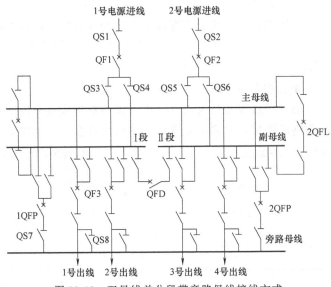

图 23-19　双母线单分段带旁路母线接线方式

内桥式接线适用于电源线路较长、线路故障率较高而变压器不需经常切换的总降压变电所，其供电可靠性和灵活性较好，运用于一、二级负荷。

（2）外桥式接线

外桥式接线是将联络断路器 QFL 跨接在线路断路器的外侧，即跨接在线路断路器与电源之间，如图 23-20b 所示。当任一台变压器发生故障或检修时，将其变压器断路器断开，然后将联络断路器 QFL 闭合，则另一线路变压器由双电源经联络断路器 QFL 供电。

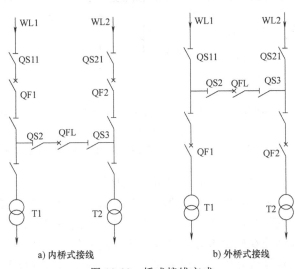

a) 内桥式接线　　　　　　　　b) 外桥式接线

图 23-20　桥式接线方式

外桥式接线对变压器回路操作较方便，但对电源进线侧的操作不变。其适用于供电线路比较短、线路故障率较低、变压器因负荷变动大且需要经常切换的一、二级负荷用电系统。

23.2.5　配电系统主接线形式

工厂高、低压配电系统承担厂区内高压（大多为 6～10kV）和低压（220/380V）电能传输与分配的任务。配电系统的接线方式有三种基本类型：放射式、树干式和环形。

1. 工厂高压线路基本接线方式

（1）高压放射式接线

高压放射式接线如图 23-21 所示，其特点是电能在母线汇集后，分别向各高压配电线输送，放射式线路之间互不影响，因此供电可靠性高，而且便于装设自动装置，操作控制灵活方便，一般适用于二、三级负荷。其缺点是高压开关设备用得较多，且每台高压断路器必须装设一个高压开关柜，从而使投资增加。

这种放射式线路发生故障或检修时，线路所供电的负荷都要停电。要提高供电的可靠性，可采用双放射式接线，即采用来自两个电源的两路高压进线，然后经分段母线，由两段母线用双回路对用户交叉供电。

（2）高压树干式接线

高压树干式接线如图23-22所示。高压树干式接线与图23-21所示高压放射式接线相比，其特点是电源经同一高压配电线向各线路配电，多数情况下，能减少线路的有色金属消耗量，采用的高压开关数量少，投资较省。其缺点是供电可靠性较低，一般只能用于对三级负荷供电。

当这种树干式线路的高压配电干线发生故障或检修时，接在干线上的所有变电所都要停电，且操作、控制不够灵活方便。要提高供电可靠性，可采用双干线供电或两端供电的接线方式。

（3）高压环形接线

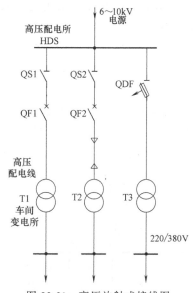

图23-21　高压放射式接线图

高压环形接线如图23-23所示，其特点是同一供电电源线路向各负载配电时组成环形网，即电源的始端与终端在同一点。

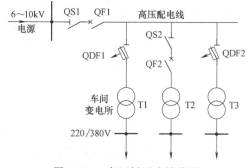

图23-22　高压树干式接线图

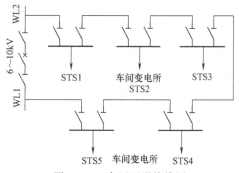

图23-23　高压环形接线图

环形接线实质上是两端供电的树干式接线。这种接线方式供电可靠性高，投资较经济，在现代化城市电网中应用很广。但是难以实现线路保护的选择性。为了避免环形线路上发生故障时影响整个电网，也为了便于实现线路保护的速断性，因此大多数环形线路采用开环运行方式，即环形线路中有一处是断开的。一旦开环，其接线便形同树干式。

实际上，工厂的高压配电系统往往是几种接线方式的组合，依具体情况而定。不过一般来说，高压配电系统宜优先考虑采用放射式，因为放射式的供电可靠性较高，且便于运行管理。但放射式采用的高压开关设备较多，投资较大，因此对于供电可靠性要求不高的辅助生产区和生活住宅区，可考虑采用树干式或环形配电，比较经济。

2. 工厂低压线路基本接线方式

工厂的低压配电线路也有放射式、树干式和环式等基本接线方式。

（1）低压放射式接线

低压放射式接线如图23-24所示。其特点是引出线发生故障时互不影响，供电可靠性较高，但是一般情况下，其有色金属消耗量较多，采用的开关设备也较多，且系统的灵活性较差。放射式接线方式适用于对一级负荷供电，或用于对供电可靠性要求较高车间或公共场所，特别是对大型设备供电。

（2）低压树干式接线

低压树干式接线如图23-25所示。低压树干式接线的特点与放射式接线相反，其系统灵活性好，一般情况下，树干式采用的开关设备较少，有色金属消耗量也较少，但干线发生故障时，影响范围大，供电可靠性较低。

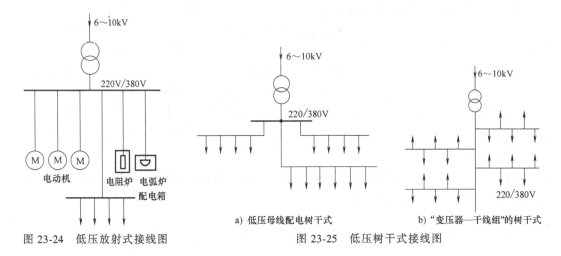

图 23-24 低压放射式接线图

a) 低压母线配电树干式   b) "变压器—干线组"的树干式

图 23-25 低压树干式接线图

树干式接线适用于用电设备布置比较均匀、容量不大且无特殊要求的三级负荷。例如在机械加工车间、工具车间、机修车间、路灯的配电中应用比较普遍，而且多采用成套的封闭性母线，灵活方便，也较安全。

（3）低压环形接线

图23-26a所示是由两台变压器供电的低压环形接线图；图23-26b所示是由一台变压器供电的低压环形接线图。低压环形接线将工厂内的一些车间变电所低压侧通过低压联络线相

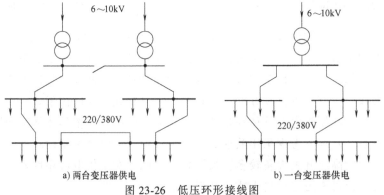

a) 两台变压器供电   b) 一台变压器供电

图 23-26 低压环形接线图

互连接成为环形。环形接线的特点是供电可靠性较高，任意一段线路发生故障或检修时，都不致造成供电中断，或只短时停电，一旦切换电源的操作完成，即能恢复供电。环形接线可使电能损耗和电压损耗减小，但是环形系统的保护装置及其整定配合比较复杂。如配合不当，容易发生误动作，反而扩大故障停电范围。实际上，低压环形接线也多采用开环运行方式。

在工厂的低压配电系统中，也往往是采用几种接线方式的组合，依具体情况而定。不过在正常环境的车间或建筑内，当大部分用电设备不很大而无特殊要求时，一般采用树干式配电。

23.2.6 一次电路图的识读

1. 识读方法

一套复杂的电力系统一次电路图，是由许多基本电气图构成的。阅读比较复杂的电力系统一次电路图，首先要根据基本电气系统图主电路的特点，掌握基本电气系统图的识读方法及其要领。

1）读一次电路图一般是从主变压器开始，了解主变压器的基本参数，然后先看高压侧的接线，再看低压侧的接线。

2）为了给进一步编制详细的技术文件提供依据和供安装、操作、维修时参考，一次电路图上一般都标注几个重要参数，如设备容量、计算容量、负荷等级、线路电压损失等。在读图时要了解这些参数的含义并从中获得有关信息。

3）电气系统一次电路图是以各配电屏的单元为基础组合而成的。所以，阅读电气系统一次电路图时，应按照图样标注的配电屏型号查阅有关手册，把有关配电屏电气系统一次电路图看懂。

4）看图的顺序可按电能输送的路径进行，即为从电源进线→母线→开关设备→馈线等顺序进行。

5）配电屏是系统的主要组成部分。因此，阅读电气系统图应按照图样标注的配电屏型号，查阅有关手册，把这些基本电气系统图读懂。

2. 识读注意事项

阅读变配电装置系统图时，要注意并掌握以下有关内容：

1）进线回路个数及编码、电压等级、进线方式（架空、电缆）导线电缆规格型号、计量方式、电流互感器、电压互感器及仪表规格型号及数量、防雷方式及避雷器规格型号及数量。

2）进线开关规格型号及数量、进线柜的规格型号及台数、高压侧联络开关规格型号。

3）变压器规格型号及台数、母线规格型号及低压侧联络开关（柜）规格型号。

4）低压出线开关（柜）的规格型号及台数、回路个数、用途及编号、计量方式及表计、有无直控电动机或设备及其规格型号台数、起动方法、导线电缆规格型号，同时对照单元系统图和平面图查阅送出回路是否一致。

5）有无自备发电设备或 UPS，其规格型号、容量与系统连接方式及切换方式、切换开关及线路的规格型号、计量方式及仪表。

6）电容补偿装置的规格型号及容量、切换方式及切换装置的规格型号。

3. 识读工厂变配电所电气主接线图的步骤

电气主接线图在负荷计算、功率因数补偿计算、短路电流计算、电气设备选择和校验后才能绘制，它是电气设计计算、订货、安装、制作模拟操作图及变电所运行维护的重要依据。

在电气设计中，电气主接线图和装置式主电路图通常只画系统式电气主接线图，为了订货及安装，还要另外绘制高、低压配电装置（柜、屏）的订货图。图中要具体表示出柜、屏相互位置，详细画出和列出柜、屏内所有一、二次电气设备。很明显，完整的装置式电气主接线图应兼有系统式电气主接线图和柜、屏订货图两者的作用。

识读工厂变、配电所电气主接线图的大致步骤如下：读标题栏→ 看技术说明→ 读接线图（可由电源到负载，从高压到低压，从左到右，从上到下依次读图）→ 了解主要电气设备材料明细表。

23.2.7　某工厂变电所 10/0.4kV 电气主接线图

通常工厂变电所是将 6～10kV 高压降为 220/380V 的终端变电所，其主接线也比较简单。一般用 1～2 台主变压器。它与车间变电所的主要不同之处在于以下几个方面：

1）变压器高压侧有计量、接线、操作用的高压开关柜。因此需配有高压控制室。一般高压控制室与低压配电室是分设的。但只有一台变压器且容量较小的工厂变电所，其高压开关柜只有 2～3 台，故允许两者合在一室，但要符合操作及安全规定。

2）小型工厂变电所的电气主接线要比车间变电所复杂。

图 13-9 所示某工厂 10/0.4kV 变电所高、低压侧电气主接线图。该工厂电源由地区变电所经 10kV 架空线路获取，进入厂区后用 10kV 电缆（电缆型号为 YJV29-10）引入 10 /0.4kV 变电所。

10kV 高压侧为单母线隔离插头（相当于隔离开关，但结构不同）分段。采用低损耗的 S9-500/10、S9-315/10 电力变压器各一台，降压后经电缆分别将电能输往低压母线 Ⅰ 、Ⅱ 段。220/380V 低压侧为单母线断路器分段（见图 13-10）。

高压侧采用 JYN2-10 型交流金属封闭型移开式高压开关柜 5 台，编号分别为 Y1～Y5。Y1 为电压互感器-避雷器柜，供测量仪表电压线圈、交流操作电源及防雷保护用；Y2 为通断高压侧电源的总开关柜；Y3 供计量电能及限电用（有电力定量器）；Y4、Y5 分别为两台主变压器的操作柜。高压开关柜还装有控制、保护、测量、指示等二次回路设备。

低压母线为单母线断路器分段。单母线断路器分段的两段母线Ⅰ、Ⅱ分别经编号为 P3～P7、P11～P13 的 PGL2 型低压配电屏配电给全厂生产、办公、生活的动力和照明负荷，见图 13-10。

P1、P2、P9、P14、P15 各低压配电屏用于引入电能或分段联络；P8、P10 是为了提高电路的功率因数而装设的 PGJ12 型无功功率自动补偿静电电容器屏。

在图 13-10 中，因图幅限制，P4～P7、P10～P12 没有分别画出接线图，在工程设计图中，要分别标注出各屏引出线电路的用途等。

23.2.8　某化工厂变配电所的主接线图

图 23-27 为某化工厂的总降压变电所。该总降压变电所有两路 35kV 电源进线，两台 20MV·A 的主变压器，采用外桥式接线。图中的数字（如 3042）均为电气设备编号。主变压器将 35kV 的电压降为 6kV 的配电电压，6kV 侧为单母线分段接线。6kV 每段母线上有 10 路出线，分别给各车间或高压设备供电。

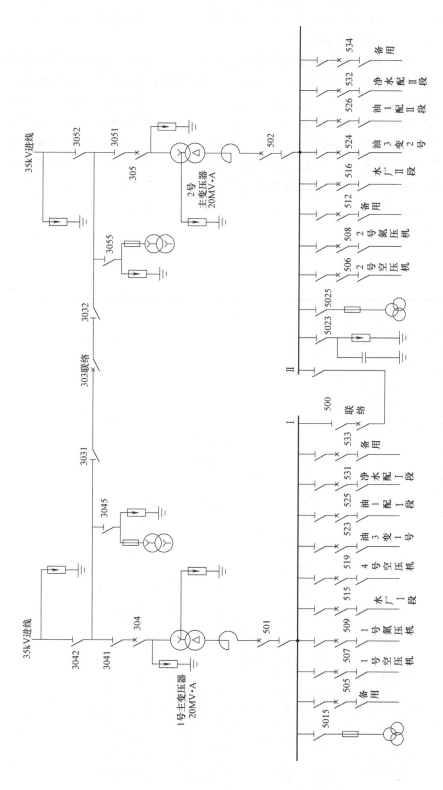

图 23-27 某总降压变电所的主接线

　　为了测量、监视、保护和控制主电路设备的需要，在35kV进线均装设了避雷器和电压互感器（计量用）。在6kV每段母线上装设了电压互感器，以进行测量和保护。在主变压器下方串接电抗器，其目的是为了限流。

　　由总降压变电所的6kV出线柜将6kV电源送至各车间变电所，图23-28所示为车间的6kV高压配电所（室）（由于车间设备多，容量大，故设置高压配电室）。该配电所为两回路进线，均来自35kV总降压变电所的出线（525和526），采用单母线分段接线，供电可靠性高。配电所的出线供车间的6kV高压设备，有两路出线（543和554）送至车间变电所的两台变压器，如图23-29所示。6kV经车间变压器降压为0.4kV（即为220V/380系统）供给低压设备。低压侧仍为单母线分段，采用抽屉式配电柜。为使图样清晰，图中只绘出了低压线路的一部分。图23-30为该车间变电所的装置式主接线图（只绘出一部分）。

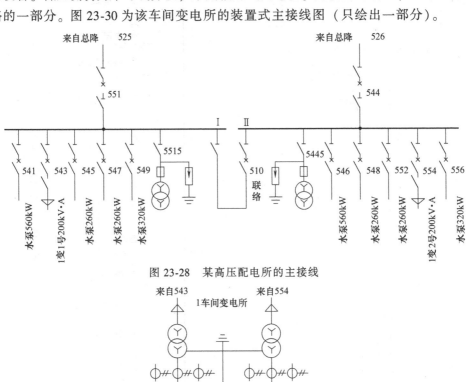

图 23-28　某高压配电所的主接线

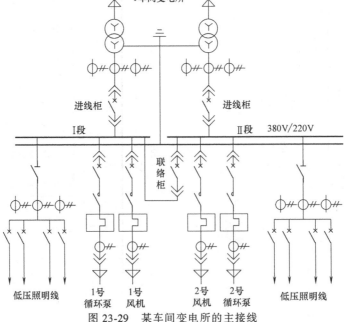

图 23-29　某车间变电所的主接线

低压开关柜编号			1AA	2AA	3AA	4AA	5AA
一次系统							

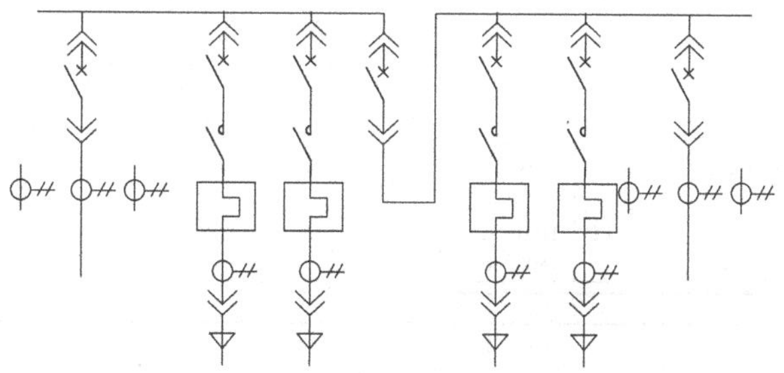

开关柜用途或用电设备名称			Ⅰ段进线柜	1号循环泵	1号风机	联络柜	2号风机	2号循环泵	Ⅱ段进线柜
一次方案编号			02	32	32	11	32	32	02
配电柜电气元件	开关	型号	3WT 2000A 3P	3VT 160H	3VT 63H	3WT 2000A 3P	3VT 63H	3VT 160H	3WT 2000A 3P
	电流互感器	型号	ALH-0.66	ALH-0.66	ALH-0.66		ALH-0.66	ALH-0.66	ALH-0.66
		规格	3(2000/1A)	150/1A	75/1A		75/1A	150/1A	3(2000/1A)
	接触器	型号		3TF50 44-0x	3TF47 44-0x		3TF47 44-0x	3TF50 44-0x	
	热继电器	型号		3UA62	3UA62		3UA62	3UA62	
		电流调节范围		80~110A	50~80A		50~80A	50~110A	

图 23-30　某高压配电所的装置式主接线

23.2.9　某车间变电所的电气主接线图

图 23-31 为某中型工厂内 2 号车间变电所的电气主接线。该车间变电所是由 6kV 降至 380/220V 的终端变电所。由于该厂有高压配电所，因此该车间的高压侧开关电器、保护装置和测量仪表等按通常情况安装在高压配电所出线的首端，即高压配电所的高压配电室内。该车间变电所采用两路 6kV 电源进线，配电所内安装了两台 S9-630 型变压器，说明其一、二级负荷较多。低压侧母线（220/380V）采用单母线分段接线，并装有中性线。380/220V 母线后的低压配电采用 PGL2 型低压配电屏（共五台），分别配电给动力和照明设备。其中照明线采用低压断路器（低压刀开关）控制；而低压动力线均采用刀熔开关控制。低压配电出线上的电流互感器，其二次绕组均为一个绕组，供低压测量仪表和继电保护使用。

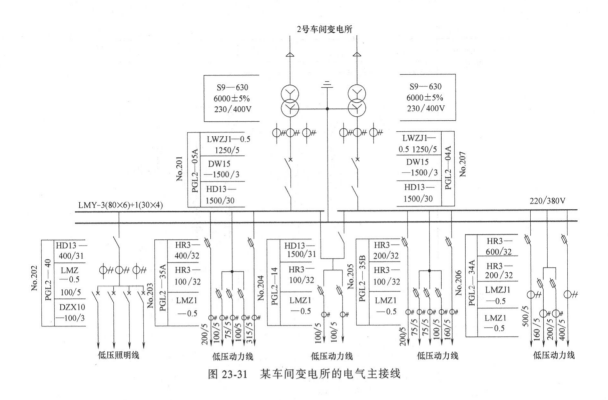

图 23-31　某车间变电所的电气主接线

23.3　二次回路图

23.3.1　概述

在变电所中通常将电气设备分为一次设备和二次设备两大类。一次设备是指直接生产、输送和分配电能的设备，如主电路中变压器、高压断路器、隔离开关、电抗器、并联补偿电力电容器、电力电缆、送电线路以及母线等。对一次设备的工作状态进行监视、测量、控制和保护的辅助设备称为二次设备，如测量仪器、控制和信号回路、继电保护装置等。二次设备通过电压互感器和电流互感器与一次设备建立电的联系。

二次设备按照一定的规则连接起来以实现某种技术要求的电气回路称为二次回路。二次回路是电力系统安全生产、经济运行、可靠供电的重要保障，是变电所中不可缺少的重要组成部分。

二次回路包括变电所一次设备的控制、调节、继电保护和自动装置、测量和信号回路以及操作电源系统等。

控制回路是由控制开关和控制对象（断路器、隔离开关）的传递机构即执行（或操动）机构组成的。其作用是对一次开关设备进行"跳""合"闸操作。

调节回路是指调节型自动装置。它是由测量机构、传送机构、调节器和执行机构组成的。其作用是根据一次设备运行参数的变化，实时在线调节一次设备的工作状态，以满足运行要求。

继电保护和自动装置回路是由测量部分、比较部分、逻辑判断部分和执行部分组成的。

其作用是自动判别一次设备的运行状态，在系统发生故障或异常运行时，自动跳开断路器，切除故障或发出故障信号，待故障或异常运行状态消失后，快速投入断路器，系统恢复正常运行。

测量回路是由各种测量仪表及其相关回路组成的。其作用是指示或记录一次设备的运行参数，以便运行人员掌握一次设备运行情况。它是分析电能质量、计算经济指标、了解系统电力潮流和主设备运行情况的主要依据。

信号回路是由信号发送机构、传送机构和信号器组成的。其作用是反映一、二次设备的工作状态。回路信号按信号性质可分为事故信号、预告信号、指挥信号和位置信号等。

操作电源是给继电保护装置、自动装置、信号装置断路器控制等二次电路及事故照明的电源。操作电源系统是由电源设备和供电网络组成的，它包括直源和交流电源系统，作用是供给上述各回路工作电源。变电所的操作电源多采用直流电源，简称直流系统，对小型变电所也可采用交流电源或整流电源。

直流电源是专用的蓄电池或整流器；交流电源是站用变压器及电压互感器与电流互感器。一次系统的电压互感器和电流互感器还是二次回路电压与电流的信号源。

23.3.2　二次回路的分类

工厂供电系统或变配电所的二次回路（即二次电路）亦称二次系统，包括控制系统、信号系统、监测系统、继电保护和自动化系统等。二次回路在供电系统中虽是其一次电路的辅助系统，但它对一次电路的安全、可靠、优质、经济地运行有着十分重要的作用，因此必须予以充分的重视。

二次回路按其电源性质分，有直流回路和交流回路。交流回路又分交流电流回路和交流电压回路。交流电流回路由电流互感器供电，交流电压回路由电压互感器供电。

二次回路按其用途分，有断路器控制（操作）回路、信号回路、测量和监视回路、继电保护和自动装置回路等。

二次回路操作电源，分直流和交流两大类。直流操作电源有由蓄电池组供电的电源和由整流装置供电的电源两种。交流操作电源有由所（站）用变压器供电和通过仪用互感器供电两种。

二次回路的操作电源是供高压断路器分、合闸回路和继电保护装置、信号回路、监测系统及其他二次回路所需的电源。因此对操作电源的可靠性要求很高，容量要求足够大，且要求尽可能不受供电系统运行的影响。

23.3.3　二次回路图的特点

二次回路图是电气工程图的重要组成部分，它与其他电气图相比，显得更复杂一些。其复杂性主要因为自身表现出以下几个特点：

1）二次设备数量多。二次设备比一次设备要多得多。随着一次设备电压等级的升高，容量的增大，要求的自动化操作与保护系统也越来越复杂，二次设备的数量与种类也越多。

2）二次连线复杂。由于二次设备数量多，连接二次设备之间的连线也很多，而且二次设备之间的连线不像一次设备之间的连线那么简单。通常情况下，一次设备只在相邻设备之间连接，且导线的根数仅限于单相2根、三相3根或4根（带中性线）、直流2根，而二次设备之间的连线可以跨越很远的距离和空间，且往往互相交错连接。

3）二次设备动作程序多，工作原理复杂。大多数一次设备动作过程是通或断，带电或不带电等，而大多数二次设备的动作过程程序多，工作原理复杂。以一般保护电路为例，通常应有传感元件感受被测参量，再将被测量送到执行元件，或立即执行，或延时执行，或同时作用于几个元件动作，或按一定次序作用于几个元件分别动作；动作之后还要发出动作信号，如音响、灯光显示、数字和文字指示等。这样，二次回路图必然要复杂得多。

4）二次设备工作电源种类多。在某一确定的系统中，一次设备的电压等级是很少的，如 10kV 配电变电所，一次设备的电压等级只有 10kV 和 380V/220V。但二次设备的工作电压等级和电源种类却可能有多种。电源种类有直流、交流；电压等级多，380V 以下的各种电压等级有 380V、220V、100V、36V、24V、12V、6.3V、1.5V 等。

5）按照不同的用途，通常将二次回路图分为原理接线图（又称二次原理图）、展开接线图（又称接线图）和安装接线图（又称安装图）三大类。

23.3.4　二次回路原理接线图

二次回路原理接线图是用来表示继电保护、测量仪表和自动装置中各元件的电气联系及工作原理的电气回路图。原理接线图以元件的整体形式表示二次设备间的电气连接关系，通常还将二次接线和一次设备中的相关部分画在一起，便于用来了解各设备间的相互联系。接线原理图能表明二次设备的构成、数量及电气连接情况，图形直观、形象、清晰，便于设计的构思和记忆。原理接线图可用来分析该电路的工作原理。

图 23-32 所示为某 10kV 线路的过电流保护原理接线图，图中每个元器件都以整体形式绘出，它对整个装置的构成有一个明确的概念，便于掌握其相互关系和工作原理。

原理接线图的优点是较为直观；缺点是当元器件较多时电路的交叉多，交、直流电路和控制与信号回路均混合在一起，清晰度差，而且对于复杂线路，看图较困难。因此，原理接线图在实际应用中受到限制，而展开接线图应用较为广泛。

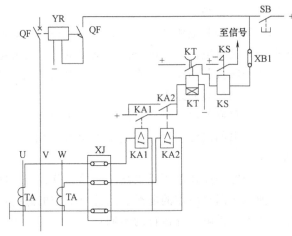

图 23-32　10kV 线路的过电流保护原理接线图

23.3.5　二次回路展开接线图

展开接线图（展开式原理接线图）简称展开图，是以分散的形式表示二次设备之间的电气连接关系。在这种图中，设备的触点和线圈分散布置，按它们动作的顺序相互串联，从电源的"＋"极到"－"极，或从电源的一相到另一相，作为一条"支路"。依次从上到下排成若干行（当水平布置时），或从左到右排成若干列（当垂直布置时）。同时，展开图是按交流电压回路、交流电流回路和直流回路分别绘制的。

图 23-33 所示为与图 23-32 对应的展开接线图。它通常是按功能电路如控制回路、保护

回路、信号回路等来绘制，方便于对电路的工作原理和动作顺序进行分析。不过由于同一设备可能具有多个功能，因而属于同一设备或元件的不同线圈和不同触点可能画在了不同的回路中。展开接线图的绘制有很强的规律性，掌握了这些规律看图就会很容易。

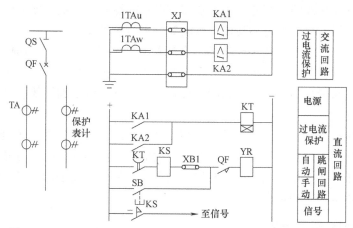

图 23-33　10kV 线路的过电流保护展开接线图（左侧为一次电路）

绘制展开接线图有如下规律：

1）直流母线或交流电压母线用粗线条表示，以示区别于其他回路的联络线。

2）继电器和各种电气元件的文字符号与相应原理接线图中的文字符号一致。

3）继电器作用和每一个小的逻辑回路的作用都在展开接线图的右侧注明。

4）继电器的触点和电气元件之间的连接线都有回路标号。

5）同一个继电器的线圈与触点采用相同的文字符号表示。

6）各种小母线和辅助小母线都有标号。

7）对于个别继电器或触点在另一张图中表示，都应在图样中说明去向，对任何引进触点或回路也应说明出处。

8）直流"+"极按奇数顺序标号，"－"极则按偶数顺序标号。回路经过电气元件（如线圈、电阻、电容等）后，其标号性质随着改变。

9）常用的回路都有固定的标号，如断路器 QF 的跳闸回路用 33 表示，合闸回路用 3 表示等。

10）交流回路的标号的表示除用三位数字外，前面还应加注文字符号。交流电流回路标号的数字范围为 400～599，电压回路为 600～799。其中个位数表示不同回路；十位数表示互感器组数。回路使用的标号组，要与互感器文字后的"序号"相对应。如电流互感器 TA1 的 U 相回路标号可以是 U411～U419，电压互感器 TV2 的 U 相回路标号可以是 U621～U629。

展开接线图中所有开关电器和继电器触点都是按照开关断开时的位置和继电器线圈中无电流时的状态绘制。由图 23-33 可见，展开接线图接线清晰，回路顺序明显，便于了解整套装置的动作程序和工作原理，易于阅读，对于复杂线路的工作原理的分析更为方便。目前，工程中主要采用这种图形，它既是运行和安装中一种常用的图样，又是绘制安装接线图的依据。

23.3.6 二次回路安装接线图

根据电气施工安装的要求，用来表示二次设备具体位置和布线方式的图，称为二次回路的安装接线图。安装接线图是制造厂生产加工变电站的控制屏、继电保护屏和现场安装施工接线所用的主要图样，也是变电站检修、试验等的主要参考图。

安装接线图是根据展开接线图绘制的。安装接线图是用来表示屏（成套装置）内或设备中各元器件之间连接关系的一种图形，在设备安装、维护时提供导线连接位置。图中设备的布局与屏上设备布置后的视图是一致的，设备、元器件的端子和导线、电缆的走向均用符号、标号加以标记。

安装接线图包括屏面布置图，表示设备和器件在屏面的安装位置，屏和屏上的设备、器件及其布置均按比例绘制；屏后接线图，表示屏内的设备、器件之间和与屏外设备之间的电气连接关系；端子排图，用来表示屏内与屏外设备之间的连接端子以及屏内设备与安装于屏后顶部设备间的连接端子的组合。

23.3.7 二次回路端子排图

控制柜内的二次设备与控制柜外的二次回路的连接，以及同一控制柜上各安装项目之间的连接，必须通过端子排。端子排由专门的接线端子排组合而成。端子排图是一系列的数字和文字符号的集合，把它与展开图结合起来看就可清楚地了解其连接回路。

接线端子排分为普通端子、连接端子、试验端子和终端端子等，如图 23-34 所示。

普通端子排用来连接由控制屏（柜）外引至控制屏（柜）上或由控制屏（柜）上引至控制屏（柜）外的导线；连接端子排有横向连接片，可与邻近端子排相连，用来连接有分支的导线；试验端子排用来在不断开二次回路的情况下，对仪表、继电器进行试验，校验二次回路中的测量仪表和继电器的准确度；终端端子排是用来固定或分隔不同安装项目的端子排。

端子排图中间列的编号 1~20 是端子排中端子的顺序号。端子排图右列的标号是表示到屏内各设备的编号。

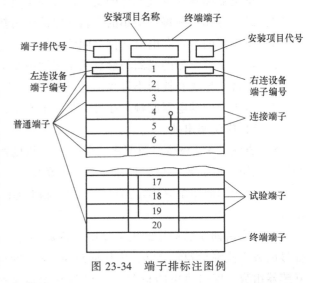

图 23-34 端子排标注图例

在接线图中，两端连接不同端子的导线有两种表示方法：

1）连续线表示法——端子之间的连接导线用连续线表示，如图 23-35a 所示。

2）中断线表示法——端子之间的连接不连线条，只在需相连的两端子处标注对面端子的代号。

即采用专门的"相对标号法"（又称"对面表示法"）。"相对标号法"是指每一条连接导线的任意一端标以对侧所接设备的标号或代号，故同一导线两端的标号是不同的，并与展开图上的回路标号无关。利用这种方法很容易查找导线的走向，由已知的一端便可知另一端接至何处，如图 23-35b 所示。

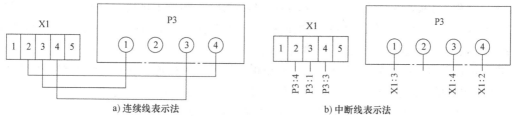

a) 连续线表示法　　　　　b) 中断线表示法

图 23-35　连接导线的表示方法

图 23-36 所示为高压配电线路二次回路接线图。该图包括主电路（这里仅画出了电流互

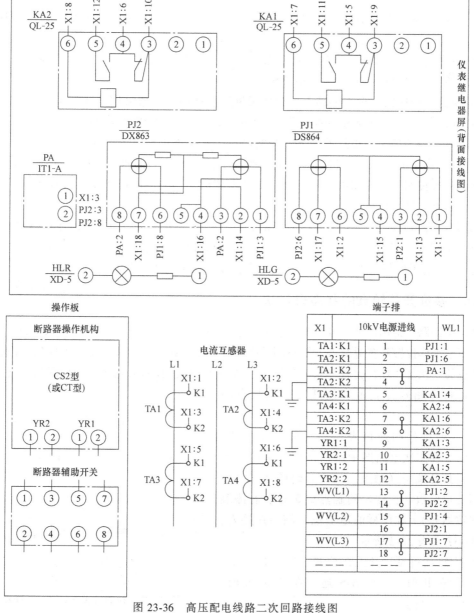

图 23-36　高压配电线路二次回路接线图

感器接入部分）、仪表继电器屏背面接线图、端子排和操作板四部分。其端子排上方标注了安装项目名称（10kV电源进线）、安装项目代号（XL1）和端子排代号（X1）；中列为端子编号（1~18）；左侧为连接各设备（图示为电流互感器、断路器跳闸线圈及电压小母线）的端子编号；右侧为连接各仪表、继电器的端子编号。

图23-36中的连接线采用了中断线表示和相对标号法。如连接 TA1 的 K1 端子与端子排 X1 的 1 号端子的导线，分别标注 X1：1 和 TA1：K1；连接端子排 X1 的 1 号端子与有功电能表 PJ1 的 1 号端子的导线，分别标注 PJ1：1 和 X1：1 等。

端子排使用注意事项如下：

1）屏内与屏外二次回路的连接、同一屏上各安装项目的连接以及过渡回路等均应经过端子排。

2）屏内设备与接于小母线上的设备（如熔断器、电阻、小开关等）的连接一般应经过端子排。

3）各安装项目的"+"电源一般经过端子排，保护装置的"−"电源应在屏内设备之间接成环形，环的两端再分别接至端子排。

4）交流电流回路、信号回路及其他需要断开的回路，一般需用试验端子。

5）屏内设备与屏顶较重要的小母线（如控制、信号、电压等小母线），或者在运行中、调试中需要拆卸的接至小母线的设备，均需经过端子排连接。

6）同一屏上的各安装项目均应有独立的端子排。各端子排的排列应与屏面设备的布置相配合。一般按照下列回路的顺序排列：交流电流回路，交流电压回路，信号回路，控制回路，其他回路，转接回路。

7）每一安装项目的端子排应在最后留 2~5 个端子备用。正、负电源之间，经常带电的正电源与跳闸或合闸回路之间的端子排应不相邻或者以一个空端子隔开。

8）一个端子的每一端一般只接一根导线，在特殊情况下，最多接两根。

23.3.8　多位开关触点的状态表示法

在二次回路中常用的多位开关有组合开关、转换开关、滑动开关、鼓形控制器等。这类开关具有多个操作位置和多对触点。在不同的操作位置上，触点的通断状态是不同的，而且触点工作状态的变化规律往往比较复杂。怎样识别多位开关的工作状态是读图和用图的难点。

下面将介绍两种表示多位开关触点状态的方法。

1）一般符号和连接表相结合的表示方法。这种方法是在二次电路图中画出多位开关的一般符号，将其各端子（触点）编出号码或字符（一般都用阿拉伯数字，按左侧触点以奇数、右侧触点以偶数编号），在图样的适当位置画出连接表，如图23-37及表23-2所示。

由表23-2可见，开关在位置Ⅰ时，1-2、7-8通；在位置Ⅱ时，3-4、5-6通；在位置Ⅲ时，1-2、7-8、9-10通。

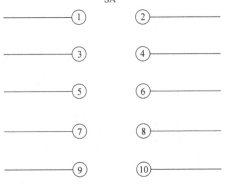

图23-37　控制开关SA的一般符号

表 23-2　控制开关 SA 连接表示例

位置	端子（节点号）				
	1-2	3-4	5-6	7-8	9-10
Ⅰ	×	—	—	×	—
Ⅱ	—	×	×	—	—
Ⅲ	×	—	—	×	×

2）图形符号表示方法。图形符号表示法是将开关的接线端子、操作位数、触点工作状态表示在图形符号上的方法。

图 23-38a 是一具有五对触点、五个位置的多位开关的图形符号。

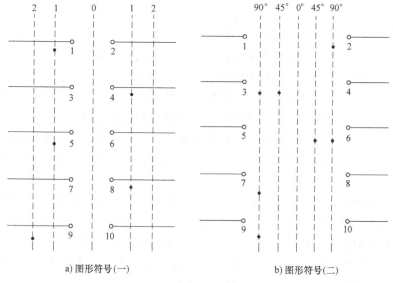

a) 图形符号（一）　　　　　　b) 图形符号（二）

图 23-38　多位开关用图形符号表示示例

图中以"0"表示操作手柄在中间位置（停止位置），两侧的数字"1"、"2"表示操作位置。操作位置也可以用"ON""OFF"，"正转""反转"，"起动""停止"表示。垂直的虚线表示手柄操作的位置线。紧靠触点标在虚线上的黑点"●"表示手柄转在这一位置时，有黑点表示触点接通、无黑点的表示触点不接通。图 23-38a 中触点 1～10 的工作状态是：位置 0，都不通；右 1，3-4、7-8 通；右 2，不通；左 1，1-2、5-6 通；左 2，9-10 通。

图 23-38b 是多位开关用图形符号表示的另一种形式。图中操作位置用角度 0°、45°、90°表示，位置线画在触点的中间。图 23-38b 中触点 1～10 的工作状态是：位置 0°，都不通；右 45°，5-6 通；右 90°，1-2、5-6 通；左 45°，3-4 通；左 90o°，3-4、7-8、9-10 通。

23.3.9　二次回路图的识图方法与注意事项

1. 二次回路图的识图方法

二次回路图阅读的难度较大。当识读二次回路图时，通常应掌握以下方法：

1）概略了解图的全部内容，例如图样的名称、设备明细表、设计说明等，然后大致看一遍图样的主要内容，尤其要看一下与二次电路相关的主电路，从而达到比较准确地把握图样所表现的主题。

例如，阅读具有过负荷保护的电路图时，首先就应带着"断路器 QF 是怎样实现自动跳闸的"这个问题，进而了解各个继电器动作的条件，阅读起来才会脉络清晰。如果对过负荷保护这一主题不明确，有些问题就不能理解。例如，时间继电器 KT 的作用，只有过负荷保护才需要延时动作，如果是短路保护，就不需要延时了。

2）在电路图中，各种开关触点都是按起始状态位置画的，如按钮未按下，开关未合闸，继电器线圈未通电，触点未动作等。这种状态称为图的原始状态。但看图时不能完全按原始状态来分析，否则很难理解图样所表现的工作原理。

为了读图的方便，将图样或图样的一部分改画成某种带电状态的图样，称为状态分析图。状态分析图是由看图者作为看图过程而绘制的一种图，通常不必十分正规地画出，用铅笔在原图上另加标记亦可。

3）在电路图中，同一设备的各个元件位于不同回路中的情况比较多，在用分开表示法绘制的图中，往往将各个元件画在不同的回路，甚至不同的图样上。看图时应从整体观念上去了解各设备的作用。例如，辅助开关的开合状态就应从主开关开合状态去分析，继电器触点的状态应从继电器线圈带电状态或从其他传感元件的工作状态去分析。一般来说，继电器触点是执行元件，因此应从触点看线圈的状态，不要看到线圈去找触点。

4）任何一个复杂的电路都是由若干基本电路、基本环节构成的。看复杂的电路图一般应将图分成若干部分来看，由易到难，层层深入，分别将各个部分、各个回路看懂，整个图样就能看懂。

一般阅读电路图时，可先看主电路，再看二次电路；看二次电路时，一般从上至下，先看交流电路，再看跳闸电路，然后再看信号电路。在阅读过程中，可能会有某些问题一时难于理解，可以暂时留下来，待阅读完了其他部分，也可能自然解决了。

5）二次图的种类较多。对某一设备、装置和系统，这些图实际上是从不同的使用角度、不同的侧面，对同一对象采用不同的描述手段。显然，这些图存在着内部的联系。因此，识读各种二次图时，应将各种图联系起来。掌握各类图的互换与绘制方法，是阅读二次图的一个十分重要的方法。

2. 二次回路图的识图注意事项

(1) 阅读断路器控制及信号回路的原理图时，应注意并掌握的有关内容

1）断路器规格型号、操作机构的类别（手力操作机构、电磁操作机构、电动操作机构等）、规格型号，机构内熔断器、继电器、信号灯、操作转换开关、接触器、小型电动机、各类线圈、整流元件（二极管）的规格型号及作用功能。

2）操作电源类别（交流、直流）、名称及电压、各开关辅助触点和继电器触点的分布位置及其作用功能、保护回路的作用功能及其来自继电保护回路的触点编号、位置、接入方式。

3）断路器事故跳闸后，中央事故信号回路的工作状态。

4）继电保护回路动作后，断路器跳闸过程及信号系统的工作状态。

5）继电保护回路与断路器控制回路的连接方式、接点编号。

(2) 阅读操作电源原理图时，应注意并掌握的有关内容

1）操作电源的类别（交流、直流）、元器件规格型号及功能作用。

2）各组操作电源的形成及作用。

（3）阅读备用电源自动投入装置的原理图时，应注意并掌握的有关内容

1）自投开关的类别（自动开关、接触器）及继电器的规格型号、功能作用。

2）继电器及自投开关辅助触点的分布情况，其动作后对电路所产生的影响。

（4）阅读自动重合闸装置的原理图时，应注意并掌握的有关内容

1）重合闸继电器工作原理、功能作用、规格型号、各继电器功能作用、触点分布、转换开关的规格型号及功能作用。

2）自动重合闸回路与断路器控制回路及保护回路的关系和控制功能。

3）重合闸装置的电源回路。

（5）阅读电力变压器继电保护控制原理图时，应注意并掌握的有关内容

1）变压器规格型号、继电保护的方式（差动保护、瓦斯保护、过电流保护、低电压保护、过负荷保护、温度保护、低压侧单相接地）、各继电器规格型号及功能作用、继电器触点分布以及触点动作后对电路所产生的影响、电流互感器规格型号及装设位置。

2）继电保护回路与控制掉闸回路的连接方式、信号系统功能作用。

（6）阅读电力线路继电保护原理图时，应注意并掌握的有关内容

1）线路电压等级、继电保护方式（电流速断、过电流、单相接地、距离保护）、各继电器规格型号及功能作用，继电器触点分布、电流互感器规格型号及装设位置。

2）保护回路与控制掉闸回路的连接方式，信号系统功能作用。

（7）阅读开关柜控制原理图时，应注意并掌握的有关内容。

1）开关柜规格型号、电压等级、功能作用及所控设备、采用的继电保护方式（短路、过电流、断相、温度等）、控制开关作用功能、继电器触点分布、电流互感器规格型号及装设位置。

2）保护回路与控制掉闸回路的连接方式，信号系统功能作用。

23.3.10　二次回路图的识图要领

二次回路图的逻辑性很强，在绘制时遵循着一定的规律，看图时若能抓住这些规律就很容易看懂。读图前首先应弄清楚该张图样所绘制的继电保护装置的动作原理及其功能，图中所标符号代表的设备名称，然后再看图样。看图的要领如下：

（1）先交流，后直流

"先交流，后直流"是指先看二次接线图的交流回路，把交流回路看完弄懂后，根据交流回路的电气量以及在系统中发生故障时这些电气量的变化特点，向直流逻辑回路推断，再看直流回路。一般说来，交流回路比较简单，容易看懂。

（2）交流看电源，直流找线圈

"交流看电源，直流找线圈"是指交流回路要从电源入手。交流回路有交流电流和电压回路两部分，先找出电源来自哪组电流互感器或哪组电压互感器，在两种互感器中传输的电流量或电压量起什么作用，与直流回路有何关系，这些电气量是由哪些继电器反映出来的，找出它们的符号和相应的触点回路，看它们用在什么回路，与什么回路有关，在心中形成一个基本轮廓。

（3）抓住触点不放松，一个一个全查清

"抓住触点不放松，一个一个全查清"是指继电器线圈找到后，再找出与之相应的触点。根据触点的闭合或开断引起回路变化的情况，再进一步分析，直至查清整个逻辑回路的动作过程。

（4）先上后下，先左后右，屏外设备一个也不漏

"先上后下，先左后右，屏外设备一个也不漏"，这个要领主要是针对端子排图和屏后安装图而言的，看端子排图一定要配合展开图来看。

展开图上凡屏内与屏外有联系的回路，均在端子排图上有一个回路标号，单纯看端子排图是不易看懂的。端子排图是一系列的数字和文字符号的集合，把它与展开图结合起来看就可以清楚它的连接回路。

23.3.11　硅整流电容储能式直流操作电源系统接线图

如果单独采用硅整流器作为直流操作电源，则在交流供电系统电压降低或电压消失时，将严重影响直流系统的正常工作，因此宜采用有电容储能的硅整流电源，在供电系统正常运行时，通过硅整流器供给直流操作电源，同时通过电容器储能，在交流供电系统电压降低或消失时，由储能电容器对继电保护和跳闸回路供电，使其正常动作。

图 23-39 所示为一种硅整流电容储能式直流操作电源系统的接线图，通过整流装置将交流电源变换为直流电源，以构成变电站的直流操作电源。为了保证直流操作电源的可靠性，采用两个交流电源和两台硅整流器。为了在交流系统发生故障时仍能使控制、保护及断路器可靠动作，该电源还装有一定数量的储能电容器。

在图 23-39 中，硅整流器 U1 的容量较大，主要用作断路器合闸电源，并可向控制、信号和保护回路供电。硅整流器 U2 的容量较小，仅向控制、保护和信号回路供电。两组直流装置之间用限流电阻 R 及二极管 VD3 隔离，即只允许合闸母线向控制母线供电，而不允许反向供电。

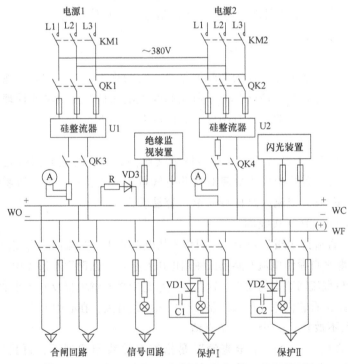

图 23-39　硅整流电容储能式直流操作电源系统接线图

C1、C2—储能电容器　WC—控制小母线　WF—闪光信号小母线　WO—合闸小母线

逆止元件 VD1 和 VD2 的主要功能：一是当直流电源电压因交流供电系统电压降低而降低，使储能电容 C1、C2 所储能量仅用于补偿自身所在的保护回路，而不向其他元件放电；二是限制 C1、C2 向各断路器的控制回路中的信号灯和重合闸继电器等放电，以保证其所供的继电保护和跳闸线圈可靠动作。

在合闸母线与控制母线上分别引出若干条直流供电回路。其中只有保护回路中有储能电容器。储能电容器 C1 用于对高压线路的继电保护和跳闸回路供电；储能电容器 C2 用于对其他元件的继电保护和跳闸回路供电。储能电容器多采用容量大的电解电容器，其容量应能保证继电保护和跳闸线圈可靠地动作。正是由于断路器的跳闸功率远小于合闸功率，所以电容储能装置只能用于跳闸。

23.3.12 采用电磁操作机构的断路器控制电路及其信号系统图

在 6~10kV 的工厂供电系统中普遍采用电磁操作机构，它可以对断路器实现远距离控制。图 23-40 是采用电磁操作机构的断路器控制电路及其信号系统图。其操作电源采用硅整流电容储能的直流系统。该控制回路采用 LW5 型万能转换开关，其手柄有 4 个位置，手柄正常为垂直位置（0°）。顺时针扳转 45°，为合闸（ON）操作，手松开即自动返回零位（复位），但仍保持合闸状态。逆时针扳转 45°，为分闸（OFF）操作，手松开也自动返回零位，但仍保持分闸状态。图中虚线上打黑点"●"的触点，表示在此位置时该触点接通；而虚线上标出的箭头（→），表示控制开关手柄自动返回的方向。

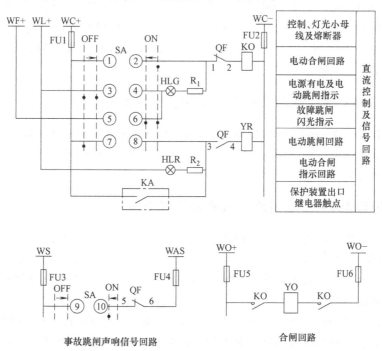

图 23-40 采用电磁操作机构的断路器控制电路及其信号系统图

WC—控制小母线　WL—灯光指示小母线　WF—闪光信号小母线　WS—信号小母线　WAS—事故音响小母线

WO—合闸小母线　SA—控制开关　KO—合闸接触器　YO—电磁合闸线圈　YR—跳闸线圈　ON—合闸操作方向

OFF—分闸操作方向　KA—保护装置出口继电器触点　QF1~QF6—断路器辅助触点　HLG—绿色指示灯　HLR—红色指示灯

合闸时，将控制开关 SA 手柄顺时针扳转 45°，这时 SA 的触点 1-2 接通，合闸接触器 KO 通电（回路中断路器 QF 的常闭辅助触点 1-2 原已闭合），其主触点闭合使电磁合闸线圈 YO 通电，断路器 QF 合闸。合闸完成后，控制开关 SA 自动返回，其触点 1-2 断开，断路器 QF 的常闭辅助触点 1-2 也断开，绿灯 HLG 熄灭，并切断合闸回路，同时断路器 QF 的常开辅助触点 3-4 闭合，红灯 HLR 亮，指示断路器已经合闸，并监视跳闸线圈 YR 回路的完好性。

分闸时，将控制开关 SA 手柄逆时针扳转 45°，这时其触点 7-8 接通，跳闸线圈 YR 通电（回路中断路器 QF 的常开辅助触点 3-4 原已闭合），使断路器 QF 分闸（跳闸）。分闸完成后，控制开关 SA 自动返回，其触点 7-8 断开，断路器 QF 的常开辅助触点 3-4 也断开，红灯 HLR 熄灭，并切断跳闸回路，同时控制开关 SA 的触点 3-4 闭合，QF 的常闭辅助触点 1-2 也闭合，绿灯 HLG 亮，指示断路器已经分闸，并监视着合闸线圈 KO 回路的完好性。

由于红、绿指示灯兼起监视分、合闸回路完好性的作用，长时间运行，因此耗电较多。为了减少操作电源中储能电容器能量的过多消耗，因此另设灯光指示小母线 WL（+），专门用来接入红、绿指示灯。储能电容器的电能只用来供电给控制小母线 WC。

当一次电路发生短路故障时，继电保护装置动作，其出口继电器 KA 的常开触点闭合，接通跳闸线圈 YR 回路（其中断路器 QF 的辅助触点 3-4 原已闭合），使断路器 QF 跳闸。随后断路器 QF 的辅助触点 3-4 断开，使红灯 HLR 灭，并切断跳闸回路；同时断路器的辅助触点 QF1-2 闭合，而 SA 在合闸位置，其触点 5-6 也闭合，从而接通闪光电源 WF（+），使绿灯 HLG 闪光，表示断路器 QF 自动跳闸。由于控制开关 SA 仍在合闸后位置，其触点 9-10 闭合，而断路器 QF 已跳闸，QF 的辅助触点 5-6 也闭合，因此事故音响信号回路接通，发出事故跳闸的音响信号。当值班员得知事故跳闸信号后，可将控制开关 SA 的操作手柄扳向分闸位置（逆时针扳转 45°后松开让它返回），使 SA 的触点与 QF 的辅助触点恢复"对应"关系，全部事故信号立即解除。

23.3.13　6~10kV 高压配电线路电气测量仪表电路图

图 23-41 是 6~10kV 高压配电线路上装设的电气测量仪表电路图，图中通过电压互感器、电流互感器装设电流表、有功电能表和无功电能表各一只。如果不是送往单独经济核算单位时，可不装设无功电能表。

23.3.14　220V/380V 低压线路电气测量仪表电路图

一般情况下，低压动力线路上，应装设一只电流表，低压照明线路及三相负荷不平衡度大于 15% 的线路上，应装设三只电流表分别测量三相电流。如需计量电能，一般应装设一只三相四线有功电能表。对于负荷平衡的三相动力线路，可只装设一只单相有功电能表，实际电能按其计量的 3 倍计。

图 23-42 是 220V/380V 低压线路上装设的电气测量仪表电路图，图中通过电流互感器装设有电流表 3 只、三相四线有功电能表 1 只。如果不是送往单独经济核算单位时，可不装设无功电能表。

23.3.15　6~10kV 母线的电压测量和绝缘监视电路图

电压测量电路的常用接线方式如图 23-43 所示。

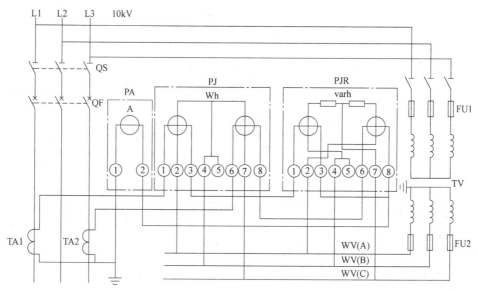

a) 原理图

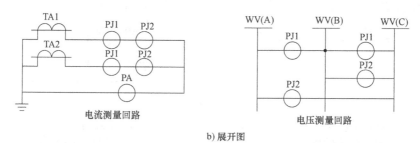

b) 展开图

图 23-41　6~10kV 高压配电线路上装设的电气测量仪表电路图

TA1、TA2—电流互感器　TV—电压互感器　PA—电流表

PJ—三相有功电能表　PJR—三相无功电能表　WV—电压小母线

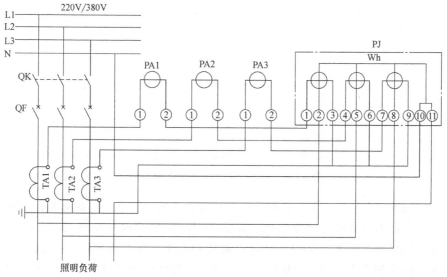

图 23-42　220V/380V 低压线路电气测量仪表电路图

TA—电流互感器　PA—电流表　PJ—三相四线有功电能表

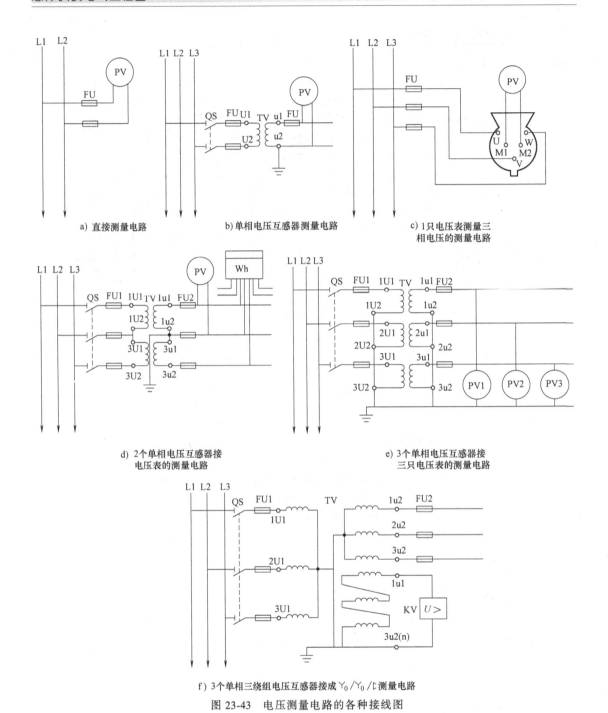

a) 直接测量电路

b) 单相电压互感器测量电路

c) 1只电压表测量三相电压的测量电路

d) 2个单相电压互感器接电压表的测量电路

e) 3个单相电压互感器接三只电压表的测量电路

f) 3个单相三绕组电压互感器接成 $Y_0/Y_0/\triangle$ 测量电路

图 23-43　电压测量电路的各种接线图

　　最为常用的 6~35kV 电力系统的绝缘监视装置，可采用三只单相双绕组电压互感器和三只接在相电压上的电压表进行绝缘监视，如图 23-43e 所示。也可如图 23-43f 所示，采用三只单相三绕组的电压互感器，其中三只电压表接相电压，接在接成 Y_0 的二次绕组电路中。当一次电路中的某相发生单相接地故障时，与其对应相的电压表指零，其他两相的电压表读数升高为线电压；接成开口三角形的辅助二次绕组，构成零序电压过滤器，专用于供电给过电压继电器KV。在系统正常运行时，开口三角形的开口处电压接近于零，继电器KV不会动作；当一次电路发生单相接地故障时，在开口三角形的开口处将产生近100V的零序电压，使KV动作，从而接通信号回路，发出报警的灯光和音响信号。

　　图23-44是6~10kV母线的电压测量和绝缘监视电路图，它普遍应用于6~35kV母线的电路中。图中电压转换开关SA用于转换测量三相母线的各相之间电压（线电压）。

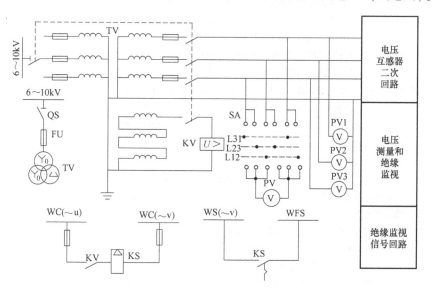

图23-44　6~10kV母线的电压测量和绝缘监视电路图

QS—隔离开关　FU—熔断器　TV—电压互感器　KV—电压继电器

KS—信号继电器　SA—电压换相开关　PV—电压表　WS—信号小母线

WC—控制小母线　WFS—预告信号小母线

参 考 文 献

[1] 裴涛，等. 建筑电气控制技术 [M]. 武汉：武汉理工大学出版社，2010.

[2] 郑凤翼，等. 怎样看楼宇常用设备电气控制电路图 [M]. 北京：人民邮电出版社，2004.

[3] 张言荣，等. 智能建筑消防自动化技术 [M]. 北京：机械工业出版社，2009.

[4] 潘瑜青，孙晓蓉. 智能建筑综合布线 [M]. 北京：中国电力出版社，2005.

[5] 刘昌明. 建筑供配电与照明技术 [M]. 北京：中国建筑工业出版社，2013.

[6] 孙克军. 电工识图入门 [M]. 北京：中国电力出版社，2016.

[7] 刘国林. 综合布线设计与施工 [M]. 广州：华南理工大学出版社，2001.

[8] 杨绍胤，杨庆. 通用布线实用技术问答 [M]. 北京：中国电力出版社，2008.

[9] 黄民德，胡林芳. 建筑消防与安防技术 [M]. 天津：天津大学出版社，2013.

[10] 胡国文，等. 现代民用建筑电气工程设计 [M]. 北京：机械工业出版社，2013.

[11] 何峰峰. 电梯基本原理及安装维修全书 [M]. 北京：机械工业出版社，2009.

[12] 吴光路. 建筑电气图 [M]. 北京：化学工业出版社. 2013.

[13] 陈继文，等. 电梯结构原理及其控制 [M]. 北京：化学工业出版社，2017.

[14] 陈思荣. 建筑电气工程施工图识读一本通 [M]. 北京：机械工业出版社，2013.

[15] 陆荣华，等. 建筑电气安装工长手册 [M]. 北京：中国建筑工业出版社，2007.

[16] 曹祥. 智能楼宇弱电电工通用培训教材 [M]. 北京：中国电力出版社，2008.

[17] 王佳. 建筑电工识图 [M]. 北京：中国电力出版社，2008.

[18] 张振文. 建筑弱电电工技术 [M]. 北京：国防工业出版社，2009.

[19] 朱献清. 电气技术识图 [M]. 北京：机械工业出版社，2007.

[20] 陈家盛. 电梯结构原理及安装维修 [M]. 北京：机械工业出版社，2011.

[21] 芮静康. 电梯电气控制技术 [M]. 北京：中国建筑工业出版社，2005.

二维码清单

◄◄◄◄◄◄◄

名　　称	页码	名　　称	页码
低压电器(按钮)	12	其他电气设备节电电路	171
低压电器(时间继电器)	12	电磁抱闸制动控制电路	185
低压电器(接触器)	14	断电后抱闸可放松的制动控制电路	186
低压电器(热继电器)	16	建筑工地卷扬机控制电路	186
熔断器的使用方法与注意事项	16	带运输机控制电路	187
断路器的使用方法与注意事项	21	PLC 控制电动机起动停止电路	203
低压电器(中间继电器与接触器)	38	PLC 控制电动机正反转运转电路	204
绘制电气原理图的有关规定	71	PLC 控制星三角起动电路	208
阅读和分析电气控制线路图	72	PLC 控制喷泉的模拟系统	213
一般方法设计线路的几个原则	73	某住宅配线箱接线图	245
三相异步电动机起动、停止控制电路	75	建筑物照明平面图和系统图	249
按钮与接触器复合联锁正反转控制电路	80	建筑物消防安全系统电气图基础	277
接触器联锁正反转控制电路	80	某建筑物安全消防系统图	282
点动与连续运行控制电路	82	某大厦防盗报警系统图	296
电动机顺序起动控制电路	83	某高层住宅楼楼宇对讲系统图	301
自耦变压器减压起动控制电路	92	某多层住宅楼有线电视系统图	323
Y-△ 起动控制电路	94	某单元有线电视系统图	324
轻载节能器应用电路	164	某单元网络、电话系统图	328
电动机 Y-△ 转换节电电路	166	某住宅楼电话工程图	330
卷扬机电动机 Y-△ 节电电路	167	某住宅综合布线平面图	350
电动缝纫机空载节能电路	169	空调系统种类	352
低压电器节电电路	170	某电梯自动门开关控制电路	378

温馨提示：翻到相应页码扫描二维码，即可观看视频!